全国计算机技术与软件专业技术资格（水平）考试教程

网络规划设计师考试教程

希赛网软考学院 主编

電子工業出版社
Publishing House of Electronics Industry
北京•BEIJING

内 容 简 介

本书由希赛网软考学院组织编写，作为计算机技术与软件专业技术资格（水平）考试中的网络规划设计师级别考试的辅导与培训教材。本书根据最新的网络规划设计师考试大纲，采用表格的形式形象而直观地对历年考试题目进行了分析和总结，并对考试大纲规定的内容有重点地进行了细化和深化，便于考生熟悉考试知识要点内容的分布，还在每章最后给出了多道试题，以检查学习效果。

考生可通过阅读本书掌握考试大纲规定的知识点、考试重点和难点，熟悉考试方法、试题形式、试题的深度和广度、考试内容的分布，以及解答问题的方法和技巧。

图书在版编目（CIP）数据

网络规划设计师考试教程 / 希赛网软考学院主编．—北京：电子工业出版社，2023.10

全国计算机技术与软件专业技术资格（水平）考试教程

ISBN 978-7-121-46334-1

Ⅰ．①网… Ⅱ．①希… Ⅲ．①计算机网络－资格考试－自学参考资料 Ⅳ．①TP393

中国国家版本馆 CIP 数据核字（2023）第 179566 号

责任编辑：孙学瑛
印　　刷：固安县铭成印刷有限公司
装　　订：固安县铭成印刷有限公司
出版发行：电子工业出版社
　　　　　北京市海淀区万寿路 173 信箱　　邮编：100036
开　　本：787×1092　1/16　印张：24　字数：569 千字
版　　次：2023 年 10 月第 1 版
印　　次：2025 年 1 月第 2 次印刷
定　　价：99.00 元

凡所购买电子工业出版社图书有缺损问题，请向购买书店调换。若书店售缺，请与本社发行部联系，联系及邮购电话：（010）88254888，88258888。

质量投诉请发邮件至 zlts@phei.com.cn，盗版侵权举报请发邮件至 dbqq@phei.com.cn。

本书咨询联系方式：sxy@phei.com.cn。

前　　言

全国计算机技术与软件专业技术资格（水平）考试（俗称“软考”）由中华人民共和国人力资源和社会保障部及工业和信息化部主办，面向社会，用于考查计算机专业人员的水平与能力。考试客观且公正，得到了社会的广泛认可，并实现了中、日、韩三国互认。

本书紧扣考试大纲，采用表格统计法科学地研究每个知识点的命题情况，准确把握每个出题点的深浅。同时，基于每章知识点统计和分析的结果，科学地编写课后检测练习题，完全紧扣大纲，结构合理、重点突出且针对性强。

内容超值，针对性强

本书每章的内容分为考点分析、知识点突破、课后检测三部分。

第一部分为考点分析，对历年试题进行统计分析。采用表格的形式形象而直观，使各考点“暴露无遗”，通过学习本部分内容，考生可以对考试的知识点分布及考试重点有一个整体上的认识和把握。

第二部分为知识点突破，对重要知识点的关键知识内容进行提炼和分析。考生通过阅读本部分内容，可以熟悉考试知识要点内容的分布，以及解答问题的方法和技巧。

第三部分为课后检测，给出了多道试题，根据考点突破部分的知识点统计和分析的结果命题。这些试题用来检查考生学习前面两部分内容的效果。

作者权威，阵容强大

希赛网（www.educity.cn）专业从事人才培养、教育产品开发、教育图书出版，在职业教育方面具有极高的权威性。特别是在线教育方面，稳居国内首位，希赛网的远程教育模式得到了国家教育部门的认可和推广。

希赛网软考学院是软考的顶级培训机构，拥有近40名资深软考辅导专家，负责高级资格的考试大纲制订工作，以及软考辅导教材的编写工作，共组织编写和出版了100多本软考教材，内容涵盖初级、中级和高级的各专业。希赛网软考学院的专家录制了软考培训视频教程、串讲视频教程、试题讲解视频教程、专题讲解视频教程4个系列的软考视频，希赛网软考学院的软考教材、软考视频、软考辅导为考生助考、提高通过率做出了极大的贡献，在软考领域有口皆碑。特别是在高级资格领域，无论是考试教材，还是在线辅导和面授，希赛网软考学院都独占鳌头。

本书由希赛网软考学院的胡钊源和王勇主编。

诸多帮助，诚挚致谢

在本书出版之际，要特别感谢全国软考办的命题专家，编者在本书中引用了部分考试原题，使本书能够尽量方便考生阅读。本书在编写过程中，参考了许多相关文献，编者在此对这些参考文献的作者表示感谢。

感谢电子工业出版社的孙学瑛老师，她在本书的策划、选题的申报、写作大纲的确定，以及编辑、出版等方面，付出了辛勤的劳动和智慧，给予了我们很多支持和帮助。

感谢参加希赛网软考学院辅导和培训的学员，正是他们的想法汇成了本书的源动力，他们的意见使本书更加贴近考生。

由于编者水平有限，且本书涉及的内容很广，书中难免存在错漏和不妥之处，编者诚恳地期望各位专家和考生不吝指正和帮助，对此，我们将十分感激。

希赛网软考学院

2023 年 9 月

目　　录

第 1 章

非网络基础

根据对 2022 版考试大纲的分析，以及对以往试题情况的分析，“非网络基础”章节基本维持在 10 分，占上午试题总分的 13%左右。从复习时间安排来看，请考生在 2 天之内完成本章的学习。

1.1 知识图谱与考点分析

本章是网络规划设计师考试的一个必考点，根据考试大纲，要求考生掌握几方面内容，如表 1-1 所示。

表 1-1 知识图谱与考点分析

知识模块	知识点分布	重要程度
计算机体系结构	• CPU • 流水线 • 存储系统 • 可靠性计算	• ★ • ★ • ★ • ★
操作系统	• 进程管理 • 存储管理 • 设备管理	• ★★ • ★★ • ★★
软件开发	• 软件生命周期 • 软件开发模型 • 软件开发基础 • 软件测试基础	• ★ • ★ • ★ • ★
项目管理	• 进度管理 • 变更管理 • 风险管理 • 成本管理	• ★★ • ★ • ★ • ★
知识产权	• 著作权 • 商标权 • 专利权	• ★★ • ★ • ★

1.2 计算机体系结构

计算机体系结构的考试内容主要包括 CPU（中央处理器）的构造和性能参数、流水线计算、存储系统、可靠性计算，对它们要有清晰的掌握。

1.2.1 CPU

CPU 的功能主要是解释计算机指令及处理计算机软件中的数据。CPU 是计算机中负责读取指令，对指令译码并执行指令的核心部件。

1. CPU 的构造

CPU 主要包括两部分，即运算器、控制器，还包括高速缓冲存储器及实现它们之间联系的数据、控制总线。

（1）运算器。

运算器通常由 ALU（算术/逻辑单元，包括累加器等）、通用寄存器（包括数据缓冲寄存器、状态条件寄存器、多路控制器，不包括地址寄存器）等组成。

ALU：进行算数运算和逻辑运算。

累加器（AC）：暂时存放 ALU 运算的结果信息。

数据缓冲寄存器：用来暂时存放由内存（主存）读出的一条指令或一个数据字。反之，当向主存存入一条指令或一个数据字时，暂时将它们存放在数据缓冲寄存器中。

状态条件寄存器（PSW）：保存由算术指令和逻辑指令运算的状态和程序的工作方式。

多路控制器：对送入加法器的数据进行选择和控制的电路。一是选择将哪一个或哪两个数据(数据来源于寄存器或总线等部件)送入加法器；二是控制数据以何种编码形式(原、反、补码）送入加法器。

（2）控制器。

控制器的组成包含程序计数器（PC）、指令寄存器（IR）、指令译码器、时序部件。

程序计数器：存放下一条指令的地址。

指令寄存器：用来保存当前正在执行的一条指令。

指令译码器：指令中的操作码经过指令译码器译码后，即可向操作控制器发出具体操作的特定信号。

时序部件：为指令的执行产生时序信号。

2. CPU 的性能参数

CPU 的性能参数主要包括主频、外频、字长等。

（1）主频：主频其实就是 CPU 内核工作时的时钟频率，单位是 MHz（或 GHz），用来表示 CPU 运算、处理数据的速度。CPU 的主频=外频×倍频系数。

（2）外频：外频是 CPU 的基准频率，单位是 MHz。CPU 的外频决定着整块主板的运行速度。外频越高，CPU 就可以同时接收更多来自外部设备（外设）的数据，从而使整个系统的速度进一步提高。通俗地说，超频通常是超 CPU 的外频。

（3）倍频系数：倍频系数是指 CPU 主频与外频之间的相对比例关系。

（4）字长：CPU 在单位时间内能一次处理的二进制数的位数叫作字长，能处理字长为 8 位的二进制数的 CPU 就叫作 8 位的 CPU。同理，32 位的 CPU 能在单位时间内处理字长为 32 位的二进制数。

（5）前端总线（FSB）频率：前端总线频率（总线频率）影响 CPU 与主存的直接数据交换速度。有一条公式可以计算，即数据带宽=(总线频率×数据位宽)/8。例如，现在支持 64 位 CPU 的至强 Nocona，总线频率是 800MHz，按照公式，它的数据传输最大带宽是 6.4GB/s。

1.2.2 流水线

流水线是指在程序执行时，多条指令重叠进行操作的一种准并行处理实现技术，即可同时为多条指令的不同部分进行工作，以提高各部件的利用率和指令的平均执行速度。

1. 流水线指令执行时间

标准算法：T=第一条指令执行所需的时间+(指令条数−1)×流水线周期。

关于流水线周期，我们需要知道的是，流水线周期为指令执行阶段中执行时间最长的一段。

例如，流水线把一条指令分为取指令、分析和执行三部分，且这三部分的时间分别是取指令 2ns、分析 2ns 及执行 1ns。最长的是 2ns，因此 100 条指令全部执行完毕所需的时间就是(2ns+2ns+1ns)+(100−1)×2ns=203ns。

2. 流水线的技术指标

吞吐率：计算机中的流水线在特定的时间内可以处理的任务数。$T_P=n/T_K$（n 为指令条数，T_K 为流水线时间），其中理论上的最大吞吐率是 1/流水线周期。

加速比：完成一批任务，不使用流水线所用的时间与使用流水线所用的时间之比。$S=T_S/T_K$（T_S 为顺序执行时间）。

效率：流水线的设备利用率。

1.2.3 存储系统

计算机的主存不能同时满足存取速度快、存储容量大和成本低的要求，在计算机中必须有速度由慢到快、容量由小到大的多级层次存储器，以最优的控制调度算法和合理的成本，构成存储系统。

离 CPU 越近的存储器，速度越快，每字节的成本越高，同时容量越小。对于计算机中常见的存储设备，首先是寄存器，速度最快、离 CPU 最近、成本最高，所以其个数和容量有限，其次是高速缓存 Cache，再次是主存，最后是磁盘。

1. 存储设备类型

传统意义上存储器分为 RAM（随机存储器）和 ROM（只读存储器）。

（1）RAM 和 ROM。

RAM 数据可读可写，一旦掉电，数据将消失；ROM 掉电后数据依然保存。

RAM 有静态和动态两种：静态 RAM 只要上电后信息不丢失，就无须刷新电路过程，消耗较多功率，价格也较高，常作为芯片中的 Cache 使用；最常用的动态 RAM 需要上电后，定时刷新电路才能保存数据，集成度高、存储密度高、成本低，功耗低，适合作为大容量存储器，常用在主存中。

（2）Cache。

在计算机执行时，需要从主存中读取指令和数据，将外存的数据读入主存，这些读取的过程都是造成计算机性能下降的瓶颈，为了尽可能减少速度慢的设备对速度快的设备的约束，可以采用高速缓存（Cache）。

使用 Cache 改善系统性能的主要依据是程序的局部性原理。简单地说，CPU 正在访问的指令和数据，其以后可能会被多次访问到，或者是该指令和数据附近的主存区域，也可能会被多次访问。因此，第一次访问这一块区域时，将其复制到 Cache 中，这样以后再访问该区域的指令和数据时，就不用再从主存中取出了。由于 Cache 为高速缓存，存储了频繁访问主存中的数据，因此它与 Cache 单元地址转换的工作需要稳定且高速的硬件来完成。

（3）磁盘。

磁盘是计算机系统中最主要的外存，盘片一般由铝合金制成，表面涂有一层可被磁化的硬磁特性材料。除开外部结构不讲，其用于寻址的结构有磁头、磁道、柱面、扇区。

磁头：用于向磁盘读/写信息的工具。

磁道：磁盘上面一圈圈的圆周。

柱面：不同盘面上的每圈磁道所组成的柱形区域，可以得出，一面磁盘上的磁道数=柱面数。

扇区：每圈磁道上的扇形小区域，扇区中有很多存储单元，用于存储比特信息。

将文件存储到磁盘上时，按柱面、磁头、扇区的方式进行，即首先是第一柱面上的第一磁道的第一磁头下的所有扇区，然后是同一柱面的下一磁头，依次类推，一个柱面存储满后就推进到下一个柱面，直到把文件内容全部写入磁盘。

2. 主存编址

实际的存储器总是由一片或多片存储芯片+控制电路构成。芯片数≥存储器容量/存储芯片容量。

如果存储器有 256 个存储单元，那么它的地址编码为 0～255，对应的二进制数是 00000000～11111111，需要用 8 位二进制数表示，也就是地址宽度为 8 位，需要 8 根地址线。存储器中所有存储单元的总和称为这个存储器的存储容量，存储容量的单位是 B、KB、MB、GB 和 TB 等，1KB=1024B，1MB=1024KB，1TB=1024MB，依次类推。

例如，按某存储器字节编址，地址从 A4000H 到 CBFFFH，则表示有(CBFFFH−A4000)+1 字节，即 28000H 字节，转换为十进制是 160KB。若用 16KB×4bit 的存储器芯片构成该主存，共需要(160KB×8)/(16KB×4)=20 片。

3. 磁盘调度算法

在计算机系统中，各进程可能会不断提出对磁盘进行读/写操作的不同请求。由于有时这些进程发送请求的速度比磁盘响应的还要快，因此我们有必要为每个磁盘建立一个等待队列，常用的磁盘调度算法有以下四种：先来先服务算法（FCFS）、最短寻道时间优先算法（SSTF）、扫描算法（SCAN）和循环扫描算法（CSCAN）。

假定某磁盘共有200个柱面，编号为0～199，如果在为访问143号柱面的请求者服务后，正在为访问125号柱面的请求者服务，同时有若干请求者等待服务，则每次要访问的柱面号为86-147-91-177-94-150-102-175-130。

（1）**先来先服务算法：**这是一种比较简单的磁盘调度算法。它根据进程请求访问磁盘的先后次序进行调度。这种算法的优点是公平、简单，且每个进程的请求都能依次得到处理，不会出现某一进程的请求长期得不到满足的情况。由于此算法没有对寻道进行优化，因此在对磁盘的访问请求比较多的情况下，此算法将降低设备服务的吞吐量，导致平均寻道时间可能较长。先来先服务算法的结果是(125)-86-147-91-177-94-150-102-175-130。

（2）**最短寻道时间优先算法：**要访问的磁道与当前磁头所在的磁道距离最近，让每次的寻道时间最短，此算法可以得到比较好的吞吐量，其缺点是对访问请求的响应不是均等的，因而导致响应时间的变化幅度很大。在访问请求很多的情况下，对内外边缘磁道的请求将会被无限期延迟。最短寻道时间优先算法的结果是(125)-130-147-150-175-177-102-94-91-86。

（3）**扫描算法：**扫描算法不仅考虑到即将访问的磁道与当前磁道的距离，而且优先考虑到磁头的当前移动方向。例如，当磁头正在自内向外移动时，扫描算法所选择的下一个访问的磁道既在当前磁道之外，又是距离最近的。这样自内向外地访问，直到再无更外的磁道需要访问，才将磁臂调转方向，自外向内移动。这时，同样每次选择这样的进程来调度，即其要访问的磁道，在当前磁道之内，从而避免了饥饿现象的出现。由于此算法中磁头移动的规律类似电梯的运行，故又称电梯调度算法。但由于是摆动式的扫描方法，两侧磁道被访问的频率仍低于中间磁道。扫描算法的结果是(125)-102-94-91-86-130-147-150-175-177。

（4）**循环扫描算法：**循环扫描算法是对扫描算法的改进。此算法是沿磁头移动方向访问距离当前磁道最近的磁道，当到达一个顶端时立刻返回另一个顶端继续扫描。例如，自内向外移动，当磁头移动到最外的被访问磁道时，磁头立即返回最内的想要访问的磁道，即将最小磁道号紧接着最大磁道号构成循环，进行扫描。循环扫描算法的结果是(125)-130-147-150-175-177-86-91-94-102。

1.2.4 可靠性计算

计算机系统是一个复杂的系统，影响其可靠性的因素也非常繁复，很难直接对其进行可靠性分析。但通过建立适当的数学模型，把大系统分割成若干子系统，可以简化其分析过程。

1. 串联系统

假设一个系统由 n 个子系统组成，当且仅当所有的子系统都能正常工作时，系统才能正常工作，这种系统称为串联系统，如图 1-1 所示。

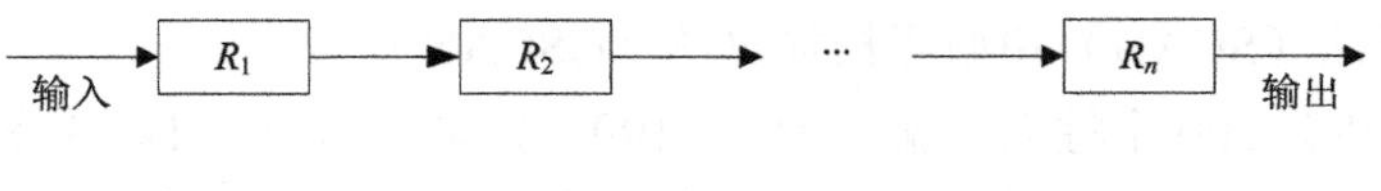

图 1-1 串联系统

设各子系统的可靠性分别用 R_1，R_2，…，R_n 表示，则系统的可靠性 $R=R_1\times R_2\times\cdots\times R_n$。

2. 并联系统

假如一个系统由 n 个子系统组成，只要有一个子系统能够正常工作，系统就能正常工作，这种系统称为并联系统，如图 1-2 所示。

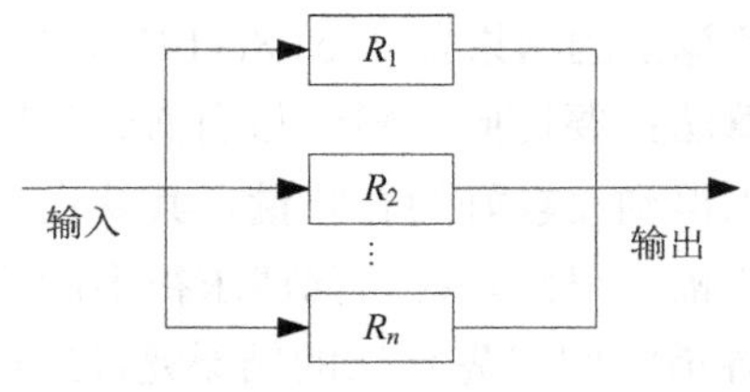

图 1-2 并联系统

设各子系统的可靠性分别用 R_1，R_2，…，R_n 表示，则系统的可靠性 $R=1-(1-R_1)\times(1-R_2)\times\cdots\times(1-R_n)$。

1.3 操作系统

操作系统的主要考点涉及操作系统的进程管理、存储管理、设备管理。对于操作系统的作业管理和文件管理很少涉及。

1.3.1 进程管理

进程管理是指根据一定的策略，将处理器交替地分配给系统内等待运行的程序。主要包括进程的死锁问题与银行家算法、PV 操作等方面的知识点。

1. 进程的死锁

进程管理是操作系统的核心，如果设计不当，就会产生死锁。如果一个进程在等待一个不可能发生的事件，则其将死锁；如果一个或多个进程产生死锁，则会造成系统死锁。

如果在一个系统中同时成立以下四个条件，就能产生死锁。

（1）互斥：至少有一个资源必须处于非共享模式，即一次只有一个进程可使用。如果另一个进程申请该资源，那么申请进程应等到该资源释放为止。

（2）**保持并等待：**一个进程应占有至少一个资源，并等待另一个资源，而该资源为其他进程所占有。

（3）**非抢占：**资源不能被抢占，即资源只能被进程在完成任务后自愿释放。

（4）**循环等待：**有一组等待进程{P_0，P_1，…，P_n}，P_0等待的资源为P_1所占有，P_1等待的资源为P_2所占有，…，P_{n-1}等待的资源为P_n所占有，P_n等待的资源为P_0所占有。

要想防止死锁的产生，其根本方法就是使得上述的必要条件之一不存在，换言之，就是破坏其必要条件，使之永不成立。

解决死锁的策略包括死锁预防、死锁避免、死锁检测和死锁解除。

（1）**死锁预防：**例如，要求用户申请资源时一次性申请所需的全部资源，这样就破坏了保持并等待条件；将资源分层，得到上一层资源后，才能够申请下一层资源，破坏了循环等待条件。死锁预防通常会降低系统的效率。

（2）**死锁避免：**进程在每次申请资源时判断这些操作是否安全，典型算法是银行家算法。但这种算法会增加系统的开销。

所谓银行家算法，是指在分配资源之前，先看清楚，资源分配下去后，是否会导致系统死锁。如果会死锁，则不分配；否则分配。银行家算法分配资源的原则总结如下。

当一个进程对资源的最大需求量不超过系统中的资源数时，可以接纳该进程。

进程可以分期申请资源，但申请的总数不能超过最大需求量。

当系统现有的资源数不能满足进程所需的资源数时，对进程的申请可以推迟分配，但总能使进程在有限的时间内得到资源。

假设系统中有三类互斥资源R_1、R_2和R_3，可用资源数分别是9、8和5。在T_0时刻，系统中有P_1、P_2、P_3、P_4和P_5五个进程，这些进程对资源的最大需求量和已分配资源数如表1-2所示。

表 1-2 进程对资源的最大需求量和已分配资源数

进程	资源					
	最大需求量			已分配资源数		
	R_1	R_2	R_3	R_1	R_2	R_3
P_1	6	5	2	1	2	1
P_2	2	2	1	2	1	1
P_3	8	0	1	2	1	0
P_4	1	2	1	1	2	0
P_5	3	4	4	1	1	3

进程按照$P_1 \to P_2 \to P_4 \to P_5 \to P_3$的序列执行，系统状态安全吗？如果按$P_2 \to P_4 \to P_5 \to P_1 \to P_3$的序列执行呢？

在这个例子中，我们先看一下未分配的资源还有哪些。很明显，还有2个R_1未分配，1个R_2未分配，而R_3全部分配完毕。

按照$P_1 \to P_2 \to P_4 \to P_5 \to P_3$的序列执行时，首先执行$P_1$，这时由于其$R_1$、$R_2$和$R_3$的资源数都未分配够，因而开始申请资源，得到还未分配的2个R_1、1个R_2。但其资源仍不足

（没有 R_3），从而进入阻塞状态，这时，所有资源都已经分配完毕。因此，后续的进程都无法得到能够完成任务的资源，全部进入阻塞状态，形成死循环，产生死锁。

而按照 $P_2 \to P_4 \to P_5 \to P_1 \to P_3$ 的序列执行时，首先执行 P_2，它还差 1 个 R_2，系统中还有 1 个未分配的 R_2，因此满足其要求，能够顺利结束进程，释放出 2 个 R_1、2 个 R_2、1 个 R_3。这时，未分配的资源就是 4 个 R_1、2 个 R_2、1 个 R_3。然后执行 P_4，它还差一个 R_3，而系统中刚好有一个未分配的 R_3，因此满足其要求，也能够顺利结束，并释放出其资源。因此，这时系统中就有 5 个 R_1、4 个 R_2、1 个 R_3……

根据这样的方式推下去，会发现按这种序列可以顺利地完成所有的进程，而不会产生死锁。

注意：如果系统中有 N 个并发进程，规定每个进程需要申请 R 个某类资源，则当系统提供 $K=N\times(R-1)+1$ 个同类资源时，无论采用何种方式申请使用，一定不会产生死锁。

（3）**死锁检测：**死锁预防和死锁避免是事前措施，而死锁检测则是判断系统是否处于死锁状态，如果是，则执行死锁解除。

（4）**死锁解除：**与死锁检测结合使用，它使用的方式是剥夺，即将某进程所拥有的资源强行收回，分配给其他进程。

2．进程的同步和互斥

计算机有了操作系统后，性能大幅度提升，其根本原因在于实现了进程的并发运行。多个并发进程之间围绕紧俏的资源产生了两种关系：同步和互斥。可以通过 PV 操作结合信号量解决进程的同步和互斥。

（1）进程同步也是进程之间的直接制约关系，是为完成某种任务而建立的两个或多个线程，这个线程需要在某些位置上协调它们的工作次序而等待、传递信息所产生的制约关系。进程之间的直接制约关系来源于它们之间的合作。

例如，进程 A 需要从缓冲区中读取进程 B 产生的信息，当缓冲区为空时，进程 B 因为读取不到信息而被阻塞。而当进程 A 产生信息放入缓冲区时，进程 B 才会被唤醒。

（2）进程互斥是进程之间的间接制约关系。当一个进程进入临界区使用临界资源时，另一个进程被阻塞。只有当使用临界资源的进程退出临界区后，这个进程才会解除阻塞。

例如，进程 B 需要访问打印机，但此时进程 A 占用了打印机，进程 B 就会被阻塞，直到进程 A 释放了打印机，进程 B 才可以继续执行。

（3）信号量 S 可以直接理解成计数器，是一个整数。信号量仅能由 PV 操作来改变。通过 PV 操作控制信号量实现进程的同步和互斥。

（4）PV 操作解决同步和互斥的问题，是分开来看的。P 操作：使 $S=S-1$，若 $S\geqslant0$，则该进程继续执行，否则该进程排入等待队列。V 操作：使 $S=S+1$，若 $S\leqslant0$，则唤醒等待队列中的一个进程。

在资源使用之前将执行 P 操作，之后执行 V 操作。在互斥关系中，PV 操作在一个进程中成对出现，而在同步关系中，PV 操作一定在两个或多个进程中成对出现。

例如，生产者-消费者问题是一个经典的进程的同步和互斥问题，生产者进程先生产物品，然后将物品放置在一个空缓冲区中供消费者进程消费。消费者进程先从缓冲区中获得物品，然后释放缓冲区。当生产者进程生产物品时，如果没有空缓冲区可用，那么生产者进程必须等待消费者进程释放一个空缓冲区。当消费者进程消费物品时，如果没有满的缓冲区，那么消费者进程将被阻塞，直到新的物品被生产出来。其 PV 操作过程如图 1-3 所示。

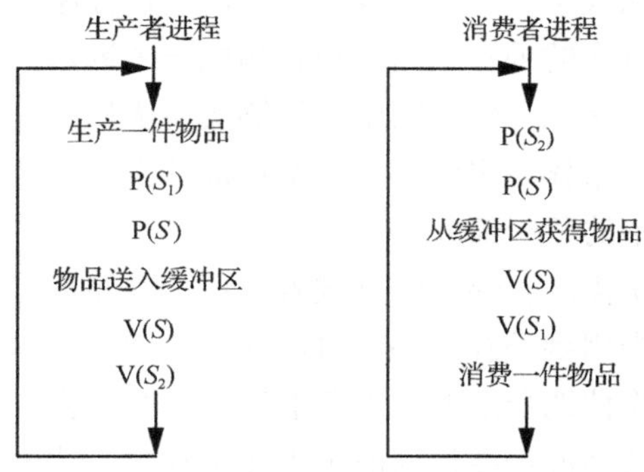

图 1-3 生产者-消费者问题的 PV 操作过程

其中，S_1 的初值为缓冲区的空间大小（一开始缓冲区为空，站在生产者进程的角度来看，可以存放 N 件物品，那么 S_1 初值为 N），S_2 为 0（一开始缓冲区为空，站在消费者进程的角度来看，无物品可取，所以 S_2 初值为 0），S 属于互斥量，初值为 1（生产者进程和消费者进程必须互斥地访问缓冲区）。

1.3.2 存储管理

存储管理是指对存储器资源的管理，主要是指主存并涉及外存的管理。主存是处理器可以直接存取指令和数据的存储器，是计算机系统中的一种重要资源。在计算机工作时，程序处理的典型过程是：首先，CPU 通过程序计数器中的值从主存中取得相应的指令，指令被译码后根据要求可能会从存储器中再取得操作数。对操作数处理完成后，操作结果又会存储到存储器中。在这个过程中，操作系统需要保证在程序执行过程中，按照适当的顺序从正确的存储器单元中存取指令或数据，也就是有效管理存储器的存储空间，根据地址实现这些任务。

1．页式存储管理

页式存储管理通过引入进程的逻辑地址，把进程地址空间与实际物理存储位置分离，从而增加存储管理的灵活性。我们把逻辑地址空间划分为一些相等的片，这些片称为页或页面。同样，物理地址空间被划分为同样大小的片，称为块。这样，在用户程序进入主存时，通过页表就可以将一页对应存到一个块中。这些物理块不必连续。所以主存利用率可以大大提高。

在页式存储系统中，指令所给出的逻辑地址分为两部分：逻辑页号和页内地址。逻辑页号与页内地址所占多少位，与主存的最大容量、页的大小有关。

CPU 中的主存管理单元按逻辑页号查找页表（操作系统为每个进程维护了一个从虚拟地址到物理地址的映射关系的数据结构，页表的内容就是该进程的虚拟地址到物理地址的一个映射）得到物理页号，将物理页号与页内地址相加形成物理地址。

2. 页置换算法

当程序的存储空间要求大于实际的主存空间时，使得程序难以运行。虚拟存储技术利用实际主存空间和相对大得多的外存空间相结合构成一个远远大于实际主存空间的虚拟存储空间，程序就运行在这个虚拟存储空间中，能够实现虚拟存储的依据是程序的局部性原理，即程序在运行过程中经常体现出运行在某个局部范围之内的特点。在一段时间内，整个程序的执行仅限于程序中的某一部分。

虚拟存储把一个程序所需的存储空间分成若干页，程序运行用到的页就放在主存中，暂时不用就放在外存中，当用到外存中的页时，就把它们调到主存中，反之就把它们送到外存中。所有的页不是一次性地全部调入主存中，而是部分装入。

这就有可能出现下面的情况：要访问的页不在主存中，这时系统产生缺页中断。操作系统在处理缺页中断时，要把所需页从外存调到主存中。如果这时主存中有空闲块，就可以直接调入该页；如果这时主存中没有空闲块，就必须先淘汰一个已经在主存中的页，腾出空间，再把所需页装入，即进行置换。

常用的页置换算法有先进先出法（FIFO）、最佳置换法（OPT）、最近最少使用置换法（LRU）、第二次机会算法（Second Chance）、时钟置换算法（Clock）。

（1）**先进先出法：** 先进先出法认为最早调入主存的页不再被使用的可能性要大于刚调入主存的页，因此，先进先出法总是淘汰在主存中停留时间最长的页，即先进入主存的页，先被置换。

（2）**最佳置换法：** 最佳置换法在为调入新页而必须预先淘汰某个旧页时，所选择的旧页应该以后不被使用，或者是在最远的以后时间才被访问。采用这种算法，能保证有最小缺页率。

（3）**最近最少使用置换法：** 最近最少使用置换法选择在最近一段时间内最久没有使用过的页予以淘汰。

（4）**第二次机会算法：** 为了避免先进先出法将重要的页换出主存，第二次机会算法提供了一些改进。第二次机会算法在将页置换出主存前检查其使用位，如果其使用位为 1，则证明此页最近有被使用过，猜测它还可能被使用，于是不把它置换出主存，但把其使用位置为 0，随后检查下一页，直到发现某页的使用位为 0，将此页置换出主存。

（5）**时钟置换算法：** 尽管最近最少使用置换法与最佳置换法接近，但是实现较为困难，因此在实际应用中，大多采用最佳置换法的近似算法——时钟置换算法（又称 NRU 算法）。

时钟置换算法在页表中设置访问字段 A 和修改位 M，首先将主存中的所有页用指针链接成一个循环队列，当页被访问时，其访问位置为 1，系统置换时，检查每页的访问位，为 0 时淘汰，为 1 时重置为 0。接着继续查找其他页，直到查找到访问位为 0 的页。在主存中，如果某页被修改过，则需要将它重新写回磁盘，因此，淘汰修改过后的页所付出的开销要比未修改过的页大。因此，一般不淘汰修改后的页。

所以，A 和 M 有以下四种可能。

第一种：$A=0$，$M=0$。最近未被访问过，也未被修改过（是最佳的置换页）。

第二种：$A=0$，$M=1$。最近未被访问过，但是被修改过。

第三种：$A=1$，$M=0$。最近被访问过，但是未被修改过。

第四种：$A=1$，$M=1$。最近被访问过，也被修改过（所以该页很可能再次被访问）。

具体做法如下。

第一步：从指针所指的位置开始，扫描循环队列，查找 $A=0$，$M=0$ 的页，遇到则淘汰。第一次扫描期间不改变其访问位。

第二步：若第一步失败，则查找 $A=0$，$M=1$ 的页，遇到则淘汰，第二次扫描期间，所经历的页，访问位修改为 0。

重复第一步和第二步，一定能找到 $A=0$，$M=0$ 的页。

1.3.3 设备管理

设备管理是对计算机输入/输出（I/O）系统的管理。其主要任务是：选择和分配 I/O 设备，以便进行数据传输操作；控制 I/O 设备和 CPU（或主存）之间交换数据；可以为用户提供一个友好的透明端口，将用户和设备硬件特性分开，使得用户在编制应用程序时不必涉及具体设备，系统按用户要求控制设备工作。另外，这个端口还为新增加的用户设备提供了一个与系统核心相连接的入口，以便用户开发新的设备管理程序。最后可以提高设备之间、CPU 和设备之间，以及进程之间的并行操作程度，以使操作系统获得最佳效率。

设备管理的主要任务之一是控制设备和主存或 CPU 之间的数据传输，常用的数据传输控制方式一般分为五种：程序查询方式、程序中断方式、DMA（直接主存访问）方式、I/O 通道控制方式和 I/O 处理机方式。

1. 程序查询方式

最简单的数据传输控制方式是程序查询方式，其要求 CPU 不断使用指令检测方法获取外设的工作状态。由于 CPU 的速度远远高于 I/O 设备，因此 CPU 的绝大部分时间都处于等待 I/O 设备的过程中，导致 CPU 的运行效率极低。CPU 和外设只能串行工作。但是它管理简单，在要求不高的场合可以使用。

2. 程序中断方式

某外设的数据准备就绪后，主动向 CPU 发出中断请求信号，请求 CPU 暂时中断目前正在执行的程序，转而进行数据交换；当 CPU 响应这个中断时，便暂停运行主程序，自动转去执行该设备的中断服务程序；当中断服务程序执行完毕（数据交换结束）后，CPU 又回到原来的主程序继续执行。

程序中断方式虽然大大提高了主机的利用率，但是它以字（节）为单位进行数据传输，每完成一个字的传输，控制器便向CPU请求一次中断（执行保存现场信息、恢复现场等工作），仍然占用了CPU许多时间。这种方式对于高速块设备的I/O控制显然是不适合的。

3. DMA方式

DMA方式是一种完全由硬件执行I/O数据交换的工作方式。它既考虑到中断的响应，又要节约中断开销。此时，DMA控制器代替CPU完全接管对总线的控制，数据交换不经过CPU，直接在主存和外设之间成批进行。

优点：速度快，CPU不参加传输操作，省去了CPU取指令、取数、送数等操作，也没有执行保存现场、恢复现场之类的工作。

缺点：批量数据传输前的准备工作，以及传输结束后的处理工作，仍由CPU通过执行管理程序承担，DMA控制器只负责具体的数据传输工作。CPU仍然摆脱不了管理和控制外设的沉重负担，难以充分发挥高速运算的能力。

4. I/O通道控制方式

I/O通道是一个特殊功能的处理器，代替CPU管理控制外设的独立部件。有自己的指令和程序，专门负责I/O数据的传输控制，而CPU在将“传输控制”功能下放给I/O通道后，只负责“数据处理”功能。I/O通道与CPU分时使用主存，实现了CPU内部运算与I/O设备的并行工作。

5. I/O处理机方式

采用专用的小型通用计算机，不仅可以完成I/O通道所完成的I/O控制，还可以完成码制转换、格式处理、检错纠错等操作，具有相应的运算处理部件、缓冲部件，还可以形成I/O程序锁必需的程序转移手段。I/O处理机基本独立于主机工作。在多数系统中，设置多台I/O处理机，分别承担I/O控制、通信、维护等任务。

目前单片机、微型机多采用程序查询、程序中断和DMA方式。I/O通道控制方式和I/O处理机方式一般用在大、中型计算机中。

1.4 软件开发

软件开发是根据用户要求建造出软件系统或系统中的软件部分的过程。软件开发是一个包括需求捕捉、需求分析、设计、实现和测试的系统工程。

1.4.1 软件生命周期

软件生命周期讲的是一个系统历经计划、分析、设计（总体设计和详细设计）、编程、测试、维护直至淘汰的整个过程。

计划：包括问题定义和可行性研究。在这个阶段，必须清楚的问题是，我们要解决什么问题？这个问题有没有可行的解决办法？若有解决的方法，则需要多少费用、资源、时间，等等。要解决这些问题，就要进行问题定义、可行性分析、制订项目开发计划。计划阶段的参与人员有用户、项目负责人、系统分析师，产生的文档有可行性分析报告和项目开发计划。

分析：分析的任务不是具体地解决问题，而是确定软件系统的功能、性能、数据、界面等要求，从而确定系统的逻辑模型。该阶段的参与人员有用户、项目负责人、系统分析师，产生的文档有软件需求说明书。

总体设计：在总体设计阶段，开发人员需要将各项功能需求转换成相应的体系结构。也就是每个模块都和某些功能需求相对应。因此，总体设计就是设计软件的结构，明确软件由哪些模块组成？这些模块的层次结构是怎么样的？这些模块之间的调用关系又是怎么样的？每个模块的功能是什么？同时设计该项目的数据库结构。设计阶段的参与人员有系统分析师和软件设计师，产生的文档有总体设计说明书。

详细设计：详细设计的主要任务就是对每个模块完成的功能进行具体描述，也就是要知道每个模块的控制结构是怎么样的？先做什么？后做什么？有什么样的条件判定？等等，用相应的工具把这些控制结构表示出来。详细设计阶段的参与人员有软件设计师和程序员，产生的文档有详细设计说明书。

编程：把每个模块的控制结构用程序代码进行表示。

测试：测试是保证软件质量的重要手段，其主要方式是在设计测试用例的基础上检查软件的各组成部分。测试阶段的参与人员通常由专业的测试人员担任，产生的文档有软件测试计划和软件测试报告。

维护：维护是软件生命周期中时间最长的阶段。已交付的软件交付给用户使用之后，就进入维护阶段，它可以持续几年甚至几十年。软件运行过程中可能由于各方面的原因，需要对它进行修改。例如，运行中发现了软件隐含的错误而需要修改；为了适应变化的软件工作环境而需要做适当的变更；因为用户业务发生变化而需要扩充和增强软件的功能；等等。

1.4.2 软件开发模型

采用合适的软件开发模型，可以很好地指导我们的开发工作，可以让漫长的开发工作变得容易控制。软件开发模型及方法主要有瀑布模型、演化模型和增量模型、喷泉模型、V 模型、螺旋模型。

1. 瀑布模型

瀑布模型又称生命周期法，是最常用的软件开发模型，它把软件开发的过程分为软件计划、需求分析、软件设计、程序编码、软件测试和运行维护 6 个阶段，规定了它们自上而下、相互衔接的固定次序，如同瀑布流水，逐级下落。瀑布模型如图 1-4 所示。

瀑布模型是最早出现的软件开发模型，在软件工程中占有重要的地位，它提供了软件开发的基本框架。瀑布模型的本质是“一次通过”，即每个阶段只进行一次，最后得到软件产品，过程就是利用本阶段应完成的内容，给出该阶段的工作成果，作为输出传给下一阶段；对该阶段实施的工作进行评审，如果工作得到确认，就继续下一阶段，否则返回上一阶段，甚至更上阶段进行返工。

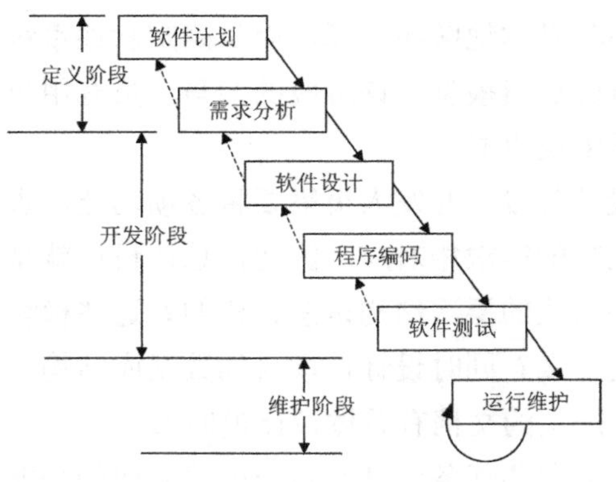

图 1-4　瀑布模型

瀑布模型有利于大型软件开发过程中人员的组织与管理，有利于软件开发方法和工具的研究与使用，从而提高大型软件项目开发的质量和效率。然而软件开发的实践表明，上述阶段之间并非完全是自上而下的，而是呈线性图式，因此，瀑布模型存在严重的缺陷。

（1）由于瀑布模型呈线性图式，所以当开发成果尚未经过测试时，用户无法看到软件的效果。这样，软件与用户见面的时间间隔较长，增加了一定的风险。

（2）在软件开发前期，未发现的错误传到后面的开发阶段中时，可能会扩散，进而导致整个软件项目开发失败。

（3）最突出的一点是围绕需求分析的，通常用户一开始并不知道他们需要的是什么，而需求是在整个项目进程中通过双向交互不断明确的；而瀑布模型强调一开始精准地捕获需求和设计，在这种情况下，瀑布模型显得有些不切实际了。

2．演化模型和增量模型

对于许多需求不够明确的项目，比较适合采用演化模型和增量模型。通过快速地建立一个能够反映用户主要需求的软件原型，让用户在计算机上使用它，了解其概要，根据反馈的结果进行修改，所以说，原型能够充分体现用户的参与和决策。原型化人员对原型的实施很重要，衡量它们的重要标准是，能否从用户的模糊描述中快速地获取实际的需求。这种原型技术又分为三类：抛弃式、演化式和增量式。其中，抛弃式原型在系统真正实现以后就放弃不用了，如研究型原型，其初始的设计仅作为参考，用于探索目标系统的需求特征。

（1）**演化模型**：演化模型的主要步骤是首先开发系统的一个核心功能，使得用户可以与开发人员一同确认该功能，这样开发人员将得到第一手经验，再根据用户的反馈进一步开发其他功能或进一步扩充该功能，直到建立一个完整的系统。演化模型的特点基本上与增量模型一致，但演化模型的管理是一个主要难点，也就是说，我们很难确认整个系统的里程碑、成本和时间基线。

（2）**增量模型**：增量模型与演化模型一样，本质上是迭代的，但与演化模型不一样的是，其强调每个增量均发布一个可操作产品。采用增量模型的优点是人员分配灵活，刚开始不用投入大量人力资源。如果核心产品很受欢迎，则可增加人力实现下一个增量。当配备的人员不能在设定的期限内完成产品时，它可以提供一种先推出核心产品的途径。这样即可先发布部分功能给用户，对用户起到镇静剂的作用，又能够有计划地管理技术风险。

3. 喷泉模型

喷泉模型如图 1-5 所示，它不像瀑布模型一样，需要分析阶段结束后才开始设计阶段，设计阶段结束后才开始编码阶段。该模型的各阶段没有明显的界限，开发人员可以同步进行开发。其优点是可以提高软件项目的开发效率，节省开发时间，适用于面向对象的软件开发过程。由于喷泉模型在各阶段都是重叠的，因此在开发过程中需要大量开发人员，不利于项目的管理。此外，这种模型要求严格管理文档，使得审核的难度加大，尤其是面对可能随时加入各种信息、需求与资料的情况。

4. V 模型

V 模型是瀑布模型的变种，主要说明测试活动是如何与分析和设计相联系的，在软件开发模型中，测试阶段常常作为事后弥补行为，但也有以测试阶段为中心的软件开发模型，那就是 V 模型。V 模型只得到了软件业内比较模糊的认可。V 模型宣称测试阶段并不是一个事后弥补行为，而是一个同开发阶段同样重要的阶段。V 模型说明测试阶段是如何与开发阶段相联系的。它通过把测试阶段与开发阶段的每个要素关联进行确认。V 模型如图 1-6 所示。

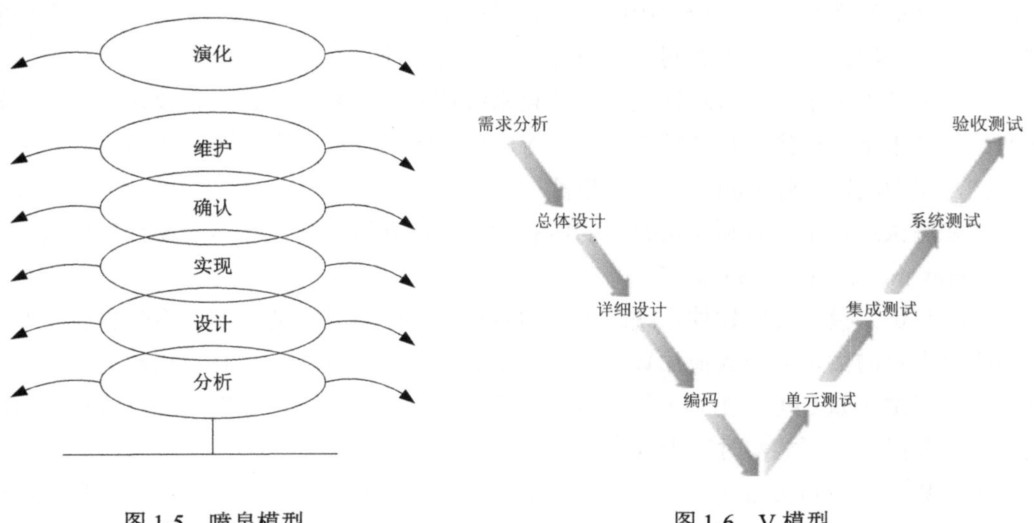

图 1-5 喷泉模型　　图 1-6 V 模型

V 模型的价值在于它非常明确地标明了测试阶段中存在的不同级别，并且清楚地描述了这些测试阶段和开发期间各阶段的对应关系。

（1）单元测试又称模块测试，是针对软件设计的最小单位（程序模块）进行正确性检验的测试阶段。其目的在于检查每个程序单元能否正确实现详细设计中的模块功能、性能、端口和设计约束等要求，发现各模块内部可能存在的各种错误。单元测试的计划通常是在详细设计阶段完成的。

（2）集成测试又称组装测试。它主要是将已通过单元测试的模块集成在一起，测试模块之间的协作性。集成测试的计划通常是在总体设计阶段完成的。

集成测试的基础策略有很多，通常分为两种：非增量式集成测试策略和增量式集成测试策略

非增量式集成测试策略又称大爆炸集成、一次性集成，即在最短的时间内把所有系统组件一次性集成到被测系统中，并通过最少的用例验证整个系统，不考虑各组件之间的相互依赖性或可能存在的风险。例如，即使被测系统能够被一次性集成，还会有许多端口被遗漏，甚至会躲过测试遗留在系统中。其结果为：发现有错误，但找不到原因；查错和改错都会遇到困难。

增量式集成测试策略与非增量式集成测试策略相反，它把程序划分成小段来构造和测试，在这个过程中比较容易定位和改正错误。增量式集成测试策略有很多种：自顶向下集成测试、自底向上集成测试、三明治集成测试。

自顶向下集成测试：从主控模块开始，沿着程序控制层次向下移动，逐渐把各模块组合。能够较早地验证主要的控制点和判断点，如果主控模块出现问题，能够及时发现。

自底向上集成测试：可以把容易出问题的部分在早期解决；可以实施多个模块的并行测试，提高测试效率；但对主控模块直到最后才接触到。

三明治集成测试：属于混合式集成，综合了自顶向下和自底向上集成测试的优缺点；测试时，将被测系统分成三份，中间一份为目标层，目标层的上部分采用自顶向下集成测试，下部分采用自底向上集成测试。最后在目标层进行汇合。

（3）系统测试主要针对总体设计，检查系统作为一个整体是否能有效地运行。例如，在产品设置中是否达到了预期的高性能，对应的是需求分析。系统测试包括性能测试、负载测试、压力测试、强度测试、容量测试。

性能测试：收集所有和测试有关的所有性能，通常被不同人在不同场合下使用。关注点是“how much”和“how fast”。

负载测试：模拟实际软件系统所承受的负载条件的系统负荷，通过不断加载（如逐渐增加模拟用户的数量）或其他加载方式观察不同负载下系统的响应时间和数据吞吐量、系统占用的资源（如 CPU、主存）等，以检验系统的行为和特性，发现系统可能存在的性能瓶颈、主存泄漏、不能实时同步等问题。

压力测试：在强负载（大数据量、大量并发用户等）下的测试，查看应用系统在峰值使用情况下的操作行为，从而有效地发现系统的某项功能隐患、系统是否具有良好的容错能力和可恢复能力。

简单来说，负载测试是测试软件本身最大所能承受的性能测试；压力测试就是一种破

坏性的性能测试。

强度测试：强度测试是一种性能测试，在系统资源特别低的情况下查看软件系统的运行情况，目的是找到系统在哪里失效及如何失效。

容量测试：确定系统可处理同时在线的最大用户数。

（4）验收测试通常由业务专家或用户进行，以确认产品能真正符合用户业务上的需求。

不管是哪个阶段的测试，一旦出现问题，就要进行修改。修改之后，为了检查这种修改是否会引起其他错误，还要对这个问题进行测试，这种测试称为回归测试或退化测试。

5．螺旋模型

螺旋模型将瀑布模型和演化模型相结合，综合了二者的优点，并增加了风险分析，如图 1-7 所示。它以原型为基础，沿着螺线自内向外旋转，每旋转一圈都要经过制订计划、风险分析、实施工程、用户评价阶段，并开发原型的一个新版本。经过若干次螺旋上升的过程，得到最终的系统。螺旋模型的核心在于，不需要在刚开始时就把所有事情都定义清楚。可以轻松上阵，先定义最重要的功能，实现它，然后听取用户的意见，之后进入下一阶段。如此不断循环重复，直到得到满意的最终产品。每轮循环包含如下 6 个步骤：确定目标、可选项及强制条件；识别并化解风险；评估可选项；开发并测试当前阶段；规划下一阶段；确定进入下一阶段的方法和步骤。

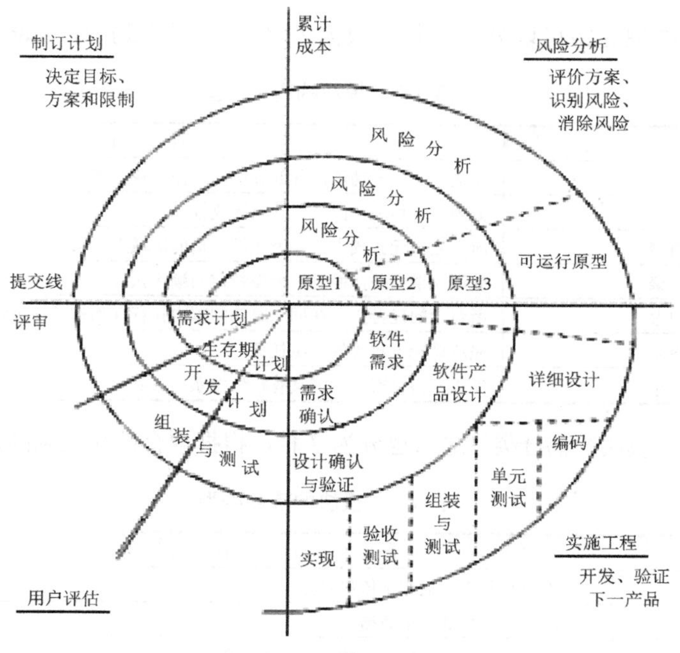

图 1-7　螺旋模型

1.4.3　软件开发基础

在软件的设计阶段，主要包括总体设计和详细设计。

1. 总体设计

总体设计又称概要设计，将软件需求转化为数据结构和软件的系统结构。如果采用结构化设计，则从宏观的角度将软件划分成各组成模块，并确定模块的功能及模块之间的调用关系。

在结构化设计中，模块化是一个很重要的概念，它将一个待开发的软件分解成若干小的简单部分——模块，每个模块都可以独立地开发、测试。目的是使程序的结构清晰，比较容易进行测试和修改。

模块独立原则如下。

模块独立：具有独立功能且和其他模块没有过多作用，理由是容易分工合作；容易测试和维护，修改工作量比较小，错误传播范围小，扩充功能容易。

两个定性度量标准：低耦合、高内聚。

耦合性又称块间联系，是指软件系统结构中各模块之间相互联系的紧密程度的一种度量。模块之间联系越紧密，其耦合性越高，模块的独立性越差。模块之间的耦合性高低取决于模块之间端口的复杂性、调用的方式及传递的信息。

内聚性又称块内联系，是指模块功能强度的一种度量，即一个模块内部各元素彼此结合的紧密程度的度量。若一个模块内各元素（语句之间、程序段之间）联系越紧密，其内聚性越高。

模块的内聚类型通常可以分为 7 种，根据内聚性从高到低排序如表 1-3 所示。

表 1-3　模块的内聚类型

内聚类型	描　　述
功能内聚	完成一个单一功能，各部分协同工作，缺一不可
顺序内聚	处理元素相关，而且必须顺序执行
通信内聚	所有处理元素集中在一个数据结构的区域上
过程内聚	处理元素相关，而且必须按特定的顺序执行
瞬时内聚	所包含的任务必须在同一时间间隔内执行（如初始化模块）
逻辑内聚	完成逻辑上相关的一组任务
偶然内聚	完成一组没有关系或具有松散关系的任务

与此相对应，模块的耦合类型通常也分为 7 种，根据耦合性从低到高排序如表 1-4 所示。

表 1-4　模块的耦合类型

耦合类型	描　　述
非直接耦合	没有直接联系，互相不依赖对方
数据耦合	借助参数表传递简单数据
标记耦合	一个数据结构的一部分借助于模块端口被传递
控制耦合	模块之间传递的信息中包含用于控制模块内部逻辑的信息
外部耦合	与软件以外的环境有关
公共耦合	多个模块引用同一个全局数据区
内容耦合	一个模块访问另一个模块的内部数据；一个模块不通过正常入口转到另一个模块的内部；两个模块有一部分程序代码重叠；一个模块有多个入口

除了满足以上两大基本原则，通常在模块分解时还需要注意：保持模块的大小适中；尽可能减少调用的深度；直接调用该模块的个数应该尽量大，但调用其他模块的个数则不宜过大；保证模块是单入口/单出口的；模块的作用域应该在控制域之内；功能应该是可预测的。

2．详细设计

详细设计又称低层设计，对结构表示进行细化，得到详细的数据结构与算法。同样，如果采用结构化设计，则详细设计的任务就是对每个模块进行设计。

详细设计确定应该如何具体地实现所要求的系统，得出对目标系统的精确描述。它采用自顶向下、逐步求精的设计方式和单入口/单出口的控制结构。经常使用的工具包括程序流程图、盒图、PAD 图（问题分析图）、PDL（伪码）。

总的来说，在整个软件的设计过程中，需要完成以下任务。

（1）制订规范，作为设计的共同标准。

（2）完成软件系统结构的总体设计，将复杂系统按功能划分为模块的层次结构，确定模块的功能，以及模块之间的调用关系、组成关系。

（3）设计处理方式，包括算法、性能、周转时间、响应时间、吞吐量、精度等。

（4）设计数据结构。

（5）可靠性设计。

（6）编写设计文档，包括总体设计说明书、详细设计说明书、数据库设计说明书、用户手册、初步的测试计划等。

（7）设计评审，主要是对设计文档进行评审。

在设计阶段，必须根据需要解决的问题，做出设计的选择。例如，对于半结构化决策问题，就适合用交互式计算机软件来解决。

3．统一软件开发过程

统一软件开发过程（RUP）是 IBM 公司提出的软件工程实施过程，在业界经历了数千个软件项目的实践，是当前最为成功的软件工程方法论之一！

为了更好地支持和促进软件开发，RUP 以保持最佳实践为中心思想提供了一套以统一建模语言 UML 为基础的开发准则，用于指导软件开发人员以 UML 为基础进行软件开发，使得开发团队成员可以共享同一个知识库、同一个开发过程、同一个开发视图、同一种建模语言；通过迭代式开发、管理需求、使用构件架构、可视化建模、检验质量、控制变更等措施避免了软件开发中遇到的危机（如开发周期大大超过规定日期、开发成本严重超标、质量问题等），目的是能够在预定的进度和预算中，提供高质量的、能满足最终用户需求的软件。

RUP 是一种迭代的、以架构为中心的、用例驱动的软件开发方法；是一种具有明确定义和结构的软件工程实施过程，它明确规定了人员的职责、如何完成各项工作、何时完成各项工作，以及软件开发生命周期的结构。因此特别适用于大型软件团队开发大型项目。

RUP 的三个核心特点：以架构为中心、用例驱动（用例驱动是敏捷开发中的一项核心实践和技术，也是一种设计方法论）和增量与迭代。

以架构为中心：应用基于构件的构架——软件系统很复杂，不同干系人（如用户、软件分析师、开发人员、集成人员、测试人员、项目经理等）对软件有不同的视角。建立并维护软件构件有利于管理不同的视角，从而在整个迭代周期内控制迭代的过程。RUP 使用基于构件的架构，并提供使用现有的或新开发的构件定义架构的系统化方法，有助于降低软件开发的复杂性、提高软件重用率。

用例驱动：其原理是在开发功能代码之前，先编写单元测试用例代码，测试代码确定需要编写什么产品代码。

增量与迭代：好处如下。

（1）降低了在一个增量上的开支风险。如果开发人员重复某个迭代，那么损失只是这一个开发有误的迭代的花费。

（2）降低了产品无法按照既定进度进入市场的风险。通过在开发早期就确定风险，可以尽早解决，而不至于在开发后期匆匆忙忙。

（3）加快了整个开发工作的进度。因为开发人员清楚问题的焦点所在，他们的工作会更有效率。

（4）迭代式开发。在软件开发的早期阶段就想完全、准确地捕获用户的需求几乎是不可能的。实际上，我们经常遇到的问题是在整个软件开发过程中，用户的需求经常会改变。迭代式开发允许在每次迭代过程中需求可能有变化，通过不断细化加深对问题的理解。迭代式开发不仅可以降低项目的风险，而且每个迭代过程都以可执行版本结束，可以鼓舞开发人员。因此，迭代式开发使适应需求的变化会更容易些。

4．软件重用

软件重用是指在两次或多次不同的软件开发过程中重复使用相同或相似软件元素的过程。软件元素包括程序代码、测试用例、设计文档、设计过程、需求分析文档甚至领域知识。

通常，软件元素又称软构件，软构件越大，重用的粒度越大。软件重用可分为三个层次。

（1）知识重用（如软件工程知识的重用）。

（2）方法和标准的重用（如面向对象方法或国家制定的软件开发规范的重用）。

（3）软件成分的重用。

应用软件重用可以减少软件开发过程中的大量重复性工作，这样可以提高软件生产率、降低开发成本、缩短开发周期。同时，由于软构件大都经过了严格的质量认证，并在实际运行环境中得到了校验，因此，重用软构件有助于改善软件质量。此外，大量使用软构件，软件的灵活性和标准化程度也可望得到提高。

1.4.4 软件测试基础

软件测试是软件质量保证的主要手段之一，在将软件交付给用户之前所必须完成的步骤就是软件测试。

测试并不仅仅是为了找出错误。通过分析错误产生的原因和错误的分布特征，可以帮助项目管理者发现当前所采用的软件过程的缺陷，以便改进。同时，这种分析能帮助我们设计出有针对性的检测方法，改善测试的有效性。

1. 动态测试

动态测试通过运行程序发现错误，分为黑盒测试、白盒测试和灰盒测试。不管是哪一种测试，都不能做到穷尽测试，只能选取少量最有代表性的输入数据，以期用较少的代价暴露出较多的程序错误。这些被选取出来的数据就是测试用例（一个完整的测试用例应该包括输入数据和期望的输出结果）。

（1）**黑盒测试：**把被测对象看作一个黑盒子，测试人员完全不考虑程序的内部结构和处理过程，只在软件的端口处进行测试，依据需求规格说明书，检查程序是否满足功能要求。因此，黑盒测试又称功能测试或数据驱动测试。常用的黑盒测试用例设计方法有等价类划分、边值分析、错误猜测、因果图和功能图等。

（2）**白盒测试：**把被测对象看作一个打开的盒子，测试人员需要了解程序的内部结构和处理过程，以检查处理过程的细节为基础，对程序中尽可能多的逻辑路径进行测试，检验内部结构和数据结构是否有错，实际的运行状态与预期的状态是否一致。由于白盒测试是结构测试，所以被测对象基本上是源程序，以程序的内部逻辑为基础设计测试用例。常用的白盒测试用例设计方法有基本路径测试、循环覆盖测试、逻辑覆盖测试。

（3）**灰盒测试：**灰盒测试是一种介于白盒测试与黑盒测试之间的测试，它关注输出对于输入的正确性。同时关注内部表现，但这种关注不像白盒测试那样详细且完整，只是通过一些表征性的现象、事件及标志判断程序内部的运行状态。

2. 静态测试

静态测试是指被测程序不在机器上运行，而是采用人工检测和计算机辅助静态分析的手段对程序进行测试。静态测试的主要方法有桌前检查（程序员自查）、代码审查和代码走查。经验表明，使用这种方法能够有效地发现 30%～70%的逻辑设计和编码错误。

值得说明的是，使用静态测试也可以实现白盒测试。例如，使用人工检查代码的方法检查代码的逻辑问题，属于白盒测试。

为了保证系统的质量和可靠性，应力求在分析、设计等各开发阶段结束前，对软件进行严格的技术评审。而软件测试是为了发现错误而执行程序的过程。

另外，还可以根据测试的不同目的、阶段，把测试分为单元测试、集成测试、确认测试、系统测试等。

1.4.5 项目管理基础

项目管理属于管理学的一个分支学科。项目管理是指运用专门的知识、技能、工具和方法，使项目能够在有限资源限定条件下，实现或超过设定的需求和期望，项目管理的十大知识领域：整合管理、范围管理、时间管理（进度管理）、成本管理、质量管理、资源管理、沟通管理、风险管理、采购管理、相关方管理。

整合管理：包括对隶属于项目管理过程组的各种过程和项目管理活动进行识别、定义、组合、统一和协调的各过程。

范围管理：包括确保项目做且只做所需的全部工作，以成功完成项目的各过程。

时间管理：包括为管理项目按时完成所需的各过程。

成本管理：包括为使项目在批准的预算内完成而对成本进行规划、估算、预算、融资、筹资、管理和控制的各过程，从而确保项目在批准的预算内完成。

质量管理：包括把组织的质量政策应用于规划、管理、控制项目和产品质量要求，以满足相关方目标的各过程。

资源管理：包括识别、获取和管理所需资源以成功完成项目的各过程，这些过程有助于确保项目经理和项目团队在正确的时间和地点使用正确的资源。

沟通管理：包括通过开发工件，以及执行用于有效交换信息的各种活动，确保项目及其相关方的信息需求得以满足的各过程。

风险管理：包括规划风险管理、识别风险、开展风险分析、规划风险应对、实施风险应对和监督风险的各过程。

采购管理：包括从项目团队外部采购或获取所需产品、服务或成果的各过程。

相关方管理：包括用于开展下列工作的各过程。

在网络规划设计师考试中，重点是整合管理中的变更管理、时间管理、成本管理、风险管理的内容。

1. 变更管理

整合管理从全局的、整体的观点出发，并通过有机地协调项目各要素（进度、成本、质量和资源等），在相互影响的项目各项具体目标和方案中权衡和选择，尽可能消除项目各单项管理的局限性，从而最大限度地满足项目干系人的需求和希望。

整体变更控制是指在软件生命周期的整个过程中对变更进行识别、评价和管理，其主要目标是对影响变更的因素进行分析、引导和控制，使其朝着有利于项目的方向发展；确定变更是否真的已经发生或不久就会发生；当变更发生时，进行有效的控制和管理。

（1）变更的分类。

项目变更有多种分类方法，按变更性质可分为重大变更、重要变更和一般变更；按变更的迫切性可分为紧急变更、非紧急变更；按变更所发生的领域和阶段可分为进度变更、成本变更、质量变更、设计变更、实施变更和工作（产品）范围变更；按变更所发生的空间可分为内部环境变更和外部环境变更；等等。

（2）变更产生的原因。

项目变更的规律可能因项目类型和性质而不同，变化可能是产品范围，即对交付产品的需求发生的变化，也可能是项目范围或项目的资源、进度等执行过程发生的变化。

变更的常见原因：产品范围（成果）定义的过失或疏忽；项目范围（工作）定义的过失或疏忽；增值变更；应对风险的紧急计划或回避计划；项目执行过程与项目基准要求不

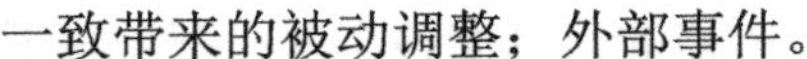

一致带来的被动调整；外部事件。

（3）变更控制系统。

项目干系人可以提出变更请求。尽管可以口头提出，但所有变更请求都必须以书面形式记录，并纳入变更管理和/或配置管理系统中。变更请求由变更控制系统和配置控制系统中所列的过程进行处理，可能需要向这些过程说明变更对时间和成本的影响。

变更控制系统是指规定项目绩效如何监测与评估的一组正式的、有文件记载的程序，包括正式项目文件变更需要经过的步骤和核准变更所需的表格填写、系统追踪、各项过程及逐级进行的审批。

在许多情况下，项目实施组织往往有一个现成的变更控制系统，可以“原封不动”地拿来使用于项目。然而，如果没有合适的现成变更控制系统，项目管理班子就需要建立一个小组负责批准或否决所提出的变更。这些小组的角色与责任都已在变更控制系统中明确定义，并且经过所有关键干系人的认可和同意。各组织对于这些小组的定义和叫法各不相同，一些常见的名称有 CCB（Change Control Board，变更控制委员会）、ERB（Engineering Review Board，工程审查委员会）、TRB（Technical Review Board，技术审查委员会）、TAB（Technical Evaluation Board，技术评估委员会）等。变更控制系统还必须包括处理未经事前审查就已实施的变更程序，如在紧急情况下进行的变更。一般来说，变更控制系统允许“自动”批准一些事先规定的变更类型。但这些变更必须形成文件，纳入档案，以便记载基准的演变过程。

CCB 是一个负责项目变更审批的团体。其主要职能就是为准备提交的变更请求提供指导，对变更请求做出评价，并管理经批准的变更请求的实施过程。项目实施组织可以将主要的几个项目干系人纳入 CCB，根据每个项目的特殊需要，还可以由几个项目团队成员轮流参与。通过建立管理变更的正式委员会和过程，有效地提高整体变更控制的水平。

然而，通过 CCB 审批变更也会存在一些缺点，如对提交的变更请求的决策可能会花费更多的时间。CCB 可能每周一次或每月一次开会，开一次会可能还做不了决定，可以对决策的过程进行简化，以便对一些小的项目变更快速做出决策。

如果项目是按合同来实施的，那么按照合同要求，某些变更请求还需要经过用户的批准。变更请求得到批准后，可能需要编制新的（或修订的）成本估算、活动排序、进度日期、资源需求和风险应对方案分析。这些变更可能要求调整项目管理计划或项目的其他管理计划/文件。

（4）工作程序。

变更管理的工作程序依次为：提出与接受变更请求、对变更初审、变更方案论证、CCB 审查、发出变更通知并开始实施、变更实施的监控、变更效果的评估、判断发生变更后的项目是否已纳入正常轨道。

① 提出与接受变更请求。提出变更请求应当及时以正式方式进行，并留下书面记录。变更的提出可以是各种形式，但在评估前应以书面形式提出。

② 对变更初审。变更初审的目的是对变更提出方施加影响，确认变更的必要性，确保

变更是有价值的；进行格式校验、完整性校验，确保评估所需的信息准备充分；在项目干系人中就提出供评估的变更信息达成共识。

③ 变更方案论证。变更方案的主要作用是对变更请求是否可实现进行论证，如果可实现，则将变更请求由技术要求转化为资源需求，以供 CCB 决策。常见的方案内容包括技术评估和经济评估，前者评估需求如何转化为成果，后者评估价值和风险。

④ 项目变更控制委员会审查。审查过程由项目所有者根据变更请求及评估方案，决定是否批准变更。审查通常采用文档会签形式，重大的变更审查包括正式会议形式。审查过程应注意分工，项目投资人虽有最终的决策权，但通常在专业技术上并非强项。所以应当在评审过程中将专业评审、经济评审分开，对涉及项目目标和交付成果的变更，应将用户的意见放在核心位置。

⑤ 发出变更通知并开始实施。评审通过，意味着项目基准的调整，同时确保变更方案中的资源需求及时到位。项目基准的调整，包括项目目标的确认，最终成果、工作内容和资源、进度计划的调整。需要强调的是，发出变更通知后，不只包括实施项目基准的调整，更要明确项目的交付日期、成果对相关干系人的影响。例如，变更造成交付期的调整，应在变更确认时发布，而非在交付前发布。

⑥ 变更实施的监控。除了要监控调整过的项目基准中所涉及变更的内容，还应当对项目的整体基准是否反映项目实施情况负责。通过监控行动，确保项目的整体实施工作是受控的。通常由项目经理负责项目基准的监控，管理委员会监控变更明确的主要成果、进度里程碑等，可以委托监理单位承担监控职责。

⑦ 变更效果的评估。变更评估的首要依据是项目基准，可结合变更的初衷来看要达到的目的是否已达成，以及评估变更方案中的技术论证、经济论证内容与实施过程的差距并推进解决。

⑧ 判断发生变更后的项目是否已纳入正常轨道。项目基准调整后，需要确认相应的资源配置和人员是否及时到位，更需要多加关注。之后对项目的整体监控应按新的项目基准进行，当确认新的项目基准已经生效后，按正常的项目实施流程进行。

2. 时间管理

在给定的时间内完成是项目的重要约束性目标，能否按进度交付是衡量项目是否成功的重要标志。因此，控制进度是项目控制的首要内容，是项目的灵魂。同时，由于项目管理是一个带有创造性的过程，项目不确定性很大，因此控制进度是项目管理中的最大难点。

制订进度计划是指分析活动顺序、持续时间、资源需求和进度约束，编制项目进度计划的过程。使用进度计划编制工具处理各种活动、持续时间和资源信息，就可以制订出一份列明各项目活动的计划完成日期的进度计划。制订可行的进度计划，往往是一个反复进行的过程。这一过程旨在确定项目活动的计划开始日期与计划完成日期，并确定相应的里程碑。

在制订进度计划的过程中，可能需要审查和修正持续时间估算与资源估算，以便制订出有效的进度计划。在得到批准后，该进度计划成为基准，用来跟踪项目绩效。随着工作的推进、项目管理计划的变更及风险性质的演变，应该在整个项目期间持续修订进度计划，以确保进度计划始终现实可行。

进度控制技术和主要工具包括以下几类。

（1）甘特图。

甘特图（Gantt 图）又称横道图或条形图，将计划和进度安排结合在一起。用水平线段表示活动的工作阶段，线段的起点和终点分别对应活动的开始时间和完成时间，线段的长度表示完成活动所需的时间。图 1-8 给出了一个具有 5 个任务的甘特图。

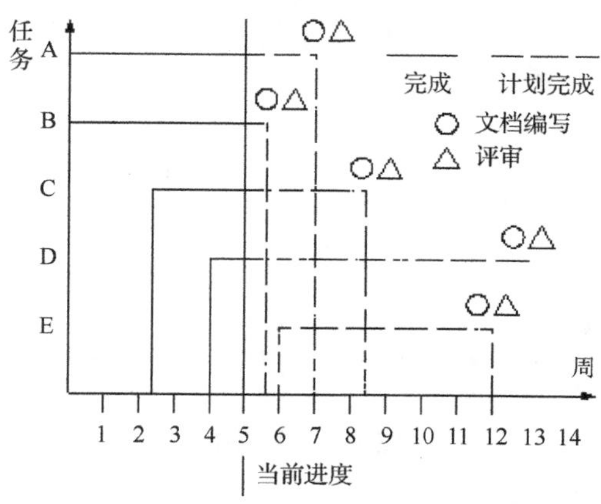

图 1-8 甘特图

如果这 5 条线段分别代表完成活动的计划时间，则在横坐标方向附加一条可向右移动的纵线。它可随着项目的进展，指明已完成的活动（纵线扫过的）和有待完成的活动（纵线尚未扫过的）。从甘特图上可以很清楚地看出各子活动在时间上的对比关系。

在甘特图中，活动完成的标准，不是能继续下一阶段活动，而是必须交付应交付的文档与通过评审。因此在甘特图中，文档编写与评审是项目进度的里程碑。甘特图的优点是标明了各活动的计划进度和当前进度，能动态地反映项目的进展情况，能反映活动之间的静态逻辑关系；缺点是难以反映多个活动之间存在的复杂逻辑关系，没有指出影响软件生命周期的关键所在，不利于合理地组织安排整个系统，更不利于对整个系统进行动态优化管理。

（2）时标网络图。

在图 1-9 中，时标网络图（Time Scalar Network）克服了甘特图的缺点，用带有时标的网状图表示各子活动的进度情况，以反映各子活动进度上的依赖关系，即哪些活动完成后才能开始另一些活动，以及如期完成整个工程的关键路径，但是不能清晰地描述各子活动之间的并行关系。

在时标网络图中的某些活动可以并行进行，所以完成工程的最短时间是从开始顶点到完成顶点的最长路径的长度，从开始顶点到完成顶点的最长（工作时间之和最大）路径为关键路径，关键路径上的活动为关键活动。

关键路径法是在制订进度计划时使用的一种进度网络分析技术。关键路线法沿着项目进度网络路线进行正向与反向分析，从而计算出所有计划活动理论上的最早开始与完成时间、最迟开始与完成时间，不考虑任何资源限制。

松弛时间（Slack Time）不影响完工前提下可能被推迟完成的最长时间，在关键路径上的任务的松弛时间为 0。松弛时间=关键路径的时间-包含某活动最长路径的时间，也可以用最迟开始时间-最早开始时间计算。

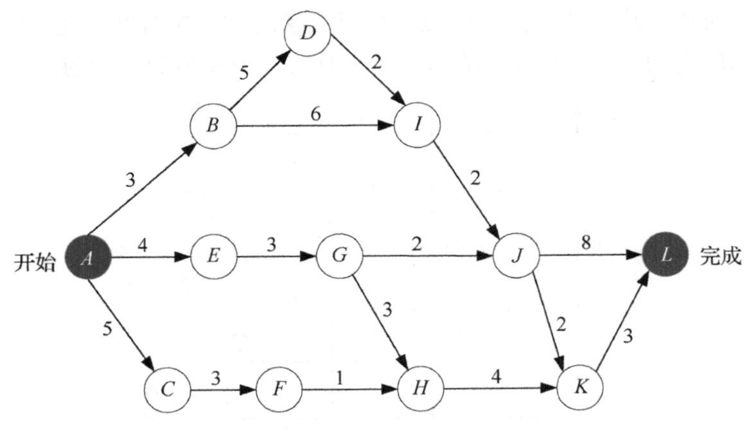

图 1-9　网络图

3．成本管理

成本管理包含为使项目在批准的预算内完成而对成本进行规划、估算、预算、融资、筹资、管理和控制的各过程，从而确保项目在批准的预算内完工。

成本管理应考虑项目干系人对掌握成本情况的要求。不同的项目干系人会在不同的时间、用不同的方法测算项目成本。例如，对于某采购品，可在做出采购决策、下达订单、实际交货、实际成本发生或进行会计记账时，测算其成本。

成本管理重点关注完成项目活动所需资源的成本，但同时应考虑项目决策对项目 产品、服务或成果的使用成本、维护成本和支持成本的影响。例如，限制设计审查的次数可以降低项目成本，但可能增加由此带来的产品运营成本。

在很多组织中，预测和分析项目产品的财务效益是在项目之外进行的。但对于有些项目，如固定资产投资，可在成本管理中进行这项预测和分析工作。在这种情况下，成本管理还需要使用其他过程和许多通用财务管理技术，如投资回报率分析、现金流贴现分析和投资回收期分析等。

应该在项目规划阶段的早期对成本管理进行规划，建立各成本管理过程的基本框架，以确保各过程的有效性及各过程之间的协调性。

成本管理由资源计划、成本估计、成本预算和成本控制等过程组成。

资源计划：决定完成项目各项活动需要哪些资源（人、设备、材料），以及每种资源的需求量。

成本估算：估算完成项目各活动所需每种资源成本的近似值。

成本预算：将成本估算分配给单个工作任务，制订一个成本基准计划以衡量项目绩效。例如，预算中应该包括一部分储备金，以应对计划外的、不可预见的、可能发生的风险。

成本控制：控制成本预算的改变，成本控制的内容包含根据成本计划监督成本的运行情况及成本偏差，记录成本基线发生的所有变更，防止不正确的、不合适的、未批准的成本变更，成本变更时通知相关的项目干系人，最终将成本偏差控制在可接受的范围内。

4．风险管理

项目风险是一种不确定的事件或条件，一旦发生，会对项目目标产生某种正面或负面影响。风险有其成因，如果风险发生，将导致某种后果。当事件、活动或项目有损失或收益与之相联系，涉及某种或然性、不确定性和某种选择时，才称为有风险。以上三条，每条都是风险定义的必要条件，不是充分条件。具有不确定性的事件不一定是风险。

风险管理的目的就是最小化风险对项目目标的负面影响，抓住风险带来的机会，增加项目干系人的收益。作为项目经理，必须评估项目中的风险，制定风险应对策略，有针对性地分配资源、制订计划，保证项目顺利进行。

在风险管理中，需要进行风险识别、风险分析、风险控制和风险转移。

风险识别：风险分析和跟踪的基础，项目经理需要通过风险识别确认项目中潜在的风险，并制定风险防范策略。通常，项目环境不断变化，风险识别也不是一蹴而就的，需要贯穿整个软件生命周期。风险识别的结果是一份风险列表，其中记录了项目中所有发现的风险。在通过对风险进行分析后，制定相应的风险防范和应对措施，并安排专人对风险进行跟踪。

风险分析：在得到了项目风险列表后，需要对其中的风险做进一步的分析，以明确各风险的属性和要素，这样才可以更好地制定风险应对措施。

风险控制：制定风险管理方案，采取措施降低风险。例如，对于软件项目开发过程中存在的技术风险，我们可以采用成熟的技术、团队成员熟悉的技术或迭代式的开发等方法来规避风险；对于项目管理风险，我们可以采用成熟的项目管理方法和策略来规避不成熟的项目管理带来的风险；对于进度风险，我们可以采用增量式的开发来规避项目或产品延迟上市的风险；对于软件项目需求不确定的风险，我们可以采用原型法来规避风险。

风险转移：对难以控制的风险进行投保等或转给第三方。例如，软件项目通常可以采用外包的形式来转移软件开发的风险，发包方面对一个完全陌生领域的项目，可以采用外包的形式来完成，发包方必须有明确的合同约定来保证承包方对软件的质量、进度及维护的保证。否则风险转移很难取得成功。

1.5　知识产权

知识产权有两类：一类是著作权（又称版权、文学产权），另一类是工业产权（又称产业产权）。

著作权是指自然人、法人或其他组织对文学、艺术和科学作品依法享有的财产权利和精神权利的总称。主要包括著作权及与著作权有关的邻接权，通常我们说的知识产权主要是指计算机软件著作权和作品登记。

工业产权则是指工业、商业、农业、林业和其他产业中具有实用经济意义的一种无形财产权，由此看来，“产业产权”的名称更为贴切。主要包括专利权与商标权。

知识产权是网络规划设计师的一个综合部分的必考知识点，每次考试的分数在 1～2 分左右，主要涉及著作权、专利权、商标权等内容。

1.5.1 著作权

依照我国《中华人民共和国著作权法》规定，自作品完成创作之日起即拥有著作权。著作权是指作者及其他权利人对文学、艺术和科学作品享有的人身权和财产权的总称。

著作权包括下列人身权和财产权：

（一）发表权，即决定作品是否公之于众的权利；

（二）署名权，即表明作者身份，在作品上署名的权利；

（三）修改权，即修改或者授权他人修改作品的权利；

（四）保护作品完整权，即保护作品不受歪曲、篡改的权利；

（五）复制权，即以印刷、复印、拓印、录音、录像、翻录、翻拍、数字化等方式将作品制作一份或者多份的权利；

（六）发行权，即以出售或者赠与方式向公众提供作品的原件或者复制件的权利；

（七）出租权，即有偿许可他人临时使用视听作品、计算机软件的原件或者复制件的权利，计算机软件不是出租的主要标的的除外；

（八）展览权，即公开陈列美术作品、摄影作品的原件或者复制件的权利；

（九）表演权，即公开表演作品，以及用各种手段公开播送作品的表演的权利；

（十）放映权，即通过放映机、幻灯机等技术设备公开再现美术、摄影、视听作品等的权利；

（十一）广播权，即以有线或者无线方式公开传播或者转播作品，以及通过扩音器或者其他传输符号、声音、图像的类似工具向公众传播广播的作品的权利，但不包括本款第十二项规定的权利；

（十二）信息网络传播权，即以有线或者无线方式向公众提供，使公众可以在其选定的时间和地点获得作品的权利；

（十三）摄制权，即以视听作品的方法将作品固定在载体上的权利；

（十四）改编权，即改变作品，创作出具有独创性的新作品的权利；

（十五）翻译权，即将作品从一种语言文字转换成另一种语言文字的权利；

（十六）汇编权，即将作品或者作品的片段通过选择或者编排，汇集成新作品的权利；

（十七）应当由著作权人享有的其他权利。

（1）著作权保护期限。

根据著作权法相关规定，著作权的保护是有一定期限的。

作者的署名权、修改权、保护作品完整权的保护期不受限制。自然人的作品，其发表权、本法第十条第一款第五项至第十七项规定的权利的保护期为作者终生及其死亡后五十年，截止于作者死亡后第五十年的 12 月 31 日；如果是合作作品，截止于最后死亡的作者死亡后第五十年的 12 月 31 日。著作权属于自然人的，自然人死亡后，其本法第十条第一款第五项至第十七项规定的权利在本法规定的保护期内，依法转移。

法人或非法人组织的作品、著作权（署名权除外）由法人或非法人组织享有的职务作品，其发表权的保护期为五十年，截止于作品创作完成后第五十年的 12 月 31 日；本法第十条第一款第五项至第十七项规定的权利的保护期为五十年，截止于作品首次发表后第五十年的 12 月 31 日，但作品自创作完成后五十年内未发表的，本法不再保护。

著作权属于法人或非法人组织的，法人或非法人组织变更、终止后，其本法第十条第一款第五项至第十七项规定的权利在本法规定的保护期内，由承受其权利义务的法人或者非法人组织享有；没有承受其权利义务的法人或者非法人组织的，由国家享有。

（2）著作权人的确定。

《中华人民共和国著作权法》第十一条规定：著作权属于作者，本法另有规定的除外。创作作品的自然人是作者。由法人或非法人组织主持，代表法人或非法人组织意志创作，并由法人或非法人组织承担责任的作品，法人或非法人组织视为作者。著作权归属如表 1-5 所示。

表 1-5 著作权归属

情况说明		判断说明	归　属
作品	职务作品	利用法人或非法人组织的物质技术条件创作，并由法人或非法人组织承担责任	除署名权外其他著作权归法人或非法人组织
		合同约定著作权由法人或非法人组织享有	除署名权外其他著作权归法人或非法人组织
		其他	作者拥有著作权，法人或非法人组织有权在业务范围内优先使用
软件	职务作品	属于本职工作中明确规定的开发目标	法人或非法人组织享有著作权
		属于从事本职工作活动的结果	法人或非法人组织享有著作权
		使用了法人或非法人组织资金、专用设备、未公开的信息等物质和技术条件，并由法人或非法人组织承担责任的软件	法人或非法人组织享有著作权
作品 软件	委托创作	合同约定著作权归委托人	委托人
		合同中未约定著作权归属	受托人
	合作开发	只进行组织并提供咨询意见、物质条件或进行其他辅助工作	不享有著作权
		共同创作	共同享有，按人头比例。 成果可分割的可分开申请

除此之外，还有一个小知识点是如果遇到作者不明的情况，那么作品原件的所有人可以行使除署名权以外的著作权，直到作者身份明确。

（3）侵权判定。

对是否侵犯了知识产权的判断通常也是显而易见的，但是如下比较特殊的情况考生容易混淆和出错。

口述作品（包括即兴演说、授课和法庭辩论等以口头语言形式表现的作品）、摄影作品及示意图受著作权保护。

对于作品，以下行为不侵权，即个人学习、介绍或评论时引用；在各种形式的新闻报道中引用；学校教学与研究及图书馆陈列用的少量复制；执行公务使用；免费表演已经发表的作品；将汉字作品翻译成少数民族语言文字作品或改为盲文作品出版。

对于作品，公开表演及播放需要另外授权。例如，在商场公开播放正版的音乐及 VCD 也是侵权行为。而且版权人对作品还享有保护作品完整权，这一点也不容忽视。

对于软件产品，要注意保护只是针对计算机软件和文档，并不包括开发软件所用的思想、处理过程、操作方法或数学概念等；另外，以学习和研究为目的所做的少量复制与修改，为保护合法获得的产品所做的少量复制也不侵权。

若国家出现紧急状态或非常情况，可以为了公共利益强制实施发明和实用新型专利的许可。

最后还要提醒考生在侵权判断的题目中，如果给出的条件没有明确说明双方的约定情况，并且答案中出现“是否侵权，应根据甲乙双方协商情况而定”时，通常这才是正确答案。

如果想了解更多的内容，请考生阅读《中华人民共和国著作权法》《计算机软件保护条例》《中华人民共和国专利法》《中华人民共和国商标法》《中华人民共和国反不正当竞争法》，以及相应的《实施细则》。

1.5.2　商标权

商标权是指商标主管机关依法授予商标所有人对其注册商标受国家法律保护的专有权。商标是用于区别商品和服务不同来源的商业性标志，由文字、图形、字母、数字、三维标志、颜色组合、声音或上述要素的组合构成。

根据《中华人民共和国商标法》规定，商标的有效期为十年，自核准注册之日起计算。注册商标有效期满，需要继续使用的，商标注册人应当在期满前十二个月内按照规定办理续展手续，在此期间内未能办理的，可以给予六个月的宽展期。每次续展注册的有效期为 10 年，自该商标上一届有效期满次日起计算。期满未办理续展手续的，注销其注册商标。

关于商标权的归属：

（1）谁先申请谁拥有（除了知名商标的非法抢注）。

（2）同时申请，则根据谁先使用（需要提供证据）。

（3）无法提供证据，协商归属，无效时使用抽签。

1.5.3　专利权

专利权（Patent Right），简称“专利”，是发明创造人或其权利受让人对特定的发明创造在一定期限内依法享有的独占实施权，是知识产权的一种。

执行本单位的任务或者主要是利用本单位的物质技术条件所完成的发明创造为职务发明创造。职务发明创造申请专利的权利属于该单位；申请被批准后，该单位为专利权人。非职务发明创造，申请专利的权利属于发明人或设计人；申请被批准后，该发明人或设计人为专利权人。利用本单位的物质技术条件所完成的发明创造，单位与发明人或设计人订有合同，对申请专利的权利和专利权的归属作出约定的，从其约定。

两个以上的申请人分别就同样的发明创造申请专利的，专利权授予最先申请的人。

专利权解决的办法一般有两种：两个申请人作为一件专利申请的共同申请人；其中一方放弃权利并从另一方得到适当的补偿。

1.6　课后检测

1．计算机采用分级存储体系的主要目的是（　　）。

A．解决主存容量不足的问题

B．提高存储器的读/写可靠性

C．提高外设访问效率

D．解决存储的容量、价格和速度之间的矛盾

答案：D。

解析：

计算机的主存不能同时满足存取速度快、存储容量大和成本低的要求，在计算机中必须有速度由慢到快、容量由小到大的多级层次存储器，以最优的控制调度算法和合理的成本，构成存储系统。

2．在磁盘调度管理中，应先进行移臂调度，再进行旋转调度。假设磁盘移动臂位于 21 号柱面上，进程的请求序列如表 1-6 所示。如果采用最短寻道时间优先算法，那么系统的响应序列应为（　　）。

表 1-6　磁盘调度管理

请求序列	柱面号	磁头号	扇区号
①	17	8	9
②	23	6	3
③	23	9	6
④	32	10	5
⑤	17	8	5
⑥	32	3	10
⑦	17	7	9
⑧	23	10	4
⑨	38	10	8

A．②⑧③④⑤①⑦⑥⑨　　B．②③⑧④⑥⑨①⑤⑦

C．①②③④⑤⑥⑦⑧⑨　　D．②⑧③⑤⑦①④⑥⑨

答案：D。

解析：

当进程请求读磁盘时，操作系统先进行移臂调度，再进行旋转调度。由于移动臂位于21号柱面上，按照最短寻道时间优先算法，响应序列为23→17→32→38。按照旋转调度的原则分析如下。

进程在23号柱面上的响应序列为②→⑧→③，因为进程访问的是不同磁道上的不同编号的扇区，旋转调度总是让首先到达读/写磁头位置下的扇区先进行传输操作。

进程在17号柱面上的响应序列为⑤→⑦→①或⑤→①→⑦。对于①和⑦可以任选一个进行读/写，因为进程访问的是不同磁道上具有相同编号的扇区，旋转调度可以任选一个读/写磁头位置下的扇区进行传输操作。

进程在32号柱面上的响应序列为④→⑥，由于⑨在38号柱面上，故最后响应。

从上面的分析中可以得出，按照最短寻道时间优先算法，响应序列为②⑧③⑤⑦①④⑥⑨。

3．CPU的频率有主频、倍频和外频。某处理器的外频是200MHz，倍频是13，则该处理器的主频是（　　）。

A．2.6GHz　　B．1300MHz　　C．15.38MHz　　D．200MHz

答案：A。

解析：

CPU的主频就是CPU的工作频率，也就是它的速度，单位是MHz。

CPU的外频是其外部时钟频率，由计算机主板提供，单位也是MHz。

CPU的倍频是主频为外频的倍数，又称倍频系数，没有单位。

CPU的主频=外频×倍频。

4．某计算机系统采用5级流水线结构执行指令，设每条指令的执行由取指令（$2\Delta t$）、分析指令（$1\Delta t$）、取操作数（$3\Delta t$）、运算（$1\Delta t$）、写回结果（$2\Delta t$）组成，并分别用5个子部件完成，则该流水线的最大吞吐率为（ ① ）；若连续向流水线拉入10条指令，则该流水线的加速比为（ ② ）。

①选项：

A．$\frac{1}{9\Delta t}$　　B．$\frac{1}{3\Delta t}$　　C．$\frac{1}{2\Delta t}$　　D．$\frac{1}{1\Delta t}$

②选项：

A．1∶10　　B．2∶1　　C．5∶2　　D．3∶1

答案：B、C。

解析：

吞吐率指的是计算机中的流水线在特定的时间内可以处理的任务数。

因为$T_P=n/T_K$，n为任务数；T_K为处理N个任务所需的时间。

在本题中，最大吞吐率为流水线周期（子任务中时间最长的一段所用的时间）的倒数，即$\frac{1}{3}T$。

加速比指的是完成同样一批任务，不使用流水线所用的时间和使用流水线所用的时间之比。

在本题中，加速比是 90/36=5∶2。

5．三个可靠度 R 均为 0.9 的部件串联构成一个系统，如图 1-10 所示。

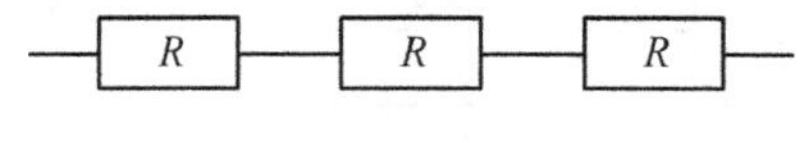

图 1-10　串联系统可靠性

则该系统的可靠度为（　　）。

A．0.810　　B．0.729　　C．0.900　　D．0.992

答案：B。

解析：

本题考查系统的可靠度。

由于系统串联，故可靠度为 0.9×0.9×0.9=0.729。

6．假设系统中有 n 个进程共享 3 台打印机，任一进程在任一时刻最多只能使用 1 台打印机。若用 PV 操作控制 n 个进程使用打印机，则相应信号量 S 的取值范围为（ ① ）；若信号量 S 的值为−3，则系统中有（ ② ）个进程等待使用打印机。

①选项：

A．0，−1，…，−(n−1)　　B．3，2，1，0，−1，…，−(n−3)

C．1，0，−1，…，−(n−1)　　D．2，1，0，−1，…，−(n−2)

②选项：

A．0　　B．1　　C．2　　D．3

答案：B、D。

解析：

任一进程在任一时刻最多只能使用 1 台打印机，意味着在某一时刻可以由 3 个进程分别占用不同的打印机，当有第 4 个进程需要使用打印机时，必须等待。为了实现这一点，最开始其信号量应该赋予的值为 3。在 P 操作中，S=S−1，当 S<0 时，进行等待操作，即进入进程等待队列，其绝对值就是等待队列中的进程数。3 台打印机都被占用时，S=0，可继续使用打印机，但有第 4 个进程需要使用打印机时，S=0−1=−1，−1<0，第 4 个进程进入等待队列，是等待队列中的第 1 个进程。同理，第 5 个进程需要使用打印机时，S=−1−1=−2，−2<0，第 5 个进程进入等待队列，是等待队列中的第 2 个进程。依次类推，第 n 个进程需要使用打印机时，其信号量的值为−(n−3)。

当其信号量的值为−3 时，表示有 3 个进程处于等待队列中，即有 3 个进程等待使用打印机。

7．进程 P 有 8 个页，页号分别为 0～7，页大小为 4KB，假设系统给进程 P 分配了 4 个存储块 P，进程 P 的页变换表如表 1-7 所示。表中状态位等于 1 和 0 分别表示页在主存中和不在主存中。若进程 P 要访问的逻辑地址为十六进制 5148H，则该地址经过变换后，物理地址应为十六进制（ ① ）；如果进程 P 要访问的页 6 不在主存中，那么应该淘汰页号为（ ② ）的页。

表 1-7　页变换表

页号	页帧号	状态位	访问位	修改位
0	—	0	0	0
1	7	1	1	0
2	5	1	0	1
3	—	0	0	0
4	—	0	0	0
5	3	1	1	1
6	—	0	0	0
7	9	1	1	0

①选项：

A．3148H　　B．5148H　　C．7148H　　D．9148H

②选项：

A．1　　B．2　　C．5　　D．9

答案：A、B。

解析：

如果每页大小为 4KB（2^{12}=4KB），逻辑地址转换成二进制，那么页内地址就是逻辑地址的 12 位。

由于逻辑地址为 5148H，转换成二进制为 0101 0001 0100 1000，所有页内地址是 0001 0100 1000，逻辑页号是 5，查表对应的物理页号为 3，所以物理地址为 3148H。

改进的时钟置换算法如下。

在请求页式存储管理方案中，当访问的页不在主存中时，需要置换页。

首先置换访问位和修改位为 00 的页，然后置换访问位和修改位为 01 的页，接着置换访问位和修改位为 10 的页，最后置换访问位和修改位为 11 的页。

所以淘汰页号为 2 的页。

8．软件测试一般分为两大类：动态测试和静态测试。前者通过运行程序发现错误，包括（ ① ）等方法；后者采用人工和计算机辅助静态分析的手段对程序进行检测，包括（ ② ）等方法。

①选项：

A．边界值分析、逻辑覆盖、基本路径

B．桌面检查、逻辑覆盖、错误推测

C．桌面检查、代码审查、代码走查

D．错误推测、代码审查、基本路径

②选项：

A．边界值分析、逻辑覆盖、基本路径
B．桌面检查、逻辑覆盖、错误推测
C．桌面检查、代码审查、代码走查
D．错误推测、代码审查、基本路径

答案：A、C。

解析：

动态测试通过运行程序发现错误，分为黑盒测试、白盒测试和灰盒测试。常用的黑盒测试用例的设计方法有等价类划分、边值分析等。常用的白盒测试用例的设计方法有基本路径测试、循环覆盖测试、逻辑覆盖测试。

静态测试是指被测程序不在机器上运行，而是采用人工检测和计算机辅助静态分析的手段对程序进行检测。静态分析中进行人工测试的主要方法有桌前检查（程序员自查）、代码审查和代码走查。

9. 软件重用是指在两次或多次不同的软件开发过程中重复使用相同或相似软件元素的过程。软件元素包括（　　）、测试用例和领域知识等。

A．项目范围定义、需求分析文档、设计文档
B．需求分析文档、设计文档、程序代码
C．设计文档、程序代码、界面原型
D．程序代码、界面原型、数据表结构

答案：B。

解析：

软件重用是指在两次或多次不同的软件开发过程中重复使用相同或相似软件元素的过程。软件元素包括需求分析文档、设计文档、程序代码、测试用例和领域知识等。

10. 一个大型软件系统的需求总是有变化的。为了降低项目开发的风险，需要一个好的变更控制过程。在图 1-11 所示的需求变更管理过程中，①②③处对应的内容应是（ ① ）；自动化工具能够帮助变更控制过程更有效地运作，（ ② ）是这类工具应具有的特性之一。

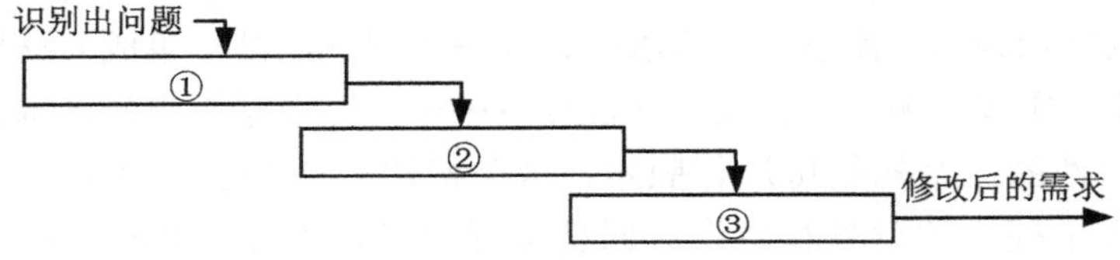

图 1-11　需求变更管理过程

①选项：

A．问题分析与变更描述、变更分析与成本计算、变更实现
B．变更描述与变更分析、成本计算、变更实现
C．问题分析与变更分析、变更分析、变更实现
D．变更描述、变更分析、变更实现

②选项：

A．变更维护系统的不同版本

B．支持系统文档的自动更新

C．自动判定变更是否能够实施

D．记录每个状态变更的日期和做出这一变更的人

答案： A、D。

解析：

一个大型软件系统的需求总是有变化的。为了降低项目开发的风险，需要一个好的变更控制过程，在图 1-11 所示的需求变更管理过程中，①②③处对应的内容应是问题分析与变更描述、变更分析与成本计算、变更实现。

自动化根据能够帮助变更控制过程更有效地运作，记录每个状态变更的日期和做出这一变更的人是这类工具应具有的特性之一。

11．以下关于软件生命周期模型的叙述，正确的是（　　）。

A．在瀑布模型中，上一阶段的错误和疏漏会被隐蔽地带到下一阶段

B．在任何情况下使用演化模型，都能在一定周期内由原型演化到最终产品

C．软件生命周期模型的主要目标是加快软件开发的速度

D．当一个软件系统的生命周期结束之后，进入一个新的生命周期。

答案： A。

解析：

本题考察软件生命周期模型的知识。

瀑布模型是一个项目开发架构，开发过程是通过设计一系列阶段顺序展开的，从系统需求分析开始直到产品发布和维护，每个阶段都会产生循环反馈，因此，如果有信息未被覆盖或发现了问题，那么最好“返回”上一阶段并进行适当的修改，项目开发进程从上一阶段“流动”到下一阶段，这也是瀑布模型名称的由来。构造瀑布模型包括软件工程开发、企业项目开发、产品生产及市场销售等。

演化模型是一种全局的软件（或产品）生命周期模型，属于迭代式开发。

该模型可以表示为第一次迭代（需求→设计→实现→测试→集成）→反馈→第二次迭代（需求→设计→实现→测试→集成）→反馈→……，即根据用户的基本需求，通过快速分析构造出该软件的一个初始可运行版本，这个初始的软件通常称为原型，根据用户在使用原型的过程中提出的意见和建议对原型进行改进，获得原型的新版本。重复这一过程，最终可得到令用户满意的软件产品。采用演化模型的开发过程，实际上就是从初始的原型逐步演化成最终软件产品的过程。演化模型特别适用于对软件需求缺乏准确认识的情况。

螺旋模型将瀑布模型和快速原型模型结合，强调了其他模型所忽视的风险分析，特别适用于大型复杂的系统。

螺旋模型沿着螺线进行若干次迭代，有以下活动。

（1）**制订计划：** 确定软件目标，选定实施方案，弄清项目开发的限制条件。

（2）**风险分析：**分析评估所选方案，考虑如何识别和消除风险。

（3）**实施工程：**实施软件开发和验证。

（4）**用户评估：**评价开发工作，提出修正建议，制订下一步计划。

螺旋模型由风险驱动，强调可选方案和约束条件从而支持软件的重用，有助于将软件质量作为特殊目标融入产品开发。

喷泉模型是一种以用户需求为动力，以对象为驱动的模型，主要用于采用对象技术的软件开发项目。该模型认为软件开发过程自下而上周期的各阶段具有相互迭代和无间隙的特性。软件的某个部分常常被重复工作多次，相关对象在每次迭代中随之加入渐进的软件成分。无间隙指在各阶段之间无明显边界，如分析和设计阶段之间没有明显的界限，由于对象概念的引入，表达分析、设计、实现等阶段只用对象类和关系，从而可以较为容易地实现阶段的迭代和无间隙，使其开发自然地包括复用。

喷泉模型不像瀑布模型那样，需要分析阶段结束后才开始设计阶段，设计阶段结束后才开始编码阶段。该模型的各阶段没有明显的界限，开发人员可以同步进行开发。其优点是可以提高软件项目的开发效率，节省开发时间，适用于面向对象的软件开发过程。由于喷泉模型在各开发阶段是重叠的，因此在开发过程中需要大量的开发人员，因此不利于项目的管理。此外，这种模型要求严格管理文档，使得审核的难度加大，尤其是面对可能随时加入各种信息、需求与资料的情况。

12. 在成本管理中，（　　）将总的成本估算分配到各项活动和工作包上，来建立一个成本基线。

A. 成本估算　　B. 成本预算　　C. 成本跟踪　　D. 成本控制

答案：B。

解析：

在成本管理中，成本预算将总的成本估算分配到各项活动和工作包上，来建立一个成本基线。

13. 在项目施工前，首先要做一个进度计划，其中进度计划最常见的表示形式是（　　）。

A. 甘特图　　B. Excel 表　　C. 日历表　　D. 柱状图

答案：A。

解析：

本题考查项目管理-进度控制的基本知识。

甘特图是进行时间管理的最常用的工具，其通常形式是纵向表示项目，横向表示所需的时间。几乎所有的 IT 项目管理软件都具有甘特图功能。

14. 某软件程序员接受 X 公司（软件著作权人）委托开发一款软件，三个月后又接受 Y 公司委托开发功能类似的软件，该软件程序员仅将受 X 公司委托开发的软件略做修改后提交给 Y 公司，此种行为（　　）。

A. 属于开发者的特权　　B. 属于正常使用著作权

C. 不构成侵权　　D. 构成侵权

答案： D。

解析：

计算机软件著作权是指软件的开发者或其他权利人依据有关著作权法律的规定，对于软件作品所享有的各项专有权利（包括修改权）。该软件程序员修改后提交给Y公司，属于侵权行为。

15．软件商标权的保护对象是指（　　）。

A．商业软件　　B．软件商标

C．软件注册商标　　D．已使用的软件商标

答案： C。

解析：

软件商标权是软件商标所有人依法对其商标（软件产品专用标识）所享有的专有使用权。在我国，商标权的取得实行的是注册原则，即商标所有人只有依法将自己的商标注册后，商标注册人才能取得商标权，其商标才能得到法律的保护。对其软件产品已经冠以商品专用标识，但未进行商标注册，没有取得商标专用权，此时该软件产品专用标识就不能得到商标法的保护，即不属于软件商标权的保护对象。未注册商标可以自行在商业经营活动中使用，但不受法律保护。未注册商标不受法律保护，不等于对使用未注册商标行为放任自流。为了更好地保护注册商标的专用权和维护商标使用的秩序，需要对未注册商标的使用加以规范。所以《中华人民共和国商标法》第四十八条专门对使用未注册商标行为做了规定。未注册商标使用人不能违反此条规定，否则商标行政主管机关将依法予以查处。

16．以下关于为撰写学术论文引用他人资料的说法，（　　）是不正确的。

A．既可引用发表的作品，又可引用未发表的作品

B．只能限于介绍、评论或为了说明某个问题引用作品

C．只要不构成自己作品的主要成分，可引用资料的部分或全部

D．不必征得著作权人的同意，不向原作者支持合理的报酬

答案： A。

解析：

本题考查对著作权的保护和合理使用的范围。

根据规定，为介绍、评论某一作品或说明某一问题，在作品中适当引用他人已经发表的作品，可以不经著作权人许可，不向其支付报酬。所以B、C、D选项正确。在A选项中，他人未发表的作品不能被引用。

17．中国M公司与美国L公司分别在各自生产的平板电脑产品上使用iPad商标，且分别享有各自国家批准的商标专用权。中国Y手电筒经销商，在其经销的手电筒高端产品上也使用iPad商标，并取得了注册商标。以下说法正确的是（　　）。

A．L公司未经M公司许可在中国市场销售其产品不属于侵权行为

B．L公司在中国市场销售其产品需要取得M公司和Y经销商的许可

C．L公司在中国市场销售其产品需要向M公司支付注册商标许可使用费

D．Y经销商在其经销的手电筒高端产品上使用iPad商标属于侵权行为

答案：C。

解析：

本题考察商标法的知识。

知识产权具有地域性的特征，按照一国法律获得承认和保护的知识产权，只能在该国发生法律效力，即知识产权受地域限制，只有在一定地域，知识产权才具有独占性（专用性）。

依据《中华人民共和国商标法》第五十二条规定，未注册商标不得与他人在同一种或类似商品上已经注册的商标相同或近似。若未经商标注册人的许可，在同一种或类似商品上使用与他人注册商标相同或相近的商标的，属于侵犯专用权的行为，应当承担相应的法律责任。

知识产权的利用（行使）有多种方式，许可使用是之一，它是指知识产权人将自己的权利以一定的方式，在限定的地域和期限内许可他人利用，并由此获得报酬（向被许可人收取一定数额的使用费）的法律行为。注册商标许可是指注册商标所有人通过订立许可使用合同，许可他人使用其注册商标的法律行为。

依据《中华人民共和国商标法》规定，不同类别商品（产品）是可以使用相同或类似商标的，如在水泥产品和化肥产品都可以使用“秦岭”商标，因为水泥产品和化肥产品是不同类别的产品。但对于驰名商标，不能在任何商品（产品）上使用与驰名商标相同或类似的标识。

18．知识产权可分为两类，即（　　）。

A．著作权和使用权　　B．出版权和获得报酬权

C．使用权和获得报酬权　　D．工业产权和著作权

答案：D。

解析：

本题考查知识产权方面的基本知识。

我国知识产权法规定，知识产权可分为工业产权和著作权两类。

第 2 章

计算机网络基础

根据对 2022 版考试大纲的分析，以及对以往试题情况的分析，“计算机网络基础”章节基本维持在 2～4 分，占上午试题总分的 5%左右。从复习时间安排来看，请考生在 3 天之内完成本章的学习。

2.1 知识图谱与考点分析

通过分析历年的考试题目和考试大纲，要求考生掌握几方面内容，如表 2-1 所示。

表 2-1 知识图谱与考点分析

知识模块	知识点分布	重要程度
计算机网络基本概念	• 网络的性能参数 • 网络协议概念	• ★★★ • ★★
OSI 参考模型	• 各层功能	• ★★★
TCP/IP 体系结构	• 各层功能 • 各层协议	• ★★ • ★★★
信道技术	• 奈奎斯特定理 • 香农定理 • 多路复用	• ★★★ • ★★★ • ★★★
信号技术	• 调制技术 • PCM 技术 • 编码技术	• ★★ • ★★★ • ★★★
差错控制	• 校验技术概念 • 奇偶校验 • 海明校验 • CRC 校验	• ★★ • ★ • ★★★ • ★★★

2.2 计算机网络基本概念

计算机网络首先是一个通信网络，各计算机之间通过通信媒体、通信设备进行数字通信，在此基础上，各计算机可以通过网络共享的硬件资源、软件资源和数据资源。

2.2.1 网络的性能参数

计算机网络的性能参数主要包括速率、带宽、吞吐量、时延、信道利用率。

1. 速率

网络技术中的速率指的是连接在计算机网络上的主机在数字信道上传输数据的速率，又称数据速率或比特率。速率是计算机网络中最重要的一个性能参数。速率的单位是 bit/s（比特每秒）。

2. 带宽

带宽有以下两种不同的意义。

（1）带宽本来是指某个信号具有的频带宽度。信号的带宽是指该信号所包含的各种不同频率成分所占据的频率范围。例如，在传统的通信线路上传输的电话信号的标准带宽是 3.1kHz（从 300Hz 到 3.4kHz，即话音的主要成分的频率范围）。这种意义的带宽的单位是赫（或千赫、兆赫、吉赫等）。

（2）在计算机网络中，带宽用来表示网络的通信线路所能传输数据的能力，因此网络带宽表示在单位时间内从网络中的某一点到另一点所能通过的“最高数据速率”。这里一般说到的“带宽”就是指这个意思。这种意义的带宽的单位是 bit/s。

3. 吞吐量

吞吐量表示在单位时间内通过某个网络（或信道、端口）的数据量。吞吐量更经常地用于对现实世界中的网络的一种测量，以便知道实际上到底有多少数据量能够通过网络。显然，吞吐量受网络带宽或网络额定速率的限制。例如，对于一个 100Mbit/s 的以太网，其额定速率是 100Mbit/s，那么这个数值也是该以太网的吞吐量的绝对上限。因此，对于 100Mbit/s 的以太网，其典型的吞吐量可能只有 70Mbit/s。有时吞吐量还可用每秒传输的字节数或帧数表示。

4. 时延

时延是指数据从网络（或链路）的一端传输到另一端所需的时间。网络中的时延是由传输时延、传播时延、处理时延和排队时延组成的。

（1）传输时延。

传输时延是指主机或路由器发送数据帧所需的时间，也就是从发送数据帧的第一个比特算起，到该帧的最后一个比特发送完毕所需的时间。传输时延又称发送时延。传输时延=数据帧长度（b）/发送速率（bit/s）。

（2）传播时延。

传播时延是指电磁波在信道中传播一定的距离所需的时间。传播时延=信道长度（m）/电磁波在信道上的传播速率（m/s）。

注意：电磁波在自由空间中的传播速率是光速，即 3.0×10^5km/s。电磁波在网络传输媒体中的传播速率比在自由空间中低一些，在铜线电缆中的传播速率约为 2.3×10^5km/s，在光纤中的传播速率约为 2.0×10^5km/s。

（3）处理时延。

主机或路由器在收到分组时要花费一定的时间进行处理，这就产生了处理时延。

（4）排队时延。

分组在经过网络传输时，会经过许多路由器。分组在进入路由器之前要先在输入队列中排队等待处理。在路由器确定了转发端口后，还要在输出队列中排队等待转发，这就产生了排队时延。

这样，数据在网络中的总时延就是总时延=发送时延+传播时延+处理时延+排队时延。

5. 信道利用率

信道利用率指出某信道有百分之几的时间是被利用的。

2.2.2 网络协议概念

通过通信信道和设备互连的多个不同地理位置的计算机系统，要使其能协同工作实现信息交换和资源共享，它们之间必须具有共同的语言。交流什么、怎样交流及何时交流，都必须遵循某种互相接受的规则。

协议为进行计算机网络中的数据交换而建立的规则、标准或约定的集合。协议总是指某一层协议，准确地说，它是对同等实体之间的通信制定的有关通信规则约定的集合。

网络协议的三个要素如下。

语义（Semantics）：涉及用于协调与差错处理的控制信息。

语法（Syntax）：涉及数据及控制信息的格式、编码及信号电平等。

定时（Timing）：涉及速度匹配和排序等。

2.3 OSI 参考模型

Internet 是一个极为复杂的系统，有大量的应用程序和协议、各种类型的端系统。我们可以利用分层结构，只要该层对其上层提供相同的服务，并且使用来自下层的相同服务，当某层实现变化时，该系统的其余部分就可以保持不变。在计算机网络发展的早期，一些大的计算机公司在开展计算机网络研究和产品开发的同时，纷纷提出各种网络体系结构与网络协议。缺乏国际标准将使技术的发展处于混乱状况，盲目竞争的结果可能形成多种技术体制并存在不兼容的状态，给用户带来不便。

在制定网络国际标准方面，国际标准化组织（ISO）提出了著名的“开放系统互联”（OSI）参考模型，采用分层结构描述网络功能结构。但 OSI 参考模型并没有提供一个可以实现的方法，只是描述了一些概念，用来协调进程之间通信标准的制定。

2.3.1 OSI 层次结构

OSI 包括体系结构、服务定义和协议规范三级抽象。OSI 的体系结构定义了一个七层模型，用于进行进程之间的通信，并作为一个框架来协调各层标准的制定；OSI 的服务定义描述了各层所提供的服务，以及层与层之间的抽象端口和交互用的服务原语；OSI 的协议规范精确定义了应当发送何种控制信息及何种过程来解释该控制信息。

OSI 参考模型将系统分成了七层，从下到上分别为物理层（Physical Layer，PHL）、数据链路层（Data Link Layer，DLL）、网络层（Network Layer，NL）、传输层（Transport Layer，TL）、会话层（Session Layer，SL）、表示层（Presentation Layer，PL）和应用层（Application Layer，AL），如图 2-1 所示。

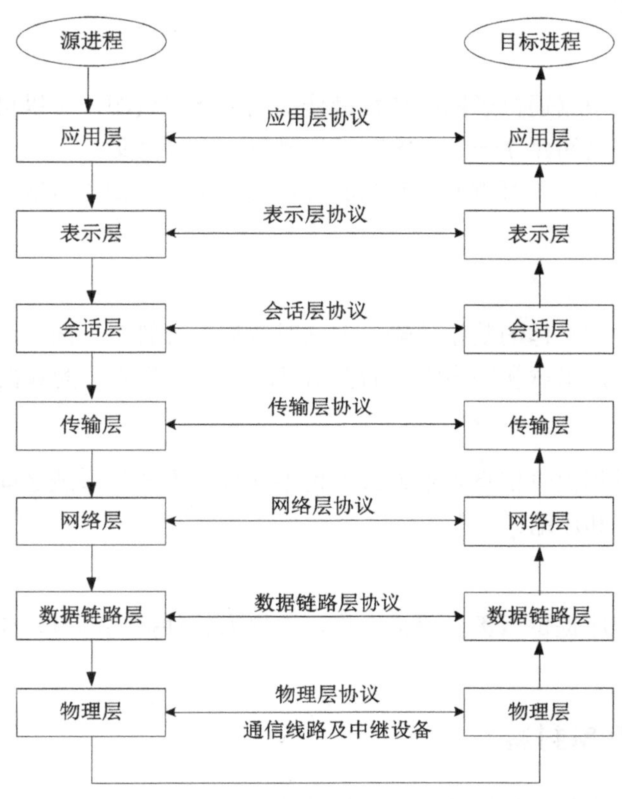

图 2-1 OSI 参考模型

1. 物理层

物理层提供相邻设备之间的比特流传输。利用物理通信介质，为上层（数据链路层）提供一个物理连接，通过物理连接透明地传输比特流。

所谓透明传输，是指经实际电路后传输的比特流没有变化，任意组合的比特流都可以在这个电路上传输，物理层并不知道比特的含义。物理层要考虑的是如何发送“0”和“1”，以及接收方如何识别。

2. 数据链路层

数据链路层负责在两个相邻节点之间的线路上无差错地传输以帧为单位的数据，每帧包括一定的数据和必要的控制信息，在接收方收到数据出错时，通知发送方重发，直到这一帧无误地到达接收方。数据链路层就是把一条有可能出错的实际链路变成让网络层看来好像不出错的链路。

3. 网络层

网络中通信的两个主机之间可能要经过许多个节点和链路，还可能经过几个通信子网。网络层数据的传输单位是分组（Packet），网络层的任务就是选择合适的路由，使发送方的运输层发下来的分组能够正确无误地按照地址找到接收方，并交付给接收方的运输层，这就是网络层的寻址功能。

4. 传输层

传输层的任务是根据通信子网的特性最佳地利用网络资源，并以可靠和经济的方式为两个端系统的会话层之间建立一条传输链路，透明地传输报文。

传输层向上层提供一个可靠的端到端服务，使会话层不知道传输层以下的数据通信的细节。

5. 会话层

会话层虽然不参与具体的数据传输，但它对数据进行管理，向互相合作的表示进程之间提供一套会话设施，组织和同步它们的会话活动，并管理它们的数据交换过程。

6. 表示层

表示层向应用进程提供信息表示方式，使不同表示方式的系统之间能进行通信。表示层还负责数据的加密和压缩。

7. 应用层

应用层为应用程序提供服务以保证通信，主要为软件提供端口，让软件程序能使用网络服务。

2.3.2 数据封装和解封装

封装就是网络节点把要传输的数据用特定的协议打包后传输。多数协议是通过在原有数据之前加上封装头实现封装的，一些协议还要在数据之后加上封装尾，而原有数据就成为载荷。在发送方，OSI 参考模型的每层都对上层数据进行封装，以保证数据能够正确无误地传输到接收方；而在接收方，每层又对本层的封装数据进行解封装，并传输给上层，以便数据被上层理解。

2.4 TCP/IP 体系结构

OSI 参考模型是 ISO 为了实现设备互联而提出的一个纯理论的框架性的概念。因为 OSI 参考模型的网络模型标准比较严格、过于复杂，另外推出的时间也相对较晚，所以目前还没有完全按照 OSI 参考模型实现的网络。而随着 Internet 的迅速发展，TCP/IP 体系结构开始普及，是我们实际应用最广泛的一种网络模型。

TCP/IP 协议簇也是一种层次体系结构，共分为 4 层，其中底层物理层和数据链路层只需支持网络互联层的分组传输即可，因此作为网络端口层来对待。从层次体系结构的角度出发，TCP/IP 体系结构模型如表 2-2 所示。

表 2-2 TCP/IP 体系结构模型

<table>
<tr><th>OSI/RM</th><th>TCP/IP</th></tr>
<tr><td>应用层</td><td rowspan="3">应用层</td></tr>
<tr><td>表示层</td></tr>
<tr><td>会话层</td></tr>
<tr><td>传输层</td><td>传输层</td></tr>
<tr><td>网络层</td><td>网络互联层</td></tr>
<tr><td>数据链路层</td><td rowspan="2">网络端口层</td></tr>
<tr><td>物理层</td></tr>
</table>

TCP/IP 体系结构各层的功能简介如下。

网络端口层：提供 IP 数据报的发送和接收。该层使用协议为各通信子网本身固有的协议，如以太网的 802.3 协议、令牌环网的 802.5 协议及分组交换网的 X.25 协议等。

网络互联层：提供计算机之间的分组传输；高层数据的分组生成；底层数据报的分组组装；处理路由、流控、拥塞等问题。IP 协议提供统一的地址格式和 IP 数据报格式，以消除各通信子网的差异，从而为信息发送方和接收方提供透明通道。

传输层：提供应用程序之间的通信；格式化信息流；提供可靠传输。TCP 提供面向连接的可靠的字节流传输；UDP 提供无连接的不可靠的数据报传输。

应用层：提供常用的应用程序。应用层协议主要有 HTTP、FTP、SMTP、POP3、Telnet、DNS、SNMP、RIP、DHCP 等。其中 HTTP、FTP、SMTP、POP3、Telnet 的传输层承载协议是基于 TCP 的；DNS、SNMP、RIP、DHCP 的传输层承载协议是基于 UDP 的。

2.5 信道技术

数据通信涉及信息、数据、信号的概念。信息是客观事物的属性和相互联系特性的表现，反映了客观事物的存在形式或运动状态；数据是信息的载体，是信息的表现形式；信号是数据在传输过程中的具体物理表示形式，具有确定的物理描述；传输介质是数据通信中传输信息的载体，又称信道。

通过系统传输的信号一般有模拟信号和数字信号两种表示形式。

模拟信号是一个连续变化的物理量，即在时间特性上幅度（信号强度）的取值是连续的，一般用连续变化的电压表示。随着传输距离的增加，噪声累积越来越多，导致传输质量严重下降。

数字信号是离散的，即在时间特性上幅度的取值是有限的离散值，一般用脉冲序列表示。数字信号是人为抽象出来的在时间上不连续的信号，在传输过程中虽然也受到噪声的干扰，但当信噪比恶化到一定程度时，在适当的距离采用判决再生的方法，再生成没有噪声干扰的和原发送方一样的数字信号，所以可实现长距离高质量的传输。

数据通信的目的是传输信息，在一次通信中产生和发送信息的一端称为“信源”；接收信息的一端称为“信宿”，而信源和信宿之间的通信线路称为“信道”。信道最重要的一个特性就是信道容量，即信道上数据所能够达到的传输速率。与信道相关的概念如下。

（1）**带宽**：指发送方和传输媒介的特性限制下的带宽，通常用赫兹或每秒周期表示（对于模拟信道，其信道带宽 W=最高频率 f_2−最低频率 f_1）。通常是信道制成后带宽就决定了，因此它是影响信道传输速率的客观性因素。

（2）**噪声**：信息在传输过程中可能会受到外界的干扰，这种干扰称为“噪声”，它会降低信道的传输速率。

在数据通信技术中，人们一方面通过研究新的传输媒介降低噪声的影响；另一方面通过研究更先进的数据调制技术，从而更加有效地利用信道带宽。这引出了一个历年考试常常出现的考点，即计算信道的传输速率。

2.5.1 奈奎斯特定理

奈奎斯特推导出了在理想信道（无噪声干扰）的情况下最高码元的传输速率：$B=2W$，传输速率超过此上限，就会出现严重的码间串扰问题，使得接收方对码元的识别成为不可能。波特是码元传输的速率单位，它说明每秒传输多少个码元。码元的传输速率又称调制速率、波形速率，反映信号波形变换的频繁程度。

比特是信号量的单位，信息的传输速率和波特率在数量上有一定的关系。如果一个码元取 2 个离散值，则代表携带 1bit 的信息量，信息的传输速率和波特率之间的数值相等；如果一个码元取 4 个离散值，则代表携带 2bit 的信息量。

具体的换算公式为 $R=B\log_2 N$（R 为数据速率，B 为波特率，N 为码元种类）。码元的种类取决于其使用的调制技术，关于调制技术的更多细节参见后面的知识点。

2.5.2 香农定理

香农用信息论的理论推导出了带宽受限且有噪声干扰的信道的极限信息传输速率：$R=W\log_2(1+S/N)$。在使用香农定理时，由于 S/N（信噪比）的比值太大，因此通常使用分贝（dB）表示，即 $X\text{dB}=10\log_{10}(S/N)$。

当信息传输速率低于极限信息传输速率时，一定可以找到某种方法来实现无差错地传输。

注意： 奈奎斯特定理和香农定理得出的结论不能够直接比较，因为其假设条件不同。在香农定理中实际也考虑了调制技术的影响，但由于高效的调制技术往往会使出错的可能性更大，因此其有一个极限，而香农定理忽略采用的调制技术。

2.5.3 多路复用

多路复用把多个低速信道组合成一个高速信道，可以有效地提高数据链路的利用率。多路复用的原理如图 2-2 所示。

图 2-2 多路复用的原理

1. 多路复用分类

多路复用按照实现的方式和原理可以分为空分复用（SDM）、频分复用（FDM）、时分复用（TDM）、波分复用（WDM）及码分复用（CDMA）。表 1-3 所示为多路复用的特性与应用。

表 2-3 多路复用的特性与应用

复用技术		特点与描述	典型应用
空分复用		通过信号在空间上的分离达到信道的复用	光缆
频分复用		在一条传输介质上使用多个不同频率的模拟载波信号进行传输，每个载波信号形成一个不重叠且相互隔离（不连续）的频带，接收方通过带通滤波器分离信号	无线电广播系统、有线电视系统（CATV）、宽带局域网、模拟载波系统
时分复用	同步时分复用	每个子通道按照时间片轮流占用带宽，每个传输时间划分为固定大小的周期，即使子通道不使用也不能够给其他子通道使用	T1/E1 等数字载波系统、ISDN 用户网络端口、SONET/SDH（同步光纤网络）
	统计时分复用	对同步时分复用的改进，固定大小的周期可以根据子通道的需求动态地分配	ATM
波分复用		与频分复用相同，只不过不同子信道使用的是不同波长的光波，而非由频率承载	用于光纤通信
码分复用		依靠不同的编码区分各路原始信号，主要和各种多址技术（如码分多址 CDMA、频分多址 FDMA、时分多址 TDMA 和同步码分多址 SCDMA）结合产生各种接入技术，包括无线接入和有线接入	CDMA、TDS-CDMA 和 WCDMA 等移动通信系统

注意：码分复用是扩频通信的一种，它具有扩频通信的以下特点。

（1）抗干扰能力强。这是扩频通信的基本特点，是所有通信方式都无法比拟的。

（2）采用宽带传输，抗衰落能力强。

（3）由于采用宽带传输，在信道中传输的有用信号的功率比干扰信号的功率低得多，因此信号好像隐蔽在噪声中，功率谱密度比较低，有利于信号隐蔽。

（4）利用扩频码的相关性获取用户信息，抗截获能力强。

在码分复用中，每个比特时间都被划分为 *m* 个短的时间间隔，称为码片（Chip）。通常 *m* 的取值是 64 或 128，简单起见，我们设置 *m* 为 8。

使用码分复用时的每个站被指派一个唯一的 *m* bit 码片序列。

若发送比特 1，则发送 *m* bit 码片序列。

若发送比特 0，则发送该码片序列的二进制反码。

例如，S 站的 8 bit 码片序列是 00011011。

发送比特 1 时，发送序列 00011011，

发送比特 0 时，发送序列 11100100。

一般根据惯例将码片中的 0 写为-1，将 1 写为+1。

S 站的码片序列为(−1 −1 −1 +1 +1−1 +1 +1)。

现在发送信息的数据速率是 *b* bit/s，由于每个比特转换为 *m* bit 码片，因此实际发送的数据速率提升到 *mb* bit/s，所占的频带宽度也提高到原来的 *m* 倍，这种通信方式就是扩频通信的一种。

码分复用系统的一个重要的特点就是给每个站分配的码片序列不仅必须各不相同，而且必须相互正交。用数学公式可以清晰地表达码片序列的这种正交关系。例如，向量 ***S*** 表示 S 站的码片向量，***T*** 表示其他任何站的码片向量，向量 ***S*** 和 ***T*** 的规格化内积（Inner Product）等于 0。规格化内积是线性代数中的内容，实际上就是得到两个向量的内积后，除以向量的分量个数。

任何一个码片向量和该码片向量自己的规格化内积都是 1。同时，一个码片向量和该码片反码的向量的规格化内积是-1。

每站所发送的是数据比特和本站的码片序列的乘积，因而是本站的码片序列（相当于发送比特 1）和该码片序列的二进制反码（相当于发送比特 0）的组合序列，或者什么也不发送（相当于没有数据发送，既不是发送比特 1，又不是发送比特 0）。

2．数字传输系统复用标准

早期通信中使用的时分复用系统主要有准同步数字系列（PDH），PDH 数字传输系统的原理、组成与应用地区如表 2-4 所示。

表 2-4 PDH 数字传输系统的原理、组成与应用地区

名　称	原理与组成	应用地区
T1 载波	采用同步时分复用将 24 个话音通路复合在一条 1.544 Mbit/s 的高速信道上	美国和日本

续表

名　称	原理与组成	应用地区
T2（DS2）	由 4 个 T1 时分复用而成，达到 6.312 Mbit/s	—
T3（DS3B）	由 7 个 T2 时分复用而成，达到 44.736 Mbit/s	—
T4（DS4B）	由 6 个 T3 时分复用而成，达到 274.176 Mbit/s	—
E1 载波	E1 的一个时分复用帧（其长度 T=125μs）共划分为 32 个相等的时隙，时隙的编号为 CH0~CH31。其中，时隙 CH0 用作帧同步，时隙 CH16 用来传输信令，剩下的 CH1~CH15 和 CH17~CH31 共 30 个时隙用作 30 个话音通路。每个时隙传输 8 bit，因此共用 256 bit。每秒传输 8000 帧，因此脉冲编码调制（PCM）中一次 E1 的数据速率就是 2.048 Mbit/s	欧洲发起，除美国、日本外的国家多用
E2 载波	8.488 Mbit/s	—
E3 载波	34.368 Mbit/s	—
E4 载波	139.264 Mbit/s	—

2.6　信号技术

信息在信道中传输前必须转换为信号，必然涉及各种调制编码技术。信号的传输方式如表 2-5 所示。

表 2-5　信号的传输方式

传输方式	描　述	主要工作方式
模拟数据模拟传输	以模拟传输系统传输模拟数据信息，最早的典型应用是电话系统	基带传输、频带传输（调幅 AM、调频 FM、调相 PM）
模拟数据数字传输	将模拟数据转化为数字形式后，就可以使用数字传输和交换技术了	在通信应用中，使用数字信号对模拟数据编码的典型应用是在程控电话交换系统的用户端口设备上，采用 PCM
数字数据模拟传输	常用调制与解调技术	幅移键控（ASK）、频移键控（FSK）、相移键控（PSK）、数字调幅调相（APK）、正交振幅调制（QAM）
数字数据数字传输	直接使用数字信号表示数字数据并传输	单极性码、双极性码、归零码、不归零码、绝对码、相对码（差分编码）、MLT-3 编码

2.6.1　调制技术

所谓调制就是进行波形变换。更严格地讲，就是进行频谱变换，将基带数字信号的频谱变换为适合在模拟信道中传输的频谱。

最基本的调制技术包括 ASK、FSK 和 PSK 等。其特性如表 2-6 所示。

表 2-6　调制技术的特性

调制技术	说　　明	码元种类
ASK	用恒定的载波振幅值表示一个数（通常是 1），无载波表示另一个数	2
FSK	由载波频率（f_c）附近的两个频率（f_1、f_2）表示两个不同值，f_c 恰好为中值	2
PSK	用载波的相位偏移表示数据值	2

续表

调制技术	说　明	码元种类
DPSK	差分相移键控，调制信号前后码元之间载波相对相位的变化来传递信息，又分为 2DPSK 和 4DPSK	2DPSK 为 2 4DPSK 为 4
BIT/SK	二进制相移键控，两个不同的相位固定表示 0 和 1	2
QPSK	正交相移键控，利用载波的四种不同相位差来表示输入的数字信息，规定了四种载波相位，分别为 45°、135°、225°、315°	4
QAM	正交振幅调制，其幅度和相位同时变化	—

2.6.2 PCM

模拟数据必须转变为数字信号，才能在数字信道上传输，这个过程称为 PCM。PCM 要经过采样、量化和编码 3 个步骤。

1. 采样

采样是指每隔一定时间间隔，取模拟信号的当前值作为样本，该样本代表了模拟信号在某一时刻的瞬间值。经过一系列的采样，取得连续的样本可以用来代替模拟信号在某一区间随时间变化的值。那么究竟以什么样的频率采样，才可以从采样脉冲信号中无失真地恢复出原来的信号呢？

奈奎斯特采样定理：如果采样速率大于模拟信号最高频率的 2 倍，则可以从得到的样本中恢复原来的模拟信号。

2. 量化

量化，就是把经过采样得到的瞬时值的幅度离散，即用一组规定的电平，把瞬时采样值用最接近的电平来表示，离散值的个数决定了量化的精度。

3. 编码

编码将量化后的样本值按照相应的编码技术变成相应的二进制代码。

在实际应用中，我们希望采样的频率不要太高，以免编码/解码器的工作频率太快，我们也希望量化的等级不要太多，满足需要就可以了，以免得到数据量太大。例如，对声音数字化时，由于话音的最高频率为 4 kHz，所以采样频率是 8 kHz。对话音样本量化用 128 个等级，因而每个样本用 7 位二进制数表示。在数字信道中传输这种数字化的话音信号的速率为 7×8000=56 Kbit/s。

2.6.3 编码技术

在用数字信道传输计算机数据时，要对计算机中的数字信号重新编码进行基带传输。二进制数在传输过程中可采用不同的代码，这些代码的抗噪性和定时能力各不相同。

1. 基本编码

基本编码方法有极性编码（见图 2-3）、归零性编码和双相编码（见图 2-4）。

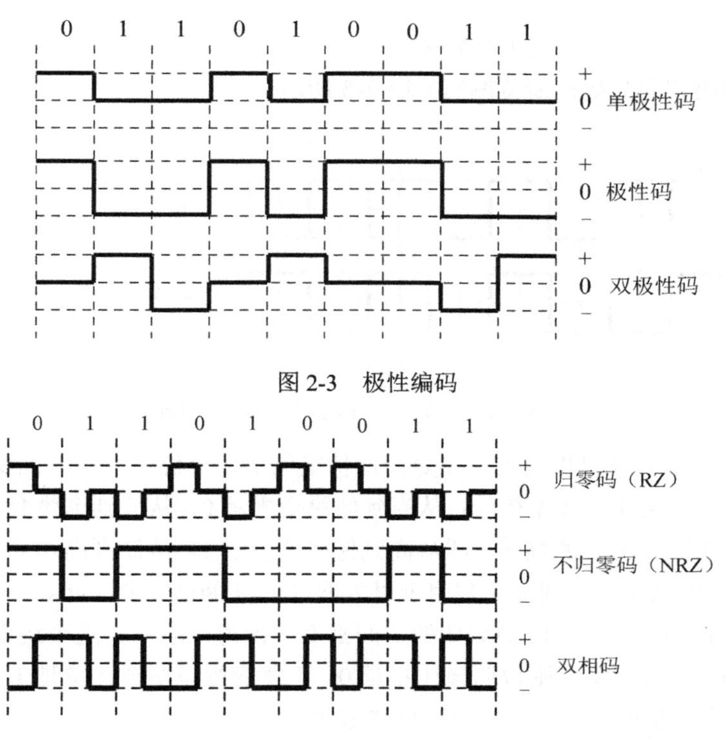

图 2-3　极性编码

图 2-4　归零性编码与双相编码

（1）极性编码。

极性包括正极和负极两种，单极性码只使用一个极性，再加上零电平（正极表示 0，零电平表示 1）的编码；极性码使用了两极（正极表示 0，负极表示 1）的编码；双极性码则使用了正负两极和零电平（其中有一种典型的双极性码是信号交替反转编码 AMI，它用零电平表示 0，1 表示电平在正负极间交替翻转）的编码。

在极性编码中，始终使用某一特定的电平来表示特定的数，因此当连续发送多个 1 或 0 时，无法直接从信号中判断出个数。要解决这个问题，就需要引入时钟信号。

（2）归零性编码。

归零码就是指码元中间的信号回归到零电平。不归零码则不回归到零电平（而是当 1 时电平翻转，0 时不翻转），这也称为差分机制。值得注意的是，图 2-4 这里讲的不归零码实际是不归零反转码，还有一种就是常规的不归零码，用高电平表示 1，低电平表示 0。

（3）双相编码。

通过不同方向的电平翻转（从低到高代表 0，从高到低代表 1），不仅可以提高抗干扰能力，还可以实现自同步，它也是曼彻斯特编码的基础。

2．应用性编码

应用性编码主要有曼彻斯特编码、差分曼彻斯特编码、MLT-3 编码、4B/5B 编码、8B/6T 编码和 8B/10B 编码。

（1）曼彻斯特编码和差分曼彻斯特编码。

曼彻斯特编码和差分曼彻斯特编码如图 2-5 所示。

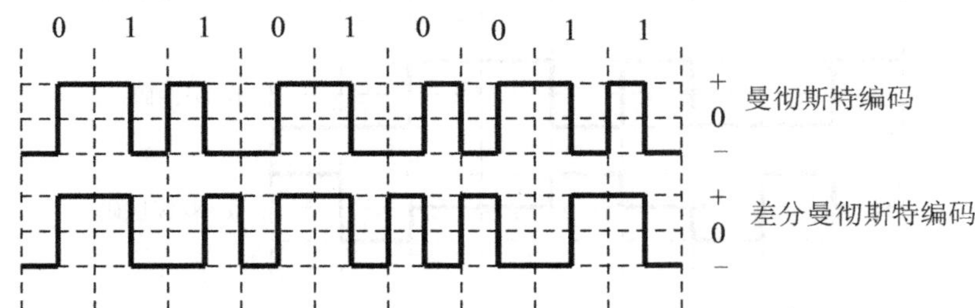

图 2-5　曼彻斯特编码和差分曼彻斯特编码

曼彻斯特编码是一种双相编码，在曼彻斯特编码中，每位中间有一跳变，位中间的跳变既作为时钟信号，又作为数据信号；从高到低跳变表示 0，从低到高跳变表示 1（某些教程中关于此部分内容有相反的描述，即从高到低跳变表示 1，从低到高跳变表示 0，也是正确的），因此它也可以实现自同步，常用于以太网（IEEE 802.3 10Mbit/s 以太网）。

差分曼彻斯特编码在每个时钟周期的中间都有一次电平跳变，这个跳变作为同步。在每个时钟周期的起始处：跳变则说明该比特是 0，不跳变则说明该比特是 1。这里有个技巧记忆，主要看两个相邻的波形，如果后一个波形和前一个波形相同，则后一个波形表示 0，如果波形不同，则表示 1。常用于令牌环网。

注意：曼彻斯特编码作为一种数字信号的编码，是一个码元对应一个高电平或一个低电平。而曼彻斯特编码是用相邻两个电平表示 1 bit 的，使用曼彻斯特编码和差分曼彻斯特编码时，每传输 1 bit 的信息，就要求线路上有 2 次电平状态变化，所以这两种编码方式的效率只有 50%。

（2）MLT-3 编码。

MLT-3 编码的运作方式如下。

用不变化的电位状态，即保持前一位的电位状态来表示二进制 0；

按照正弦波的电位顺序（0、+、0、−）变换电位状态来表示二进制 1。

编码规则如下。

如果下一比特是 0，则输出值与前面的值相同；如果下一比特是 1，则输出值要有一个转变：如果上一输出值是+V 或−V，则下一输出值为 0；如果上一输出值是 0，则下一输出值与上一个非 0 值的符号相反，如图 2-6 所示。

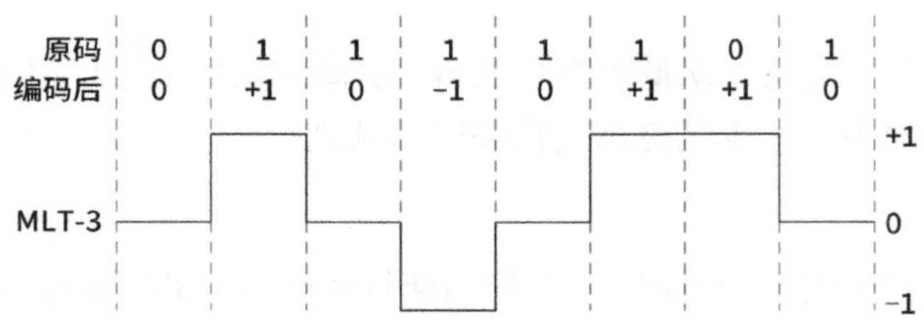

图 2-6　MLT-3 编码

（3）4B/5B 编码、8B/6T 编码和 8B/10B 编码。

正是因为曼彻斯特编码的编码效率不高，因此在带宽资源宝贵的广域网，以及速度要求更高的局域网中，就面临了困难。因此出现了 *m*B/*n*B 编码，也就是将 *m* 比特位编码成为 *n* 波特（代码位）。

4B/5B 编码、8B/6T 编码和 8B/10B 编码的比较如表 2-7 所示。

表 2-7 4B/5B 编码、8B/6T 编码和 8B/10B 编码的比较

*m*B/*n*B 编码	说 明	效 率	典型应用
4B/5B 编码	每次对 4 位数据进行编码，将其转为 5 位符号	1.25 波特/位，即 80%	100BASE-FX、100BASE-TX（MLT-3）、FDDI
8B/10B 编码	每次对 8 位数据进行编码，将其转为 10 位符号	1.25 波特/位，即 80%	1000BASE-X、1000BASE-T 是 PAM5
8B/6T 编码	8 bit 映射为 6 个三进制位	0.75 波特/位	100BASE-T4

其中，4B/5B 编码的特点是将欲发送的数据流每 4 bit 作为一个组，按照 4B/5B 编码的规则将其转换成相应的 5 bit 码，并由 NRZ-I 方式传输。5 bit 码共有 32 种组合，但只采用其中的 16 种对应 4 bit 码的 16 种，其他的 16 种，或者未用，或者用作控制码，以表示帧的开始和结束、光纤线路的状态（静止、空闲、暂停）等。

PAM5：用于 1000BASE-T 的符号编码方法。将从 8B1Q4 数据编码收到的 4 维五进制符号（4D）用 5 个电压级别（PAM5）传输出去。每个符号周期内并行传输 4 位符号。

2.6.4 双工技术

从通信双方信息交互的方式来看，可以有以下三种基本方式：单工、半双工、全双工。通信方式的比较如表 2-8 所示。

表 2-8 通信方式的比较

通信方式	描 述	示 例
单工	在单工方式中，通信是单向进行的，就像单行道。一条链路的两个站点中只有一个可以发送，另一个只能接收	键盘和传统监视器
半双工	每个站点都可以发送和接收，但是不能同时发送和接收。当其中一个设备发送时，另一个只能接收，反之亦然	对讲机和民用无线电
全双工	在两个方向的信号共享链路带宽。在全双工方式下，两个站点可以同时发送和接收	以太网全双工系统

2.7 差错控制

在数据传输中，由于受到干扰噪声等问题，总是不可避免地出现随机性错误，因此需要采用有效的差错控制方法，在数据通信中常用的是检错码和纠错码。

检错码仅能检测误码；纠错码则兼有纠错和检错能力，当发现不可纠正的错误时，可以发出错误指示。

2.7.1 码距和检错、纠错的关系

在一个编码系统中，将一个码字变成另一个码字时必须改变的最小位数就是码字之间的距离，简称码距。例如，一个编码系统的码距就是整个编码系统中任意（所有）两个码字的最小距离。若一个编码系统有四种编码：0000、0011、1100、1111，则此编码系统中 0000 与 1111 的码距为 4；0000 与 0011 的码距为 2，是此编码系统的最小码距。因此该编码系统的码距为 2。

首先要了解以下两个概念。

（1）在一个码组内为了检测 e 个误码，要求最小码距应该满足 $d \geqslant e+1$。

（2）在一个码组内为了纠正 t 个误码，要求最小码距应该满足 $d \geqslant 2t+1$。

所以要想实现检错和纠错，就必须扩大编码系统的码距，在实际中，我们可以通过用户信息+校验码组成检错码或纠错码，实现码距的扩大。常见的检错码有奇偶校验码、CRC 校验码，纠错码有海明校验码等。

2.7.2 奇偶校验码

奇偶校验码是最简单的检错码，由于实现比较容易而被广泛采用。这种码的校验关系可以用一个简单的方程表示。设要传输的用户比特信息为 $C_1C_2C_3C_4C_5$，其中校验码为 C_6。

经过编码以后变成 6 bit 的编码码字，其中校验位 C_6 应满足 $C_1 + C_2 + C_3 + C_4 + C_5 + C_6 = 0$（或 1）。

算式中的加法是模 2 加。上式的右边等于零称为偶校验，此时等式的右边含偶数个 1；等于 1 就是奇校验，则含奇数个 1。

在接收方，将收到的 C_1，C_2，…，C_6 比特进行累加，检查其是否符合式的关系。如果收到的码组符合奇偶校验关系，则认为传输没有错。实际上，它可能是错的。因为，如果偶数位发生错误，则接收方根据奇偶校验关系仍然认为没有错误。奇偶校验码可以发现所有奇数个错误。在上例中，信息位数 k=5，码组位数 n=6，所以编码率 R_c=5/6。奇偶校验码的编码率可以做得很高。

2.7.3 海明校验码

海明校验码是在数据中间加入几个校验码，均匀扩大码距，将数据的每个二进制位分配在几个奇偶校验组里，当某一位出错时，会引起几个校验位的值发生变化。

m 个信息位需要加入的海明校验码个数为 k，具有 2^k 个校验信息，1 个校验信息用来指出“没有错误”，其余 2^k-1 个校验信息指出错误发生在哪一位，所以满足 $m+k+1 \leqslant 2^k$。

对于海明校验码的校验位存放位置：一般海明检验码是放置在 2 的幂次位上的，即

“1,2,4,8,16,…”。

例如，信息码 101101100 采用偶校验，如图 2-7 所示。

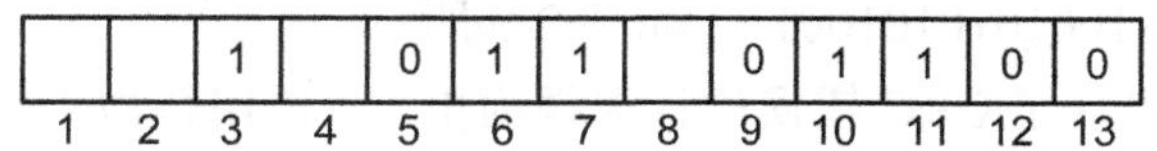

		1		0	1	1		0	1	1	0	0
1	2	3	4	5	6	7	8	9	10	11	12	13

图 2-7　用户信息

海明校验码的监督关系式如下。

$B_1 \oplus B_3 \oplus B_5 \oplus B_7 \oplus B_9 \oplus B_{11} \oplus B_{13}=0$；

$B_2 \oplus B_3 \oplus B_6 \oplus B_7 \oplus B_{10} \oplus B_{11}=0$；

$B_4 \oplus B_5 \oplus B_6 \oplus B_7 \oplus B_{12} \oplus B_{13}=0$；

$B_8 \oplus B_9 \oplus B_{10} \oplus B_{11} \oplus B_{12} \oplus B_{13}=0$。

由监督关系式可以看出，信息位 B_3 受校验位 B_1、B_2 的监督，信息位 B_5 受校验位 B_1、B_4 的监督，信息位 B_6 受校验位 B_2、B_4 的监督，信息位 B_7 受校验位 B_1、B_2、B_4 的监督，依此类推，假设有 14 位，那么第 14 位应该受校验位 B_2、B_4、B_8 的监督。所以可以算出 B_1、B_2、B_4、B_8。

将结果填入图 2-7，得到经过差错编码的数据串，如图 2-8 所示。

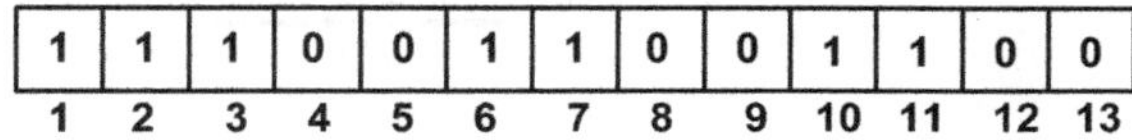

1	1	1	0	0	1	1	0	0	1	1	0	0
1	2	3	4	5	6	7	8	9	10	11	12	13

图 2-8　计算结果

如果给出一个加入了校验码的信息，并说明有一位错误，则可以采用基本相同的方法找出这个错误的位。

例如，监督关系式如下。

$B_1 \oplus B_3 \oplus B_5 \oplus B_7 \oplus B_9 \oplus B_{11} \oplus B_{13} = 1 \oplus 1 \oplus 0 \oplus 1 \oplus 0 \oplus 0 \oplus 0 =1$；

$B_2 \oplus B_3 \oplus B_6 \oplus B_7 \oplus B_{10} \oplus B_{11} = 1 \oplus 1 \oplus 1 \oplus 1 \oplus 1 \oplus 0 =1$；

$B_4 \oplus B_5 \oplus B_6 \oplus B_7 \oplus B_{12} \oplus B_{13} = 0 \oplus 0 \oplus 1 \oplus 1 \oplus 0 \oplus 0 =0$；

$B_8 \oplus B_9 \oplus B_{10} \oplus B_{11} \oplus B_{12} \oplus B_{13} =0 \oplus 0 \oplus 1 \oplus 0 \oplus 0 \oplus 0=1$。

我们可以判断出只有 B_{11} 出错，才会导致第 1 个、第 2 个、第 4 个监督关系式出错，只需把第 11 位恢复即可。

2.7.4　CRC 校验码

海明校验码过于复杂，而 CRC 检验码的实现原理十分易于用硬件实现，因此广泛地应用于计算机网络上的差错控制。

计算 CRC 校验码基于 CRC 生成多项式，如原始报文为 11001010101，其生成多项式为 x^4+x^3+x+1。计算时在原始报文的后面添加若干 0（等于校验码的位数，而生成多项式的最高幂次就是校验位的位数，本题中使用该生成多项式产生的校验码为 4 位）作为被除数，除以生成多项式所对应的二进制数（根据其幂次的值决定，得到 11011，因为生成多项式中除了没有 x^2，其他位都有）。使用模 2 除，得到的商就是校验码。将 0011 添加到原始报文的后面就是结果，即 110010101010011，如图 2-9 所示。

检查信息码是否出现了 CRC 错误的计算很简单，只需用待检查的信息码做被除数，除以生成多项式。如果能够整除，则说明没有错误；否则出错。另外要注意，当 CRC 检查出现错误时，它不会纠错，通常是让信息的发送方重发一遍。

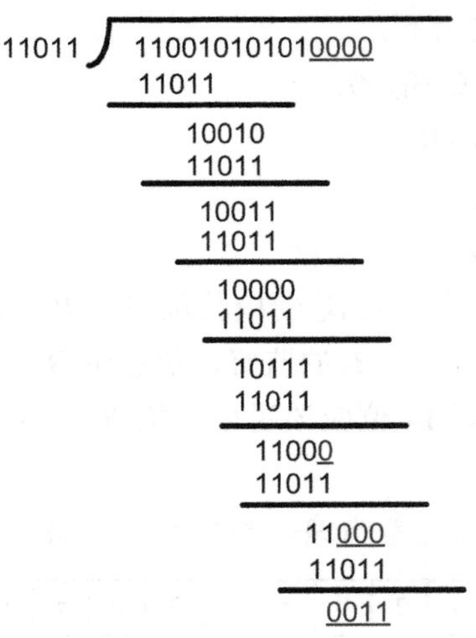

图 2-9　计算 CRC 校验码

2.8　课后检测

1．在相隔 2000 km 的两地间通过电缆以 4800 bit/s 的速率传输 3000 bit 长的数据报，从开始发送到接收完数据所需的时间是（ ① ），如果用 50 Kbit/s 的卫星信道传输，则所需的时间是（ ② ）。

①选项：

A．480 ms　　B．645 ms　　C．630 ms　　D．635 ms

②选项：

A．70 ms　　B．330 ms　　C．500 ms　　D．600 ms

答案：D、B。

解析：

本题考察时延的计算。

数据总时延=数据传输时延+数据传播时延。数据传输时延=数据大小/发送速率。数据传播时延=传输距离/传输速率。

电缆的传播速率为 200000 km/s，结合题干中的参数得出数据总时延=3000/4800+ 2000/200000=0.635 s=635 ms。

卫星通信中的传播时延为 270 ms，依题干参数计算得出数据总时延=3000/50000+0.27=0.33 s=330 ms。

2．数据封装的正确顺序是（　　）。

A．数据、帧、分组、段、比特　　B．段、数据、分组、帧、比特

C．数据、段、分组、帧、比特　　D．数据、段、帧、分组、比特

答案：C。

解析：

应用层传输的是数据，传输层传输的是报文段，网络层传输的是 IP 分组，数据链路层传输的是帧，物理层传输的是比特。

3．在 OSI 参考模型中能实现路由选择、拥塞控制与网络互联功能的层是（　　）。

A．传输层　　B．应用层　　C．网络层　　D．物理层

答案：C。

解析：

本题考查网络体系结构中的网络层。

OSI 参考模型各层的功能如下。

物理层：OSI 参考模型的最低层。该层是网络通信的数据传输介质，由连接不同节点的电缆与设备共同构成。主要功能是利用传输介质为数据链路层提供物理连接，负责处理数据传输并监控数据出错率，以便数据流透明传输。

数据链路层：OSI 参考模型的第 2 层。主要功能是在物理层提供的服务基础上，在通信的实体之间建立数据链路，传输以“帧”为单位的数据报，并采用差错控制与流量控制方法，使有差错的物理线路变成无差错的数据链路。

网络层：OSI 参考模型的第 3 层。主要功能是为数据在节点之间传输创建逻辑链路，通过路由选择算法为分组通过通信子网选择最适当的路径，以及实现拥塞控制、网络互联等功能。

传输层：OSI 参考模型的第 4 层。主要功能是向用户提供可靠的端到端（End-to-End）服务，处理数据报错误、数据报次序，以及其他一些关键传输问题。传输层向高层屏蔽了下层数据通信的细节，因此，它是计算机通信体系结构中的关键一层。

会话层：OSI 参考模型的第 5 层。主要功能是维护两个节点之间的传输链接，以便确保点到点传输不中断，以及管理数据交换等。

表示层：OSI 参考模型的第 6 层。主要功能是处理在两个通信系统中交换信息的表示方式，主要包括数据格式变换、数据加密与解密、数据压缩与恢复等。

应用层：OSI 参考模型的最高层。主要功能是为应用软件提供很多服务，如文件服务器、数据库服务、电子邮件与其他网络软件服务。

4．设信号的波特率为 800 Baud，采用幅度-相位复合调制技术，由 4 种幅度和 8 种相位组成 16 种码元，则信道的数据速率为（　　）。

A．1600 bit/s　　B．2400 bit/s　　C．3200 bit/s　　D．4800 bit/s

答案：C。

解析：

波特率表示单位时间内传输的码元数。

数据速率（比特率）表示单位时间内传输的比特数。

码元可以用 n 位的 bit 来表示，题干中提到有 16 种码元，则用 4 bit 就可以表示。数据速率为 800×4=3200 bit/s。

5．带宽为 3 kHz 的信道，在无噪声条件下传输二进制信号的极限数据速率和在信噪比为 30 dB 条件下的极限数据速率分别为（ ① ），该结果说明（ ② ）。

①选项：

A．6 Kbit/s，30 Kbit/s　　B．30 Kbit/s，6 Kbit/s

C．3 Kbit/s，30 Kbit/s　　D．3 Kbit/s，3 Kbit/s

②选项：

A．结果一样　　B．有噪声时结果更好

C．无噪声时结果更好　　D．条件不同不可比

答案：A、D。

解析：

本题考查有关带宽与数据速率的关系及数据速率计算方法的基础知识。

对于没有噪声的信道，利用奈奎斯特定理计算信道的极限数据速率，该定理为在带宽为 W（Hz）的无噪声信道上传输信号，假定每个信号取 V 个离散值，则信道的极限数据速率为 $2W\times\log_2 V$（bit/s）。

对于有噪声的信道，利用香农定理计算信道的极限数据速率，该定理为在带宽为 W（Hz）的有噪声信道上传输信号，假定信噪比为 S/N，则信道的极限数据速率为 $W\times\log_2(1+S/N)$（bit/s）。

上述两个计算公式的条件是不一样的。对于奈奎斯特定理，考虑每个信号可表示的状态数是 V，其特例是 V=2，即每个信号可表示两个状态之一（0 或 1）。而香农定理不限制每个信号表示的状态数。

6．图 2-10 中 12 位差分曼彻斯特编码的信号波形表示的数据是（　　）。

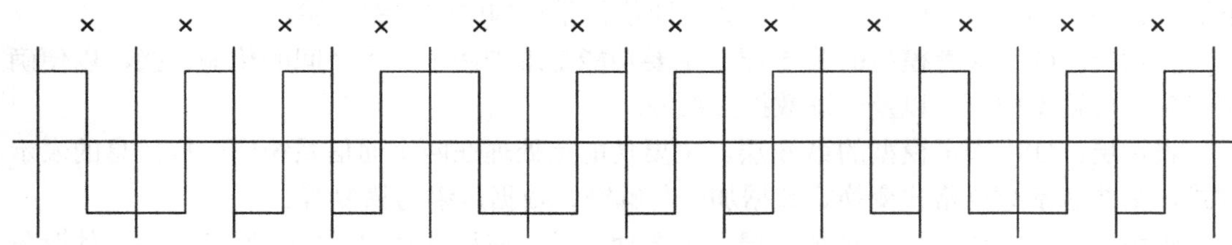

图 2-10　差分曼彻斯特编码

A．001100110101　　B．010011001010

C．100010001100　　D．011101110011

答案：B。

解析：

差分曼彻斯特编码在曼彻斯特编码的基础上加上了翻转特性，遇 0 翻转，遇 1 不变。所以表示的是 010011001010。

7．图 2-11 所示为 100BASE-TX 标准中 MLT-3 编码的波形，出错的是第（ ① ）位，传输的信息编码为（ ② ）。

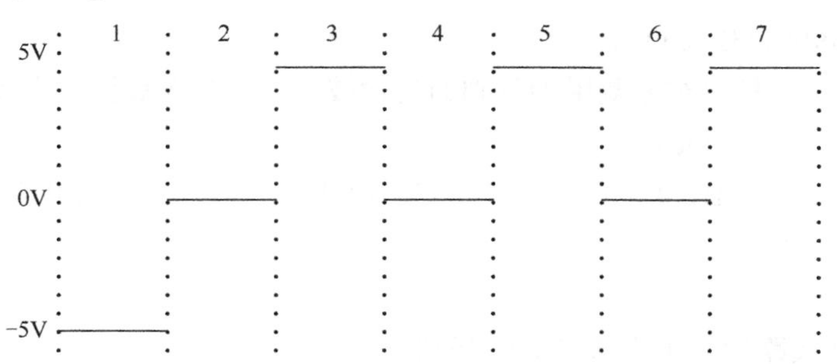

图 2-11　MLT-3 编码的波形

①选项：

A．3　　B．4　　C．5　　D．6

②选项：

A．1111111　　B．0000000　　C．0101010　　D．1010101

答案：C、A。

解析：

MLT-3 即 Multi-Level Transmit-3，多电平传输码，MLT-3 码跟 NRZI 码有点类型，其特点都是逢"1"跳变，逢"0"不变，并且编码后不改变信号速率。与 NRZI 码不同的是，MLT-3 码是双极性码，有"–1""0""1"三种电平，编码后直流成分大大减少，可以进行电路传输，100BASE-TX 标准采用此码。

MLT-3 编码规则如下。

（1）如果下一输入为"0"，则电平保持不变。

（2）如果下一输入为"1"，则产生跳变，此时又分为两种情况。

① 如果前一输出是"+1"或"–1"，则下一输出为"0"。

② 如果前一输出非"0"，则其信号极性和最近一个非"0"相反。

8．在异步通信中，每个字符包含 1 位起始位、7 位数据位、1 位奇偶位和 2 位终止位，每秒传输 200 个字符，采用 QPSK 调制，则码元速率为（　　）波特。

A．500　　B．550　　C．1100　　D．2200

答案：C。

解析：

每秒传输 200 个字符，数据速率为 2200 bit/s，采用 QPSK 调制，码元种类为 4，所以 $R=B\log_2 N$，码元速率为 1100 波特。

9．10 个 9.6 Kbit/s 的信道按时分复用在一条线路上传输，在统计时分复用的情况下，假定每个子信道只有30%的时间忙，复用线路的控制开销为10%，那么复用线路的带宽应该是（ ）。

A．32 Kbit/s　B．64 Kbit/s　C．72 Kbit/s　D．96 Kbit/s

答案：A。

解析：

9.6×10×30%/90%=32 Kbit/s。

10．E1 线路是一种以时分复用为基础的传输技术，其有效数据速率（扣除开销后的数据速率）约为（ ）Mbit/s。

A．1.344　B．1.544　C．1.92　D．2.048

答案：C。

解析：

本题考查 E1 线路的复用方式方面的基础知识。

E1 线路采用时分复用，将一帧划分为 32 个时隙，其中 30 个时隙发送数据，2 个时隙发送控制信息，每个时隙可发送 8 个数据位，要求每秒发送 8000 帧。El 线路的数据速率为 2.048 Mbit/s，每帧发送有效数据的时间只有 30 个时隙，因此有效数据速率为 (30/32)×2.048 Mbit/s= 1.92 Mbit/s。

11．若信息码字为 111000110，生成多项式 $G(x)=x^5+x^3+x+1$，则计算出的 CRC 校验码为（ ）。

A．01101　B．11001　C．001101　D．011001

答案：B。

解析：

生成多项式的最高幂次为 5，表示校验码位数是 5，生成多项式的二进制表示为 101011，用 11100011000000 除以生成多项式所对应的二进制数 101011，得到的余数为校验码 11001。

12．偶校验码为 0 时，分组中“1”的个数为（ ）。

A．偶数　B．奇数　C．随机数　D．奇偶交替

答案：A。

解析：

本题考查数据通信检错和纠错的基本知识。

在数据传输过程中，由于信道受到噪声和干扰的影响，可能会出现传输错误，通过在发送的信息后加冗余位进行差错控制。

奇偶检验码是一种最简单的校验码，其编码规则为先将所要传输的数据码元分组，并在每组的数据后面附加一位冗余位即检验位，使该组包括冗余位在内的数据码元中“1”的个数保持为奇数（奇检验）或偶数（偶检验）。在接收方按照同样的规则检查，如发现不符，说明有错误发生。

13．使用海明检验码进行纠错，7 位码长（$x_1x_2x_3x_4x_5x_6x_7$），其中 4 位数据位，3 位校验位，其监督关系式为 $C_0=x_1+x_3+x_5+x_7$；$C_1=x_2+x_3+x_6+x_7$；$C_2=x_4+x_5+x_6+x_7$。

如果收到的码字为 1000101，则纠错后的码字是（　　）。

A. 1000001　　B. 1001101　　C. 1010101　　D. 1000101

答案： C。

解析：

本题考察海明检验码的相关知识。

7 位码长（$x_1x_2x_3x_4x_5x_6x_7$），其中 4 位数据位，3 位校验位，其监督关系式为

$C_0=x_1+x_3+x_5+x_7$；$C_1=x_2+x_3+x_6+x_7$；$C_2=x_4+x_5+x_6+x_7$。

如果收到的码字为 1000101，意味着 $x_1=1$，$x_2=0$，$x_3=0$，$x_4=0$，$x_5=1$，$x_6=0$，$x_7=1$。

根据 $C_0=x_1+x_3+x_5+x_7$（异或运算）可知 $C_0=1$；$C_1=x_2+x_3+x_6+x_7$（异或运算）可知 $C_1=1$；$C_2=x_4+x_5+x_6+x_7$（异或运算）可知 $C_2=0$。

然后告诉我们 $C_0\,C_1\,C_2=110$，其中 C_2 为 0，说明监督关系式中的 x_4、x_5、x_6、x_7 都是正常码。

那么 C_0、C_1 为 1，说明它们对应的表达式中肯定有出错位，再看看 $C_0=x_1+x_3+x_5+x_7$，$C_1=x_2+x_3+x_6+x_7$，刚才我们通过 C_2 得知 x_4、x_5、x_6、x_7 都是正常码，所以对于 C_0 的监督关系式，可能出错的位为 x_1 或 x_3，同理，对于 C_1 可能出错的位为 x_2 或 x_3，马上可以得知真正出错的位是 x_3，x_3 出错才可能造成 C_0 和 C_1 的监督关系式为 1。

既然 x_3 出错，那么对于收到的码字为 1000101，纠错后的码字是 1010101。

注意： 一般海明校验都是偶校验，所以通过监督关系式得到的 0 表示没有出错，1 表示肯定有位出错。

第 3 章

企业内部网络规划

根据对 2022 版考试大纲的分析，以及对以往试题情况的分析，“企业内部网络规划”章节基本维持在 13 分，占上午试题总分的 17%左右。下午案例分析也是常考的章节。从复习时间安排来看，请考生在 6 天之内完成本章的学习。

3.1 知识图谱与考点分析

通过分析历年的考试题目和考试大纲，要求考生掌握几方面内容，如表 3-1 所示。

表 3-1 知识图谱与考点分析

知识模块	知识点分布	重要程度
以太网技术	• 以太网 CSMA/CD 协议 • 以太网帧结构 • 高速以太网 • 自协商技术 • 交换式以太网 • 冲突域和广播域 • 交换机性能指标 • 级联和堆叠	• ★★★ • ★★★ • ★★★ • ★★ • ★★★ • ★★★ • ★★ • ★★★
VLAN 技术	• VLAN 的概念 • VLAN 的分类 • VLAN 端口类型 • VLAN 的配置 • GVRP • Q in Q 协议	• ★★★ • ★★★ • ★★★ • ★★★ • ★★ • ★
链路聚合	• 链路聚合的原理 • 链路聚合的配置	• ★★★ • ★★★

续表

知识模块	知识点分布	重要程度
生成树协议	• STP • RSTP • MSTP • STP 的配置	• ★★★ • ★★ • ★★★ • ★★★
IPv4 协议	• IPv4 数据报格式 • IP 地址分类 • 子网划分 • 路由汇聚	• ★★★ • ★★★ • ★★★ • ★★★
ARP 和 ICMP	• ARP • ICMP	• ★★★ • ★★★
三层交换技术	• 三层交换的概念 • 三层交换机的配置	• ★★ • ★★★
VRRP	• VRRP 的原理 • VRRP 的配置	• ★★★ • ★★★

3.2 以太网技术

局域网（LAN）是指在某一区域内由多台计算机互联组成的计算机组，一般在方圆几千米以内。LAN 可以实现文件管理、应用软件共享、打印机共享、工作组内的日程安排、电子邮件和传真通信服务等功能。LAN 是封闭型的，可以由办公室内的两台计算机组成，也可以由一个公司内的上千台计算机组成。

由于 LAN 只是一个短距离内的计算机通信网，并不存在路由选择问题，因而它不涉及网络层，只需考虑最低的两层。然而由于 LAN 的种类繁多，其介质访问控制方式各不相同，所以有必要将数据链路层分成两个子层，介质访问控制子层（MAC）和逻辑链路控制子层（LLC）。LLC 实现数据链路层与硬件无关的功能，如流量控制、差错控制等；MAC 提供 LLC 和物理层之间的端口。

自 1980 年以来，许多国家和国际标准化机构都在积极进行 LAN 的标准化工作，其中最有影响力的是 IEEE 制定的 802 标准，包括以太网 CSMA/CD 协议、令牌总线和令牌环网等，它被 ANSI 吸收为美国国家标准，被 ISO 作为国际标准。

在所有的 LAN 标准中，现在发展得最好且应用面最广的是采用 802.3 CSMA/CD 协议的以太网，这主要归功于其不断的发展，一是从共享式到交换式的发展，克服了负载提高所带来的瓶颈；二是速度从 10 Mbit/s 发展到 100 Mbit/s（IEEE 802.3u，快速以太网）、1000 Mbit/s（IEEE 802.3z），甚至 10000 Mbit/s（IEEE 802.3ae），满足了各种不同的应用需求。

3.2.1 以太网 CSMA/CD 协议

根据以太网的最初设计目标，计算机和其他数字设备是通过一条共享的物理线路连接的。这样被连接的计算机和数字设备必须采用一种半双工方式访问该物理线路，而且必须有一种冲突检测和避免的机制，以避免多个设备在同一时刻抢占线路，这种机制就是所谓的 CSMA/CD。CSMA/CD 的流程可以简单地概括为 4 点：载波侦听、冲突检测、发现冲突/停止发送、随机延迟重发。

1．载波侦听

每个以太网节点利用总线发送数据时，首先需要侦听总线是否空闲。以太网的物理层规定发送的数据采用曼彻斯特编码。如果总线上已经没有数据在传输，总线的电平将不会发生跳变，则可以判断此时为“总线空闲”。如果一个节点已准备好发送的数据帧，并且总线此时处于空闲状态，则这个节点就可以“启动发送”。

根据侦听到介质状态后采取的回避策略，可将 CSMA 分为三种，如表 3-2 所示。

表 3-2 载波侦听算法

侦听算法	信道空闲时	信道忙时	特　点
非坚持型侦听算法	立即发送	等待 N 秒，再侦听	减少冲突，信道利用率降低
1-坚持型侦听算法	立即发送	继续侦听	提高信道利用率，增大冲突
P-坚持型侦听算法	以概率 P 发送	继续侦听	有效平衡，但复杂

2．冲突检测

冲突是指总线上同时出现两个或两个以上信号，它们叠加后的信号波形不等于任何节点输出的信号波形。如果检测到从总线上收到的信号波形不符合曼彻斯特编码，就说明出现了冲突。

3．发现冲突/停止发送

载波侦听只能够减小冲突的概率，但无法完全避免冲突。为了能够高效地实现冲突检测，在 CSMA/CD 中采用边发边听的冲突检测方法，即发送方一边发，一边接收。一旦发现结果不同，就立即停止发送，并发出冲突（Jamming）信号。正是因为采用了边发边听的冲突检测方法，因此检测冲突所需的最长时间是网络传播延时的两倍。

由此引出了 CSMA/CD 总线网络中最短帧长的计算关系式：

$$\frac{\text{最短数据帧长（bit/s）}}{\text{数据传输速率（bit/s）}}（\geqslant 2\times）\frac{\text{任意两点间的最长距离（m）}}{\text{信号传播速度（200m/μs）}}$$

4．随机延迟重发

如果在发送数据的过程中检测出冲突，则为了解决信道争用冲突，发送节点要进入停止发送数据、随机延迟重发的流程。

以太网采用截断二进制指数退避算法来解决碰撞问题。截断二进制指数退避算法并不复杂，这种算法让发生碰撞的站在停止发送数据后，不是等待信道变为空闲后就立即发送数据，而是推迟一个随机时间。这样做是为了使得重传时再次发生冲突的概率减小。具体算法步骤如下。

（1）确定基本退避时间，一般取为争用期 $2t$。

（2）从整数集合[0,1,⋯,(2^k−1)]中随机地取出一个数，记为 r。重传应退后的时间为 r 倍的争用期。上面的参数 k 按 k = min[重传次数, 10]计算。

可见，当重传次数不超过 10 时，参数 k 等于重传次数，但当重传次数超过 10 时，k 就不再增大而一直等于 10。

（3）当重传次数达到 16 但仍不能成功时，表明同时打算发送数据的站太多，以至于连续发生冲突，则丢弃该帧，并向上层报告。

3.2.2 以太网帧结构

以太网 Ethernet_II 格式定义的帧结构如图 3-1 所示，其包含的字段有目的地址、源地址、长度/类型、数据、填充及校验和。这些字段中除了数据字段是变长的，其余字段的长度都是固定的。

2或6	2或6	2	0~1500	0~46	4
目的地址	源地址	长度/类型	数据	填充	校验和

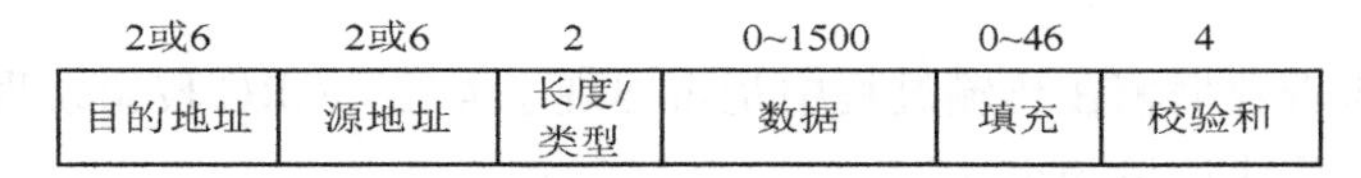

图 3-1　以太网 Ethernet_II 格式定义的帧结构

1. 目的地址和源地址

目的地址和源地址都是 MAC 地址，MAC（Media Access Control）地址用来定义网络设备的位置。MAC 地址由 48 bit、12 位的十六进制数组成，其中从左到右开始，0～23 bit 是厂商向 IETF 等机构申请用来标识厂商的代码，24～47 bit 由厂商自行分派，是各厂商制造的所有网卡的一个唯一编号。

MAC 地址可以分为 3 种类型。

（1）**物理 MAC 地址**：这种类型的 MAC 地址唯一地标识了以太网上的一个终端，该地址为全球唯一的硬件地址。

（2）**广播 MAC 地址**：全 1 的 MAC 地址为广播 MAC 地址（ff-ff-ff-ff-ff-ff），用来表示 LAN 上的所有终端设备。

（3）**组播 MAC 地址**：除广播 MAC 地址外，第 8 bit 为 1 的 MAC 地址为组播 MAC 地址（如 01-00-00-00-00-00），用来代表 LAN 上的一组终端。

以太网卡有过滤功能，网卡只接收发送给自己的帧，把帧解封装后交给上层处理，而把不是发送给自己的帧丢弃。网卡会比较帧的目的地址和自己的 MAC 地址是否一致。不过，有些网卡可以设置为混杂模式，也就是可以接收任意帧，而不考虑这帧是不是发送给自己的。这类网卡经常用于一些网络协议分析工具中，如 Sniffer、Wireshark。

2. 类型字段

以太网 Ethernet_II 格式定义的帧结构和 IEEE 802.3 标准定义的帧结构是不同的，主要在于 IEEE 802.3 标准把 V2 标准中的类型字段修改为长度字段。长度表示数据字段的长度。

在 Ethernet_II 格式定义的帧结构中，2 字节的类型字段用于标识数据字段中包含的高层协议，也就是说，该字段告诉接收设备如何解析数据字段。

在以太网中，多种协议可以在 LAN 中共存。因此，在 Ethernet_II 格式的类型字段中设置相应的十六进制数据提供了在 LAN 中支持多协议传输的机制。

类型字段取值为 0800 的帧代表 IP 协议帧。

类型字段取值为 0806 的帧代表 ARP 协议帧。

类型字段取值为 8035 的帧代表 RARP 协议帧。

类型字段取值为 8137 的帧代表 IPX 和 SPX 协议帧。

3．数据、填充

以太网规定数据字段的长度范围为 46～1500 字节，当长度小于 46 字节时，应该加以填充，填充就是在数据字段后面加入一个整数字节的填充字段，这样整个以太网帧的最小长度为 64 字节。

4．校验和

校验和用来检查数据帧在传输过程中是否出现了差错，CRC 校验发现差错后，直接丢弃该帧，可以由高层协议发起重传。

3.2.3 高速以太网

随着计算机网络的不断应用，10 Mbit/s 传统以太网的网络传输速率实在无法满足日益增大的需求。这时人们开始寻求更高的网络传输速率，于是催生了高速以太网的开发需求。

1．快速以太网

为了保护用户的投资，快速以太网（Fast Ethernet）是符合要求的新一代高速以太网。

技术特点：快速以太网的数据传输速率为 100 Mbit/s，与传统以太网具有相同的帧格式、半双工方式下相同的介质访问控制方法 CSMA/CD、相同的端口与相同的组网方法，只是把以太网每个比特的发送时间由 100 ns 降低到 10 ns。

100 Mbit/s 以太网的新标准还规定了以下几种不同的物理层标准。

（1）100BASE-TX 支持两对 5 类 UTP 或两对 1 类 STP。一对 5 类非屏蔽双绞线或一对 1 类屏蔽双绞线就可以发送，而另一对双绞线可以用于接收，因此 100BASE-TX 是一个全双工系统，每个节点都可以同时以 100 Mbit/s 的速率发送与接收。

（2）100BASE-T4 支持四对 3 类 UTP，其中三对用于数据传输，一对用于冲突检测。

（3）100BASE-FX 支持 2 芯的多模或单模光纤。100BASE-FX 主要用作高速主干网，从节点到集线器（HUB）的距离可以达到 2 km，是一种全双工系统。

（4）针对 100BASE-T4 不能实现全双工的缺点，IEEE 开始制定 100BASE-T2。100BASE-T2 采用两对音频或数据级 3、4 或 5 类 UTP，一对用于发送数据，另一对用于接收数据，可实现全双工操作。

2．千兆以太网

千兆以太网（Gigabit Ethernet）的传输速率是快速以太网的 10 倍，达到 1000 Mbit/s。

千兆以太网保留着10 Mbit/s以太网的所有特征（相同的帧格式、半双工方式下相同的介质访问控制方法、相同的组网方法），只是将传统的每个比特的发送时间由100 ns降低到1 ns。千兆以太网定义的物理层标准有以下几种。

（1）1000BASE-T标准使用的是5类非屏蔽双绞线，双绞线长度可以达到100 m。

（2）1000BASE-X标准是基于光纤通道的物理层，使用的媒体有三种。

（3）1000BASE-CX标准使用的是屏蔽双绞线，双绞线长度可以达到25 m。

（4）1000BASE-LX标准所使用的光纤主要有62.5 μm多模光纤、50 μm多模光纤和9 μm单模光纤。其中使用多模光纤的最大传输距离为 550 m，使用单模光纤的最大传输距离为3000 m。

（5）1000BASE-SX标准使用的是62.5 μm多模光纤、50 μm多模光纤，光纤长度可以达到550 m。

其中1000BASE-X标准是IEEE 802.3z，而1000BASE-T标准是IEEE 802.3ab。

注意：如果千兆以太网工作在半双工方式下，就必须进行冲突检测，采用载波延伸和分组突发方式。当千兆以太网工作在全双工方式下时，不使用载波延伸和分组突发方式，因为此时没有冲突产生。

3．万兆以太网

IEEE 802.3ae正式标准于2002年完成，其主要特点如下。

（1）帧格式与之前的以太网（10 Mbit/s、100 Mbit/s、1 Gbit/s）完全相同。

（2）保留了IEEE 802.3标准对以太网最小帧长度和最大帧长度的规定。

（3）只工作在全双工方式下。

（4）万兆以太网规范有10GBASE-SR、10GBASE-LR和10GBASE-ER。

10GBASE-SR中的“SR”是“Short Range”（短距离）的缩写，表示仅用于短距离连接。该规范支持编码方式为64B/66B的短波（波长为850 nm）多模光纤（MMF），有效传输距离为2～300 m。

10GBASE-LR中的“LR”是“Long Range”（长距离）的缩写，表示主要用于长距离连接。该规范支持编码方式为64B/66B的长波（波长为1310 nm）单模光纤（SMF），有效传输距离为2 m～10 km。

10GBASE-ER中的“ER”是“Extended Range”（超长距离）的缩写，表示连接距离可以非常长。该规范支持编码方式为64B/66B的超长波（波长为1550 nm）单模光纤（SMF），有效传输距离为2 m～40 km。

10GBASE-CX4对应的就是2004年发布的IEEE 802.3ak万兆以太网标准。10GBASE-CX4使用802.3ae中定义的XAUI（万兆附加单元端口）和用于InfiniBand中的4×连接器，传输介质称为“CX4铜缆”（其实就是一种屏蔽双绞线）。它的有效传输距离仅为15 m。

10GBASE-T是一种使用铜缆双绞线连接（超6类或以上）的以太网标准，数据层有效带宽为10 Gbit/s，最远传输距离可达100 m。与10GBASE-T对应的IEEE标准是802.3an-2006。

3.2.4 自协商技术

当以太网技术发展到快速以太网和千兆以太网后，出现了和 10 Mbit/s 以太网设备兼容的问题，自协商技术就是为了解决这个问题的。自协商技术的主要功能是使物理链路两端的设备通过交互信息自动选择同样的工作参数，包括双工方式、运行速率及流控等参数。一旦协商通过，链路两端的设备就锁定为同样的双工方式和运行速率。

自协商技术允许一个网络设备把自己所支持的工作模式以自协商报文的方式传递给线缆上的对端，并接收对方可能传递过来的相应信息。自协商技术由物理层实现，速度很快。如果有一端不支持自协商技术，则支持自协商技术的一端选择一种默认的方式工作，一般情况下是 10 Mbit/s 半双工方式。

3.2.5 交换式以太网

以太网使用的 CSMA/CD 是一种竞争式的介质访问控制协议，从本质上在网络负载较小时性能不错。如果网络负载很大，冲突就会很常见，导致网络性能大幅下降。为了解决这一瓶颈，交换式以太网应运而生，其核心是使用交换机代替集线器。

1. 交换机的工作原理

二层以太网交换机是一种基于 MAC 地址，能完成封装转发数据帧功能的网络设备。通过解析和学习以太网帧的源 MAC 地址维护 MAC 地址与端口的对应关系（保存 MAC 地址与端口对应关系的表称为 MAC 表），通过目的 MAC 地址查找 MAC 表决定向哪个端口转发，基本流程如下。

（1）二层交换机收到以太网帧，将其源 MAC 与接收端口的对应关系写入 MAC 表，作为以后的二层转发依据。如果 MAC 表中已有相同表项，就刷新该表项的老化时间。MAC 表项采取一定的老化更新机制，在老化时间内未得到刷新的表项将被删除。

（2）二层交换机判断目的 MAC 地址是不是广播地址。

如果目的 MAC 地址是广播地址，那么向所有端口转发（报文的入端口除外）。

如果目的MAC地址不是广播地址，那么根据以太网帧的目的MAC地址查找MAC表：若能够找到匹配表项，则按照表项所示的对应端口转发，否则向所有端口转发（报文的入端口除外）。

从上述流程可以看出，二层交换机通过维护 MAC 表及根据目的 MAC 地址查表转发，有效地利用了网络带宽，改善了网络性能。

2. 交换机的帧转发方式

交换机有如下三种帧转发方式。

（1）**直接交换方式（Cut-Through Switching）**：交换机只接收帧并检测目的 MAC 地址，就立即将该帧转发出去，而不用判断这帧数据是否出错。帧出错检测任务由节点完成。这种交换方式的优点是交换延迟低；缺点是缺乏差错检测能力，不支持不同速率端口之间的帧转发。

（2）**存储转发交换方式（Store-and-Forward Switching）**：交换机需要完成接收帧并进行差错检测。如果接收帧正确，则先根据目的地址确定输出端口，然后转发出去。这种交换方式的优点是具有差错检测能力，并支持不同速率端口间的帧转发；缺点是交换延迟会增高。

（3）**改进直接交换方式（Segment-Free Switching，又称无碎片转发方式）**：改进直接交换方式是上述两种方式的结合。在收到帧的前64字节后，判断帧头字段是否正确，如果正确，则转发出去。如果帧长度小于64字节，那么说明是冲突碎片。冲突碎片并不是有效的数据帧，应该被丢弃。这种方式对短的帧来说，交换延迟与直接交换方式比较接近；对长的帧来说，由于它只对帧的地址字段与控制字段进行差错检测，因此交换延迟将降低。可以采用相关命令改变交换机的帧转发方式。

3.2.6 冲突域和广播域

冲突域：连接在同一导线上的所有工作站的集合，或者同一物理网段上所有节点的集合或以太网上竞争同一带宽的节点的集合。冲突域代表了冲突在其中发生并传播的区域，可以被认为是共享段。在OSI参考模型中，冲突域被看作第一层概念，连接同一冲突域的设备有Hub、Repeater，或者其他进行简单复制信号的设备。也就是说，用Hub或Repeater连接的所有节点可以被认为是在同一冲突域内，它不会划分冲突域。而第二层设备（网桥、交换机）和第三层设备（路由器）都可以划分冲突域，当然也可以连接不同的冲突域。

广播域：接收同样广播消息的节点的集合。例如，在该集合中的任何一个节点传输一个广播帧，则所有其他能收到这个帧的节点都被认为是该广播帧的一部分。由于许多设备都极易产生广播，所以如果不维护，就会消耗大量的带宽，降低网络的效率。由于广播域被认为是OSI参考模型中的第二层概念，所以像Hub、交换机等这些第一、第二层设备连接的节点，就认为在同一广播域内。而路由器、三层交换机则可以划分广播域，也就是说能连接不同的广播域。

3.2.7 交换机的性能指标

最开始的以太网交换建立在共享总线的基础上，共享总线结构所能提供的交换容量有限，一方面是因为共享总线不可避免内部冲突；另一方面是因为共享总线的负载效应使得高速总线的设计难度相对比较大。随着交换机端口对“独享带宽”的渴求，这种共享总线结构很快发展为共享主存结构，后来又演进为目前业界最为先进的交换矩阵结构，交换矩阵完全突破了共享带宽的限制，在交换网络内部没有带宽瓶颈，不会因为带宽资源不够而产生阻塞。

交换矩阵是背板式交换机上的硬件结构，用于在各线路板卡之间实现高速的点到点连接。交换矩阵提供了能在插槽之间的各点到点连接上同时转发数据报的机制。

交换机的性能指标包括背板带宽和包转发率。

1. 背板带宽

交换机的背板带宽是交换机端口处理器或端口卡和数据总线之间所能吞吐的最大数据量。背板带宽标志了交换机总的数据交换能力，单位为Gbit/s，又称交换带宽，一般交换机的背板带宽从几吉比特每秒到上百吉比特每秒不等。一台交换机的背板带宽越高，所能处理数据的能力就越强，但同时设计成本会越高。计算公式为背板带宽=端口数×相应端口速率×2（全双工方式）。

2. 包转发率

交换机的包转发率标志了交换机转发数据报能力的大小。单位一般为pps（包每秒），一般交换机的包转发率在几十千包每秒到几百兆包每秒不等，是以单位时间内发送64字节数据报的个数为计算基准的。

包转发率=千兆端口×1.488 Mpps+百兆端口×0.1488 Mpps+其余端口数×相应包转发数。

说明：当以太网帧为64字节时，需要考虑8字节的帧头和12字节的帧间隙的固定开销。故一个线速的千兆以太网端口在转发64字节数据报时的包转发率为1.488 Mpps。快速以太网的线速端口包转发率正好为千兆以太网的十分之一，为148.8 Kpps。

对于万兆以太网，一个线速端口的包转发率为14.88 Mpps。

对于千兆以太网，一个线速端口的包转发率为1.488 Mpps。

对于快速以太网，一个线速端口的包转发率为0.1488 Mpps。

3.2.8 级联和堆叠

当单一交换机所能够提供的端口数不足以满足网络计算机的需求时，必须有两个以上的交换机提供相应数量的端口，这也就涉及交换机之间连接的问题。从根本上来讲，交换机之间的连接不外乎两种方式：一是级联，二是堆叠。

1. 级联

级联可通过一根双绞线在任何网络设备厂商的交换机之间完成。交换机之间通过面板上的Up-Link口级联。Up-Link口实际上是一个反接的RJ-45口，将一台交换机的Up-Link口接到另一台工业交换机的任何一个RJ-45口，即实现工业交换机之间的级联。相互级联的交换机在逻辑上是各自独立的，必须依次对其进行配置和管理。

2. 堆叠

堆叠只有在自己厂商的设备之间，并且该交换机必须具有堆叠功能才可实现。堆叠需要专用的堆叠模块和堆叠线缆。堆叠内可容纳的交换机数，各厂商都会明确地进行限制。堆叠后的数台交换机在逻辑上是一个被网络管理的设备，可以对所有交换机进行统一的配置与管理。

根据堆叠连接方式的不同，堆叠可组成链形和环形两种。

链形连接： 首尾不需要有物理连接，适合长距离堆叠，可靠性低，其中一条堆叠链路出现故障，就会造成堆叠分裂。堆叠链路带宽利用率低，整个堆叠系统只有一条路径。当堆叠成员交换机距离较远时，组建环形连接比较困难，可以使用链形连接。

环形连接：可靠性高，其中一条堆叠链路出现故障，环形连接就变成链形连接，不影响堆叠系统正常工作，首尾需要有物理连接，不适合长距离堆叠。当堆叠成员交换机距离较近时，从可靠性和堆叠链路利用率上考虑，建议使用环形连接。

华为交换机中的堆叠技术为 iStack（智能堆叠）、CSS（集群交换机系统）。

（1）iStack。

iStack 中支持的成员交换机可以高达 9 台，在 iStack 系统建立前，每台成员交换机都是单独的实体设备，都有自己独立的 IP 地址和 MAC 地址，对外体现为多台交换机。在 iStack 系统建立后，所有成员交换机对外体现为一个统一的逻辑实体，用户使用一个 IP 地址就可以对所有成员交换机进行管理和维护。

（2）CSS。

通过交换机集群能够实现数据中心大数据量转发和网络高可靠性。

集群技术一般仅应用于高端交换机系统，主要用于提高交换机的转发性能和可靠性。高端交换机主要应用于核心层，更需要交换机转发性能和可靠性的提高。低端的 iStack 主要是扩展端口。

CSS 支持两台交换机的集群。CSS 是目前广泛应用的一种横向虚拟化技术，具有简化配置、管理和扩展带宽、链路跨框冗余备份等作用。

网络中的两台设备组成 CSS，虚拟成单一的逻辑设备。简化后的组网不再需要使用 MSTP、VRRP 等协议，简化了网络配置。用户只需登录一台成员交换机即可对 CSS 中的所有成员交换机进行统一配置和管理。

3.3 VLAN 技术

早期以太网是一种基于 CSMA/CD 协议的共享通信介质的数据网络通信技术。主机数一旦多起来，就会导致冲突严重、广播泛滥、性能显著下降，甚至造成网络不可用等问题。通过二层以太网交换机设备虽然可以解决冲突严重的问题，但仍然不能隔离广播报文和提升网络质量。

在这种情况下，VLAN（虚拟局域网）技术出现了。这种技术可以把一个 LAN 划分成多个逻辑的 VLAN，每个 VLAN 是一个广播域，VLAN 内的主机之间通信就和在一个 LAN 内一样，而 VLAN 之间不能直接互通，广播报文就被限制在一个 VLAN 内。

VLAN 具备以下优点。

限制广播域：广播域被限制在一个 VLAN 内，节省了带宽，提高了网络处理能力。

增强 LAN 的安全性：不同 VLAN 内的报文在传输时相互隔离，即一个 VLAN 内的用户不能和其他 VLAN 内的用户直接通信。

提高了网络的健壮性：故障被限制在一个 VLAN 内，本 VLAN 内的故障不会影响其他 VLAN 的正常工作。

灵活建立虚拟工作组：用 VLAN 可以划分不同的用户到不同的工作组，同一工作组的用户也不必局限于某一固定的物理范围，网络建立和维护更方便灵活。

3.3.1 VLAN 的分类

根据 VLAN 的使用和管理的不同，VLAN 分为两种：静态 VLAN 和动态 VLAN。

1. 静态 VLAN

静态 VLAN 又称基于端口的 VLAN，网络管理员需要在交换机上一个端口一个端口的配置，配置哪些端口属于哪个 VLAN。当一个主机连接上交换机的一个端口之后，该主机就进入了该端口所属的 VLAN，能够和该 VLAN 里的其他主机直接通信。静态 VLAN 的划分方法比较安全，配置比较简单。但静态 VLAN 还是有不方便的地方。例如，有人员位置变动时，主机从一个办公室搬到另一个办公室，连接到另一台交换机上。如果所连接的交换机上的端口 VLAN 不是以前的那个 VLAN，则需要在新交换机中手动配置 VLAN。随着移动办公的用户越来越多，不可能随时对交换机的端口 VLAN 进行配置，所以我们要采用动态 VLAN 的划分方法。如图 3-2 所示。

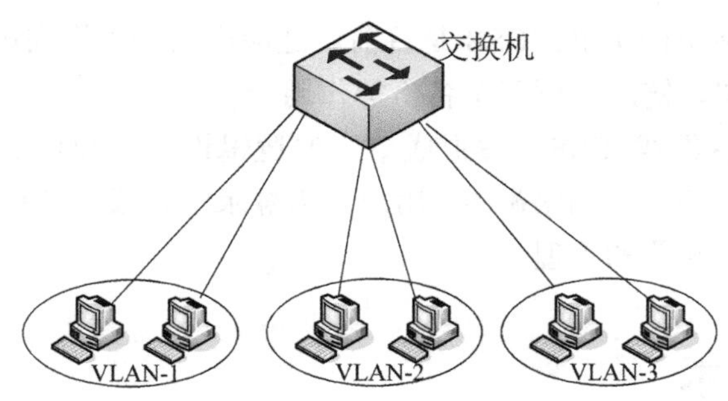

图 3-2 按端口划分的 VLAN 示意图

2. 动态 VLAN

动态 VLAN 的划分方法主要有基于 MAC 地址划分、基于网络协议划分、基于子网划分、基于策略划分 VLAN。

（1）基于 MAC 地址划分 VLAN。

当一台主机接入网络时，会查询数据库表该主机属于哪个 VLAN，根据主机的 MAC 地址分配到相应的 VLAN 中，这种方法的缺点是初始化时，所有用户都必须进行配置，如果有几百甚至上千个用户，那么配置是非常累的，用户一旦更换网卡设备，就必须重新配置。适用于用户位置变化，不需要重新配置 VLAN 的场景。

（2）基于网络协议划分 VLAN。

基于网络协议划分 VLAN 是根据每个主机的网络层地址或协议类型（如果支持多协议）划分的。例如，将运行 IP 协议的用户主机划分为一个 VLAN，将运行 IPX 协议的用户主机划分为另一个 VLAN。基于网络协议划分 VLAN 适用于对具有相同应用或服务的用户进行统一管理的场景。

（3）基于子网划分 VLAN。

基于子网划分 VLAN 是根据报文的源 IP 地址分配 VLAN ID 的。一般适用于对同一网段的用户进行统一管理的场景。

（4）基于策略划分 VLAN。

基于策略划分 VLAN 是根据一定的策略进行划分的，可实现用户终端的即插即用，同时可为终端用户提供安全的数据隔离。这里的策略主要包括“基于 MAC 地址+IP 地址”组合策略和“基于 MAC 地址+IP 地址+端口”组合策略两种。适用于对安全性要求比较高的场景。

注意：划分 VLAN 后，在同一个 VLAN 里的主机可以在二层通信，而不同 VLAN 的主机之间的通信必须通过三层设备（路由器或三层交换机）。

3.3.2 VLAN 的帧格式

要使交换机能够分辨不同 VLAN 的报文，需要在报文中添加标识 VLAN 信息的字段。IEEE 802.1Q 标准规定，在以太网数据帧的目的 MAC 地址和源 MAC 地址字段之后、协议类型字段之前加入 4 字节的 VLAN 标签（又称 VLAN Tag，简称 Tag），用于标识数据帧所属的 VLAN。其中 IEEE 802.1Q 标准的帧格式如图 3-3 所示。

目的 MAC 地址	源 MAC 地址	Tag				协议类型	数据	校验和
		TPID	Priority	CFI	VLAN ID			

图 3-3 IEEE 802.1Q 标准的帧格式

在一个 VLAN 交换网络中，以太网帧主要有以下两种形式。

- **有标记帧（Tagged 帧）：**加入了 4 字节 Tag 字段的帧。
- **无标记帧（Untagged 帧）：**原始的、未加入 4 字节 Tag 字段的帧。

与标准的以太网帧相比，IEEE802.1Q 标准加入了 Tag 字段，加入 Tag 字段是为了携带 VLAN 的信息，表明这个数据帧属于哪个 VLAN，以确定数据帧的属性。

4 字节 Tag 字段包括如下内容。

（1）**TPID：**标记协议 ID。占 16 位，取值为 0x8100 时表示 IEEE 802.1Q 标准的 VLAN 数据帧。如果不支持 IEEE802.1Q 标准的设备收到这样的帧，就会将其丢弃。各设备厂商可以自定义该字段的值。当邻居设备将 TPID 配置为非 0x8100 时，为了能够识别这样的报文，实现互通，必须在本设备上修改 TPID，确保和邻居设备的 TPID 配置一致。

（2）**Priority：**定义数据帧的优先级。取值范围为 0～7，值越大优先级越高。当网络阻塞时，交换机优先发送优先级高的数据帧。

（3）**CFI：**规范格式标识符，指出 MAC 地址为以太网还是令牌环网格式。在以太网交换机中，CFI 总是设置为 0。

（4）**VLAN ID：**12 位，VLAN 标识符（VID），指出帧的源 VLAN。一共支持 4096 个

VLAN。在默认情况下，交换机所有端口都属于 VLAN1，而 0 和 4095 为保留 VLAN，仅限系统使用，用户不能查看和使用。

3.3.3 VLAN 的端口类型

交换机内部处理的数据帧一律带有 Tag，而现网中交换机连接的设备有些只会收发 Untagged 帧，要与这些设备交互，就需要端口能够识别 Untagged 帧，并在收发时给帧添加、剥除 Tag。同时，现网中属于同一个 VLAN 的用户可能会被连接在不同的交换机上，且跨越交换机的 VLAN 可能不止一个，如果需要用户之间的互通，就需要交换机之间的端口能够同时识别和发送多个 VLAN 的数据帧。

为了适应不同的连接和组网，华为定义了 Access 端口、Trunk 端口、Hybrid 端口三类主要的端口类型。

1．Access 端口

Access 端口一般用于和不能识别 Tag 的用户终端（如用户主机、服务器等）相连，或者不需要区分不同 VLAN 成员时使用。Access 端口大部分情况只能收发 Untagged 帧，且只能为 Untagged 帧添加唯一 VLAN 的 Tag。但当 Access 端口收到带有 Tag 的帧，并且帧中的 VLANID 与 PVID 相同时，Access 端口也能接收并处理该帧。

2．Trunk 端口

Trunk 端口一般用于连接交换机、路由器、无线接入点（AP）及可同时收发 Tagged 帧和 Untagged 帧的语音终端。它可以允许多个 VLAN 的帧带 Tag 通过，但只允许默认 VLAN 的报文发送时不带 Tag。

3．Hybrid 端口

Hybrid 端口既可以用于连接不能识别 Tag 的用户终端（如用户主机、服务器等）和网络设备（如 Hub、傻瓜交换机），又可以用于连接交换机、路由器及可同时收发 Tagged 帧和 Untagged 帧的语音终端、AP。它可以允许多个 VLAN 的帧带 Tag 通过，且允许从该类端口发出的帧根据需要配置某些 VLAN 的帧带 Tag（不剥除 Tag）、某些 VLAN 的帧不带 Tag（剥除 Tag）。

3.3.4 VLAN 的配置

VLAN 的配置包括创建 VLAN、配置端口类型、检查配置结果。

1．创建 VLAN

```
[Switch] [undo] vlan vlan-id                    //删除/创建 vlan-id
[Switch]vlan batch [vlan-id1 to vlan-id2]       //批量创建 VLAN
```

2．配置端口类型

```
[Switch-Ethernet0/0/1] port link-type {access | trunk | hybrid}
```

（1）把端口加到一个指定 VLAN 中。

```
[Switch-Ethernet0/0/1] port link-type access
[Switch-Ethernet0/0/1] port default vlan vlan-id
```

（2）配置 Trunk 端口中允许通过的 VLAN。

```
[Switch-Ethernet0/0/1] port link-type access
[Switch-Ethernet0/0/1] port trunk allow-pass vlan [vlan-id1 to vlan-id2| all] //默认情况下 Trunk 端口只允许默认的 VLAN1 的数据帧通过，所以通过此命令指定哪些 VLAN 的帧通过当前的 Trunk 端口
```

（3）配置 Hybrid 端口。

执行命令 `port hybrid untagged vlan{ {vlan-id1[to vlan-id2] } &<1-10> | all}`，将 Hybrid 端口以 Untagged 方式加入 VLAN。

执行命令 `port hybrid tagged vlan{ {vlan-id1[to vlan-id2] } &<1-10> |all}`，将 Hybrid 端口以 Tagged 方式加入 VLAN。

（可选）执行命令 `port hybrid pvid vlan vlan-id`，配置 Hybrid 端口的默认 VLAN。

3. 检查配置结果

在任意视图下执行命令 `display port vlan[interface-type interface-number |active]*`，查看 VLAN 中包含的端口信息。

在任意视图下执行命令 `display vlan`，查看 VLAN 的相关信息。

3.3.5 GVRP

如果交换机收到的数据帧带有 Tag，但交换机上没有配置此 VLAN，那么交换机会把此数据帧丢弃。如果网络中的交换机数很多，那么需要配置的 VLAN 也很多，而网络管理员在每台交换机上都配置大量 VLAN，工作量巨大。解决这个问题的方法就是通用的动态 VLAN 配置技术——GVRP。

GVRP 传播的 VLAN 注册信息既包括本地手动配置的静态注册信息，又包括来自其他设备的动态配置信息。GVRP 的端口注册模式有 Normal 模式、Fixed 模式和 Forbidden 模式。

1. Normal 模式

允许该端口动态注册或注销 VLAN，传播动态 VLAN 和静态 VLAN 信息。

2. Fixed 模式

禁止该端口动态注册或注销 VLAN，只传播静态 VLAN 信息，不传播动态 VLAN 信息。也就是说被设置为 Fixed 模式的 Trunk 端口，即使允许所有 VLAN 通过，但实际能通过的 VLAN 也只是手动配置的静态 VLAN。

3. Forbidden 模式

禁止该端口动态注册或注销 VLAN，不传播除 VLAN1 以外的任何 VLAN 信息。也就

是说被设置为 Forbidden 模式的 Trunk 端口，即使允许所有 VLAN 通过，但实际能通过的 VLAN 也只是 VLAN1。

3.3.6 Q in Q 协议

因为 IEEE 802.1Q 标准中定义的 Tag 域只有 12 bit，仅能表示 4094 个可用 VLAN，无法满足城域以太网中标识大量用户的需求，于是产生了 Q in Q 协议。

Q in Q（802.1Q-in-802.1Q）是一项扩展 VLAN 空间的技术，通过在 802.1Q 的 Tag 报文的基础上增加一层 802.1Q 的 Tag 达到扩展 VLAN 空间的功能，可以使私网 VLAN 透明传输公网。由于在主干网中传递的报文有两层 802.1Q Tag（一层公网 Tag，一层私网 Tag），即 802.1Q-in-802.1Q，所以称为 Q in Q 协议。

Q in Q 协议通过增加一层 802.1Q 的标签头实现了扩展 VLAN 空间的功能，具有以下价值。

（1）扩展 VLAN，对用户进行隔离和标识不再受到限制。

（2）Q in Q 内外层 Tag 可以代表不同的信息，如内层 Tag 代表用户，外层 Tag 代表业务，更利于业务的部署。

（3）Q in Q 封装、终结的方式很丰富，帮助运营商实现业务精细化运营。

1. Q in Q 原理

在图 3-4 中，企业 A 和 B 的私网 VLAN 分别为 VLAN 1～10 和 VLAN 1～20。运营商为企业 A 和 B 分配的公网 VLAN 分别为 VLAN 3 和 VLAN 4。当企业 A 和 B 中带 Tag 的报文进入运营商网络时，报文外面就会被分别封装上 VLAN 3 和 VLAN 4 的 Tag。这样，来自不同企业的报文在运营商网络中传输时被完全分开，即使这些企业各自的 VLAN 范围存在重叠，在运营商网络中传输时也不会产生冲突。在报文穿过运营商网络，到达运营商网络另一侧 PE 设备后，报文会被剥离运营商网络为其添加的公网 Tag，传输给企业的 CE 设备。

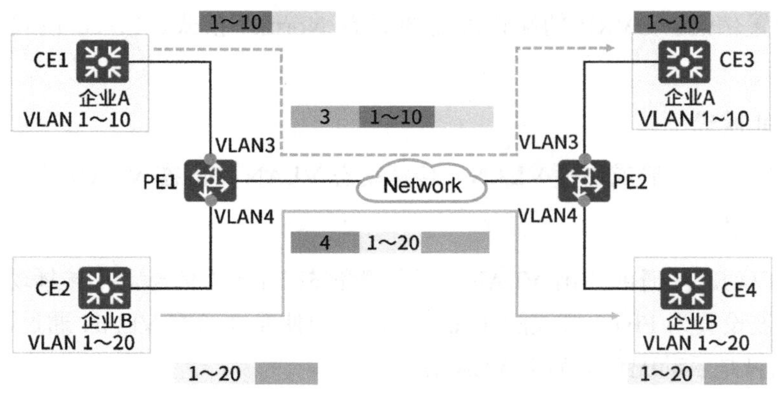

图 3-4　Q in Q 示意图

2. Q in Q 分类

Q in Q 分为基本 Q in Q 和灵活 Q in Q。

（1）**基本 Q in Q 又称 Q in Q 二层隧道**，是基于端口方式实现的。开启端口的基本 Q in Q 功能后，当该端口收到报文时，设备会为该报文打上本端口默认 VLAN 的 Tag。如果收到的是带有 Tag 的报文，该报文就成为带有双 Tag 的报文；如果收到的是不带 Tag 的报文，该报文就成为带有端口默认 Tag 的报文。

当需要较多的 VLAN 时，可以开启基本 Q in Q 功能。对 VLAN 增加外层 Tag，使得 VLAN 的可用数目范围变大，解决 VLAN 数目资源紧缺的问题。

（2）**灵活 Q in Q** 是对 Q in Q 的一种更灵活的实现，又称 VLAN Stacking 或 Q in Q Stacking，是基于端口与 VLAN 相结合的方式实现的。除了能实现所有基本 Q in Q 的功能，对于同一个端口收到的报文，还可以根据不同的 VLAN 进行不同的操作，可以实现以下功能。

基于 VLAN ID 的灵活 Q in Q：为具有不同内层 VLAN ID 的报文添加不同的外层 Tag。

基于 802.1p 优先级的灵活 Q in Q：根据报文的原有内层 VLAN 的 802.1p 优先级添加不同的外层 Tag。

基于流策略的灵活 Q in Q：根据 QoS 策略添加不同的外层 Tag，能够针对业务类型提供差别服务。

灵活 Q in Q 功能是对基本 Q in Q 功能的扩展，它比基本 Q in Q 功能更灵活。二者之间的主要区别如下。

基本 Q in Q：对进入二层 Q in Q 端口的所有帧都加上相同的外层 Tag。

灵活 Q in Q：对进入二层 Q in Q 端口的帧，可以根据不同的内层 Tag 加上不同的外层 Tag，对于用户 VLAN 的划分更加细致。

3.4 链路聚合

随着网络规模的不断扩大，用户对主干链路的带宽和可靠性提出越来越高的要求。在传统技术中，常用更换高速率设备的方式来增加带宽，但这种方式需要付出高额的费用，而且不够灵活，可靠性不高。

采用链路聚合技术可以在不进行硬件升级的条件下，通过将多个物理端口捆绑为一个逻辑端口，达到增大链路带宽的目的。在增大链路带宽的同时，链路聚合采用备份链路的机制，可以有效地提高设备之间链路的可靠性。

3.4.1 链路聚合的作用

链路聚合技术 Eth-Trunk 主要有以下三个优势。

1. 增大带宽

链路聚合端口的最大带宽可以达到各成员端口带宽之和。

2．提高可靠性

当某条活动链路出现故障时，流量可以切换到其他可用的成员链路上，从而提高链路聚合端口的可靠性。

3．负载均衡

在一个链路聚合组内，可以实现在各成员链路上的负载分担。

3.4.2 链路聚合的分类

两台交换机之间形成以太网通道，既可以静态绑定聚合，又可以用协议自协商。

1．手工聚合模式

手工聚合模式是一种最基本的链路聚合模式，在该模式下，Eth-Trunk 端口的建立，成员端口的加入完全由手工来配置，没有链路聚合控制协议的参与。该模式下所有成员端口（Selected）都参与数据的转发，分担负载流量，因此又称手工负载均衡模式。

2．LACP 模式

手工聚合 Eth-Trunk 可以使得多个物理端口聚合成一个 Eth-Trunk 端口来提高带宽，同时能够检测到同一个链路聚合组内的成员链路有断路等有限故障，但是无法检测到链路层故障、链路错连等故障。

为了提高 Eth-Trunk 的容错性，并且提供备份功能，保证成员链路的高可靠性，链路聚合控制协议（LACP）应运而生，LACP 模式就是采用 LACP 的一种链路聚合模式。

LACP 模式为交换数据的设备提供了一种标准的协商方式，以供设备根据自身配置自动形成聚合链路，并启动聚合链路收发数据。聚合链路形成以后，LACP 负责维护链路状态，在聚合条件发生变化时，自动调整或解散链路聚合。

启用端口的 LACP 后，该端口将通过发送 LACP 数据单元向对端通告自己的系统优先级、MAC 地址、端口优先级、端口号和操作 Key；对端收到这些信息后，将这些信息与其他端口所保存的信息比较，以选择能够聚合的端口，从而双方可以对端口加入或退出某个动态聚合组达成一致。

（1）在静态 LACP 模式下，Eth-Trunk 端口的建立、成员端口的加入，都是由手工配置完成的。但与手工聚合模式不同的是，该模式下 LACP 报文参与活动端口的选择。也就是说，当把一组端口加入 Eth-Trunk 端口后，这些成员端口中哪些端口作为活动端口，哪些端口作为非活动端口，需要经过 LACP 报文的协商确定。

（2）在动态 LACP 模式下，Eth-Trunk 端口的建立、成员端口的加入、活动端口的选择，完全由 LACP 通过协商完成。这就意味着在启用了动态 LACP 的两台直连设备上，不需要创建 Eth-Trunk 端口，也不需要指定哪些端口作为链路聚合组的成员端口，两台设备会通过 LACP 协商自动完成链路聚合。这种方式可以避免一些人为的配置失误。

3．配置手工聚合模式

在图 3-5 中，SwitchA 和 SwitchB 通过以太网链路分别连接 VLAN10 和 VLAN20 的网

络，且 SwitchA 和 SwitchB 之间有较大的数据流量。

用户希望 SwitchA 和 SwitchB 之间能够提供较大的链路带宽，使相同的 VLAN 之间互相通信。同时用户希望能够提供一定的冗余度，保证数据传输和链路的可靠性。

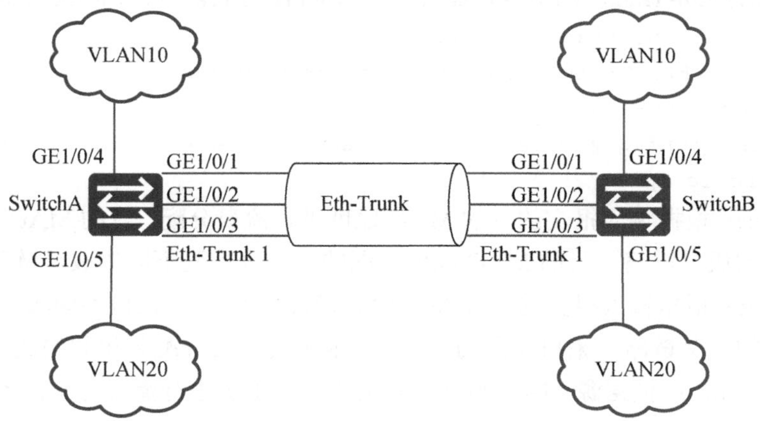

图 3-5　配置手工模式链路聚合组网图

步骤 1： 在 SwitchA 和 SwitchB 上创建 Eth-Trunk 端口并加入成员端口。

```
system-view
[HUAWEI] sysname SwitchA
[SwitchA] interface eth-trunk 1
[SwitchA-Eth-Trunk1] trunkport gigabitethernet 0/0/1 to 0/0/3
[SwitchA-Eth-Trunk1] quit
system-view
[HUAWEI] sysname SwitchB
[SwitchB] interface eth-trunk 1
[SwitchB-Eth-Trunk1] trunkport gigabitethernet 0/0/1 to 0/0/3
[SwitchB-Eth-Trunk1] quit
```

步骤 2： 创建 VLAN 并将端口加入 VLAN。

```
# 创建 VLAN10 和 VLAN20 并分别加入端口。SwitchB 的配置与 SwitchA 类似，不再赘述
[SwitchA] vlan batch 10 20
[SwitchA] interface gigabitethernet 0/0/4
[SwitchA-GigabitEthernet0/0/4] port link-type Access
[SwitchA-GigabitEthernet0/0/4] port default vlan 10
[SwitchA-GigabitEthernet0/0/4] quit
[SwitchA] interface gigabitethernet 0/0/5
[SwitchA-GigabitEthernet0/0/5] port link-type Access
[SwitchA-GigabitEthernet0/0/5] port default vlan 20
[SwitchA-GigabitEthernet0/0/5] quit
# 配置 Eth-Trunk1 端口允许 VLAN10 和 VLAN20 通过。SwitchB 的配置与 SwitchA 类似，
不再赘述
[SwitchA] interface eth-trunk 1
```

```
[SwitchA-Eth-Trunk1] port link-type trunk
[SwitchA-Eth-Trunk1] port trunk allow-pass vlan 10 20
[SwitchA-Eth-Trunk1] quit
```

步骤 3：配置 Eth-Trunk1 的负载均衡方式。SwitchB 的配置与 SwitchA 类似，不再赘述。

```
[SwitchA] interface eth-trunk 1
[SwitchA-Eth-Trunk1] load-balance src-dst-mac
[SwitchA-Eth-Trunk1] quit
Switch (config)#aggregateport load-balance <dst-mac|src-mac|src-dst-mac|dst-ip|src-ip|ip>
```

（1）dst-mac：根据输入报文的目的 MAC 地址进行流量分配。目的 MAC 地址相同的报文分配到相同的成员链路，目的 MAC 地址不同的报文分配到不同的成员链路。

（2）src-mac：根据输入报文的源 MAC 地址进行流量分配。来自不同源 MAC 地址的报文分配到不同的成员链路，来自相同的源 MAC 地址的报文分配到相同的成员链路。

（3）src-dst-mac：根据源 MAC 地址与目的 MAC 地址进行流量分配。不同的源 MAC 地址-目的 MAC 地址对的流量通过不同的成员链路转发，相同的源 MAC 地址-目的 MAC 地址对通过相同的成员链路转发。

（4）默认流量平衡算法是 src-mac，可以使用命令 no aggregateport load-balance 恢复到默认值。

步骤 4：验证配置结果。

在任意视图下执行命令 display eth-trunk 1，检查 Eth-Trunk 端口是否创建成功，以及成员端口是否正确加入。

3.5 生成树协议

目前，企业对网络的可靠性要求非常高。企业希望网络能不间断地运转，甚至忍受不了一年之内几分钟的网络故障。如此苛刻的要求，质量再好、品牌再大的网络产品也难以保证，所以既能容忍网络故障，又能够从故障中快速恢复的网络设计是很有必要的。冗余可以最大限度地满足这个要求。

当进行网络拓扑结构设计和规划时，冗余常常是我们考虑的重要因素之一。

在普遍采用的多交换机上实现冗余的 LAN 结构，虽然能够提高网络的可靠性，但实际上这样的拓扑结构会因网络环路的出现而引起广播风暴和 MAC 地址表不稳定，导致网络的性能降低。

在图 3-6 中，可能产生如下三种情况。

（1）**广播风暴：**显然，当 PC A 发出一个目的 MAC 地址为广播地址的 ARP 数据帧时，该广播会被无休止地转发。

（2）**MAC 地址表不稳定：**在图 3-6 中，即使是单播，也有可能导致异常。交换机 SW1 可以在端口 B 上学习到 PC B 的 MAC 地址，但是由于 SW2 会将 PC B 发出的数据帧向自己的其他端口转发，所以 SW1 也可能在端口 A 上学习到 PC B 的 MAC 地址。如此，SW1

会不停地修改自己的 MAC 地址表。这样就引起了 MAC 地址表的抖动（Flapping）。

（3）**帧复制现象：**生成树协议（STP）通过在交换机之间传递桥接协议数据单元（BPDU）相互告知如交换机的桥 ID、链路性质、根网桥 ID 等信息，以确定根交换机，决定哪些端口处于转发状态，哪些端口处于阻断状态，以免引起网络环路。

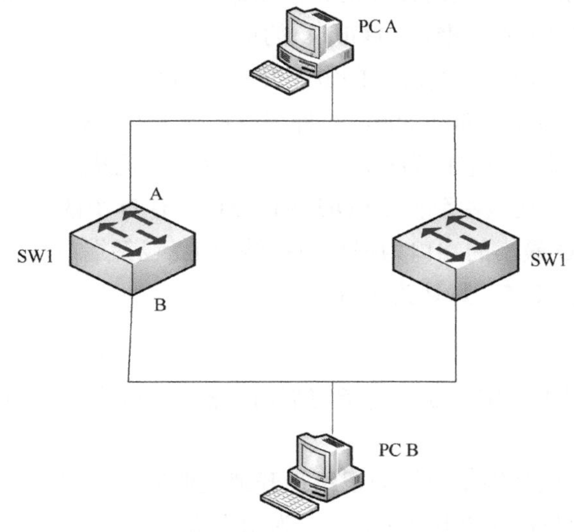

图 3-6　冗余交换网络示意图

3.5.1　STP 算法

STP 算法的收敛过程分为三步：选择根交换机、选择根端口、选择指定端口。

注意：网桥是交换机的前身，由于 STP 是在网桥的基础上开发的，因此现在在交换机的网络中，有的资料仍然沿用网桥这一术语。

1．选择根交换机

运行 STP 的交换机，会相互交换 BPDU。STP 交换机初始启动之后，会认为自己是根交换机，并在发送给其他交换机的 BPDU 里面宣告自己是根交换机。当交换机从网络中其他交换机接收 BPDU 时，会比较 BPDU 里面的根交换机 BID（交换机 ID）和自己的 BID。选举出一台 BID 最小的交换机作为根交换机。

BID 是一个 8 字节的字段：交换机优先级为 2 字节，交换机的 MAC 地址为 6 字节，如图 3-7 所示。交换机优先级默认为 32768。如果想人为修改某台交换机为根交换机，可以通过相关命令修改其优先级。优先级最小的为根交换机，优先级是 4096 的倍数。

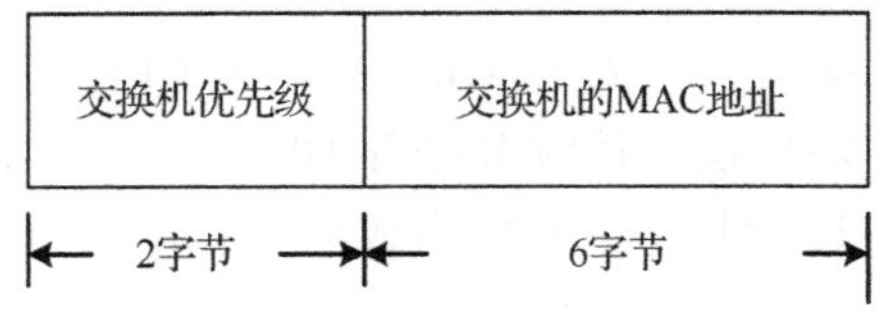

图 3-7　BID 字段

2．选择根端口

STP 会在每个非根交换机上建立一个根端口，根端口选择依据如下。

（1）到根交换机根路径开销最低的端口为根端口：根端口所连路径是非根交换机到根交换机之间开销最低的路径。根路径开销和传输链路的带宽有关，带宽越大开销越小。例如，按照 IEEE 8021.D-1998 标准，10 Gbit/s 的链路开销是 2，1 Gbit/s 的链路开销是 4，100 Mbit/s 的链路开销是 19，10 Mbit/s 的链路开销是 100。若按照 IEEE 802.1t 标准，则分别是 2000、20000、200000、20000000，此外还有厂商的私有标准。

（2）直连的 BID 最小的端口为根端口：当一台交换机从两台交换机中分别收到一份 BPDU 时，此交换机就会比较收到的 BPDU 中的 BID，BID 小的端口是根端口。

（3）对端的端口 ID 最小的端口为根端口：端口 ID 包括端口优先级和端口编号。端口优先级的取值范围是 0～255，默认为 128。

3．选择指定端口

STP 会在每个网段上分别建立一个指定端口，根网桥上的所有端口都是指定端口，选择顺序如下。

（1）端口所在交换机到根交换机的根路径开销最低的为指定端口。

（2）端口所在交换机的根网桥 ID 最小的为指定端口。

（3）端口 ID 较小的为指定端口。

STP 示意图如图 3-8 所示。

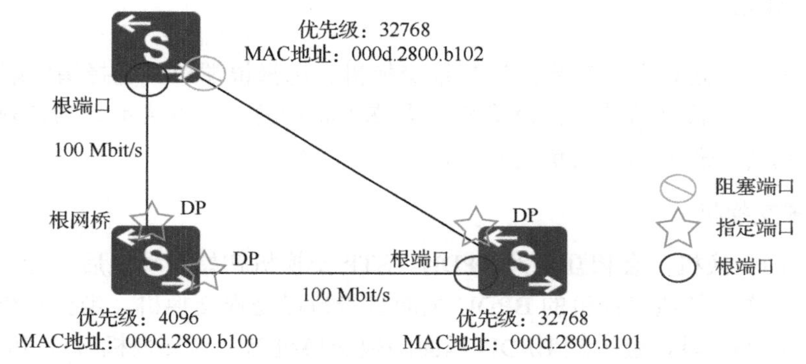

图 3-8　STP 示意图

3.5.2　STP 的端口状态

STP 的端口状态包括禁用状态、阻塞状态、侦听状态、学习状态和转发状态。

禁用状态（Disabled）：端口状态为 Down，不处理 BPDU 报文，也不转发用户流量。

阻塞状态（Blocking）：端口仅仅接收并处理 BPDU，不转发用户流量。

侦听状态（Listening）：过渡状态，开始生成树计算，端口可以接收和发送 BPDU，但不转发用户流量。

学习状态（Learning）：过渡状态，建立无环的 MAC 地址转发表，不转发用户流量。

转发状态（Forwarding）：端口可以接收和发送 BPDU，也转发用户流量。只有根端口或指定端口才能进入转发状态。

3.5.3 RSTP

随着 LAN 规模的不断增长，STP 拓扑收敛速度慢的问题逐渐凸显，STP 的收敛速度慢的主要体现：STP 算法是被动的算法，依赖定时器等待的方式判断拓扑变化；STP 算法要求在稳定的拓扑中，由根网桥主动发出配置 BPDU 报文，非根网桥设备只能被动中继配置 BPDU 报文，将其传遍整个 STP 网络。

因此，IEEE 在 2001 年发布了 802.1w 标准，基于 STP，定义了 RSTP（Rapid Spanning Tree Protocol，快速生成树协议），后续又并入了 IEEE 802.1D-2004 标准。RSTP 能够完成生成树的所有功能，并且在网络结构发生变化时，能更快地收敛网络。

RSTP 主要从以下几个方面实现快速收敛。

1．边缘端口

当端口没有连接到其他网桥，而是直接与用户终端连接时，这个端口称为边缘端口。使用边缘端口就直接进入转发状态，而不需要经过中间的其他状态。假设对交换机的某端口来说，如果没有启用边缘端口，那么当该端口有主机接入时，将立即进入侦听状态，随后进入学习状态，最后进入转发状态，这期间需要 30 s 的时间，这个连接终端的端口一旦配置为边缘端口，主机接入时，将立即进入转发状态。

注意：由于一般情况网桥无法自动判断端口是否和用户终端连接，所以需要用户手动把和终端连接的端口配置为边缘端口。

2．根端口和指定端口的快速切换

根端口和指定端口在 RSTP 中被保留，阻塞端口分成备份端口（由于学习到自己发送的配置 BPDU 报文而阻塞的端口，作为指定端口的备份，提供了另一条从根网桥到相应网段的备份路径）和替换端口（由于学习到其他网桥发送的配置 BPDU 报文而阻塞的端口，提供了从指定网桥到根网桥的另一条可切换路径，可作为根端口的替代端口）。

3．端口的状态

不同于 STP 的 5 种端口状态，RSTP 根据端口是否转发用户流量和学习 MAC 地址，将端口状态缩减为 3 种。

Discarding：端口既不转发用户流量，又不学习 MAC 地址。

Learning：端口不转发用户流量，但是学习 MAC 地址。

Forwarding：端口既转发用户流量，又学习 MAC 地址。

3.5.4 MSTP

IEEE 802.1D 标准的提出要比 IEEE 802.1Q 标准早，所以在 STP/RSTP 中并没有考虑 VLAN 的因素。在计算 STP/RSTP 时，网桥上的所有 VLAN 都共享一棵生成树，无法实现

不同 VLAN 在多条 Trunk 链路上的负载均衡，当某条链路被阻塞后就不会承担任何流量，造成带宽的极大浪费，MSTP 应运而生。

MSTP 示意图如图 3-9 所示。

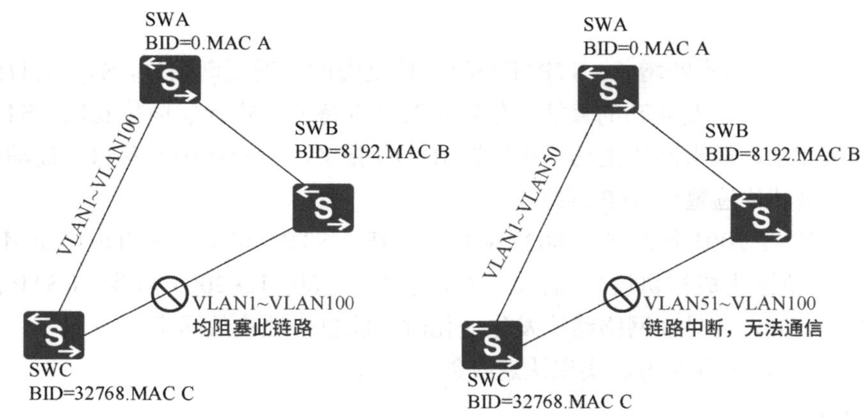

图 3-9　MSTP 示意图

所有交换机的端口都是 Trunk 端口，允许 VLAN1～VLAN100 通过。开启 STP 后，VLAN1～VLAN100 的数据都不能通过 SWC 和 SWB 之间的链路，会造成链路带宽的浪费。

如果手动配置 SWA 和 SWB 之间的链路允许 VLAN1～VLAN50 通过，SWC 和 SWB 之间的链路允许 VLAN51～VLAN100 通过，那么开启 STP 后，SWC 会阻塞和 SWB 互联的端口，导致 SWC 和 SWB 之间的 VLAN51～VLAN100 中断，所以手动配置无法实现业务的分担，而 MSTP 可以有效解决这个问题。

1．MSTP 的原理

MSTP 在 IEEE 802.1S 标准中定义，后来并入了 IEEE 802.1Q-2003 标准。MSTP 既可以实现快速收敛，又可以弥补 STP 和 RSTP 的缺点。MSTP 是多生成树协议，能够让不同 VLAN 的流量沿着各自的路径转发，从而利用冗余链路提供更好的负载均衡机制。

“多生成树”包括两层含义：一是在一个交换网络中可以基于 VLAN 划分出多个生成树实例（STI）；二是在每个生成树实例中可以包括多个 VLAN，可以避免为每个 VLAN 维护一棵生成树的巨大资源浪费。而不是像 Cisco 的 PVST、PVST+协议一样，一个 VLAN 对应一个实例，增加了系统开销。所以，MSTP 更适用于比较大的网络，能更方便地实现 VLAN 的负载均衡。

2．MSTP 的配置

通过给交换设备配置 MSTP 的工作模式、配置域，并激活后，开启 MSTP，MSTP 便开始进行生成树计算，将网络修剪成树状，破除环路。但是，若网络规划者需要人为干预生成树计算的结果，则可以采取两种方式：手动配置指定根网桥和备份根网桥设备。

配置交换设备在指定生成树实例中的优先级数值：数值越小，交换设备在该生成树实例中的优先级越高，成为根网桥的可能性越大；数值越大，交换设备在该生成树实例中的优先级越低，成为根网桥的可能性越小。

配置端口在指定生成树实例中的路径开销数值：在同一种计算方法下，数值越小，端口在该生成树实例中到根网桥的路径开销越小，成为根端口的可能性越大；数值越大，端口在该生成树实例中到根网桥的路径开销越大，成为根端口的可能性越小。

配置端口在指定生成树实例中的优先级数值：数值越小，优先级越高，端口在该生成树实例中成为指定端口的可能性越大；数值越大，优先级越低，端口在该生成树实例中成为指定端口的可能性越小。

（1）在配置 MSTP 的基本功能前，需要配置交换设备的 MSTP 工作模式，MSTP 兼容 STP/RSTP。

执行命令 `system-view`，进入系统视图。

执行命令 `stp mode mstp`，配置交换设备的 MSTP 工作模式。

在默认情况下，交换设备的工作模式为 MSTP。

（2）配置 MST 域并激活。

执行命令 `system-view`，进入系统视图。

执行命令 `stp region-configuration`，进入 MST 域视图。

执行命令 `region-name name`，配置 MST 域的域名。

在默认情况下，MST 域的域名等于交换设备主控板上管理网口的 MAC 地址。

选择执行以下两个步骤中的其中一个，配置多生成树实例与 VLAN 的映射关系。

① 执行命令 `instance instance-id vlan { vlan-id1 [ to vlan-id2 ] }&<1-10>`，配置多生成树实例和 VLAN 的映射关系。

② 执行命令 `vlan-mapping modulo modulo`，配置多生成树实例和 VLAN 按照默认算法自动分配映射关系。

在默认情况下，MST 域内的所有 VLAN 都映射到生成树实例 0。

（3）执行命令 `revision-level level`，配置 MST 域的 MSTP 修订级别（可选）。

在默认情况下，MST 域的 MSTP 修订级别为 0。

MSTP 是标准协议，各厂商设备的 MSTP 修订级别一般都默认为 0。如果某厂商的设备不为 0，那么为保持 MST 域内计算，在部署 MSTP 时，需要将各设备的 MSTP 修订级别修改为一致。

（4）配置根网桥和备份根网桥。

可以通过计算自动确定生成树的根网桥，用户也可以手动配置设备为指定生成树的根网桥或备份根网桥：设备在各生成树中的角色相互独立，在作为一棵生成树的根网桥或备份根网桥的同时，可以作为其他生成树的根网桥或备份根网桥；但在同一棵生成树中，一台设备不能既作为根网桥，又作为备份根网桥，在一棵生成树中，生效的根网桥只有一个；当两台或两台以上的设备被指定为同一棵生成树的根网桥时，系统将选择 MAC 地址最小的设备作为根网桥，可以在每棵生成树中指定多个备份根网桥，当根网桥出现故障或被关机时，备份根网桥可以取代根网桥成为指定生成树的新的根网桥；但此时若配置了新的根网桥，则备份根网桥将不会成为根网桥。如果配置了多个备份根网桥，则 MAC 地址最小的备份根网桥将成为指定生成树的根网桥。

操作步骤如下。

① 在欲配置为根网桥的设备上进行如下配置。

执行命令 system-view，进入系统视图。

执行命令 stp [instance instance-id] root primary，配置当前设备为根网桥。

在默认情况下，交换设备不作为任何生成树的根网桥。配置后该设备优先级自动为 0，不能更改。

如果不指定 instance，则配置设备在实例 0 上为根网桥。

② 在欲配置为备份根网桥的设备上进行如下配置。

执行命令 system-view，进入系统视图。

执行命令 stp [instance instance-id] root secondary，配置当前交换设备为备份根网桥。

在默认情况下，交换设备不作为任何生成树的备份根网桥。配置后该设备优先级自动为 4096，不能更改。

如果不指定 instance，则配置设备在实例 0 上为备份根网桥。

（5）配置交换设备在指定生成树实例中的优先级。

在一个生成树实例中，有且仅有一个根网桥，它是该生成树实例的逻辑中心。在进行根网桥的选择时，一般希望选择性能高的交换设备作为根网桥。但是，性能高的交换设备的优先级不一定高，因此需要配置优先级以保证该设备成为根网桥。对于生成树实例中部分性能低的交换设备，不适合作为根网桥，一般会配置其优先级以保证该设备不会成为根网桥。

执行命令 system-view，进入系统视图。

执行命令 stp [instance instance-id] priority priority，配置交换设备在指定生成树实例中的优先级。

在默认情况下，该交换设备的优先级是 32768。

如果不指定 instance-id，则配置交换设备在实例 0 中的优先级。

（6）配置端口在指定生成树实例中的路径开销。

路径开销是一个端口量，是 MSTP 用于选择链路的参考值。

端口的路径开销是生成树计算的重要依据，在不同生成树实例中为同一端口配置不同的路径开销，可以使不同 VLAN 的流量沿不同的物理链路转发，实现 VLAN 的负载均衡功能。

端口的路径开销会影响指定生成树实例中根端口的选择，在该实例中，某台设备所有端口到达根网桥路径开销最小的，就是根端口。

存在环路的网络环境中，对于链路速率相对较小的端口，建议将其路径开销配置为相对较大。

执行命令 system-view，进入系统视图。

执行命令 stp pathcost-standard { dot1d-1998 | dot1t | legacy }，配置端口路径开销计算方法。

在默认情况下，路径开销的计算方法为 IEEE 802.1t（dot1t）。

同一网络内所有交换设备的端口路径开销应使用相同的计算方法。

执行命令 interface interface-type interface-number，进入以太网端口视图。

执行命令 stp instance instance-id cost cost，设置当前端口在指定生成树实例中的路径开销。

配置端口路径开销计算方法为 legacy 时，参数 cost 的取值范围是 1～200000。

配置端口路径开销计算方法为 dot1d-1998 时，参数 cost 的取值范围是 1～65535。

配置端口路径开销计算方法为 dot1t 时，参数 cost 的取值范围是 1～200000000。

（7）配置端口在指定生成树实例中的优先级。

在参与 MSTP 生成树计算时，对于处在生成树实例中的交换设备端口，优先级的高低会影响到其是否被选举为指定端口。

如果希望将生成树实例中的某交换设备的端口阻塞从而破除环路，则可将其端口优先级设置比默认值大，使得该端口在选举过程中成为阻塞端口。

执行命令 system-view，进入系统视图。

执行命令 interface interface-type interface-number，进入以太网端口视图。

执行命令 stp instance instance-id port priority priority，配置端口在指定生成树实例中的优先级。

在默认情况下，端口的优先级为 128。

优先级的取值范围是 0～240，步长为 16。

举例如下。

组网需求。

（1）网络中的所有设备都属于同一个 MST 域。Device A 和 Device B 为汇聚层设备，Device C 和 Device D 为接入层设备。

（2）通过配置，不同 VLAN 的报文按照不同的实例 MSTI 转发：VLAN 10 的报文沿 MSTI 1 转发，VLAN 30 沿 MSTI 3 转发，VLAN 40 沿 MSTI 4 转发，VLAN 20 沿 MSTI 0 转发。

（3）配置 MSTI 1 和 MSTI 3 的根网桥分别为 Device A 和 Device B，MSTI 4 的根网桥为 Device C。

在本例中，假定 Device B 的根网桥 ID 最小，因此该设备将在 MSTI 0 中被选举为根网桥。

（1）配置 VLAN 和端口。

请按照图 3-10，在 Device A 和 Device B 上分别创建 VLAN 10、20 和 30，在 Device C 上创建 VLAN 10、20 和 40，在 Device D 上创建 VLAN 20、30 和 40；将各设备的各端口配置为 Trunk 端口，并允许相应的 VLAN 通过，具体配置过程略。

（2）配置 Device A。

配置 MST 域的域名为 example，将 VLAN 10、30、40 分别映射到 MSTI 1、3、4 上，并配置 MSTP 的修订级别为 0

```
<DeviceA> system-view
[DeviceA] stp region-configuration
```

```
[DeviceA-mst-region] region-name example
[DeviceA-mst-region] instance 1 vlan 10
[DeviceA-mst-region] instance 3 vlan 30
[DeviceA-mst-region] instance 4 vlan 40
[DeviceA-mst-region] revision-level 0

# 激活 MST 域的配置
[DeviceA-mst-region] active region-configuration
[DeviceA-mst-region] quit
# 配置本设备为 MSTI 1 的根网桥
[DeviceA] stp instance 1 root primary
# 全局使能 MSTP
[DeviceA] stp enable
```

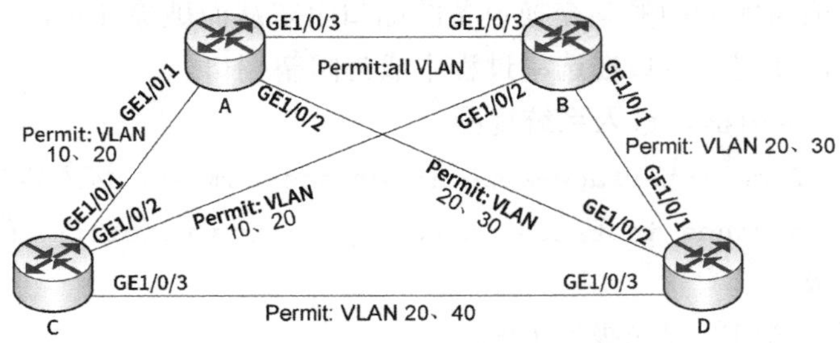

图 3-10 MSTP 示意图

（3）配置 Device B。

\# 配置 MST 域的域名为 example，将 VLAN 10、30、40 分别映射到 MSTI 1、3、4 上，并配置 MSTP 的修订级别为 0

```
<DeviceB> system-view
[DeviceB] stp region-configuration
[DeviceB-mst-region] region-name example
[DeviceB-mst-region] instance 1 vlan 10
[DeviceB-mst-region] instance 3 vlan 30
[DeviceB-mst-region] instance 4 vlan 40
[DeviceB-mst-region] revision-level 0
# 激活 MST 域的配置
[DeviceB-mst-region] active region-configuration
[DeviceB-mst-region] quit
# 配置本设备为 MSTI 3 的根网桥
[DeviceB] stp instance 3 root primary
# 全局使能 MSTP
[DeviceB] stp enable
```

（4）配置 Device C。

\# 配置 MST 域的域名为 example，将 VLAN 10、30、40 分别映射到 MSTI 1、3、4 上，并配置 MSTP 的修订级别为 0

```
<DeviceC> system-view
[DeviceC] stp region-configuration
[DeviceC-mst-region] region-name example
[DeviceC-mst-region] instance 1 vlan 10
[DeviceC-mst-region] instance 3 vlan 30
[DeviceC-mst-region] instance 4 vlan 40
[DeviceC-mst-region] revision-level 0
# 激活 MST 域的配置
[DeviceC-mst-region] active region-configuration
[DeviceC-mst-region] quit
# 配置本设备为 MSTI 4 的根网桥
[DeviceC] stp instance 4 root primary
# 全局使能 MSTP
[DeviceC] stp enable
```

（5）配置 Device D。

配置 MST 域的域名为 example，将 VLAN 10、30、40 分别映射到 MSTI 1、3、4 上，并配置 MSTP 的修订级别为 0

```
<DeviceD> system-view
[DeviceD] stp region-configuration
[DeviceD-mst-region] region-name example
[DeviceD-mst-region] instance 1 vlan 10
[DeviceD-mst-region] instance 3 vlan 30
[DeviceD-mst-region] instance 4 vlan 40
[DeviceD-mst-region] revision-level 0
# 激活 MST 域的配置
[DeviceD-mst-region] active region-configuration
[DeviceD-mst-region] quit
# 全局使能 MSTP
[DeviceD] stp enable
```

结果如图 3-11 所示。

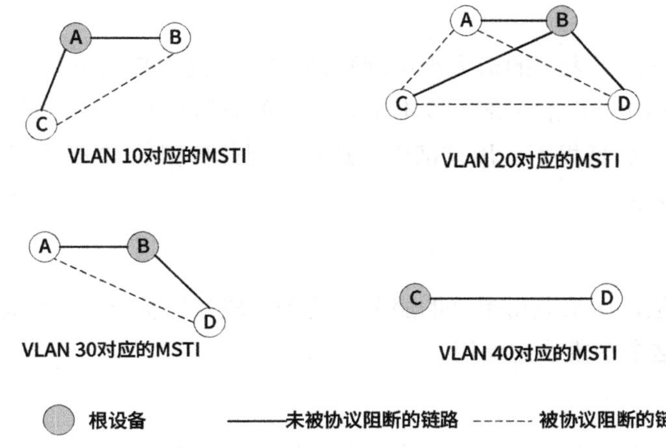

图 3-11 MSTP 结果

3.6 IPv4 协议

目前，全球互联网采用的协议簇是 TCP/IP 协议簇，IP 即互联网协议，是 TCP/IP 协议簇中网络层的协议，也是 TCP/IP 协议簇的核心协议。

3.6.1 IPv4 数据报格式

IP 数据报格式能够说明 IP 协议都具有什么功能。IPv4 数据报格式如图 3-12 所示。

0	4	8	16		19	24 31
版本	首部长度	区分服务	总长度			
标识				DF	MF	片偏移
生存时间		协议	首部校验和			
源IP地址						
目的IP地址（可选）						
选项与填充						
数据						

图 3-12　IPv4 数据报格式

一个 IP 数据报是由首部和数据两部分组成的。首部的前一部分为固定长度，共 20 字节，是所有 IP 数据报都必须具有的。

1. 版本

版本占 4 位，指的是 IP 协议的版本。目前广泛使用的 IP 协议版本为 IPv4。

2. 首部长度

首部长度占 4 位，可表示的最大十进制数为 15。因此首部长度的最大值是 15 个 4 字节，即 60 字节。当 IP 分组的首部长度不是 4 字节的整数倍时，必须利用最后的填充字段加以填充；典型的 IP 数据报不使用首部中的选项，因此典型的 IP 数据报首部长度是 20 字节，这个字段的值是 5。

3. 区分服务

区分服务占 8 位，用来获得更好的服务，这个字段在旧标准中叫作服务类型。只有在使用区分服务时，这个字段才起作用。

4. 总长度

总长度指首部和数据之和的长度，单位为字节。总长度字段为 16，因此数据报的最大

长度为 $2^{16}-1=65535$ 字节。

在IP层下面的每种数据链路层协议都有自己的帧格式，其中包括数据字段的最大长度，称为最大传输单元（MTU），当一个 IP 数据报封装成数据链路层的帧时，此数据报的总长度一定不能超过下面的数据链路层的 MTU。当数据报点长度超过 MTU 时，必须把过长的数据报进行分片后才能在网络上传输。这时，数据报首部中的总长度字段不是指未分片前的数据报长度，而是指分片后的每片的首部长度与数据长度的总和。

5. 标识

标识占 16 位。IP 在存储器中维持一个计数器，每产生一个数据报，计数器就加 1，并将此值赋予标识字段。但这个“标识”并不是序号，因为 IP 是无连接服务，数据报不存在按序接收的问题。当数据报长度超过 MTU 时就必须分片，这个标识字段的值就被复制到所有的数据报片后的标识字段中。相同的标识字段的值使分片后的各数据报片最后能正确地重装为原来的数据报。

6. 标志

标志占 3 位，但目前只有两位有意义。

标志字段中的最低位记为 MF。MF=1 表示后面“还有分片”的数据报；MF=0 表示这已是若干数据报片中的最后一个。

标志字段中间的一位记为 DF，意思是“不能分片”。只有当 DF=0 时，才允许分片。

7. 片偏移

片偏移占 13 位。较长的分组在分片后，某片在原分组中的相对位置。相对于用户数据字段的起点，该片从何处开始。片偏移以 8 字节为偏移单位。也就是说，每个分片的长度一定是 8 字节的整数倍。

8. 生存时间

生存时间（TTL）占 8 位，表明数据报在网络中的寿命，由发送数据报的源点设置这个字段。其目的是防止无法交付数据报，在网络上兜圈子，白白消耗网络资源。TTL 的意义是设置数据报在网络上至多可经过多少个路由器。数据报在网络中能经过的路由器的最大值是 255。若 TTL 为 1，则代表这个数据报只能在本 LAN 中进行传输。因为这个数据报传输到 LAN 的某个路由器上，在转发前就将 TTL 减小到 0，这个数据报会被路由器丢弃。

9. 协议

协议占 8 位，用于指定数据部分携带的消息是由哪种协议建立的，如 ICMP 为 1、TCP 为 6、UDP 为 17。

10. 首部校验和

首部校验和占 16 位。数据报每经过一个设备，都要重新计算一下首部检验和，若未发生变化，则此结果必为 0，于是保留这个数据报。这个字段只检验数据报的首部，不包括数据部分。

11. 源 IP 地址

源 IP 地址占 32 位，指的是发送方的地址。

12. 目的 IP 地址

目的 IP 地址占 32 位，指的是接收方的地址。

13. 选项与填充

选项字段允许 IP 协议支持各种选项，如安全性。在使用选项的过程中，有可能造成数据报首部不是 4 字节的整数倍，则需要填充字段来凑齐。最后用全 0 的填充字段补齐成为 4 字节的整数倍。

14. 数据

用于封装上层协议的数据，如 TCP、UDP 等。数据长度=总长度-报头长度，最长可为 65515 字节。

3.6.2 IPv4 地址编址

IP 地址是在计算机网络中被用来唯一标识一台设备的一组数字。IPv4 地址由 32 位二进制数组成，但为了便于用户识别和记忆，采用“点分十进制表示法”。采用这种表示法的 IPv4 地址由 4 个点分十进制数表示，每个十进制数对应一个字节。例如，IPv4 地址使用二进制的表示形式为 00001010 00000001 00000001 00000010，采用点分十进制表示法表示为 10.1.1.2。

路由器在转发数据报时，根据数据报里的目的 IP 地址查找路由表进行路由选择，把发往某个目的主机的 IP 数据报从正确的出口转发出去，实现路由。

IP 地址编制共经过了三个历史阶段：分类的 IP 地址、子网划分、无分类编址。

1. 分类的 IP 地址

将 32 位的 IP 地址划分为 2 个字段，其中第一个字段是网络号，它标志着主机（或路由器）所连接到的网络。一个网络号在整个 Internet 范围内必须是唯一的。第二个字段是主机位，它标志着主机（或路由器）。一个主机位在它前面的网络号所指明的网络范围内必须是唯一的。由此可见，一个 IP 地址在整个 Internet 上都是唯一的。

网络号的位数直接决定了可以分配的网络数（计算方法为 $2^{\text{网络号位数}}$）；主机位的位数则决定了网络中最大的可用主机数（计算方法为 $2^{\text{主机位位数}}-2$）。

其中按网络规模大小，Internet 管理委员会定义了 A、B、C、D、E 五类 IP 地址，如图 3-13 所示，地址范围如表 3-3 所示，A、B、C 类是常用的单播地址，D 类属于组播地址，E 类属于保留地址。

	0	1	2	3	4~8	8~16	16~24	24~31
A类	0	网络号				主机位		
B类	1	0	网络号				主机位	
C类	1	1	0	网络号				主机位
D类	1	1	1	0	组播地址			
E类	1	1	1	1	保留地址			

图 3-13　IP 地址分类

表 3-3　分类的 IP 地址范围

IP 地址类型	IP 地址范围
A 类	1.0.0.0～126.255.255.255
B 类	128.0.0.0～191.255.255.255
C 类	192.0.0.0～223.255.255.255
D 类	224.0.0.0～239.255.255.255
E 类	240.0.0.0～255.255.255.254

2．子网划分

随着网络的应用深入，IPv4 采用的 32 位 IP 地址设计限制了地址空间的总容量，出现了 IP 地址紧缺的现象。而 IPv6（采用 128 位 IP 地址设计）还不能够很快地进入应用，这时需要采取一些措施来避免 IP 地址的浪费。以原先的 A、B 和 C 共 3 类地址划分，经常出现 B 类太大、C 类太小的应用场景，因此出现了“子网划分”和“可变长子网掩码”（VLSM）两种技术。

子网划分的思路如下。

（1）一个拥有许多物理网络的单位，可以将所属的物理网络划分为若干子网。划分子网属于一个单位内部的事情。本单位以外的网络看不见这个网络是由多少个子网组成的，因为这个单位对外仍表现为一个网络。

（2）划分子网的方法是从网络中的主机位借用若干位作为子网号。于是两级的 IP 地址变为三级 IP 地址：网络号、子网号和主机位。

（3）凡是从其他网络发给本单位某个主机的 IP 数据报，仍然根据 IP 数据报的目的网络号找到链接到本单位上的路由器。但此路由器收到 IP 数据报后，按照目的网络号和子网号找到目的子网，把 IP 数据报交付给目的主机。

例如，我们可以对一个 C 类地址划分子网，如图 3-14 所示。

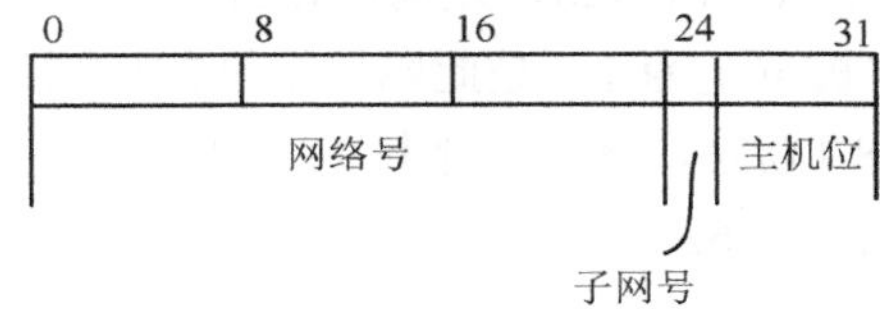

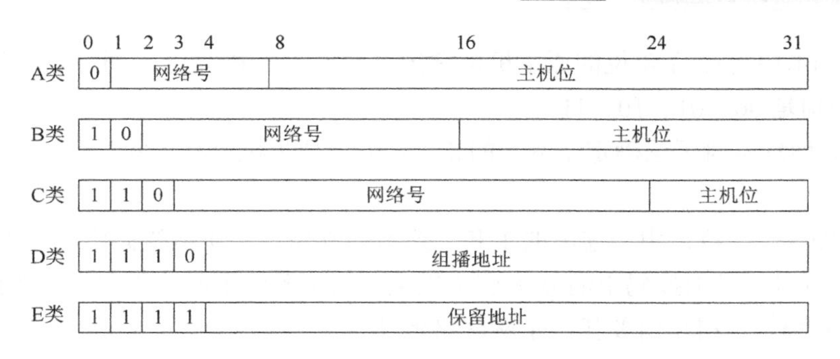

图 3-14　C 类地址划分子网

假如图 3-14 中将最后 8 位的原主机位拿出 2 位进行子网划分，则可以划分为 4 个子网，子网号分别是 00、01、10、11。

只根据 IP 地址本身无法确定子网号的长度，为了把主机位和子网号区分开，必须使用子网掩码。

子网掩码也是 32 位，由一连串的 1 和一连串的 0 组成，子网掩码中的 1 对应 IP 地址的网络号和子网号，子网掩码中的 0 对应主机位。路由器将子网掩码和收到数据报的目的 IP 地址逐位相“与”，得出所要找的子网网络地址。

事实上，所有的网络都必须有一个子网掩码，如果一个网络没有划分子网，那么这个网络使用默认掩码。A 类地址的掩码为 255.0.0.0；B 类地址的掩码为 255.255.0.0，C 类地址的掩码为 255.255.255.0。

另外，子网掩码的表示除了采用上面的点分十进制表示法，还可采用一种位数表示法，又称斜线表示法，就是在 IP 地址后加一个“/”，写上子网掩码中 1 的位数即可，如 192.168.1.1/24。

子网划分和子网掩码举例说明。

假设现在有一个标准 C 类地址 192.168.1.0/24，要划分成 3 个子网，每个子网分配给一个部门，而且满足每个子网支持的主机数为 50 以上。应如何对此 C 类地址进行子网划分？

解答：此题需要利用两个公式。

公式 1 为 2^n，该公式计算子网个数，n 为需要扩展的网络位。

公式 2 为 2^m-2，该公式计算每个子网下有效的主机 IP 数，m 表示主机位数。

$2^n \geqslant 3$，所以 $n \geqslant 2$。此时 $m=8-2=6$，$2^6-2=62>50$，满足每个子网的要求。

此时可得子网的网络位数为 24+2=26，子网掩码为“/26”或 255.255.255.192。

192.168.1. _ _ 000000/26，对子网位填值可以得到 4 个子网：192.168.1. 00 000000/26、192.168.1. 01 000000/26、192.168.1. 10 000000/26、192.168.1. 11 000000/26。

对应 192.168.1.0/26、192.168.1.64/26、192.168.1.128/26、192.168.1.192/26 子网的网络地址。每个子网的范围我们以第一个子网 192.168.1.0/26 为例，其网络位数是 26，主机位数是 6。第 4 字节 8 位组展开如下。

192.168.1.00 000000：主机位全为 0，是网络地址，不是一个有效主机地址；

192.168.1.00 000001：192.168.1.1/26，是网络地址下的第一个有效地址；

192.168.1.00 000010：192.168.1.2/26，是网络地址下的第二个有效地址；

192.168.1.00 000011

…

192.168.1.00 111110：192.168.1.62/26，是网络地址下的最后一个有效地址；

192.168.1.00 111111：主机位全为 1，是此网络地址的广播地址。

因此网络地址为 192.168.1.0/26，其广播地址为 192.168.1.63/26。

有效主机 IP 数是 $2^m-2=2^6-2=62$。

3. 无分类编址

虽然子网划分在一定程度上缓解了 Internet 在发展中存在的问题，但依然存在 Internet

主干网的路由条目数急剧增长等问题，所以 IETF 很快就研究出采用无分类编址（CIDR）的方法来解决。

CIDR 可以用来做 IP 地址汇总（或称为超网）。在未做地址汇总之前，路由器需要对外声明所有的内部网络 IP 地址空间段。这将导致 Internet 核心路由器中的路由条目非常庞大（接近 10 万条）。采用 CIDR 地址汇总后，可以将连续的地址空间块总结成一条路由条目。路由器不再需要对外声明所有的内部网络 IP 地址空间段。这样，大大减小了路由表中的路由条目数。

（1）CIDR 的概念。

CIDR 消除了传统 A、B、C 类地址及子网划分的概念。因此可以更加有效地分配 IPv4 的地址空间，并且可以在 IPv6 使用之前容许 Internet 的规模继续增长。CIDR 把 32 位 IP 地址重新划分为两个部分。前面的部分就是“网络前缀”，用来指明网络；后面的部分用来指明主机。因此，CIDR 使 IP 地址从三级编址又回到了二级编址。CIDR 使用斜线表示法，即在 IP 地址后面加上“/”，写上网络前缀所占的位数（也就是子网掩码中 1 的个数）。这个网络前缀可以为任何长度。CIDR 把网络前缀都相同的连续 IP 地址组成一个“CIDR 地址块”。我们只要知道这个 CIDR 地址块的任何一个地址，就可以知道这个地址块的起始地址和最大地址。

例如，128.14.32.0/20 的前 20 位为网络前缀，后 12 位为主机位。我们可以计算出这个地址块的最小可用地址和最大可用地址。

计算过程如下。

128.14.32.0/20=10000000 00001110 00100000 00000000。

128.14.32.0/20 地址块的最小可用地址为 10000000 00001110 00100000 00000001；最大可用地址为 10000000 00001110 00101111 11111110。

128.14.32.0/20 地址块的最小可用地址为 128.14.32.1；最大可用地址为 128.14.47.254。

注意：主机位是全 0 或全 1 的地址一般并不使用，通常只使用这两个地址之间的地址。

（2）路由汇聚。

路由汇聚用来解决路由表的内容冗余问题，使用路由汇聚能够缩小路由表的规模，减少路由表的主存，提高路由器数据转发的效率。

例如，本单位划分 4 个子网，分别对应 172.18.129.0/24、172.18.130.0/24、172.18.132.0/24 和 172.18.133.0/24，那么对于本单位的上级路由器，就没有必要学 4 个子网路由信息，而只需学 4 个子网路由汇聚而成的路由即可。

具体的汇聚算法：选择网络地址相同的最大位进行汇聚，不同的位划分至主机位，从而实现将多个网段汇聚成一个新的超网网段。

解答：由于 4 个子网的前 16 位一致，所以我们关键比较第 3 段。

129→10000 001；

130→10000 010；

132→10000 100；

133→10000 101。

上下比较第 3 段的后三位发生变化，则视为主机位，因此新的网络位数为 8+8+5=21。

汇聚后的网络地址把主机位全部置 0，为 172.18.10000 000.0/21，即 172.18.128.0/21，又称超网网络地址。

（3）最长前缀匹配原则。

在使用 CIDR 时，由于采用了网络前缀这种记法，IP 地址由网络前缀和主机位两部分组成，因此在路由表中的项目也要有相应的改变。这时，每个项目由“网络前缀”和“下一跳地址”组成。但是在查找路由表时可能会得到不止一个匹配结果，这样就带来一个问题：我们应当从这些结果中选择哪一条路由呢？

解答：应当从匹配结果中选择具有最长网络前缀的路由，这叫作最长前缀匹配，这是因为网络前缀越长，其地址块越小，路由就越具体。

4．特殊的 IP 地址

特殊的 IP 地址包括私有地址、网络地址、广播地址、回送地址、不确定地址。

（1）私有地址。

为了满足内网的使用需求，保留了一部分不在公网中使用的 IP 地址，即私有地址，如表 3-4 所示。

表 3-4　私有地址

IP 地址类型	IP 地址范围	网络号	网络位数
A 类	10.0.0.0～10.255.255.255	10	1
B 类	172.16.0.0～172.31.255.255	172.16～172.31	16
C 类	192.168.0.0～192.168.255.255	192.168.0～192.168.255	255

（2）网络地址。

IP 地址方案规定，网络地址包含一个有效的网络号和一个全 0 的主机位，表示一个网络，如 192.168.1.0/24。

（3）广播地址。

广播地址有两种形式，一种称为直接广播地址（主机位全为 1 的地址），另一种称为有限广播地址（255.255.255.255），广播地址只能作为目的地址。

（4）回送地址。

A 类网络地址 127.0.0.0 是一个保留地址，用于网络软件测试及本地设备进程间通信，这个 IP 地址称为回送地址。无论什么程序，一旦使用回送地址发送数据，协议软件就不进行任何网络传输，立即将其返回。因此，含有网络号 127 的数据报不可能出现在任何网络上。

（5）不确定地址。

不确定地址 0.0.0.0 代表本网络中的本主机，只能作为源地址临时使用。在路由表中，0.0.0.0 代表任意网络，当路由表找不到具体匹配条目时使用。

3.7 ARP

在网络层中使用的是 IP 地址，但在实际网络的链路上传输数据帧时，最终还是要使用物理地址。由于 IP 地址是逻辑地址，是人为指定的，并没有直接与硬件在物理上一对一联系，因此需要将其与物理地址联系。

ARP（地址解析协议）解决这个问题的方法就是在主机的 ARP 缓存中存放一个从 IP 地址到 MAC 地址的映射表。

当主机 A 向本 LAN 内的主机 B 发送 IP 数据报时，先查找自己的 ARP 映射表，查看是否有主机 B 的 IP 地址，如果有，就先查找出其对应的硬件地址，再把这个硬件地址写入 MAC 帧，最后通过 LAN 发往这个硬件地址。

也有可能找不到主机 B 的 IP 地址，在这种情况下，主机 A 就要运行 ARP，将包含目标 IP 地址的 ARP 请求广播到网络上的所有主机中，主机 B 收到请求后单播返回 ARP 应答报文给主机 A，主机 A 就在自己的 ARP 缓存表中缓存主机 B 的 IP 地址和 MAC 地址的映射关系，当下次请求和主机 B 通信时，直接查询 ARP 缓存找到主机 B 的 MAC 地址去封装 IP 数据报，以节约资源。ARP 缓存表中每个映射的项目都有一个老化时间，超过老化时间的项目就从 ARP 缓存中删除。

当然，ARP 表项也是可以由网络管理员手工通过 `arp -s IP` 物理地址命令建立的 IP 地址和 MAC 地址之间固定的映射关系。静态 ARP 表项不会被老化，不会被动态 ARP 表项覆盖。

3.7.1 ARP 报文格式

ARP 报文格式如图 3-15 所示。报文的长度是 42 字节。前 14 字节的内容表示以太网首部，后 28 字节的内容表示 ARP 请求或应答报文的内容。

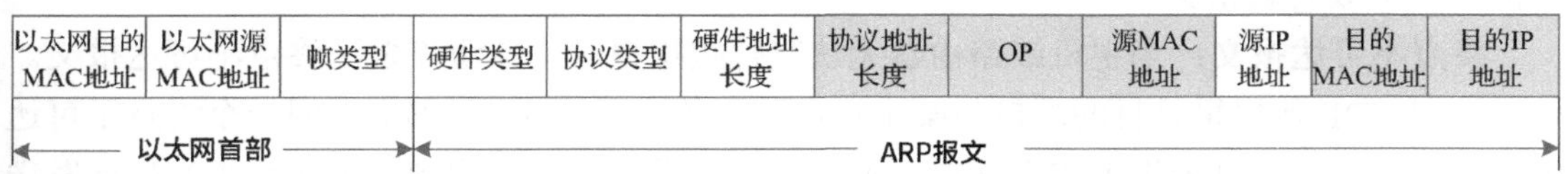

图 3-15　ARP 报文格式

以太网目的 MAC 地址：48 bit，发送 ARP 请求报文时，该字段为广播的 MAC 地址 0xffff-ffff-ffff。

以太网源 MAC 地址：48 bit，以太网发送方的 MAC 地址。

帧类型：16 bit，表示数据的类型。对于 ARP 请求或应答报文，该字段的值为 0x0806。

硬件类型：16 bit，硬件地址的类型，对于以太网，该字段的值为 1。

协议类型：16 bit，发送方要映射的协议地址类型，对于 IP 地址，该字段的值为 0x0800。

硬件地址长度：8 bit，硬件地址的长度，对于 ARP 请求或应答报文，该字段值为 6。

协议地址长度：8 bit，协议地址的长度，对于 ARP 请求或应答报文，该字段值为 4。

OP：16 bit，操作类型。OP 为 1 表示 ARP 请求报文，OP 为 2 表示 ARP 应答报文。

源 MAC 地址：48 bit，与以太网首部中的以太网源 MAC 地址相同。

源 IP 地址：32 bit，发送方的 IP 地址。

目的 MAC 地址：48 bit，发送 ARP 请求报文时，该字段为全 0 的 MAC 地址 0x0000-0000-0000。

目的 IP 地址：32 bit，接收方的目的 IP 地址。

3.7.2 ARP 代理

如果 ARP 请求从一个网络的主机发往同一网段但不在同一物理网络上的另一台主机，那么连接这两个网络的设备就可以应答该 ARP 请求，用自己的 MAC 地址告知主机，这个过程称为 ARP 代理（Proxy ARP）。

3.8 ICMP

因为 IP 协议是一个不可靠且非连接的传输协议，为了能够更加有效地转发 IP 数据报和提高交付成功的机会，在网络互联层使用了 ICMP（网际控制报文协议），ICMP 作为 IP 数据报中的数据，封装在 IP 数据报中发送。

ICMP 中定义了差错报告报文和询问报文。IP 数据报及其他应用程序通过 ICMP 报文可以实现多种应用，其中 Ping 程序和 Tracert（Traceroute）程序最为常见。

3.8.1 差错报告报文

ICMP 差错报告报文包括终点不可达报文、源站抑制报文、时间超过报文、路由重定向报文、参数问题报文。

终点不可达报文：当主机或路由器无法交付数据报时，向源点发送终点不可达报文。如果收到 UDP 数据报且目的端口与某个正在使用的进程不相符，那么返回一个终点不可达报文。如果目标主机关机了或不存在，那么路由器设置了访问控制列表（ACL）也会发送终点不可达报文。

源站抑制报文：当主机或路由器由于拥塞而丢弃数据报时，向源站发送源站抑制报文，使源站知道应当将数据报的发送速率放慢。

时间超过报文：当路由器收到生存时间为零的数据报时，除了丢弃该数据报，还要向源站发送时间超过报文。另外，当接收方在预先规定的时间内不能收到一个数据报的全部数据报片时，将已收到的数据报片都丢弃，并向源站发送时间超过报文。

路由重定向报文：路由器将路由重定向报文发送给主机，让主机知道下次应将数据报发送给另外的路由器。

参数问题报文：当主机或路由器收到的数据报首部中的字段的值不正确时，丢弃该数据报，并向源站发送参数问题报文。

3.8.2 询问报文

询问报文主要包括回送请求和应答报文、时间戳请求和回答报文。

回送请求和应答报文：回送请求报文是由主机或路由器向一个特定的主机发出的询问。收到此报文的主机必须给主机或路由器发送回送应答报文。主要用来测试目的地是否可达及了解其有关状态。

时间戳请求和应答报文：主要用来请某个主机或路由器回答当前日期和时间。

3.9 三层交换机

早期网络一般使用二层交换机来搭建 LAN，而不同 LAN 之间的网络互通由路由器完成。在那时的网络流量中，LAN 内部的流量占了绝大部分，而网络之间的通信访问量比较少，使用少量路由器已经足够应付这种状况。但是，随着数据通信网络范围的不断扩大，网络业务的不断丰富，网络之间互访的需求越来越大，而路由器由于自身成本高、转发性能低、端口数少等特点，无法很好地满足网络发展的需求，因此出现了三层交换机这样一种能实现高速三层转发的设备。

路由器的三层转发主要依靠 CPU 进行，而三层交换机的三层转发依靠硬件完成，这就决定了二者在转发性能上的巨大差别。

当然，三层交换机并不能完全替代路由器，路由器所具备的丰富的端口类型、良好的流量服务等级控制、强大的路由能力等仍然是三层交换机的薄弱环节。目前，三层交换机一般通过 VLAN 划分二层网络并实现二层交换，同时能够实现不同 VLAN 之间的三层 IP 地址互访。

3.9.1 三层交换机的原理

三层交换机的原理如图 3-16 所示，通信的源、目的主机连接在同一台三层交换机上，但它们位于不同的 VLAN（网段）中。对于三层交换机，这两台主机都位于它的直连网段内，它们的 IP 地址对应的路由都是直连路由。

图 3-16 中标明了两台主机的 MAC 地址、IP 地址、网关，以及三层交换机的 MAC 地址、不同 VLAN 配置的三层端口 IP 地址。当 PC A 向 PC B 发起 Ping 时，流程如下（假设三层交换机上还未建立任何硬件转发表项）。

（1）根据前面的描述，PC A 首先检查出目的 IP 地址 10.2.1.2（PC B）与自己不在同一网段内，因此它发出请求网关地址 10.1.1.1 对应 MAC 地址的 ARP 请求报文。

（2）L3 Switch 收到 PC A 的 ARP 请求报文后，检查该请求报文发现被请求 IP 地址是自己的三层端口 IP 地址，因此发送 ARP 应答报文并将自己的三层端口 MAC 地址（MAC Switch）包含在其中。

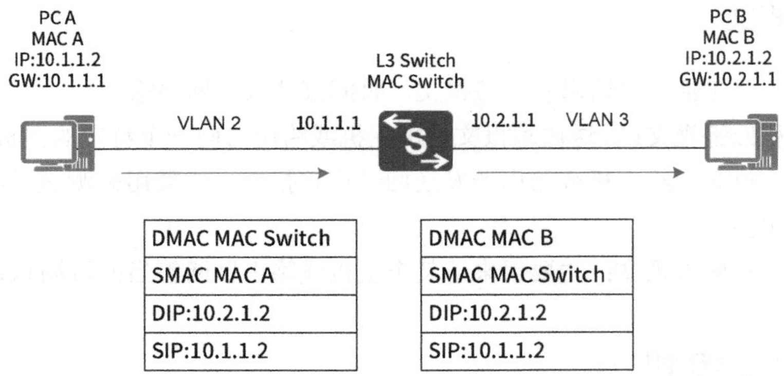

PC A
MAC A
IP:10.1.1.2
GW:10.1.1.1

L3 Switch
MAC Switch

PC B
MAC B
IP:10.2.1.2
GW:10.2.1.1

VLAN 2　10.1.1.1　10.2.1.1　VLAN 3

DMAC MAC Switch
SMAC MAC A
DIP:10.2.1.2
SIP:10.1.1.2

DMAC MAC B
SMAC MAC Switch
DIP:10.2.1.2
SIP:10.1.1.2

图 3-16　三层交换机的原理

同时，它把 PC A 的 IP 地址与 MAC 地址的对应关系（10.1.1.2 与 MAC A）记录到自己的 ARP 表项中（因为 ARP 请求报文中包含了发送方的 IP 地址和 MAC 地址）。

（3）PC A 得到网关（L3 Switch）的 ARP 应答报文后，组装 ICMP 请求报文并发送，报文的目的 MAC 地址（DMAC）=MAC Switch，源 MAC 地址（SMAC）=MAC A，源 IP 地址（SIP）=10.1.1.2，目的 IP 地址（DIP）=10.2.1.2。

（4）L3 Switch 收到报文后，首先根据报文的源 MAC 地址+VLAN ID 更新 MAC 地址表。然后根据报文的目的 MAC 地址+VLAN ID 查找 MAC 地址表，发现匹配了自己三层端口 MAC 地址的表项，说明需要进行三层转发，于是继续查找交换芯片的三层表项。

（5）交换芯片根据报文的目的 IP 地址查找其三层表项，由于之前未建立任何表项，因此查找失败，于是将报文送到 CPU 中进行软件处理。

（6）CPU 根据报文的目的 IP 地址查找其软件路由表，发现匹配了一个直连网段（PC B 对应的网段），于是继续查找其软件 ARP 表，仍然查找失败。

L3 Switch 会在目的网段对应的 VLAN 3 的所有端口中发送请求地址 10.2.1.2 对应的 MAC 地址的 ARP 请求报文。

（7）PC B 收到 L3 Switch 发送的 ARP 请求报文后，检查发现被请求 IP 地址是自己的 IP 地址，因此发送 ARP 应答报文并将自己的 MAC 地址（MAC B）包含在其中。同时，将 L3 Switch 的 IP 地址与 MAC 地址的对应关系（10.2.1.1 与 MAC Switch）记录到自己的 ARP 表中。

（8）L3 Switch 收到 PC B 的 ARP 应答报文后，将其 IP 地址和 MAC 地址的对应关系（10.2.1.2 与 MAC B）记录到自己的 ARP 表中，并将 PC A 的 ICMP 请求报文发送给 PC B，报文的目的 MAC 地址修改为 PC B 的 MAC 地址（MAC B），源 MAC 地址修改为自己的 MAC 地址（MAC Switch）。

同时，在三层交换机的交换芯片的三层表项中，根据刚得到的三层转发信息添加表项（内容包括 IP 地址、MAC 地址、出口 VLAN、出端口），这样后续的 PC A 发往 PC B 的报文就可以通过该硬件三层表项直接转发了。

（9）PC B 收到 L3 Switch 转发过来的 ICMP 请求报文以后，发送 ICMP 应答报文给 PC A。

ICMP 应答报文的转发过程与前面类似，只是由于 L3 Switch 在之前已经得到了 PC A 的 IP 地址和 MAC 地址的对应关系，同时在交换芯片中添加了相关三层表项，因此这个报文直接由交换芯片硬件转发给 PC A。

（10）这样，后续的往返报文都经过查 MAC 表到查三层转发表的过程由交换芯片直接进行硬件转发。

从上述流程可以看出，三层交换机正是充分利用了“一次路由（首包 CPU 转发并建立三层硬件表项）、多次交换（后续包芯片硬件转发）”的原理实现了转发性能与三层交换的完美统一。

3.9.2 三层交换机的配置

同 VLAN 内互访一样，VLAN 之间互访也要经过用户主机的报文转发、交换机内部的以太网交换、设备之间交互时 Tag 的添加和剥离三个环节。不同 VLAN 内的用户需要借助三层路由技术或 VLAN 转换技术才能实现互访。

三层交换机通过 VLAN IF 实现 VLAN 之间互访。每个 VLAN 对应一个 VLAN IF，在为 VLAN IF 端口配置 IP 地址后，该端口即可作为本 VLAN 内用户的网关，对需要跨网段的报文进行基于 IP 地址的三层转发。但每个 VLAN 都需要配置一个 VLAN IF，并在端口上指定一个 IP 子网网段，比较浪费 IP 地址。

通过 VLAN IF 端口实现 VLAN 之间互访，要求 VLAN 之间的用户都处于不同的网段。

组网需求如下。

企业的不同用户拥有相同的业务，且位于不同的网段。现在相同业务的用户所属的 VLAN 不相同，需要实现不同 VLAN 中的用户互通。

在图 3-17 中，User1 和 User2 拥有相同的业务，但是属于不同的 VLAN 且位于不同的网段。现需要实现 User1 和 User2 互通。

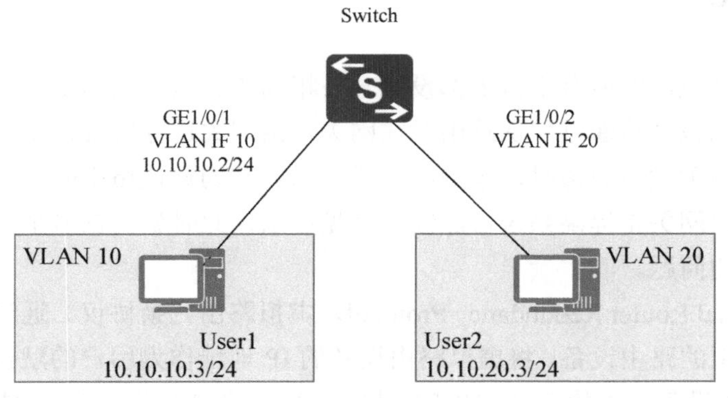

图 3-17 配置 VLAN 之间通过 VLAN IF 端口通信组网

（1）配置 Switch。

```
# 创建 VLAN
<Quidway> system-view
```

```
[Quidway] sysname Switch
[Switch] vlan batch 10 20
# 配置端口加入 VLAN
[Switch] interface gigabitethernet 1/0/1
[Switch-GigabitEthernet1/0/1] port link-type access
[Switch-GigabitEthernet1/0/1] port default vlan 10
[Switch-GigabitEthernet1/0/1] quit
[Switch] interface gigabitethernet 1/0/2
[Switch-GigabitEthernet1/0/2] port link-type access
[Switch-GigabitEthernet1/0/2] port default vlan 20
[Switch-GigabitEthernet1/0/2] quit
# 配置 VLAN IF 端口的 IP 地址
[Switch] interface vlanif 10
[Switch-Vlanif10] ip address 10.10.10.2 24
[Switch-Vlanif10] quit
[Switch] interface vlanif 20
[Switch-Vlanif20] ip address 10.10.20.2 24
[Switch-Vlanif20] quit
```

（2）检查配置结果。

在 VLAN 10 中的 User1 主机上配置 IP 地址为 10.10.10.3/24，默认网关为 VLAN IF 10 端口的 IP 地址 10.10.10.2/24。

在 VLAN 20 中的 User2 主机上配置 IP 地址为 10.10.20.3/24，默认网关为 VLAN IF 20 端口的 IP 地址 10.10.20.2/24。

配置完成后，VLAN 10 内的 User1 与 VLAN 20 内的 User2 能够互通。

3.10 VRRP

通常，同一网段内的所有主机上都设置一条相同的、以网关为下一跳的默认路由。主机发往其他网段的报文将通过默认路由发往网关，由网关进行转发，从而实现主机与外部网络的通信。当网关发生故障时，本网段内所有以网关为默认路由的主机将无法与外部网络通信。增加出口网关是提高系统可靠性的常见方法，此时如何在多个出口之间进行选路就成为需要解决的问题。

VRRP（Virtual Router Redundancy Protocol，虚拟路由冗余协议）通过把几台路由设备联合组成一台虚拟的路由设备，将虚拟路由设备的 IP 地址作为用户的默认网关实现与外部网络通信。当网关设备发生故障时，VRRP 能够选举新的网关设备承担数据流量，从而保障网络的可靠通信。

3.10.1 VRRP 的概念

VRRP 路由器（VRRP Router）：运行 VRRP 的设备，它可能属于一个或多个虚拟路由器，如两台路由器 RA 和 RB。

虚拟路由器（Virtual Router）：又称 VRRP 备份组，由一个 Master 设备和多个 Backup 设备组成，被当作一个共享 LAN 内主机的默认网关，如 RA 和 RB 共同组成了一个 VRRP 备份组。

Master 路由器（Virtual Router Master）：承担转发报文任务的 VRRP 设备，如 RA。

Backup 路由器（Virtual Router Backup）：不承担报文转发任务的 VRRP 设备，当 Master 设备出现故障时，Backup 设备将通过竞选成为新的 Master 设备，如 RB。

VRID：VRRP 备份组的标识。RA 和 RB 组成的 VRRP 备份组的 VRID 为 1。

虚拟 IP 地址（Virtual IP Address）：VRRP 备份组的 IP 地址，一个 VRRP 备份组可以有一个或多个 IP 地址，由用户配置。RA 和 RB 组成的 VRRP 备份组的虚拟 IP 地址为 172.16.10.110。

IP 地址拥有者（IP Address Owner）：如果一个 VRRP 设备将虚拟 IP 地址作为真实的端口地址，则该设备被称为 IP 地址拥有者。如果 IP 地址拥有者是可用的，则它将成为 Master 设备。RA 端口的 IP 地址与虚拟 IP 地址相同，均为 172.16.10.110，因此 RA 是这个 VRRP 备份组的 IP 地址拥有者。

虚拟 MAC 地址（Virtual MAC Address）：VRRP 备份组根据 ID 生成的 MAC 地址。当 VRRP 备份组应答 ARP 请求时，使用虚拟 MAC 地址，而不是端口的真实 MAC 地址。RA 和 RB 组成的 VRRP 备份组的 VRID 为 1，因此这个 VRRP 备份组的 MAC 地址为 00-00-5e-00-01-01。

3.10.2 VRRP 的原理

VRRP 的工作过程如下。

（1）VRRP 备份组中的设备根据优先级选举出 Master 设备。Master 设备通过发送免费 ARP 报文，将虚拟 MAC 地址通知给与它连接的设备或主机，从而承担报文转发任务。

（2）Master 设备周期性地向 VRRP 备份组中的所有 Backup 设备发送 VRRP 通告报文，以公布其配置信息（优先级等）和工作状况。

（3）如果 Master 设备出现故障，VRRP 备份组中的 Backup 设备将根据优先级重新选举新的 Master 设备。

（4）VRRP 备份组状态切换时，Master 设备由一台设备切换为另一台设备，新的 Master 设备会立即发送携带 VRRP 备份组的虚拟 MAC 地址和虚拟 IP 地址信息的免费 ARP 报文，刷新与它连接的主机或设备中的 MAC 表项，从而把用户流量引到新的 Master 设备上来，整个过程对用户完全透明。

（5）原 Master 设备故障恢复时，若该设备为 IP 地址拥有者（优先级为 255），将直接切换至 Master 状态。若该设备优先级小于 255，则切换至 Backup 状态，且其优先级恢复为故障前配置的优先级。

（6）当 Backup 设备的优先级高于 Master 设备时，由 Backup 设备的工作方式（抢占方式和非抢占方式）决定是否重新选举 Master 设备。

抢占模式：在抢占模式下，如果 Backup 设备的优先级比当前 Master 设备的优先级高，则主动将自己切换成 Master 设备。

非抢占模式：在非抢占模式下，只要 Master 设备没有出现故障，Backup 设备即使随后被配置了更高的优先级，也不会成为 Master 设备。

3.10.3 VRRP 的配置

VRRP 配置示意图如图 3-18 所示。

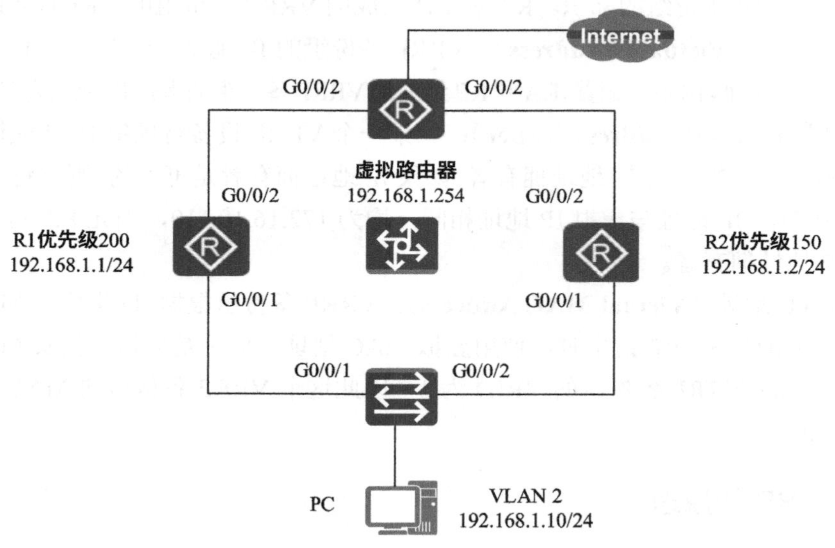

图 3-18 VRRP 配置示意图

（1）配置 R1。

```
<huawei>system-view
[Huawei]Sysname R1
[R1] interface Gigabitethernet 0/0/1
[R1-Gigabitethernet 0/0/1] ip address 192.168.1.1 255.255.255.0
[R1-Gigabitethernet 0/0/1] vrrp vrid 10 virtual-ip 192.168.1.254
//配置 VRRP 组号 10，并指定虚拟网关 IP 地址
[R1-Gigabitethernet 0/0/1] vrrp vrid 10 priority 200 //配置 R1 的优先级为 200
[R1-Gigabitethernet 0/0/1] Vrrp vrid 10 preempt-mode timer delay 10
//配置 R1 为延迟抢占模式，延时为 10s
```

抢占模式能够保证优先级高的路由器失效恢复后总能成为主路由器。主路由器失效后，优先级最高的备用路由器将处于活动状态，成为活跃路由器。如果没有使用抢占模式，则当活动路由器恢复后，只能处于备用状态，先前的备用路由器代替其角色处于活动状态。VRRP 是默认开启的，同时可以设置延时，可以使得备用路由器延迟一段时间后成为活动路由器。在性能不稳定的网络中，如果备用路由器没有按时收到活动路由器的报文就成为活动路由器，就会导致 VRRP 状态的频繁转换。

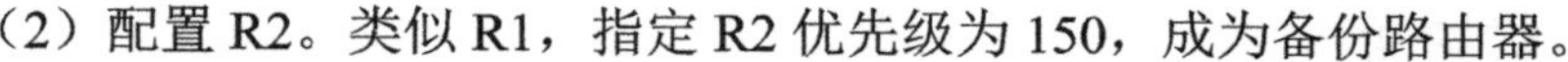

（2）配置 R2。类似 R1，指定 R2 优先级为 150，成为备份路由器。

另外，可以配置 VRRP 与上行端口状态联动。

```
[R1-Gigabitethernet 0/0/1] vrrp vrid 10 track interface Gigabitethernet
0/0/3 reduced 60
```

配置 VRRP 与上行端口状态联动，主路由器的 VRRP 优先级可以基于路由器端口的可用性而自动调整。当活动路由器上一个被跟踪的端口变为不可用时，活动路由器的 VRRP 优先级将被降低，具体降低多少，由自己设定，只要降到比备份路由器的 VRRP 优先级低就可以了。

端口跟踪配置命令中的优先级是当该端口失效后路由器降低的优先级，即此时的路由器优先级应为启动 VRRP 时配置的优先级减去端口跟踪配置的优先级。

而被跟踪的端口恢复连接时，路由器的优先级相应增加相同数值，能自动重新成为主路由器。通信流量自然也会被透明地转移到这条路径之上。

3.10.4 VRRP 心跳线

在图 3-19 中，Switch A 和 Switch B 上配置 VRRP 备份组。若 SW 不能转发 VRRP 报文（如配置了未知组播丢弃），或者为了防止 VRRP 报文（心跳报文）所经过的链路不通或不稳定，则可以在 Switch A 和 Switch B 之间部署一条心跳线，用于传递 VRRP 报文。

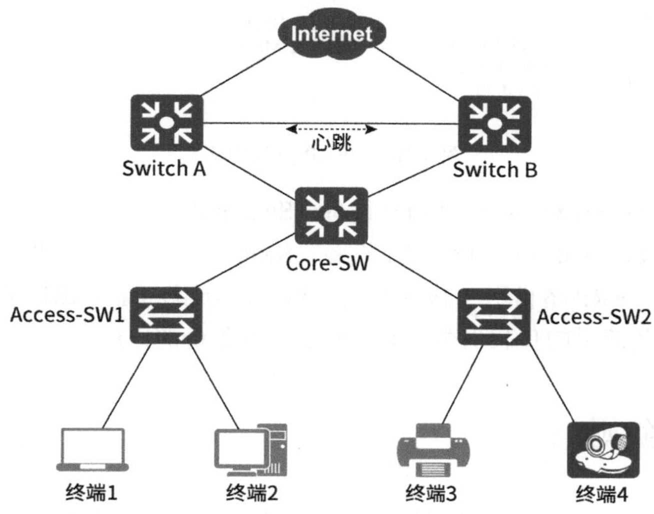

图 3-19 VRRP 心跳线

由于配置了心跳线之后，需要将 Interface1 和 Interface2 加入与 VRRP 备份组相对应的 VLAN（例如，VRRP 备份组配置在 VLAN IF 100 端口下，需要配置 Interface1 和 Interface2 加入 VLAN 100），Switch A、Switch B 和 SW 之间会存在环路，因此还需要配置破环协议来破除环路（例如，配置 STP）。

3.10.5 VRRP 负载均衡

负载均衡是指多台设备同时承担业务，因此需要两个或两个以上的虚拟设备，每个虚拟设备都包括一个 Master 设备和若干 Backup 设备，各虚拟设备的 Master 设备可以各不相同。

VRRP 负载均衡与 VRRP 主备备份的基本原理和报文协商过程都是相同的。VRRP 负载均衡与 VRRP 主备备份的不同点在于：负载均衡需要建立多个 VRRP 备份组，各 VRRP 备份组的 Master 设备可以不同。同一台 VRRP 设备可以加入多个 VRRP 备份组，在不同的 VRRP 备份组中具有不同的优先级，如图 3-20 所示。

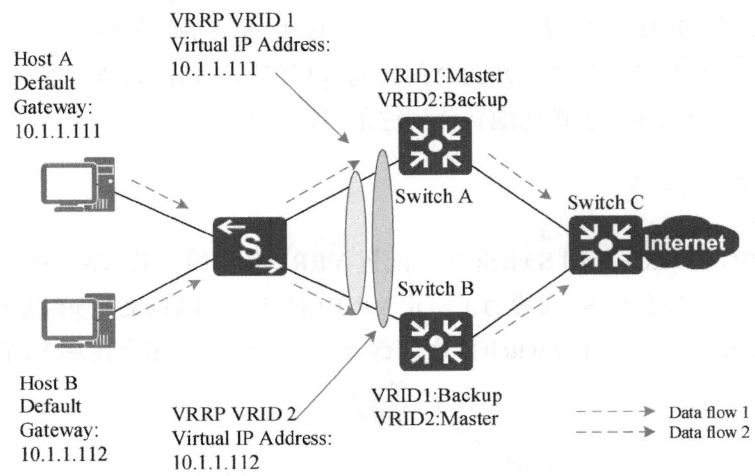

图 3-20　VRRP 负载均衡

VRRP 备份组 1： Switch A 为 Master 设备，Switch B 为 Backup 设备。

VRRP 备份组 2： Switch B 为 Master 设备，Switch A 为 Backup 设备。

一部分用户将 VRRP 备份组 1 作为网关，另一部分用户将 VRRP 备份组 2 作为网关。这样既可实现对业务流量的负载均衡，又起到了相互备份的作用。

3.11 课后检测

1. 在 CSMA/CD 中，同一个冲突域主机经过 5 次冲突后在（ ① ）区间内随机选择一个整数，站点等待（ ② ）后重新进入 CSMA。

①选项：

A. 0～5　　B. 1～5　　C. 0～7　　D. 0～31

②选项：

A. K×512 ms　　B. K×512 比特时间

C. K×1024 ms　　D. K×1024 比特时间

答案：D、B。

解析：

以太网采用截断二进制指数退避算法来解决碰撞问题。截断二进制指数退避算法并不复杂，这种算法让发生碰撞的站在停止发送数据后，不是等待信道变为空闲后就立即发送数据，而是推迟一个随机时间。这样做是为了使得重传时再次发生冲突的概率减小。具体的算法步骤如下。

（1）确定基本退避时间，一般取为争用期 $2t$。

（2）从整数集合$[0,1,\cdots,(2^k-1)]$中随机地取出一个数，记为 r。重传应退后的时间为 r 倍的争用期。上面的参数 k 按 $k=\min$[重传次数, 10]计算。

可见，当重传次数不超过 10 时，参数 k 等于重传次数，但当重传次数超过 10 时，k 就不再增大而一直等于 10。

（3）当重传次数达到 16 但仍不能成功时，表明同时打算发送数据的站太多，以至于连续发生冲突，则丢弃该帧，并向上层报告。

例如，在第一次重传时，k=1，随机数 r 从整数$\{0,1\}$中选择一个数。因此重传的站可选择重传推迟时间为 0 或 $2t$，在这两个时间内随机选择一个。

如果再发生碰撞，则在第二次重传时，k=2，随机数 r 就从整数$\{0,1,2,3\}$中选择一个数。因此重传推迟时间为 0、$2t$、$4t$、$6t$，在这四个时间内随机选择一个。

依次类推，当重传此数达到 16 但仍不能成功时，表明同时打算发送数据的站太多，以至于连续发生冲突，则丢弃该帧，并向上层报告。

以太网规定取 51.2 μs 为争用期长度，也就是 64 字节（512 位）通过 10 Mbit/s 以太网的传输时间，所以重传应退后的时间实际为 k 倍的争用期。

2．网络效率的计算公式为效率=((帧长−(帧头+帧尾))/帧长)×100%，以太网的网络效率最大是（　　）。

A．98.8%　　B．90.5%　　C．87.5%　　D．92.2%

答案：A。

解析：

在传统的以太网中，以太网帧的帧头和帧尾的大小是固定的（18 字节），而以太网帧的最小帧长为 64 字节，最大帧长为 1518 字节，因此以太网的最小网络效率为(64−18)/64×100%=71.9%，最大网络效率为(1518−18)/1518×100%=71.9%=98.8%。

3．以下关于 1000BASE-T 的叙述中，错误的是（　　）。

A．最长有效距离为 100 m

B．使用 5 类 UTP 作为网络传输介质

C．支持帧突发

D．属于 IEEE802.3ae 定义的 4 种千兆以太网标准之一

答案：D。

解析：

IEEE 802.3z 标准在 LLC 子层使用 IEEE 802.2 标准，在 MAC 子层使用 CSMA/CD，只

是在物理层做了一些必要的调整，它定义了新的物理层标准（1000 BASE-T 和 1000BASE-X）。其标准定义了 Gigabit Ethernet 介质专用端口（Gigabit Media Independent Interface，GMII），它将 MAC 子层与物理层分隔开来。这样，物理层在实现 1000 Mbit/s 速率时所使用的传输介质和信号编码方式的变化不会影响 MAC 子层。

（1）1000 BASE-T 标准使用的是 5 类非屏蔽双绞线，双绞线长度可以达到 100 m。

（2）1000 BASE-X 标准是基于光纤通道的物理层，使用的媒体有三种。

（3）1000 BASE-CX 标准使用的是屏蔽双绞线，双绞线长度可以达到 25 m。

（4）1000 BASE-LX 标准使用的是波长为 1300 nm 的单模光纤，光纤长度可以达到 3000 m。

（5）1000 BASE-SX 标准使用的是波长为 850 nm 的多模光纤，光纤长度可以达到 300～550 m。

其中 1000 BASE-X 标准是 IEEE 802.3z，而 1000 BASE-T 标准是 IEEE 802.3ab。如果千兆以太网工作在半双工方式下，就必须进行冲突检测，采用载波延伸和分组突发方式。当千兆以太网工作在全双工方式下时，不使用载波延伸和分组突发方式，因为此时没有冲突产生。

4．以 100 Mbit/s 以太网连接的站点 *A* 和 *B* 相距 2000 m，通过停等机制进行数据传输，传播速度为 200 m/μs，则最高的有效传输速率为（　　）Mbit/s。

A．80.8　　B．82.9　　C．90.1　　D．92.3

答案：B。

解析：

一个数据帧帧长最大为 1518 字节，其中数据帧发送时间=1518×8/100 Mbit/s=121.44 μs；数据帧传播时间=2000 m/200 m/μs=10 μs。

停等协议是发送一帧，收到确认后再发送下一帧，确认帧是 64 字节，则发送时间=64×8/100 Mbit/s=5.12 μs，总时间=121.44 μs+5.12 μs+10 μs+10 μs=146.56 μs。

发送一个数据帧的有效速率=1518×8/146.56=82.9 Mbit/s。

5．以下关于以太网交换机转发表的叙述中，正确的是（　　）。

A．交换机的初始 MAC 地址表为空

B．交换机收到数据帧后，如果没有相应的表项，则不转发该帧

C．交换机通过读取输入帧中的目的地址添加相应的 MAC 地址表项

D．交换机的 MAC 地址表项是静态增长的，重启时地址表清空

答案：A。

解析：

交换机是一种基于 MAC 地址，能完成封装转发数据帧功能的网络设备。交换机的初始 MAC 地址表为空，可以通过读取进入端口的帧的源 MAC 地址学习。交换机收到数据帧后，如果没有相应的表项，则广播转发该帧。交换机的 MAC 地址表项是动态增长的。

6．某高校计划采用扁平化的网络结构。为了限制广播域、解决 VLAN 资源紧缺的问题，高校计划采用 Q in Q 技术对接入层网络进行端口隔离。以下关于 Q in Q 技术的叙述

中，错误的是（　　）。

A．一旦在端口启用了 Q in Q 技术，单层 VLAN 的数据报文将没有办法通过

B．Q in Q 技术标准出自 IEEE 802.1ad

C．Q in Q 技术扩展了 VLAN 数目，使 VLAN 的数目最多可达 4094×4094 个

D．Q in Q 技术分为基本 Q in Q 和灵活 Q in Q 两种

答案：A。

解析：

Q in Q 是一项扩展 VLAN 空间的技术，通过在 802.1Q 的 Tag 报文的基础上增加一层 802.1Q 的 Tag 达到扩展 VLAN 空间的功能。由于报文有两层 802.1Q Tag（一层为公网 Tag，一层为私网 Tag），即 802.1Q-in-802.1Q，所以称为 Q in Q 协议。Q in Q 的实现方式可分为以下两种。

（1）基本 Q in Q 是基于端口方式实现的。开启端口的基本 Q in Q 功能后，当该端口收到报文时，设备会为该报文打上本端口默认 VLAN 的 Tag。

如果收到的是带有 Tag 的报文，该报文就成为带有双 Tag 的报文。

如果收到的是不带 Tag 的报文，该报文就成为带有端口默认 Tag 的报文。

（2）灵活 Q in Q 是基于端口与 VLAN 相结合的方式实现的，即端口对收到的报文，可以通过单层 Tag 转发，也可以通过双层 Tag 转发。另外，对于从同一个端口收到的报文，还可以根据不同的 VLAN 进行不同的操作。

为具有不同内层 VLAN ID 的报文添加不同的外层 Tag。

根据报文内层 VLAN 的 802.1p 优先级添加不同的外层 Tag。

通过使用灵活 Q in Q 功能，在能够隔离运营商网络和用户网络的同时，提供丰富的业务特性和更加灵活的组网能力。

7．在 STP 中，确定端口角色时，可能会用到 BPDU 中的（　　）参数。

A．BPDU TYPE、ROOTID、ROOT PATH COST、BRIDGE ID

B．FLAGS、ROOT PATH COST、BRIDGE ID、PORT ID

C．ROOTID、ROOT PATH COST、BRIDGE ID、BRIDGE PORT ID

D．ROOTID、ROOT PATH COST、BRIDGE ID、PORT ID

答案：D。

解析：

STP 的基本原理是，通过在交换机之间传递一种特殊的协议报文——BPDU，确定网络的拓扑结构。BPDU 在数据区里携带了用于生成树计算的所有有用信息。BPDU 分为配置 BPDU 和 TCN BPDU。

配置 BPDU：用来进行生成树计算和维护生成树树形拓扑的报文，默认时间为 2 s。

TCN BPDU：当拓扑变化时，用来通知相关设备网路拓扑端口发生变化的报文。

配置 BPDU 里面有一些主要字段。

根网桥 ID：由 2 字节优先级和 6 字节 MAC 地址组成。这个信息组合标明已经被选定

为根网桥的设备标识。

根路径开销：到达根网桥交换机的 STP 开销。表明这个 BPDU 从根网桥传输了多远，成本是多少。这个字段的值用来决定哪些端口将进行转发，哪些端口将被阻断。

发送网桥 ID：发送该 BPDU 的网桥信息。由网桥的优先级和网桥 ID 组成。

端口 ID：发送该 BPDU 的网桥端口 ID。

网桥在进行生成树计算时，需要比较以上信息，通常这些信息使用向量形式表示，称为优先级向量。

优先级向量=(根网桥 ID：根路径开销：发送网桥 ID、发送端口 ID、接收端口 ID)。

8．IPv4 报文分片和重组分别发生在（　　）。

A．源端和目的端

B．需要分片的中间路由器和目的端

C．源端和需要分片的中间路由器

D．需要分片的中间路由器和下一跳路由器

答案：B。

解析：

在 IP 层下面的每种数据链路层都有自己的帧格式，其中包括数据字段的最大长度，称为最大传输单元（MTU）。当一个 IP 数据报封装成数据链路层的帧时，此数据报的总长度一定不能超过下面的数据链路层的 MTU。当数据报长度超过 MTU 时，必须把过长的数据报进行分片后才能在网络上传输。分片发生在路由器上，重组发生在目的主机中。

9．IP 数据报的分段和重装配要用到报文头部的标识符、数据长度、段偏置值和 M 标志四个字段，其中（ ① ）的作用是指示每个分段在原报文中的位置，（ ② ）字段的作用是表明是否还有后续分组。

①选项：

A．段偏置值　　B．M 标志　　C．D 标志　　D．头校验和

②选项：

A．段偏置值　　B．M 标志　　C．D 标志　　D．头校验和

答案：A、B。

解析：

片偏移：占 13 位。较长的分组在分片后，某片在原分组中的相对位置。也就是说，相对于用户数据字段的起点，该片从何处开始。片偏移以 8 字节为偏移单位。这就是说，每个分片的长度一定是 8 字节的整数倍。

标志字段中的最低位记为 MF。MF=1 表示后面“还有分片”的数据报。MF=0 表示这已是若干数据报片中的最后一个。

10．在下列地址中，既可作为源地址又可作为目的地址的是（　　）。

A．0.0.0.0　　B．127.0.0.1

C．10.255.255.255　　D．202.117.115.255

答案：B。

解析：

127.0.0.1 是本地回环测试地址，既可以作为源地址又可以作为目的地址，选项 A 只能作为源地址，选项 C、D 是广播地址，只能作为目的地址。

11．某公司的网络地址为 10.10.1.0，每个子网最多有 1000 台主机，则适用的子网掩码是（　　）。

A．255.255.252.0　　B．255.255.254.0
C．255.255.255.0　　D．255.255.255.128

答案：A。

解析：

某公司的网络地址为 10.10.1.0，每个子网最多有 1000 台主机，则需要有 10 个主机位，使用的子网掩码就是 255.255.252.0。

12．某网络的地址是 202.117.0.0，其中包含 4000 台主机，指定给该网络的合理子网掩码是（ ① ），不属于这个网络的地址是（ ② ）。

①选项：

A．255.255.240.0　　B．255.255.248.0
C．255.255.252.0　　D．255.255.255.0

②选项：

A．202.117.0.1　　B．202.117.1.254
C．202.117.15.2　　D．202.117.16.113

答案：A、D。

解析：

某网络的地址是 202.117.0.0，其中包含 4000 台主机，指定给该网络的合理子网掩码是 255.255.240.0。因为有 12 个主机位，能容纳 4000 台主机。地址 202.117.0.0 的掩码是 255.255.240.0，那么该网络的地址范围为 202.117.0.1～202.117.15.254。

13．对下面 4 个网络：110.125.129.0/24、110.125.130.0/24、110.125.132.0/24 和 110.125.133.0/24 进行路由汇聚，能覆盖这 4 个网络的地址是（　　）。

A．110.125.128.0/21　　B．110.125.128.0/22
C．110.125.130.0/22　　D．110.125.132.0/23

答案：A。

解析：

4 个网络地址进行路由汇聚，选择最大的相同位数作为汇聚后的网络位，所以汇聚后的地址是 110.125.10000 000/21。

14．关于 ARP，描述正确的是（　　）。

A．源主机广播一个包含 MAC 地址的报文，对应主机回送 IP 地址
B．源主机广播一个包含 IP 地址的报文，对应主机回送 MAC 地址
C．源主机发送一个包含 MAC 地址的报文，ARP 服务器回送 IP 地址

D．源主机发送一个包含 IP 地址的报文，ARP 服务器回送 MAC 地址

答案：B。

解析：

本题考查 ARP 的基本内容。

ARP 的功能是通过已知的 IP 地址找到对应的 MAC 地址，其基本方法是，当需要获取 MAC 地址时，就广播一个包含 IP 地址的消息，收到该消息的每台主机根据自己的 IP 地址确定是否应答该消息。若是被询问的设备，则发送一个应答消息，将自己的 MAC 地址置于其中，否则不做应答。每个设备只需记住自身的 IP 地址，且该地址可动态改变。

15．Traceroute 在进行路由追踪时发出的 ICMP 消息是（ ① ），收到的消息是中间节点或目的节点返回的（ ② ）。

①选项：

A．Echo Request　　B．Timestamp Request

C．Echo Reply　　D．Timestamp Reply

②选项：

A．Destination Unreachable　　B．TTL Exceeded

C．Parameter ProblemD　　D．Source Route Failed

答案：A、B。

解析：

Traceroute 在进行路由追踪时发出的 ICMP 消息是回送请求报文，收到的消息是中间节点或目的节点返回的时间超过报文。

16．某数据中心配备两台核心交换机 Core A 和 Core B，并配置 VRRP 实现冗余，网络管理员例行巡查时，在 Core A 上发现内容为“The state of VRRP changed from master to other state”的告警日志，经过分析，下列选项中不可能造成该报警的原因是（　　）。

A．Core A 和 Core B 的 VRRP 优先级发生变化

B．Core A 发生故障

C．Core B 发生故障

D．Core B 从故障中恢复

答案：C。

解析：

Core A 的状态从主交换状态切换成其他状态。

原因 1 是主用交换机故障；

原因 2 是主用链路故障；

原因 3 是主用交换机或备份交换机的 VRRP 优先级发生变化；

原因 4 是主用交换机上 VRRP 所在的逻辑端口被删除或 VRRP 配置被删除；

原因 5 是原主用交换机故障恢复；

原因 6 是原主用链路故障恢复。

17．阅读以下说明，回答问题1至问题4，将答案填入答题纸对应的解答栏内。

【说明】

某园区组网图如图3-21所示，该网络中接入交换机利用Q in Q技术实现二层隔离，根据不同位置用户信息添加层Tag，可以有效避免广播风暴，实现用户到网关流量的统一管理。同时，在网络中部署集群交换机系统CSS及Eth-Trunk，提高网络的可靠性。

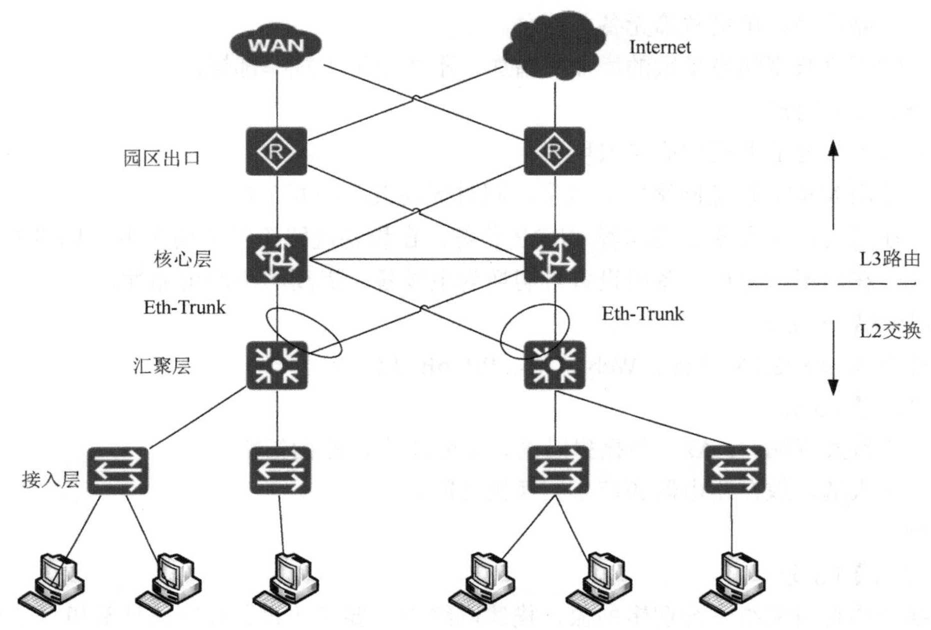

图3-21 某园区组网图

【问题1】（8分）

请简要分析该网络接入层的组网特点（优点及缺点各回答2点）。

【问题2】（6分）

当该园区组网用户接入点增加，用户覆盖范围扩大，同时要求提高网络可靠性时，某网络工程师拟采用环网接入+虚拟网关的组网方式。

（1）如何调整交换机的连接方式组建环网？

（2）在接入环网中如何避免出现网络广播风暴？

（3）简要回答如何设置虚拟网关？

【问题3】（6分）

该网络通过核心层进行认证计费，可采用的认证方式有哪些？

【问题4】（5分）

（1）在该网络中，出口路由器的主要作用有哪些？

（2）应添加什么设备加强内外网络边界安全防范？放置在什么位置？

答案：

【问题1】（8分）

优点如下。

（1）星形组网，设备独立工作，部署简单。

（2）设备开局、升级、故障替换简单。

（3）可扩展性强，增加节点容易。

缺点如下。

（1）可靠性差，单机故障无备用路径。

（2）管理复杂度随设备数的增加而增加，不适用于大规模部署。

【问题 2】（6 分）

（1）接入层与汇聚层构成二层环网。

（2）使用 MSTP 避免网络广播风暴，同时提高链路的冗余性。

（3）在两台汇聚设备之间部署 VRRP 业务，在设备链路正常的情况下，VRRP 主设备作为网关，在出现故障后，备用设备可切换为主设备，提高网络的可靠性。

【问题 3】（6 分）

认证方式为 802.1X 认证、Web 认证、PPPoE 认证等。

【问题 4】（5 分）

（1）连接互联网、NAT、数据报过滤、策略路由、路由策略等。

（2）防火墙，放在路由器和核心交换机之间。

解析：

【问题 1】（8 分）

网络结构是对网络进行逻辑抽象，描述网络中主要连接设备和网络计算机节点分布而形成的网络主体框架。层次化模型中最为经典的是三层层次化模型，三层层次化模型主要将网络划分为核心层、汇聚层和接入层，每层都有着特定的作用。

核心层是网络的高速主干，由于核心层对网络互联至关重要，因此在设计中应该采用冗余化的设计。核心层设备应该具备高可靠性，能够快速适应变化。通常，双核心三层交换设备之间采用高速链路互联。

在设计核心层设备的功能时，应尽量避免使用数据报过滤、策略路由等降低数据报转发处理的特性，以优化核心层获得低延迟和良好的可管理性。

汇聚层是核心层和接入层的分界点，就是在工作站接入核心层前先做汇聚，以减轻核心层设备的负荷。

接在网络中直接面向用户连接或访问的部分为接入层。

从网络拓扑图来看，接入层没有采用冗余化的技术，

其优点在于设备独立工作，部署简单、设备开局、升级、故障替换简单、可扩展性强，增加节点容易。

缺点是可靠性差，单机故障无备用路径、管理复杂度随设备数的增加而增加，不适用于大规模部署。

【问题 2】（6 分）

略。

【问题3】（6分）

目前的主要认证技术有PPPoE、Web+Portal、IEEE802.1X三种。这三种方式有其产生的背景原因和技术特点。

（1）PPPoE。

PPPoE是以太网上的点对点协议，是将点对点协议（PPP）封装在以太网框架中的一种网络隧道协议。由于协议中集成了PPP，所以实现了传统以太网不能提供的身份验证、加密以压缩等功能。

优点： PPPoE是传统PSTN窄带拨号接入技术在以太网接入技术的延伸。

缺点： PPP和Ethernet技术在本质上存在差异，PPP需要被再次封装到以太网帧中，所以封装效率很低。

PPPoE在发现阶段会产生大量的广播流量，对网络性能产生很大的影响。

组播业务开展困难，而视频业务大部分是基于组播的。

PPPoE认证一般需要外置BAS设备，认证完成后，业务数据流也必须经过BAS设备，容易造成单点瓶颈和故障，而且该设备通常非常昂贵。

（2）Web+Portal认证。

优点： 不需要特殊的客户端软件，降低了网络维护工作量。

缺点： Web承载在7层协议上，对于设备的要求较高，建网成本高；用户连接性差，不容易检测用户离线，基于时间的计费较难实现；易用性不够好，用户在访问网络前，必须使用浏览器进行Web认证；IP地址的分配在用户认证前，认证前后业务流和数据流无法区分。

（3）802.1X认证。

优点： 802.1X为二层协议，不需要到达三层，对设备的整体性能要求不高，可以有效降低建网成本。

通过组播实现，解决其他认证协议广播问题，对组播业务的支持性好。业务报文直接承载在正常的二层报文上；用户通过认证后，业务流和认证流实现分离，对后续的数据报处理没有特殊要求。

缺点： 需要特定客户端软件。

IP地址分配和网络安全问题。802.1X是一个二层协议，只负责完成对用户端口的认证控制，完成端口认证后，用户进入三层IP网络，需要继续解决用户IP地址分配、三层网络安全等问题，因此，单靠以太网交换机+802.1X，无法全面解决城域以太网接入的可运营、可管理及接入安全性等方面的问题。

【问题4】（5分）

略。

18．阅读以下说明，回答问题1至问题4，将答案填入答题纸对应的解答栏内。

【说明】

某园区组网方案如图3-22所示，数据规划如表3-5所示。

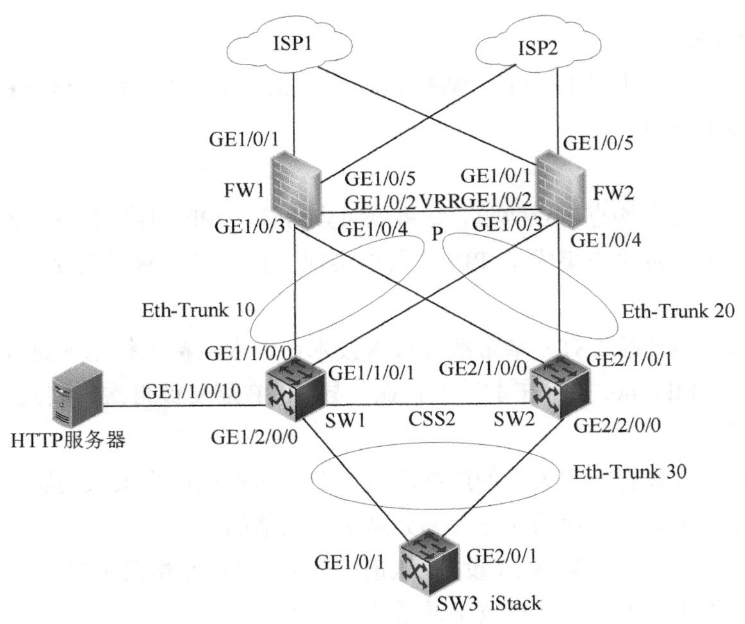

图 3-22　某园区组网方案

表 3-5　数据规划

设备	端口	成员端口	VLANIF	IP 地址	对端设备	对端端口
FW1	GE1/0/1	—	—	202.1.1.1/24	ISP1 外网出口 IP	
	GE1/0/5	—	—	202.2.1.2/24	ISP2 外网出口 IP	
	GE1/0/2	—	—	172.16.111.1/24	FW2	GE1/0/2
	Eth-Trunk10	GE1/0/3	—	172.16.10.1/24	SW CSS	Eth-Trunk 10
		GE1/0/4	—			
FW2	GE1/0/1	—	—	202.1.1.2/24	ISP1 外网出口 IP	
	GE1/0/5	—	—	202.2.1.1/24	ISP2 外网出口 IP	
	GE1/0/2	—	—	172.16.111.2/24	FW1	GE1/0/2
	Eth-Trunk 20	GE1/0/3	—	172.16.10.2/24	SW CSS	Eth-Trunk 20
		GE1/0/4	—			
SW CSS	GE1/1/0/10	—	VLAN IF 50	172.16.50.1/24	HTTP	以太网端口
	Eth-Trunk 10	GE1/1/0/0	VLAN IF 10	172.16.10.3/24	FW1	Eth-Trunk 10
		GE2/1/0/0				
	Eth-Trunk 20	GE1/1/0/1	VLAN IF 10	172.16.10.3/24	FW2	Eth-Trunk 20
		GE2/1/0/1				
	Eth-Trunk 30	GE1/2/0/0	VLAN IF 30	172.16.30.1/24	SW3	Eth-Trunk 30
		GE2/2/0/0	VLAN IF 40	172.16.40.1/24		
SW3	Eth-Trunk 30	GE1/0/1	VLAN IF 30	172.16.30.2/24	SW CSS	Eth-Trunk 30
		GE2/0/1				
HTTP	以太网端口	—	—	172.16.50.10/24	SW CSS	GE1/1/0/10

【问题 1】（8 分）

该网络对汇聚层交换机进行了堆叠，在此基础上进行链路汇聚并配置端口，补充下列命令片段。

```
[SW3] interface（1）
[SW3-Eth-Trunk30] quit
[SW3] interface gigabitethernet 1/0/1
[SW3-GigabitEthernet1/0/1] eth-trunk 30
[SW3-GigabitEthemet1/0/1] quit
[SW3] interface gigabitethernet 2/0/1
[SW3-GigabitEthernet2/0/1] eth-trunk 30
[SW3-GigabitEthernet2/0/1] quit
[SW3] vlan batch（2）
[SW3] interface eth-trunk 30
[SW3-Eth-Trunk30] port link-type（3）
[SW3-Eth-Trunk30] port trunk allow-pass vlan 30 40
[SW3-Eth-Trunk30] quit
[SW3] interface vlanif 30
[SW3-Vlanif30] ip address（4）
[SW3-Vlanif30] quit
```

【问题2】（8分）

该网络对核心层交换机进行了集群，在此基础上进行链路汇聚并配置端口，补充下列命令片段。

```
[CSS] interface loopback 0
[CSS-LoopBack0] ip address 3.3.3.3 32
[CSS-LoopBack0] quit
[CSs] vlan batch 10 30 40 50
[CSS] interface eth-trunk 10
[CSS-Eth-Trunk10] port link-type access
[CSS- Eth-Trunk10] port default vlan 10
[CSS- Eth-Trunk10] quit
[CSS] interface eth-trunk 20
[CSS-Eth-Trunk20] port link-type（5）
[CSS- Eth-Trunk20] port default vlan 10
[CSS-Eth-Trunk20] quit
[CSS] interface eth-trunk 30
[CSS- Eth-Trunk30] port link-type（6）
[CSS-Eth-Trunk30] port trunk allow-pass vlan 30 40
[CSS-Eth-Trunk30] quit
[CSS] interface vlanif 10
[CSS-Vlanif10] ip address 172.16.10.3 24
[CSS-Vlanif10] quit
[CSS] interface vlanif 30
[CSS-Vlanif30] ip address 172.16.30.1 24
[CSS-Vlanif30] quit
```

```
[CSS] interface vlanif 40
[CSS-Vlanif40] ip address (7)
[CSS-Vlanif40] quit
[CSS] interface gigabitethernet 1/1/0/10
[CSS-GigabitEthernet1/1/0/10] port link-type access
[CSS-GigabitEthernet/1/0/10] port default vlan 50
[CSS-GigabitEthernet1/1/0/10] quit
[CSS] interface vlanif 50
[CSS-Vlanif50] ip address (8)
[CSS-Vlanif50] quit
```

【问题 3】（3 分）

配置 FW1 时，下列命令片段的作用是（9）。

```
[FW1] iterface eth-trunk 10
[FW1-Eth-Trunk10] quit
[FW1] interface gigabitethernet 1/0/3
[FW1-GigabitEthernet1/0/3] eth- trunk 10
[FW1-GigabitEthernet1/0/3] quit
[FW1] interface gigabitethernet 1/0/4
[FW1-GigabitEthernet1/0/4] eth-trunk 10
[FW1-GigabitEthernet1/0/4] quit
```

【问题 4】（6 分）

在该网络中，以防火墙为出口网关的部署方式，相比用路由器作为出口网关，防火墙旁挂的部署方式，最主要的区别在于（10）。

为了使内网用户访问外网，在出口防火墙的上行配置（11），实现私网地址和公网地址之间的转换；在出口防火墙上配置（12），实现外网用户访问 HTTP 服务器。

答案：

【问题 1】（8 分）

（1）eth-trunk 30。

（2）30 40。

（3）Trunk。

（4）172.16.30.2 255.255.255.0。

【问题 2】（8 分）

（5）access。

（6）trunk。

（7）172.16.40.1 255.255.255.0。

（8）171.16.50.1 255.255.255.0。

【问题 3】（3 分）

（9）把 g1/0/3 和 g1/0/4 加入 Eth-Trunk 10 端口中。

【问题 4】（6 分）

（10）旁挂模式可以有选择地将流量引导到防火墙上，即对需要进行安全检测的流量引导到防火墙上进行处理，对不需要进行安全检测的流量直接通过路由器转发。

（11）NAT。

（12）NAT Server。

解析：

详情参考第 4 章。NAT 包括动态 NAT、静态 NAT 和 NAT Server（NAT 服务器）三种，在实际应用中，分别对应配置动态地址转换、配置静态地址转换和配置内部服务器。NAT Server 属于内网向外网提供服务，内网服务器不能被屏蔽，这是一种由外网发起向内网访问的 NAT 转换情形。外网用户访问内网服务器，通过“公网 IP 地址：端口号”与服务器的“私网 IP 地址：端口号”的固定映射，从私网 IP 地址与公网 IP 地址的映射关系来看，也是一种静态映射关系。由外网向内网服务器发送的请求报文中，转换的仅是目的 IP 地址和目的端口号（源 IP 地址和源端口号不变）。

第 4 章

路由规划

根据对 2022 版考试大纲的分析，以及对以往试题情况的分析，“路由规划”章节基本维持在 8 分，占上午试题总分的 10%左右。从复习时间安排来看，请考生在 6 天之内完成本章的学习。

4.1 知识图谱与考点分析

通过分析历年的考试题目和考试大纲，要求考生掌握几方面内容，如表 4-1 所示。

表 4-1 知识图谱与考点分析

知识模块	知识点分布	重要程度
路由基础	• 路由的概念 • 路由器的基础 • 路由表	• ★★ • ★★★ • ★★★
直连路由和静态路由	• 静态路由 • 浮动静态路由 • 默认路由	• ★★★ • ★★ • ★★★
动态路由	• RIP • OSPF • IS-IS • BGP	• ★★★ • ★★★ • ★ • ★★
NAT	• 静态 NAT • 动态 NAT • PAT • EASY-IP • NAT Server	• ★★ • ★★ • ★★★ • ★★ • ★★★
策略路由	• 策略路由的概念 • 策略路由的配置	• ★★★ • ★★
路由策略	• 路由策略的概念 • 路由策略的配置	• ★★ • ★

4.2 路由基础

路由是指路由器从一个端口上收到数据报，根据数据报的目的地址进行定向并转发到另一个端口的过程。路由和交换的主要区别在于交换发生在 OSI 参考模型的第二层（数据链路层），而路由发生在第三层（网络层）。这一区别使二者在传递信息的过程中使用不同的信息，从而以不同的方式来完成任务。路由工作包含两个基本的动作：确定最佳路径和通过网络传输信息。

4.2.1 路由器

路由器是一种典型的网络连接设备，用来进行路由选择和报文转发。路由器根据收到的报文的目的地址选择一条合适的路径（包含一个或多个路由器的网络），将报文传输给下一个路由器，路径终端的路由器负责将报文送交给目的主机。

1. 路由器端口

端口是设备与网络中的其他设备交换数据并相互作用的部件，端口分为管理端口和业务端口两种。

（1）管理端口。

管理端口主要为用户提供配置管理支持，也就是用户通过此类端口可以登录到设备，并进行配置和管理操作。独立的管理端口不承担业务传输。

① **Console 口：**该端口和配置终端的 COM 口连接，用于搭建现场配置环境。

对于刚出厂的设备，通常是没有做任何配置的，也没有配置 IP 地址。在此情况下，需要直连设备进行配置。通过 Console 线缆连接主机的 COM 口与设备的 Console 口，在主机上利用仿真终端软件，配置设备的 Console 口相应的参数，即可成功登录到设备进行配置。

配置参数如下。

波特率（端口速率）为 9600 bit/s；数据位为 8；奇偶校验为无；停止位为 1；流控为无。

② **MiniUSB 口：**使用 MiniUSB 线缆将路由器的 MiniUSB 口与主机的 USB 口建立物理连接，用于搭建现场配置环境。

（2）业务端口。

业务端口需要承担业务传输。

① **LAN 侧端口：**路由器可以通过它与 LAN 中的网络设备交换数据，主要有以下两种。

- **百兆以太网 FE（Fast Ethernet）端口：**LAN 侧 FE 端口工作在数据链路层，处理二层协议，实现二层快速转发，FE 端口支持的最大速率为 100 Mbit/s。
- **千兆以太网 GE（Gigabit Ethernet）端口：**LAN 侧 GE 端口工作在数据链路层，处理二层协议，实现二层快速转发，GE 端口支持的最大速率为 1000 Mbit/s。

② **WAN 侧端口：**路由器可以通过它与远距离的外部网络设备交换数据，主要有以下几种。

- **FE 端口**：WAN 侧 FE 端口工作在网络层，可以配置 IP 地址、处理三层协议、提供路由功能，FE 端口支持的最大速率为 100 Mbit/s。
- **GE 端口**：WAN 侧 GE 端口工作在网络层，可以配置 IP 地址、处理三层协议、提供路由功能，GE 端口支持的最大速率为 1000 Mbit/s。

万兆以太网 10GE 端口：WAN 侧 10GE 端口工作在网络层，可以配置 IP 地址、处理三层协议、提供路由功能，10GE 端口支持的最大速率为 10000 Mbit/s。

③ **Serial 端口**：又称同异步串口、串行端口，可以工作在同步或异步模式，称为同步串口或异步串口。支持在同步串口上配置 PPP、FR 等数据链路层协议；支持配置异步串口工作参数（如停止位、数据位等）。

④ **3G Cellular 端口**：3G Cellular 端口是设备提供的支持 3G 技术的物理端口，它为用户提供了企业级的无线广域网接入服务。

⑤ **LTE Cellular 端口**：LTE Cellular 端口是设备提供的支持 LTE（Long Term Evolution，长期演进）技术的物理端口，相比 3G 技术，LTE 技术可以为企业提供更大带宽的无线广域网接入服务。

⑥ **5G Cellular 端口**：5G Cellular 端口是路由器用来实现 5G 技术的物理端口，它为用户提供了企业级的无线广域网接入服务，与 LTE 技术相比，5G 技术可以为企业用户提供更大带宽的无线广域网接入服务。

AR 路由器采用“槽位号/子卡号/端口序号”定义端口。对端口进行基本配置前，需要进入端口视图。

执行命令 `system-view`，进入系统视图。

执行命令 `interface interface-type interface-number`，进入端口视图。

其中，`interface-type` 为端口类型，`interface-number` 为端口编号。

2．路由器的硬件结构

路由器的硬件结构包括 CPU、RAM、FLASH、NVRAM、ROM。

（1）CPU。

CPU 负责路由器的配置管理和数据报的转发工作，如维护路由器所需的各种表格及路由运算等。路由器对数据报的处理速度很大程度上取决于 CPU 的类型和性能。

（2）RAM。

RAM 是可读可写的存储器，但它存储的内容在系统重启或关机后将被清除，主要用来保存当前正在运行的配置信息。

（3）FLASH。

FLASH（闪存）也是可读可写的存储器，在系统重启或关机后仍能保存数据，用来保存设备的操作系统。

（4）NVRAM。

NVRAM 为非易失存储器，用来保存启动配置文件。

（5）ROM。

ROM 包括开机自检程序、系统引导程序及路由器操作系统的精简版本。

3．路由器的配置文件

路由器通常有两种不同的配置文件。

（1）运行配置：当前的活动配置，表示为 current-configuration。

（2）启动配置：备份配置，表示为 saved-configuration。

我们可以通过如下命令把 RAM 中的当前配置保存到 NVRAM 中，以便在设备重启时运行。直接使用 save 命令就可以保存到默认的存储器中，成为启动配置文件。

4．路由器的工作模式

华为设备的工作模式如下。

用户登录设备后，直接进入用户视图。此时屏幕显示的提示符是<设备名>。用户视图下可执行的操作主要包括查看、调试、文件管理、设置系统时间重启设备、FTP 和 Telnet 等。

在用户视图下执行 system-view 命令进入系统视图，此时屏幕显示的提示符是[设备名]。系统视图下能对设备运行参数及部分功能进行配置，如配置夏令时、欢迎信息、快捷键等。

在系统视图下执行特定命令，可以进入相应的功能视图，完成相应功能的配置。例如，执行 interface 命令并指定端口类型及端口编号，可以进入相应的端口视图。进入 VLAN 视图给 VLAN 添加端口、进入用户界面视图配置登录用户的属性、创建本地用户并进入本地用户视图配置本地用户的属性等。

5．路由器的操作系统

华为设备的操作系统是 VRP。VRP 系统把命令和用户进行了分级，每条命令都有相应的级别，每个用户也有自己的权限级别，并且用户权限级别和命令级别有一定的关系，用户登录后，只能执行等于或低于自己级别的命令。

VRP 命令级别分为 0～3 级，如表 4-2 所示。而用户权限级别分为 0～15 级。在默认情况下，3 级用户就可以操作 VRP 系统的所有命令，4～15 级的用户权限级别一般和提升命令级别的功能一起使用。例如，当管理员比较多时，需要在管理员中进行权限的细化，就可以提升某条关键命令所对应的用户权限级别，如提升到 15 级，那么 3 级管理员就无法再使用这条关键命令了。

表 4-2 VRP 命令级别

用户权限级别	命令级别	说明
0（参观级）	0	网络诊断类命令（Ping、Traceert），从本设备访问其他设备的命令（Telnet）等
1（监控级）	0、1	系统维护命令，如大部分的 display 等命令
2（配置级）	0、1、2	业务配置命令
3（管理级）	0、1、2、3	涉及系统基本运行的命令，故障诊断命令如 debugging 命令、部分 display 命令：display current-configuration 和 save-configuration

4.2.2 路由表

每台路由器中都保存着一张本地核心路由表（设备的 IP 路由表），同时各路由协议维护着自己的路由表。

在路由器中，执行 `display ip routing-table` 命令时，可以查看路由器的路由表概要信息，如下。

Routing Tables:

Destination/Mask	Proto	Pre	Cost	Flags	NextHop	Interface
0.0.0.0/0	Static	60	0	D	192.168.0.2	GigabitEthernet1/0/0
10.8.0.0/16	Static	60	3	D	192.168.0.2	GigabitEthernet1/0/0
10.9.0.0/16	Static	60	50	D	172.16.0.2	GigabitEthernet3/0/0
10.9.1.0/24	Static	60	4	D	192.168.0.2	GigabitEthernet2/0/0
10.20.0.0/16	Direct	0	0	D	172.16.0.1	GigabitEthernet4/0/0

路由表中包含下列关键项。

Destination：表示此路由的目的地址。用来标识 IP 数据报的目的地址或目的网络。

Mask：表示此目的地址的子网掩码长度。与目的地址一起标识目的主机或路由器所在的网段的地址。

Proto：表示学习此路由的路由协议，Static 代表静态路由，Direct 代表直连路由，RIP 代表路由信息协议等。

Pre：表示此路由的路由协议优先级。针对同一目的地址，可能存在不同下一跳、出端口等多条路由，这些不同的路由可能是由不同的路由协议发现的，也可以是手工配置的静态路由。优先级高（数值小）者将成为当前的最优路由。

Cost：路由开销。当到达同一目的网络的多条路由具有相同的路由优先级时，路由开销最小者将成为当前的最优路由。

NextHop：表示此路由的下一跳地址。指明数据转发的下一个设备。

Interface：表示此路由的出端口。指明数据将从本地路由器的哪个端口转发出去。

4.3 直连路由和静态路由

路由器学习路由信息、生成并维护路由表的方法包括直连路由、静态路由和动态路由。

4.3.1 直连路由

直连路由是由路由器的直连网段生成的。当路由器的端口配置了 IP 地址，并且端口处于开启状态时，路由器就会生成一条端口 IP 地址对应网络的直连路由。直连路由是由数据链路层协议发现的，不需要网络管理员维护，也不需要路由器通过某种算法进行计算获得，只要该端口处于活动状态（Active），路由器就会把通向该网络的路由信息填写到路由表中，直连路由无法使路由器获取与其不直接相连的网络信息。

4.3.2 静态路由

静态路由是由网络规划者根据网络拓扑，使用命令在路由器上配置的路由信息，这些路由信息指导报文发送，静态路由也不需要路由器进行计算，但是它完全依赖网络规划者，当网络规模较大或网络拓扑经常发生改变时，网络管理员需要做的工作将会非常复杂，并且容易产生错误。

但在小规模网络中，静态路由也有一些优点：可以精准控制路由选择，提升网络的性能；不需要动态路由协议的参与，会减少路由器的开销，为重要的应用保证带宽。

华为路由器配置静态路由，首先需要进入系统视图，然后执行 `ip route-static ip-address mask nexthop-address` 命令。

4.3.3 浮动静态路由

通过对静态路由的优先级进行配置，可以灵活应用路由管理策略。例如，在配置到达目的网络的多条路由时，如果指定相同的优先级，则可以实现负载均衡；如果指定不同的优先级，则可以实现路由备份。

在图 4-1 中，第一条配置 ip route-static 192.168.1.0 255.255.255.0 192.168.2.1 的优先级高于第二条配置 ip route-static 192.168.1.0 255.255.255.0 192.168.20.1 preference 62（数值越低，优先级越高，静态路由默认优先级是 60），配置完毕实现的功能就是如果第一条配置的网络出现故障，那么路由器会自动选择下一跳地址为 192.168.20.1 的路由访问 192.168.1.0/24 这个网络。

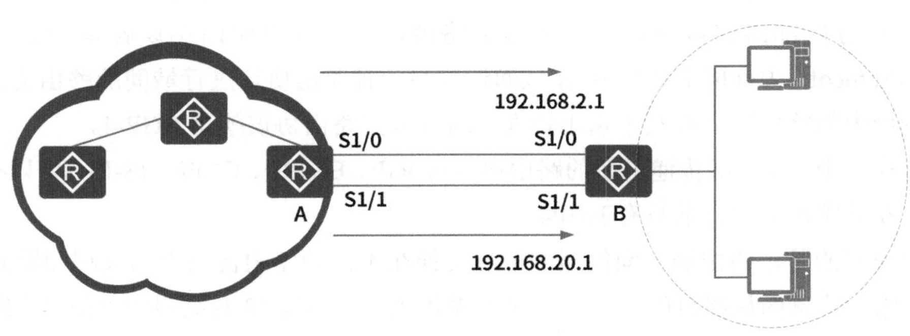

图 4-1 浮动静态路由

4.3.4 默认路由

默认路由是一种特殊的静态路由，是在路由器没有找到匹配的路由表项时使用的路由。当默认路由由管理员手工配置时，可以把默认路由看作静态路由，只是此时的这条默认路由的目的地址和子网掩码是由全 0 表示的，而不像其他的静态路由一样，目的地址和子网掩码是一个具体的网段（或主机地址）。

在通常情况下，管理员可以通过手工方式（ip route-static 0.0.0.0 0.0.0.0 nexthop-address）配置默认路由；但有时，也可以使用动态路由协议生成默认路由，如 OSPF 和 IS-IS。使用默认路由可以大大减小路由表项的规模，减少维护压力，降低对设备主存及 CPU 的消耗。默认路由经常应用在末梢网络中，末梢网络是仅有一个出口连接外部的网络。默认路由在网络中其实是非常有用的，在 Internet 中，大约 99%以上的路由器都存在一条默认路由。

4.4 动态路由

在小规模网络中，配置静态路由协议使网络能够正常运转是没有任何问题的。但是在大规模网络中，如果配置静态路由协议，则可能给管理员带来巨大的工作量，同时在管理和维护路由表时会变得十分困难。

配置动态路由协议，可以使路由器动态学习到其他路由器设备上的网络信息，自动生成路由表项，并且在网络拓扑发生变化时可以自动更新路由表，而无须管理员重新手动干预，大大降低了管理员的管理维护难度及工作量。

常见的动态路由协议有路由信息协议（RIP）、开放式最短路径优先协议（OSPF）、中间系统到中间系统协议（IS-IS）、边界网关协议（BGP）等。

在互联网发展的早期，也就是阿帕网时代，网络规模有限，路由数不多，因此所有的路由器运行 RIP、OSPF 就可以满足需求。但是后来网络规模的迅速扩大导致路由数急剧增加，路由协议不堪重负。为了解决问题，互联网管理者提出了自治系统（AS）的概念。通过在域内运行内部路由协议以学习和维护路由，这种域内路由协议就是 IGP（Interior Gateway Protocol，内部网关协议）；在域间运行另一种路由协议进行域间的路由交换，这样可以减少域内的路由数，有利于路由管理，这种域间路由协议就是 BGP-4。

只能在一个 AS 内部传递更新的路由协议有 RIP、EIGRP、OSPF、IS-IS，可以在 AS 之间传递更新的路由协议目前只有 BGP4。

需要说明的是，路由器之间的路由信息交换在不同的路由协议中的过程和原则是不同的。交换路由信息的最终目的在于通过路由表找到一条转发 IP 数据报的“最佳”路径。每种路由算法都有其衡量“最佳”的一套原则，大多是在综合多个特性的基础上进行计算，这些特性有路径所包含的跳数（Hop Count）、网络传输费用（Cost）、带宽（Bandwidth）、延迟（Delay）、负载（Load）、可靠性（Reliability）和 MTU。还可以根据路由协议的工作原理分为距离矢量路由协议（RIP、BGP）、链路状态路由协议（OSPF、IS-IS）、混合型路由协议（EIGRP）。

4.4.1 RIP

RIP（Routing Information Protocol）是一种较为简单的 IGP，是一种基于距离矢量（Distance-Vector）算法的协议，它使用跳数作为度量来衡量到达目的网络的距离。RIP 通过 UDP 报文进行路由信息的交换，使用的端口号为 520。

1. RIP 的工作原理

（1）以 30 s 为周期通过使用 UDP 的 520 端口向邻居路由器发送报文（报文中包含整个路由表）。邻居学到路由后，会在其自身路由表中生成路由表项，如果邻居在 180 s 内没有再收到该表项信息，则把该路由设置成无效路由，当路由器的路由无效后，该路由成为一个无效路由项，度量值（COST）会标记为 16，默认时间为 120 s，如果在这段时间内没有收到该路由的更新消息，则计时器结束后将会清除这条路由表项。

（2）以跳数为唯一度量值，根据跳数选择最佳路由，RIP 的跳数也叫作距离，直连网络的跳数定义为 0。每经过一个路由器，跳数就加 1。

（3）最大跳数为 15，16 跳为不可达。

（4）经过一系列路由更新，网络中的每个路由器都具有一张完整路由表的过程，称为收敛。

2. RIP 的路由环路问题

RIP 存在的一个问题就是当网络出现故障时，要经过比较长的时间才能把信息传输给所有的路由器。在这个中间过程中，实际就是路由环路问题：当发生路由环路时，路由表会频繁地变化，从而导致路由表中的一条或几条表项，都无法收敛，结果使得网络处于瘫痪或半瘫痪状态。

为防止形成路由环路，可以使用以下措施。

（1）**水平分割**：是指 RIP 从某个端口学到的路由，不会从该端口再发回给邻居设备。

（2）**毒性逆转（或称为反向下毒）**：是指 RIP 从某个端口学到路由后，将该路由的跳数设置为 16（该路由不可达），并从原端口发回邻居设备。水平分割和毒性逆转这两个措施通常选一个即可。

（3）**触发更新**：是指路由信息发生变化时，立即向邻居设备发送触发更新报文，而非等到 30 s 的更新时间到再发送更新报文，通知变化的路由信息。

（4）**路由下毒**：是指链路断开或路由无效时，向外通告 16 跳无效路由告知邻居路由器。

（5）**抑制时间**：是指路由器学习到某个网段出现故障时，使得自己的路由表中关于该网段的路由变成 16 之后，进入抑制状态，在抑制状态下只有来自同一邻居且度量值小于 16 的路由才会被路由器接收，取代不可达路由。

3. RIP 的版本

当前 RIP 主要有 3 个版本：RIPv1、RIPv2 和 RIPng。

RIPv1（RIP version1）是有类别路由协议（Classful Routing Protocol，CRP），它只支持

以广播方式发布协议报文。RIPv1 的协议报文中没有携带掩码信息，它只能识别 A、B、C 类这样的自然网段的路由，因此 RIPv1 无法支持路由汇聚，也不支持不连续子网（Discontiguous Subnet）。

RIPv2 在 RIPv1 的基础上做了一些改进，支持路由汇聚和不连续子网；支持默认以组播方式（组播地址使用 224.0.0.9）发送更新报文而非 RIPv1 中使用的广播方式，只有运行了 RIPv2 的设备才能收到协议报文，减少资源消耗；支持对协议报文进行验证，增强安全性。

RIPng 是 RIP 在 IPv6 网络中的应用。RIPng 主要用于规模较小的网络中，如校园网及结构较简单的地区性网络。由于 RIPng 的实现较为简单，在配置和维护管理方面也远比 OSPFv3 和 IS-IS for IPv6 容易，但 RIPng 没有安全认证机制，存在安全隐患。建议使用 OSPFv3、IS-IS（IPv6）或 BGP4+代替。

4. RIP 的配置

实验环境如图 4-2 所示，要求在 Router A 和 Router B 的所有端口上开启 RIP，实现网络互联。

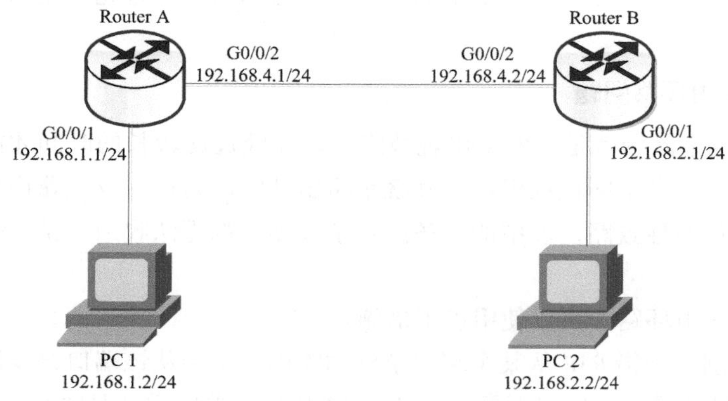

图 4-2　RIP 配置的实验环境

在 Router A 上配置 IP 地址（略）。

在 Router A 上配置 RIP。Router B 上的配置类似，不再赘述。

```
<R1>system-view
[R1]rip                              //进入 RIP 视图，默认进程号为 1
[R1-rip-1] version 2                 //配置 RIP 的版本为 2
[R1-rip-1]undo summary               //取消路由汇聚功能
[R1-rip-1] network 192.168.1.0 //宣告直连网络 192.168.1.0
[R1-rip-1] network 192.168.4.0 //宣告直连网络 192.168.4.0
[R1-rip-1] quit
```

4.4.2　OSPF

OSPF（Open Shortest Path First）是 IETF 组织开发的一种基于链路状态的 IGP。

1. OSPF 的工作原理

OSPF 属于链路状态 IGP，运行链路状态 IGP 的路由器，会首先向自己的邻居路由器学习整个网络的拓扑结构，在自己的主存中建立一个拓扑表，使用最短路径优先（SPF）算法，从自己的拓扑表中计算出路由。

（1）寻找邻居。

OSPF 路由器周期性（默认为 10 s）地从其启动 OSPF 的每个端口中以组播地址 224.0.0.5 发送 HELLO 数据报，以寻找邻居。HELLO 数据报里面携带一些参数，如始发路由器的 Router ID（路由器 ID）、始发路由器端口的区域 ID（Area ID）、始发路由器端口的地址掩码、指定路由器、路由器优先级等信息。当两台路由器共享一条公共数据链路，并且相互成功协商它们各自 HELLO 数据报中所指定的某些参数时，它们就能成为邻居。而邻居地址一般为启动 OSPF 并向外发送 HELLO 数据报的路由器端口地址。

一台路由器可以有很多邻居，也可以同时成为几台路由器的邻居。邻居状态和维护邻居路由器的一些必要信息都被记录在一张邻居表中，为了跟踪和识别每台邻居路由器，OSPF 定义了 Router ID。

Router ID 在 OSPF 区域内唯一标识一台路由器的 IP 地址。一台路由器可能有多个端口启动 OSPF，这些端口分别处于不同的网段，它们各自使用自己的端口 IP 地址作为邻居地址和网络中其他路由器建立邻居关系，但网络中的其他路由器只会使用 Router ID 来标识这台路由器。

Router ID 可以是路由器所有物理端口上配置的最大 IP 地址。但是物理端口由于线路等原因可能会从 UP 状态变成 DOWN 状态。为了稳定起见，我们可以在运行 OSPF 路由器上配置回环端口 Loopback，Loopback 端口是一种纯软件性质的虚拟端口。Loopback 端口创建后，物理层和数据链路层永远处于 UP 状态。这个端口的地址会优先于物理端口的地址成为路由器的标识，Loopback 端口是逻辑端口，不会变成 DOWN 状态。

另外，可以通过执行命令 router-id 进行配置，配置的 Router ID 可以不是设备上的地址。在一般的工程中，需要手工指定 Router ID，这已经成为 OSPF 标准配置的一部分了。

（2）建立邻接关系。

只有建立了可靠邻接关系的路由器，才能相互传递链路状态信息。

在有些网络环境中，HELLO 数据报参数相互匹配的两台 OSPF 路由器之间，会建立邻接关系。但在另外一些网络中，这样的路由器之间未必会建立邻接关系，如图 4-3 所示。

五个路由器通过一个以太网连接在一起（作为三层拓扑，图 4-3 中省略了连接这些路由器的二层交换机）。在这种情况下，如果使用了 OSPF，那么这些路由器之间就需要两两之间建立起 10 对邻接关系。如果是 10 台路由器，就需要 45 个邻接关系，如果是 N 台路由器，就需要 $N(N-1)/2$ 个邻接关系。邻接关系需要消耗比较多的资源来维持，而且相邻路由器之间要两两之间交换链路状态信息，会造成网络资源和路由器处理能力的巨大浪费。

为了解决这个问题，OSPF 要求在广播型网络中选举一台指定路由器（DR）。DR 负责用链路状态通告（LSA）描述该网络类型及该网络内的其他路由器，同时负责管理它们之间的链路状态信息交互过程。

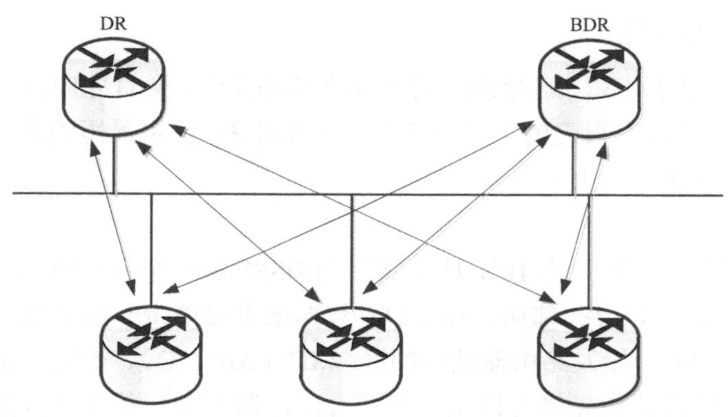

图 4-3　DR 和 DBR 的示意图

DR 选定后，该广播型网络内的所有路由器只和 DR 建立邻接关系，和 DR 交换链路状态信息以实现 OSPF 区域内路由器链路状态信息同步。

注意：一台路由器可以有多个端口启动 OSPF，这些端口可以分别处于不同的网段内，这就意味着，这台路由器可能是其中一个网段的 DR，而不是其他网段的 DR，或者可能同时是多个网段的 DR。

如果 DR 失效，则所有的邻接关系都会消失，这时必须重新选取一台新的 DR，网络上的所有路由器也要重新建立新的邻接关系，并重新同步全网的链路状态信息。此时，网络将在一个较长时间内无法有效地传递链路状态信息和数据报。为了加快收敛速度，OSPF 在选举 DR 的同时，选举出一个备份指定路由器（BDR）。网络中的所有路由器将与 DR 和 BDR 同时形成邻接关系，如果 DR 失效，那么 BDR 立即成为新的 DR。

注意：邻居和邻接关系并不是一个概念。在这种广播型网络中，OSPF 区域内的所有路由器都互为邻居，但只和 DR 和 BDR 形成邻接关系。

那么 DR 和 BDR 是如何选举的呢？

在运行 OSPF 的广播多路型网络中，初始阶段，OSPF 路由器会在 HELLO 数据报里面将 DR 和 BDR 的地址指定为 0.0.0.0，当路由器收到邻居的 HELLO 数据报时，检查 HELLO 数据报里携带的路由器优先级、DR 和 BDR 等字段，列举出所有具备 DR 和 BDR 资格的路由器。

首先路由器会相互比较它们的优先级，优先级高者会成为 DR，次高者会成为 BDR，如果一个路由器的优先级被设置为 0，则表示不具备选举资格，也就是不参与选举。优先级的取值范围是 0～255。但在默认情况下，路由器的优先级都是一样的，默认为 1。这时，路由器依靠比较路由器的 Router ID 来决定谁是 DR。数值最大者成为 DR，次大者成为 BDR。Router ID 的表现形式是一个 IP 地址，因此 Router ID 在一个网络中肯定符合唯一性原则。在默认情况下，路由器会将自己最大 Loopback 端口地址作为这个 Router ID；如果没有配置 Loopback 端口，将以最大的物理端口地址作为这个 Router ID。当然，网络管理员可以手动指定 Router ID。

DR 和 BDR 选举出来以后，OSPF 路由器会将 DR 和 BDR 的 IP 地址设置到 HELLO 数据报的 DR 和 BDR 字段上，表明这个区域内的 DR 和 BDR 已经有效。

虽然 OSPF 的优先级可以影响选举过程，但它不能强制更改已经有效的 DR 和 BDR。当一台路由器加入一个 OSPF 区域时，如果该区域尚未选举出 DR 和 BDR，则该路由器参与 DR 和 BDR 的选举；如果该区域内已经有有效的 DR 和 BDR，那么即使这个路由器的优先级再高，也只能接受已经存在的 DR 和 BDR。

所有启动 OSPF 的路由器会向组播地址 224.0.0.5 发送 HELLO 数据报。而当其他路由器需要向 DR 和 BDR 发送链路状态更新信息时，使用的地址是 224.0.0.6，这是一个只有 DR 和 BDR 才会侦听到的地址。

除了广播网络，还有点到点网络，这是连接单独的一对路由器的网络，点到点网络上的有效邻居总是可以形成邻接关系，在这种网络上，OSPF 数据报的目标地址使用的是 224.0.0.5。

非广播多路型网络包括 X.25、帧中继、ATM，需要选举出 DR 和 BDR，由于这类网络不支持广播，因此路由器需要通过单播形式向其他 OSPF 路由器发送 HELLO 数据报，这样，设备对端地址必须由网络管理员指明，所以也需要网络管理员手动进行一些额外的配置。

另外，还有点到多点网络，也不需要进行 DR 和 BDR 的选举，可以看作点到点网络的特殊形式。

（3）LSA 的传递。

OSPF 路由器将建立描述网络链路状况的 LSA，建立邻接关系的 OSPF 路由器之间将交互 LSA，最终形成包含网络完整链路状态信息的 LSDB（链路状态数据库）。

OSPF 使用 LSA 描述网络拓扑，即有向图。Router LSA 描述路由器之间的链接和链路的属性。路由器将 LSDB 转换成一张带权的有向图，这张图便是对整个网络拓扑结构的真实反映。

为了避免网络资源的浪费，OSPF 路由器采取路由增量更新的机制发布 LSA，即只发布邻居缺失的链路状态给邻居。

（4）计算路由。

获得了完整的 LSDB 后，OSPF 区域中的每个路由器将会对该区域的网络结构有相同的认识，随后各路由器将根据 LSDB 的信息用 SPF 算法独立计算出路由。

OSPF 的路由计算通过下面步骤完成。

① 评估一台路由器到另外一台路由器的开销。OSPF 根据路由器的每个端口指定的度量值决定最短路径，这里的度量值就是端口指定的开销。一条路由的开销就是沿着到达目的网络路径上所有路由器的出端口的开销总和。

开销和端口带宽密切相关。路由器的端口开销是根据公式 100/带宽（Mbit/s）计算得到的。这个是默认的，可以修改这个基本值。另外，用户也可以根据相关命令手动指定路由器端口的开销。

② 同步 OSPF 区域内每台路由器的 LSDB。OSPF 路由器通过交换 LSA 实现 LSDB 的同步。LSA 不仅携带了网络连接的状况信息，而且携带了各端口的开销。在整个 OSPF 区域内，所有路由器得到的都是一张完全相同的 LSDB。

③ 使用 SPF 算法计算路由。OSPF 路由器以自身为根节点计算出一棵最短路径树，在这棵树上，由根节点到达各节点路径开销最小的路径是最优的。计算完毕后，路由器会把路由加到 OSPF 路由表中。当 SPF 算法发现有两条到达目的网络的路径开销相同时，就会把这两条路径加到路由表中，形成等价路由。

2．OSPF 区域

OSPF 使用了 LSDB 和复杂的算法，另外 HELLO 数据报和 LSA 更新数据报也随着网络规模的扩大，消耗路由器更多的主存和 CPU 资源，带来难以承受的负担，造成性能下降。为了使 OSPF 能用于规模很大的网络，OSPF 将一个 AS 划分为若干更小的范围，叫作区域。路由器仅需要和其区域内的其他路由器建立邻接关系，并共享相同的 LSDB，而不需要考虑其他区域的路由器。在这种情况下，原来庞大的 LSDB 被划为几个小数据库，并分别在每个区域内维护，从而降低对路由器主存和 CPU 资源的消耗，同时 HELLO 数据报和 LSA 更新数据报被控制在一个区域内，而不是整个 AS，减少了网络的通信量。

为了使每个区域都能够和本区域以外的区域进行通信，OSPF 使用层次结构的区域划分，在上层的区域叫作主干区域。主干区域的标识符规定为 0.0.0.0。其作用是连通其他在下层的区域，从其他区域来的信息都由区域边界路由器进行概括。所有的非主干区域必须和主干区域 0 相连，非主干区域之间不能直接交换数据报，它们直接的路由信息传递只能通过主干区域 0 完成。

（1）OSPF 路由器的类型。

在 OSPF 网络中，划分区域之后，可以将 OSPF 路由器分为以下几类。

内部路由器：当一个 OSPF 路由器上的所有端口都处于同一个区域（不直接与其他区域相连）时，称这种路由器为内部路由器。内部路由器上仅仅运行其所属区域的 OSPF 运算法则，仅生成区域内部的路由表项。

区域边界路由器（Area Border Router，ABR）：当一个路由器有多个端口，其中至少有一个端口与其他区域相连时，称为区域边界路由器。区域边界路由器的各对应端口运行与其相连区域定义的 OSPF 运算法则，有相连的每个区域的网络结构数据，并且了解如何将该区域的链路状态信息通告至主干区域，由主干区域转发至其余区域。

AS 边界路由器（Autonomous System Boundary Router，ASBR）：AS 边界路由器是与 AS 外部的路由器互相交换路由信息的 OSPF 路由器。该路由器在 AS 内部通告其所得到的 AS 外部路由信息，这样 AS 内部的所有路由器都知道 AS 边界路由器的路由信息。AS 边界路由器的定义是与前面几种路由器的定义相独立的，一个 AS 边界路由器可以是一个内部路由器，也可以是一个区域边界路由器。

（2）OSPF 区域的类型。

为了减少链路状态信息的发送对网络性能的影响，OSPF 提出了区域的概念，如图 4-4 所示。

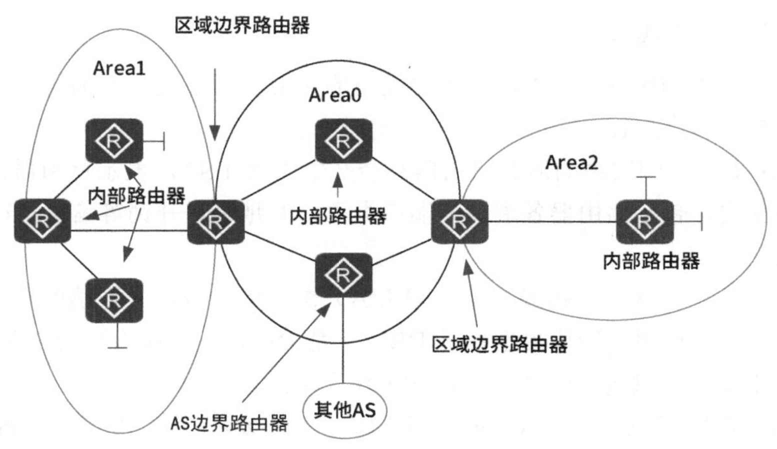

图 4-4 OSPF 区域

主干区域： 一个 OSPF 互联网络，无论有没有划分区域，都有主干区域。主干区域的 ID 为 0.0.0.0，又称区域 0（Area0）。另外，主干区域必须是连续的（也就是中间不会越过其他区域），也要求其他区域必须与主干区域直接相连（但事实上，有时并不一定会这样，所以也就有了以后将要介绍的“虚拟链路”技术）。主干区域的主要工作是把自身的 LSA 向其他区域通过，而且负责在非主干区域之间传递 LSA。

标准区域： 正常传输数据的区域。

末梢区域（存根区域、Sub）： 由于末梢区域通常位于 OSPF 网络末端，这些区域内的路由器通常由一些处理能力有限的低端路由器组成，所以处于末梢区域内的低端设备既不需要保存庞大的路由表，又不需要经常性地进行路由计算。这样做有利于减小末梢区域中内部路由器上的 LSDB 的大小及存储器的使用，提高路由器计算路由表的速度。对于末梢区域内的路由器，没有必要知道外部网络的详细路由，只要由区域边界路由器向该区域发布一条默认路由，告诉末梢区域内的其他路由器，如果想要访问外部网络，可以通过区域边界路由器。

完全末梢区域： 为了进一步减小末梢区域中的路由器规模及路由信息传递的数量，可以把这个区域配置成完全末梢区域。完全末梢区域中的区域边界路由器不会把区域之间的路由信息和外部路由信息传递到本区域。同时，区域边界路由器会产生一条默认路由告诉本区域，需要将分组发送到外部网络时，使用默认路由通过区域边界路由器即可。

非完全末梢区域（NSSA）： 末梢区域在实际的组网中利用率并不高（一般只存在于网络边缘），但此时的 OSPF 已经基本成型，不可能再做大的修改。为了弥补缺陷，协议设计者提出了一种新的概念，即非完全末梢区域，并且作为 OSPF 的一种扩展属性单独在 RFC 1587 中描述。非完全末梢区域可以说对原来的末梢区域要求有所放宽，使它可以在更多网络环境中得到应用。

非完全末梢区域产生的背景： 非完全末梢区域存在一个 AS 边界路由器，其产生的外部路由需要在整个 OSPF 区域内扩散，该区域不希望接收其他 AS 边界路由器产生的外部路由。为了同时满足这两个条件，OSPF 设计了非完全末梢区域。

3．OSPF 的 LSA 类型

要理解不同类型的区域，必然涉及不同类型的 LSA，我们这里谈谈常见的几种 LSA：1、2、3、4、5、7 类 LSA。

1 类 LSA：OSPF 网络中的所有路由器都会产生 1 类 LSA，表示路由器自己在本区域内的直连链路信息，包括路由器各端口的端口类型、IP 地址、开销等信息。1 类 LSA 仅在本区域内传播。

2 类 LSA：在广播或非广播模式下（NBMA）由 DR 生成，其表达的意思应该是，某区域内，在广播或非广播的网段内选举了 DR，于是 DR 在本区域内利用 2 类 LSA 通告它连接的所有路由器及网络掩码信息。2 类 LSA 仅在本区域内传播。

3 类 LSA：由区域边界路由器生成，用于将一个区域内的网络通告给 OSPF 中的其他区域。实际就是把区域内部的 1 类 LSA 和 2 类 LSA 收集起来，转换为 3 类 LSA 向其他区域进行传播，3 类 LSA 可以洪泛到整个 AS（完全末梢区域等特殊区域除外）。

4 类 LSA：由区域边界路由器发布，描述到 AS 边界路由器的路由信息，并通告给除 AS 边界路由器所在区域以外的其他相关区域。

5 类 LSA：由包含了外部路由的 AS 边界路由器产生，目标是把某外部路由通告给 OSPF 的所有区域（除了末梢区域等特殊区域）。

7 类 LSA：7 类 LSA 是非完全末梢区域 LSA，由 AS 边界路由器产生，描述到 AS 外部的路由，仅在非完全末梢区域内传播。非完全末梢区域的区域边界路由器收到 7 类 LSA 时，会有选择地将其转化为 5 类 LSA，以便将外部路由信息通告到 OSPF 的其他区域。

4．OSPF 的路由引入

在进行网络设计时，一般只会选择一种路由协议，以降低网络的复杂性，容易管理和维护，但在现实中，当需要对允许不同路由协议的网络进行合并时，会出现一个网络存在多种路由协议的状况。但是由于不同路由协议之间的算法不一致，度量值也不一致，所以不同路由协议学习到的路由不能直接互通，一个路由协议学习到的路由不能直接传输到另一个路由协议中。

路由器可以使用路由引入技术，将其学习到的一种路由协议的路由通过另一种路由协议广播出去，达到网络互通的目的。路由引入是在 AS 边界路由器上进行的。不同的路由协议，度量值不同，所以在进行路由引入时，无法把路由信息的原度量值也引入。例如，RIP 的度量值是基于跳数计算的，但是 OSPF 使用的度量值是开销。这时，原路由协议会给引入的路由一个新的默认度量值（种子度量值）。路由在路由器之间传递时，会以新的默认度量值进行计算。

注意：在多边界路由引入时，如果引入规划配置不当，可能会产生环路问题，原因在于某区域内始发的路由又被错误地引回此区域，我们可以在边界路由器上有选择性地进行路由引入（可以使用路由属性中的标记实现）。

另一个问题就是路由引入会导致次优路由的产生，原因在于路由引入原度量值丢失，需要重新设定一个默认度量值或手动设置度量值，在网络规划不合理的情况下，就会出现次优路由。解决办法一般会将引入的路由设置为大于域内已有路由的最大度量值，表示是从域外引入的路由，以避免可能出现的次优路由。

注意：OSPF通过路由引入的外部路由分为以下两类：第一类外部（E1）和第二类外部（E2）。两种类型的差别在于路由开销在每台路由器上的计算方式不同。当E1路由在整个OSPF区域内传播时，OSPF会累计路由开销。此过程与普通OSPF内部路由的计算过程相同。然而，E2路由开销却是始终只看外部开销，而与通向该路由的内部开销无关，默认情况下为E2路由。

5. OSPF的选路原则

（1）域内路由优于域间路由，域间路由优于外部路由，E1路由优于E2路由。

（2）在类型相同的情况下，开销越小越优先。

（3）如果路由类型和开销都一样，那么这两条路由形成等价路由。

6. OSPF的路由汇聚

地址汇总又称路由汇聚，是把区域边界路由器或AS边界路由器具有相同前缀的路由信息进行汇聚，只发布汇聚后的路由给其他区域。这样可以大大减少内部路由器中的路由条目，提高路由查询效率。所以在OSPF路由汇聚中，主要是在区域边界路由器或AS边界路由器上进行的，分别进行的是区域间路由汇聚和路由引入的汇聚。

在OSPF区域视图下，区域边界路由器上配置路由汇聚的命令如下。

```
Abr-summary ip-address mask
```

AS边界路由器上配置路由汇聚命令如下。

```
Asbr-summary ip-address mask
```

7. OSPF的虚连接

因为OSPF采用区域化的设计，所有区域中定义出一个核心，其他部分都与核心相连，OSPF的区域0就是所有区域的核心，称为主干区域，而其他常规区域应该直接和主干区域相连，常规区域只能和主干区域交换LSA，常规区域之间即使直连也无法互换LSA，但在某些情况下，某些常规区域无法与主干区域直连，因此，设计了将主干区域的范围通过虚拟的方法扩展到相邻常规区域的位置，让不能直接与主干区域相连的区域，最终可以与主干区域直连，这种对主干区域虚拟的扩展和拉伸是通过OSPF的虚连接实现的。

OSPF的虚连接如图4-5所示。

虚连接相当于在两个区域边界路由器之间形成一个点到点连接，因此，虚连接的两端和物理端口一样可以配置端口的各参数，如发送HELLO报文间隔等。为虚连接两端提供一条非主干区域内部路由的区域称为传输区域（Transit Area）。配置虚连接时，必须在两端同时配置方可生效。

然而，虚连接的存在增加了网络的复杂程度，而且使故障的排除更加困难。因此，在网络规划中应该尽量避免使用虚连接。虚连接仅是作为修复无法避免的网络拓扑问题的一种临时手段。虚链路可以看作一个标明网络的某个部分是否需要重新规划设计的标志。

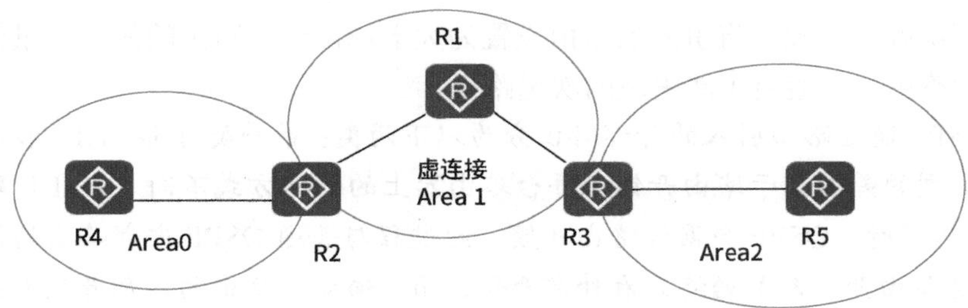

图 4-5　OSPF 的虚连接

配置 OSPF 虚连接的命令如下。

```
Vlink-peer router-id [hello seconds |retransmit seconds|trans-delay seconds|dead seconds]
```

`router-id`：虚连接到目标的路由 ID。

`hello seconds`：端口发送 HELLO 报文的时间间隔，默认为 10 s。

`retransmit seconds`：重传 LSA 报文的时间间隔，默认为 5 s。

`trans-delay seconds`：端口延迟发送 LSA 报文的时间间隔，默认为 1 s。

`dead seconds`：失效的时间间隔，默认为 40 s。

8．OSPF 的静默端口

为了使 OSPF 的路由信息不被其他路由器获得，可以禁止端口发送 OSPF 报文，这个端口就叫作静默端口或被动端口。`silent-interface` 命令用来禁止端口接收和发送 OSPF 报文。

9．OSPF 的配置

实验环境如图 4-6 所示，路由器分别在不同的两个区域内。OSPF 配置如图 4-6 所示，现在需要实现各路由器之间的路由互通。

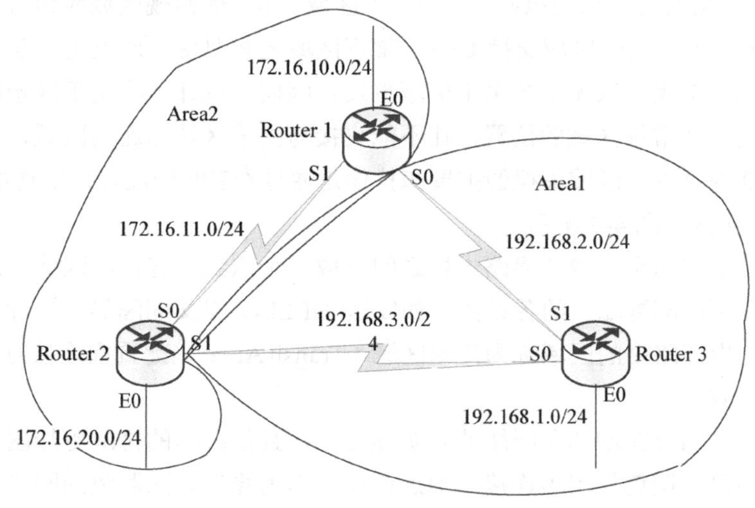

图 4-6　OSPF 配置的实验环境

Router1 的配置，Router2、3 的配置类似，不再赘述。

```
<R1>system-viem                    //进入系统视图
[R1] router-id 1.1.1.1             //指定Router1的Router ID为1.1.1.1
[R1] ospf                          //进入OSPF视图，默认进程号为1
[R1-ospf-1]area 0                  //进入Area0
[R1-ospf-1-area-0.0.0.0]network 172.16.10.0 0.0.0.255
[R1-ospf-1-area-0.0.0.0]network 172.16.11.0 0.0.0.255
//宣告和自己相邻的网络，注意，此时使用了反掩码
[R1-ospf-1-area-0.0.0.0] quit
[R1-ospf-1]area 1
[R1-ospf-1-area-0.0.0.1]network 192.168.2.0 0.0.0.255
```

4.4.3 IS-IS

IS-IS 是 ISO 为它的无连接网络协议（ConnectionLess Network Protocol，CLNP）设计的一种动态路由协议。

随着 TCP/IP 协议簇的流行，为了提供对 IP 路由的支持，IETF（Internet Engineering Task Force）在 RFC 1195 中对 IS-IS 进行了扩充和修改，使它能够同时应用在 TCP/IP 和 OSI（Open System Interconnection）环境中，称为集成 IS-IS（Integrated IS-IS 或 Dual IS-IS）。

1. IS-IS 的拓扑结构

为了支持大规模的路由网络，IS-IS 在 AS 内采用主干区域与非主干区域两级的分层结构。一般来说，将 Level-1 路由器部署在非主干区域，Level-2 路由器和 Level-1-2 路由器部署在主干区域。每个非主干区域都通过 Level-1-2 路由器与主干区域相连。

2. IS-IS 路由器的分类

IS-IS 路由器分为 Level-1 路由器、Level-2 路由器及 Level-1-2 路由器。

（1）Level-1 路由器负责区域内的路由，它只与属于同一区域的 Level-1 和 Level-1-2 路由器形成邻接关系，属于不同区域的 Level-1 路由器不能形成邻接关系。Level-1 路由器只负责维护 Level-1 的 LSDB，该 LSDB 包含本区域的路由信息，到本区域外的报文转发给最近的 Level-1-2 路由器。

（2）Level-2 路由器负责区域间的路由，它可以与同一或不同区域的 Level-2 路由器或其他区域的 Level-1-2 路由器形成邻接关系。Level-2 路由器维护 Level-2 的 LSDB，该 LSDB 包含区域间的路由信息。

所有 Level-2（形成 Level-2 邻接关系）路由器组成路由域的主干网，负责在不同区域之间通信。路由域中的 Level-2 路由器必须是物理连续的，以保证主干网的连续性。只有 Level-2 路由器才能直接与区域外的路由器交换数据报文或路由信息。

（3）同时属于 Level-1 和 Level-2 的路由器称为 Level-1-2 路由器，它可以与同一区域的 Level-1 和 Level-1-2 路由器形成 Level-1 邻接关系，也可以与其他区域的 Level-2 和 Level-1-2 路由器形成 Level-2 邻接关系。Level-1 路由器必须通过 Level-1-2 路由器才能连接至其

他区域。

Level-1-2 路由器维护两个 LSDB，Level-1 的 LSDB 用于区域内路由，Level-2 的 LSDB 用于区域间路由。

3．IS-IS 和 OSPF 的比较

IS-IS 和 OSPF 都把 AS 划分出不同的区域，但它们之间还是有区别的。

（1）区域的边界不同。在 OSPF 中，区域的分界点在路由器上，一个路由器的不同端口可属于不同的区域。用来连接主干区域和非主干区域的路由器叫作区域边界路由器。但是在集成 IS-IS 中，区域的边界点在链路上。一个路由器只能属于一个区域，所以没有区域边界路由器的概念。

（2）主干区域不同。在 OSPF 中，只有 Area0 是主干区域，其他区域是非主干区域。非主干区域必须连接到主干区域，并且主干区域必须是连续的。而在集成 IS-IS 中，并没有规定哪个区域是主干区域。所有 Level-2 路由器（区域间路由）和 Level-1（区域内路由）/ Level-2 路由器构成了 IS-IS 的主干网，它们可以属于不同的区域，但必须是物理连续的。

集成 IS-IS 和 OSPF 有很多相似点。例如，它们都是基于链路状态的路由协议，工作机制也类似，收敛速度都很快。但 IS-IS 可以同时支持 IP 和 OSI 网络，在多协议网络中有优势，一些运营商选择 IS-IS 作为其网络的 IGP，主要是因为集成 IS-IS 更容易从早期的 OSI 网络平滑地过渡到 IP 网络。而 OSPF 是专门为 IP 网络设计的协议，但 OSPF 的应用非常广泛，这是 OSPF 最大的优势。

4.4.4 BGP

为方便管理规模不断扩大的网络，网络被分成了不同的 AS，AS 之间有相互访问的需求，因此需要在 AS 之间相互交换本 AS 内部的路由。BGP 被用于实现在 AS 之间动态交换路由信息。BGP 的重心并不在于发现和计算路由，而在于控制路由的传播和选择最佳路由。同时，BGP 在传输层使用 TCP，提高了可靠性。此外，BGP 支持 CIDR，并且在路由更新时，BGP 只发送更新的路由，这可以使得在传播 BGP 路由信息时减少所占用的带宽，适用于在互联网上传播大量的路由信息。

1．AS 号

AS 是指在一个实体管辖下拥有相同选路策略的 IP 网络。BGP 网络中的每个 AS 都被分配一个唯一的 AS 号，用于区分不同的 AS。AS 号分为 2 字节 AS 号和 4 字节 AS 号，其中 2 字节 AS 号的范围为 1～65535，4 字节 AS 号的范围为 1～4294967295。支持 4 字节 AS 号的设备能够与支持 2 字节 AS 号的设备兼容。

2．BGP 邻居

由于 BGP 运行在整个互联网中，传递着数量庞大的路由信息，因此需要让 BGP 路由器之间的路由传递具有高可靠性和高准确性，所以 BGP 路由器之间的数据传输使用了 TCP，端口号为 179，表示会话目标端口号为 179，而会话源端口号是随机的。

正因为BGP使用了TCP传输数据，所以两台运行BGP的路由器只要通信正常，也就是说只要ping得通，那么不管路由器之间的距离有多远，都能够形成BGP邻居，从而互换路由信息。

一个配置了BGP进程的路由器只能称为BGP-Speaker（BGP发言人），当和其他运行了BGP的路由器形成邻居之后，就被称为BGP-Peer（BGP同行）。如果一个网络中的多台路由器都运行OSPF，那么这些路由器会在相应网段去主动发现OSPF邻居，并主动和对方形成OSPF邻居。而一个路由器运行BGP后，并不会主动去发现和寻找其他BGP邻居，BGP的邻居必须手工指定。

一台BGP路由器运行在一个单一的AS内，在和其他BGP路由器建立邻居时，如果对方路由器和自己属于相同AS，则邻接关系为iBGP，如果属于不同AS，则邻接关系为eBGP。BGP一般要求eBGP邻居直连，不是直连的话，则需要配置BGP允许经过物理多跳路由器建立eBGP邻居连接，而iBGP邻居不一定要直连，但是一定要TCP可达。

为了使拥有多条链路的BGP邻居之间保持连接，建议在BGP邻居之间使用Loopback端口地址建立TCP连接。任何一条链路断开，都不影响邻居的会话，BGP的连接仍然保持而不会中断，实现了连接的冗余性和稳定性。

3. BGP报文

BGP对等体之间通过以下5种报文进行交互，其中Keepalive报文为周期性发送，其余报文为触发式发送。

Open报文：用于建立BGP对等体连接。

Update报文：用于在对等体之间交换路由信息。

Notification报文：用于中断BGP连接。

Keepalive报文：用于保持BGP连接，默认每60 s发送一次，保持时间为180 s，即到达180 s后没有收到邻居的Keepalive报文，则认为邻居丢失，断开与邻居的连接。

Route-refresh报文：用于在改变路由策略后请求对等体重新发送路由信息。只有支持路由刷新（Route-refresh）能力的BGP设备才会发送和响应此报文。

4. BGP与IGP交互

BGP与IGP在设备中使用不同的路由表，为了实现不同AS之间相互通信，BGP需要与IGP进行交互，即BGP路由表和IGP路由表相互引入。

BGP引入路由时支持Import和Network两种方式：Import方式按协议类型，将RIP、OSPF、IS-IS等协议的路由引到BGP路由表中。为了保证引入的IGP路由的有效性，Import方式还可以引入静态路由和直连路由。而Network方式逐条将IP路由表中已经存在的路由引到BGP路由表中，比Import方式更精确。

5. BGP防环

BGP路由属性是路由信息所携带的一组参数，它对路由进行了进一步的描述，表达了每条路由的各种特性。路由属性是BGP区别于其他协议的重要特征。BGP通过比较路由的属性进行路由选择、环路避免等工作。

AS_Path 属性按矢量顺序记录了某条路由从本地到目的地所经过的所有 AS 号。在接收路由时，设备如果发现 AS_Path 列表中有自身 AS 号，则不接收该路由，从而避免 AS 之间的路由环路。

例如，在图 4-7 中，R1 从 R4 收到的 BGP Update（路由更新）中的 AS_Path 属性数值为 400、300、200、100，存在自身 AS 号，不接收该路由，从而防止路由环路的产生。

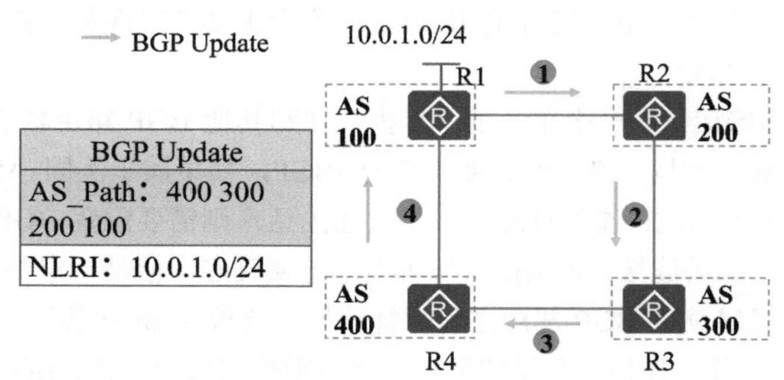

图 4-7　BGP 防环

6. BGP 路由属性

在 BGP 路由表中，到达同一目的地可能存在多条路由。此时 BGP 会选择其中一条路由作为优选路由，并只把此路由发送给其对等体。BGP 为了选出优选路由，会根据 BGP 的路由优选规则依次比较这些路由的属性。

路由属性是对路由的特定描述，所有的 BGP 路由属性都可以分为以下 4 类。

公认必须遵循（Well-known Mandatory）：所有 BGP 设备都可以识别此类属性，且必须存在于 Update 报文中。如果缺少此类属性，路由信息就会出错。

公认任意（Well-known Discretionary）：所有 BGP 设备都可以识别此类属性，但不要求必须存在于 Update 报文中，即就算缺少此类属性，路由信息也不会出错。

可选过渡（Optional Transitive）：BGP 设备可以不识别此类属性，但它仍然会接收此类属性，并通告给其他对等体。

可选非过渡（Optional Non-TRansitive）：BGP 设备可以不识别此类属性，如果 BGP 设备不识别此类属性，则会忽略此类属性，且不会通告给其他对等体。

常见的 BGP 路由属性类型如表 4-3 所示。

表 4-3　常见的 BGP 路由属性类型

属性名	类型
Origin 属性	公认必须遵循
AS_Path 属性	公认必须遵循
Next_Hop 属性	公认必须遵循
Local_Pref 属性	公认任意
MED 属性	可选非过渡

续表

属性名	类型
团体属性	可选过渡
Originator_ID 属性	可选非过渡
Cluster_List 属性	可选非过渡

Origin 属性用来定义路径信息的来源，标记一条路由是怎么成为 BGP 路由的。

AS_Path 属性按矢量顺序记录了某条路由从本地到目的地所经过的所有 AS 号。

Next_Hop 属性记录了路由的下一跳信息。

Local_Pref 属性表明了路由器的 BGP 优先级，用于判断流量离开 AS 时的最佳路由。

MED（Multi-Exit Discriminator）属性用于判断流量进入 AS 时的最佳路由。

团体属性（Community）用于标识具有相同特征的 BGP 路由，使路由策略的应用更加灵活，同时降低了维护管理的难度。

Originator_ID 属性和 Cluster_List 属性用于解决路由反射器场景中的环路问题。

7．BGP 选路原则

当到达同一目的地存在多条路由时，BGP 依次对比下列属性来选择路由。

（1）优选协议首选值（PrefVal）最高的路由。协议首选值是华为设备的特有属性，该属性仅在本地有效。因为协议首选值是人为主动设置的，代表本地用户的意愿，因而在 BGP 选路时会优先比较协议首选值。

（2）优选本地优先级（Local_Pref）最高的路由。如果路由没有本地优先级，则 BGP 选路时将该路由按默认的本地优先级 100 进行处理。

（3）依次优选手动汇聚路由、自动汇聚路由、network 命令引入的路由、import-route 命令引入的路由、从对等体学习的路由。

（4）优选 AS_Path 最短的路由。

（5）依次优选 Origin 为 IGP、EGP、Incomplete 的路由。

（6）对于来自同一 AS 的路由，优选 MED 最低的路由。

（7）依次优选 EBGP 路由、IBGP 路由、LocalCross 路由、RemoteCross 路由。

PE 上某个 VPN 实例的 VPNv4 路由的 ERT 匹配其他 VPN 实例的 IRT 后复制到该 VPN 实例，称为 LocalCross 路由；从远端 PE 学习到的 VPNv4 路由的 ERT 匹配某个 VPN 实例的 IRT 后复制到该 VPN 实例，称为 RemoteCross 路由。

（8）优选到 BGP 下一跳 IGP 度量值最小的路由。

注意：在 IGP 中，对到达同一目的地的不同路由，IGP 根据本身的路由算法计算路由的度量值。

（9）优选 Cluster_List 最短的路由。

（10）优选 Router ID 最小的设备发布的路由。

（11）如果路由携带 Originator_ID 属性，则选路过程中将比较 Originator_ID 的大小（不再比较 Router ID），并优选 Originator_ID 最小的路由。

（12）优选从具有最小 IP 地址的对等体学来的路由。

4.5 路由协议优先级

对于相同的目的地，不同的路由协议（包括静态路由）可能会发现不同的路由。当存在多个路由信息源时，具有较高优先级（数值较小）的路由协议发现的路由将成为最优路由，并将最优路由放入本地路由表。为了判断最优路由，各路由协议（包括静态路由）都被赋予了一个优先级。

华为设备路由协议的优先级如表 4-4 所示。

表 4-4 路由协议的优先级

路由协议的类型	路由协议的优先级
Direct	0
OSPF	10
IS-IS	15
Static	60
RIP	100
IBGP	255
EBGP	255

注意：除直连路由（Direct）外，各种路由协议的优先级都可由用户手工进行配置。

4.6 NAT 技术

NAT 即网络地址转换，是指在一个网络内部，根据需要可以随意自定义 IP 地址，而不需要申请合法 IP 地址。在网络内部，各主机之间通过内部 IP 地址进行通信。而当内部主机要与外部网络进行通信时，具有 NAT 功能的设备（如路由器）负责将其内部 IP 地址转换为合法的 IP 地址（经过申请的 IP 地址）进行通信。

NAT 的应用场景主要有两种：从安全角度考虑，不想让外部网络用户了解自己的网络结构和内部网络地址；从 IP 地址资源角度考虑，当内部网络人数太多时，可以通过 NAT 实现多台共用一个合法 IP 地址访问外部网络。

NAT 设置可以分为静态 NAT、动态 NAT、NAPT（网络地址端口转换）、EASY-IP、NAT Server 等。

4.6.1 静态 NAT

将本地地址与合法地址进行一对一的转换，且需要指定与哪个合法地址进行转换。如果内部网络有 E-mail 服务器或 FTP 服务器等，则可以为外部网络用户提供服务，这些服务器的 IP 地址必须采用静态 NAT，以使外部网络用户可以使用这些服务。

实验环境如图 4-8 所示，在路由器上配置静态 NAT，使得内网主机能正常与公网主机进行通信。

```
<HUAWEI>system-view
[HUAWEI]interface Ethernet 0/0/1
[HUAWEI-Ethernet0/0/1] ip address 192.1.1.1 30 //配置路由器端口 IP 地址
[HUAWEI-Ethernet0/0/1] nat static global 192.1.1.2 inside 10.1.1.2
//配置静态 NAT，使得路由器从 E0/0/1 端口转发数据报出去时，需要把源 IP 地址是
10.1.1.2 的数据报中的源 IP 地址转换成 192.1.1.2 后再转发出去
```

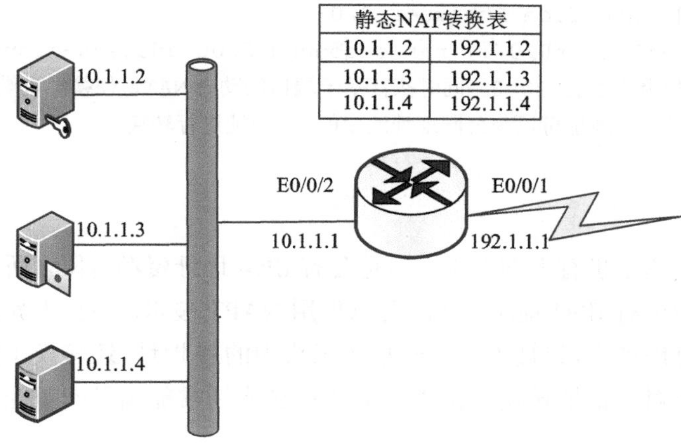

图 4-8 静态 NAT 的实验环境

4.6.2 动态 NAT

动态 NAT 将本地地址与合法地址进行一对一的转换，从合法地址池中动态地选择一个未使用的地址对本地地址进行转换。

由于申请到的公网 IP 地址有限，而内网主机较多，因此当多数主机都有访问公网的需求时，可能部分主机需要等待，所以动态 NAT 在实际中使用得并不多。

实验环境如图 4-9 所示，在路由器上配置动态 NAT，使得内网主机能正常与公网主机进行通信。

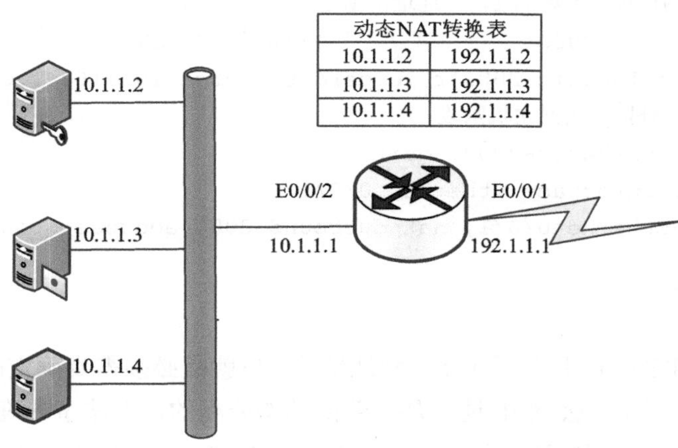

图 4-9 动态 NAT 的实验环境

```
[HUAWEI] nat address-group 1 192.1.1.2 192.1.1.4
//定义公网地址池名称为 1，其地址范围是 192.1.1.2～192.1.1.4
[HUAWEI] acl 2000                    //定义 ACL 2000
[HUAWEI-acl-basic-2000]rule permit source 10.1.1.0 0.0.0.255
//定义访问外网的内网主机网段
[HUAWEI-acl-basic-2000] quit
[HUAWEI] interface Ethernet 0/0/1
[HUAWEI-Ethernet0/0/1] nat outbound 2000 address-group 1 no-pat
//在端口处调用 ACL 2000，同时执行基于端口的动态 NAT，使得经过端口的内网流量在访问外网时，其报头中的源 IP 地址可以与公网地址池中的 IP 地址进行转换
```

4.6.3 NAPT

企业内部的普通主机有上网需求，但是公有 IPv4 地址资源有限，所以企业通常只能申请到一个或少量的公有 IPv4 地址。此时可以使用 NAPT 技术。该技术允许将多个内部地址映射到同一个公有地址上，该技术不仅转换了报头中的 IP 地址，还转换了报头中的端口号，所以也可称为“多对一地址转换”技术。NAPT 技术通常能满足一个企业内部所有主机同时上网的需求。

NAPT 转换表如表 4-5 所示。

表 4-5 NAPT 转换表

NAPT 转换前	NAPT 转换后
192.168.1.2:1000	219.152.168.2:2000
192.168.1.3:1001	219.152.168.3:2001
192.168.1.4:1002	219.152.168.4:2003

NAPT 的配置命令和动态 NAT 的配置命令类似，只是命令中少了 no-pat。配置示例如下。

```
[HUAWEI] nat address-group 1 192.1.1.2 192.1.1.4
//定义公网地址池名称为 1，其地址范围是 192.1.1.2～192.1.1.4
[HUAWEI] acl 2000                    //定义 ACL 2000
[HUAWEI-acl-basic-2000]rule permit source 192.168.1.0 0.0.0.255
//定义访问外网的内网主机网段
[HUAWEI-acl-basic-2000] quit
[HUAWEI] interface Ethernet 0/0/1
[HUAWEI-Ethernet0/0/1] nat outbound 2000 address-group 1
```

4.6.4 EASY-IP

在标准的 NAPT 配置中需要创建公网地址池，也就是必须得到确定的公网 IP 地址。但在拨号接入这种环境下，公网 IP 地址是运营商动态分配的，无法事先确定，标准的 NAPT 无法为地址做转换，要解决这个问题，就需要 EASY-IP。EASY-IP 也叫作基于端口的地址转换。在地址转换时和 NAPT 一致，但 EASY-IP 可以直接使用相应公网端口的 IP 地址作

为转换后的源地址，所以不需要配置公网地址池，路由器公网端口的地址可以是手动配置的，也可以是动态分配的，所以 EASY-IP 的配置只需配置 ACL 和 nat outbound 命令即可。

4.6.5 NAT Server

在某些场合下，私网内部有一些服务器需要向公网提供服务，如一些位于私网内的 Web 服务器、FTP 服务器等，NAT 可以支持这样的应用。通过配置 NAT Server，即定义“公网 IP 地址+端口号”与“私网 IP 地址+端口号”之间的映射关系，位于公网的主机能够通过该映射关系访问到位于私网的服务器。

例如，某公司在网络边界处部署了 DeviceA 作为安全网关。为了使私网的 Web 服务器和 FTP 服务器能够对外提供服务，需要在设备上配置 NAT Server 功能。除了公网端口的 IP 地址，企业还向 ISP 申请了一个 IP 地址（1.1.1.10）作为内网服务器对外提供服务的地址。

```
    [DeviceA] nat server policy_web protocol tcp global 1.1.1.10 8080
inside 10.2.0.7 www
    [DeviceA] nat server policy_ftp protocol tcp global 1.1.1.10 ftp
inside 10.2.0.8 ftp
```

4.7 策略路由

普通路由转发基于路由表进行报文的转发。但是在目的地址相同的情况下，传统的路由无法对报文的转发路径进行控制，而策略路由，顾名思义，即根据一定的策略进行报文转发，因此策略路由是一种更灵活的路由机制。在路由器转发一个报文时，首先根据配置的规则对报文进行过滤，若匹配成功，则按照一定的转发策略进行报文转发。因此，策略路由是对传统 IP 路由机制的有效增强。

策略路由按照数据报的源地址、目的地址、报文长度、端口号等信息进行定义策略。在同一台路由器上如果配置了策略、静态、动态三种路由，则路由器端口首先对入站的数据报源地址进行判断，有没有匹配在此端口上配置的策略路由的数据流，若有，则按照策略路由的配置转发数据报；若没有，则按照普通数据报情况查找路由表转发。

为了实现策略路由，首先需要定义实施策略路由的报文特征，也就是定义一组匹配规则，可以以报文的源 IP 地址、目的 IP 地址等为匹配依据进行设置，然后将策略路由应用于端口，让路由器按照预先制定的策略对报文进行转发。

例如，在图 4-10 中，内网中存在两个网段，网段 1 为 10.1.1.0/24，网段 2 为 10.1.2.0/24，在 RTA 的 GE0/0/0 端口上部署 PBR，实现网段 1 访问 Internet 通过 ISP1、网段 2 访问 Internet 通过 ISP2。

RTA 上旁挂了一台服务器，要求在 RTA 上部署的策略路由不影响内网用户访问该服务器。

（1）配置 ACL 3000，其中 rule 1 deny 网段 1 访问服务器的流量，rule 2 匹配网段 1 访问 Internet 的流量。

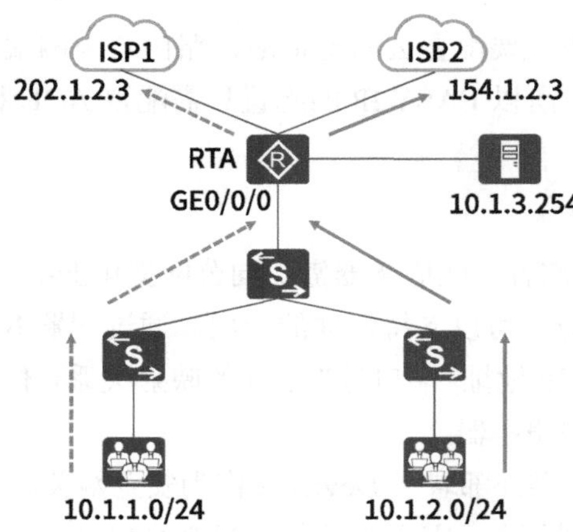

图 4-10　策略路由的示意图

```
[RTA] acl number 3000
[RTA-acl-adv-3000] rule 1 deny ip source 10.1.1.0 0.0.0.255 destination 10.1.3.254 0
[RTA-acl-adv-3000] rule 2 permit ip source 10.1.1.0 0.0.0.255 destination 0.0.0.0 0
```

（2）配置 ACL 3001，其中 rule 1 deny 网段 2 访问服务器的流量，rule 2 匹配网段 2 访问 Internet 的流量。

```
[RTA] acl number 3001
[RTA-acl-adv-3001] rule 1 deny ip source 10.1.2.0 0.0.0.255 destination 10.1.3.254 0
[RTA-acl-adv-3001] rule 2 permit ip source 10.1.2.0 0.0.0.255 destination 0.0.0.0 0
```

（3）创建 PBR aaa 节点 10，调用 ACL 3000，指定其转发下一跳为 202.1.2.3。

```
[RTA] policy-based-route aaa permit node 10
[RTA-policy-based-route-hcip-10] if-match acl 3000
[RTA-policy-based-route-hcip-10] apply ip-address next-hop 202.1.2.3
```

（4）创建 PBR aaa 节点 20，调用 ACL 3001，指向其转发下一跳为 154.1.2.3。

```
[RTA] policy-based-route aaa permit node 20
[RTA-policy-based-route-hcip-20] if-match acl 3001
[RTA-policy-based-route-hcip-20] apply ip-address next-hop 154.1.2.3
[RTA]interface GigabitEthernet 0/0/0
[RTA-GigabitEthernet0/0/0] ip policy-based-route aaa
```

4.8　路由策略

路由策略是通过一系列工具或方法对路由进行各种控制的“策略”。该策略能够影响路由的产生、发布、选择等，进而影响报文的转发路径。工具包括 ACL、route-policy、ip-prefix、 filter-policy 等，方法包括对路由进行过滤、设置路由属性等。目的是路由协议在发布、接收和引入路由信息时，根据实际组网需求实施一些策略，以便对路由信息进行过滤和改变路由信息的属性。

策略路由与路由策略存在以下不同。

（1）策略路由的操作对象是数据报，在路由表已经产生的情况下，不按照路由表进行转发，而是根据需要，依照某种策略改变数据报的转发路径。

（2）路由策略的操作对象是路由信息。路由策略主要实现了路由过滤和路由属性设置等功能，通过改变路由属性（包括可达性）改变网络流量所经过的路径。

4.8.1 filter-policy 工具

filter-policy 是一个很常用的路由信息过滤工具。在图 4-11 中，Router A、B、C 之间运行某种路由协议，路由在各设备之间传递，当需要根据实际需求过滤某些路由信息时，可以使用 filter-policy 工具实现，但注意，filter-policy 工具只能过滤路由信息，无法过滤 LSA，不能修改路由属性。

在运行 OSPF 的网络中，RouterA 从 Internet 中接收路由，并为 OSPF 网络提供 Internet 路由。要求在 OSPF 网络中只能访问 172.16.17.0/24、172.16.18.0/24 和 172.16.19.0/24 三个网段的网络，其中 RouterC 连接的网络只能访问 172.16.18.0/24 网段的网络。

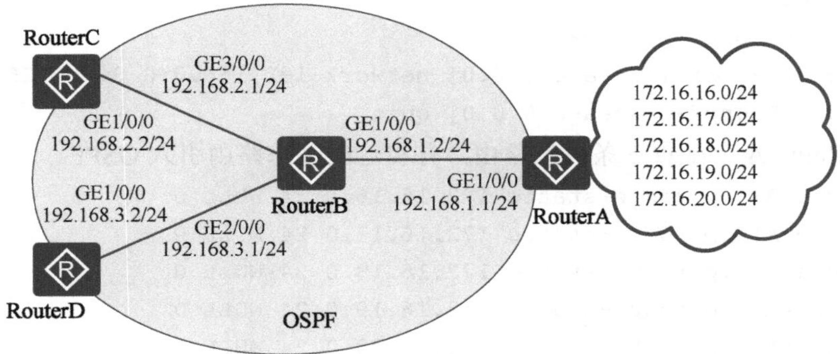

图 4-11　路由策略的示意图

操作步骤如下。

（1）配置各端口的 IP 地址。

```
# 配置 RouterA 各端口的 IP 地址
<Huawei> system-view
[Huawei] sysname RouterA
[RouterA] interface gigabitethernet 1/0/0
[RouterA-GigabitEthernet1/0/0] ip address 192.168.1.1 255.255.255.0
[RouterA-GigabitEthernet1/0/0] quit
```

RouterB、RouterC 和 RouterD 的配置同 RouterA，此处略。

（2）配置 OSPF 的基本功能。

```
# RouterA 的配置
[RouterA] ospf
[RouterA-ospf-1] area 0
[RouterA-ospf-1-area-0.0.0.0] network 192.168.1.0 0.0.0.255
[RouterA-ospf-1-area-0.0.0.0] quit
[RouterA-ospf-1] quit
# RouterB 的配置
[RouterB] ospf
[RouterB-ospf-1] area 0
[RouterB-ospf-1-area-0.0.0.0] network 192.168.1.0 0.0.0.255
[RouterB-ospf-1-area-0.0.0.0] network 192.168.2.0 0.0.0.255
[RouterB-ospf-1-area-0.0.0.0] network 192.168.3.0 0.0.0.255
[RouterB-ospf-1-area-0.0.0.0] quit
# RouterC 的配置
[RouterC] ospf
[RouterC-ospf-1] area 0
[RouterC-ospf-1-area-0.0.0.0] network 192.168.2.0 0.0.0.255
[RouterC-ospf-1-area-0.0.0.0] quit
[RouterC-ospf-1] quit
# RouterD 的配置
[RouterD] ospf
[RouterD-ospf-1] area 0
[RouterD-ospf-1-area-0.0.0.0] network 192.168.3.0 0.0.0.255
[RouterD-ospf-1-area-0.0.0.0] quit
```

（3）在 RouterA 上配置 5 条静态路由，并将这些静态路由引入 OSPF。

```
[RouterA] ip route-static 172.16.16.0 24 NULL 0
[RouterA] ip route-static 172.16.17.0 24 NULL 0
[RouterA] ip route-static 172.16.18.0 24 NULL 0
[RouterA] ip route-static 172.16.19.0 24 NULL 0
[RouterA] ip route-static 172.16.20.0 24 NULL 0
[RouterA] ospf
[RouterA-ospf-1] import-route static
[RouterA-ospf-1] quit
# 在 RouterB 上查看 IP 路由表，可以看到 OSPF 引入的 5 条静态路由
```

（4）配置路由发布策略。

```
# 在 RouterA 上配置地址前缀列表 a2b
[RouterA] ip ip-prefix a2b index 10 permit 172.16.17.0 24
[RouterA] ip ip-prefix a2b index 20 permit 172.16.18.0 24
[RouterA] ip ip-prefix a2b index 30 permit 172.16.19.0 24
# 在 RouterA 上配置发布策略，引用地址前缀列表 a2b 进行过滤
[RouterA] ospf
[RouterA-ospf-1] filter-policy ip-prefix a2b export static
# 在 RouterB 上查看 IP 路由表，可以看到 RouterB 仅收到列表 a2b 中定义的 3 条路由
```

（5）配置路由接收策略。

```
# 在 RouterC 上配置地址前缀列表 in
[RouterC] ip ip-prefix in index 10 permit 172.16.18.0 24
# 在 RouterC 上配置接收策略，引用地址前缀列表 in 进行过滤
[RouterC] ospf
[RouterC-ospf-1] filter-policy ip-prefix in import
```

查看 RouterC 的 IP 路由表，可以看到在 RouterC 的本地核心路由表中，仅接收了列表 in 中定义的 1 条路由

查看 RouterD 的 IP 路由表，可以看到在 RouterD 的本地核心路由表中，接收了 RouterB 发送的所有路由

查看 RouterC 的 OSPF 路由表，可以看到在 RouterC 的 OSPF 路由表中接收了列表 a2b 中定义的 3 条路由。因为在链路状态协议中，filter-policy import 命令用于过滤从协议路由表加入本地核心路由表的路由。

4.8.2 route-policy 工具

route-policy 工具是一种比较复杂的过滤器，它不仅可以匹配给定路由信息的某些属性，还可以在条件满足时改变路由信息的属性。

1. route-policy 工具的组成

route-policy 由节点号、匹配模式、if-match 子句（条件语句）和 apply 子句（执行语句）组成。

（1）节点号。

一个 route-policy 可以由多个节点（Node）构成。路由匹配 route-policy 时遵循以下两个规则。

顺序匹配：在匹配过程中，系统按节点号从小到大的顺序依次检查各表项，因此在指定节点号时，要注意符合期望的匹配顺序。

唯一匹配：route-policy 各节点号之间是“或”的关系，只要通过一个节点的匹配，就认为通过 route-policy，不再进行其他节点的匹配。

（2）匹配模式。

节点的匹配模式有 permit 和 deny 两种。

permit：指定节点的匹配模式为允许。当路由表项通过该节点的过滤后，将执行该节点的 apply 子句，不进入下一个节点；如果路由项没有通过该节点的过滤，则进入下一个节点继续匹配。

deny：指定节点的匹配模式为拒绝。这时 apply 子句不会被执行。当路由项满足该节点的所有 if-match 子句时，将被拒绝通过该节点，不进入下一个节点；如果路由项不满足该节点的 if-match 子句，则进入下一个节点继续匹配。

（3）if-match 子句（条件语句）。

if-match 子句用来定义一些匹配条件。route-policy 中的每个节点可以含有多个 if-match 子句，也可以不含 if-match 子句。如果某个 permit 节点没有配置任何 if-match 子句，则该

节点匹配所有的路由。

（4）apply 子句（执行语句）。

apply 子句用来指定动作。路由通过 route-policy 过滤时，系统按照 apply 子句指定的动作对路由信息的一些属性进行设置。route-policy 中的每个节点可以含有多个 apply 子句，也可以不含 apply 子句。如果只需过滤路由，不需要设置路由属性，则不使用 apply 子句。

2. route-policy 的匹配规则

route-policy 中每个节点的过滤结果要综合以下两点。

（1）route-policy 节点的匹配模式（permit 或 deny）。

（2）if-match 子句（如引用的地址前缀列表或访问控制列表）中包含的匹配条件（permit 或 deny）。

对于每个节点，以上两点的排列组合会出现 4 种情况，如表 4-6 所示。

表 4-6 route-policy 的匹配规则

Rule（if-match 子句中包含的匹配条件）	Mode（节点的匹配模式）	匹配结果
permit	permit	匹配该节点 if-match 子句的路由在本节点允许通过 route-policy，匹配结束； 不匹配该节点 if-match 子句的路由进行 route-policy 下一个节点的匹配
	deny	匹配该节点 if-match 子句的路由在本节点不允许通过 route-policy，匹配结束； 不匹配该节点 if-match 子句的路由进行 route-policy 下一个节点的匹配
deny	permit	匹配该节点 if-match 子句的路由在本节点不允许通过 route-policy，继续进行 route-policy 下一个节点的匹配； 不匹配该节点 if-match 子句的路由进行 route-policy 下一个节点的匹配
	deny	匹配该节点 if-match 子句的路由在本节点不允许通过 route-policy，继续进行 route-policy 下一个节点的匹配； 不匹配该节点 if-match 子句的路由进行 route-policy 下一个节点的匹配

路由策略的案例如图 4-12 所示。

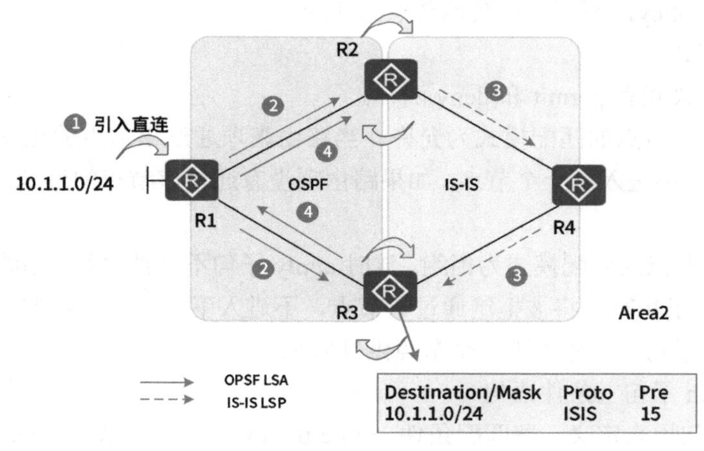

图 4-12 路由策略的案例

场景描述如下。

R1 将直连路由 10.1.1.0/24 引到 OSPF 中。

R1、R2、R3 运行 OSPF，10.1.1.0/24 网段路由在全 OSPF 域内通告。

R2 执行了双向路由重发布。

R2、R3、R4 运行 IS-IS，10.1.1.0/24 网段路由在全 IS-IS 域内通告。

R3 执行了双向路由重发布。

10.1.1.0/24 网段路由再次被通告进 OSPF 域内，形成路由环路。

解决方案一。

在 R3 的 OSPF 中引入 IS-IS 路由时，通过 route-policy 过滤掉 10.1.1.0/24 路由。

在 R3 上执行以下操作。

```
[R3] acl 2001
[R3-acl-basic-2001] rule 5 deny source 10.1.1.0 0
[R3-acl-basic-2001] rule 10 permit
[R3] route-policy RP permit node 10
[R3-route-policy] if-match 2001
[R3-route-policy] quit
[R3] ospf
[R3-ospf-1] import-route isis 1 route-policy RP
```

解决方案二。

使用 Tag 实现有选择性地路由引入，在 R2 上将路由 10.1.1.0/24 从 OSPF 引到 IS-IS 中时打上 Tag 200，在 R3 上将 IS-IS 引到 OSPF 中时，过滤携带 Tag 200 的路由。

在 R2 上执行如下操作。

```
[R2]acl 2000
[R2-acl-basic-2000]rule permit source 10.1.1.0 0
[R2-acl-basic-2000]quit
[R2]route-policy hcip permit node 10
[R2-route-policy]if-match acl 2000
[R2-route-policy]apply tag 200
[R2-route-policy]quit
[R2]isis 1
[R2-isis-1]import-route ospf route-policy hcip
```

在 R3 上执行如下操作。

```
[R3]route-policy hcip deny node 10
[R3-route-policy]if-match tag 200
[R3-route-policy]quit
[R3]route-policy hcip permit node 20
[R3]ospf 1
[R3-ospf-1]import-route isis route-policy hcip
```

4.9 课后检测

1．路由信息中不包括（　　）。

A．跳数　　B．目的网络　　C．源网络　　D．路由权值

答案：C。

解析：

路由表中包含下列关键项。

Destination 表示此路由的目的地址，用来标识 IP 数据报的目的地址或目的网络。

Mask 表示此目的地址的子网掩码长度，与目的地址一起用来标识目的主机或路由器所在网段的地址。

将目的地址和子网掩码“逻辑与”后可得到目的主机或路由器所在网段的地址。例如，目的地址为 10.1.1.1，子网掩码为 255.255.255.0 的主机或路由器所在网段的地址为 10.1.1.0。

掩码由若干连续的“1”构成，既可以用点分十进制表示法表示，也可以用掩码中连续“1”的个数表示。例如，掩码 255.255.255.0 的长度为 24，即可表示为 24。

Proto 表示学习此路由的路由协议。

Pre 表示此路由的路由协议优先级。针对同一目的地，可能存在不同下一跳、出端口等多条路由，这些不同的路由可能是由不同的路由协议发现的，也可以是手工配置的静态路由。优先级高（数值小）者将成为当前的最优路由。各协议路由优先级请参见 4.5 节路由协议优先级。

Cost 表示路由开销。当到达同一目的地的多条路由具有相同的路由优先级时，路由开销最小者将成为当前的最优路由。

Preference 用于不同路由协议之间路由优先级的比较，Cost 用于同一种路由协议内部不同路由的优先级的比较。

NextHop 表示此路由的下一跳地址，指明数据转发的下一个设备。

Interface 表示此路由的出端口，指明数据将从本地路由器的哪个端口转发出去。

路由器转发数据报的关键是路由表和 FIB（Forwarding Information Base）表，每个路由器都至少保存着一张路由表和一张 FIB 表。路由器通过路由表选择路由，通过 FIB 表指导报文进行转发。

FLAG 表示 D-download to fib（下发到转发表）。

RD 表示迭代路由。

路由必须有直连的下一跳才能够指导转发，但是路由生成时下一跳可能不是直连的，因此需要计算出一个直连的下一跳和对应的出端口，这个过程就叫作路由迭代。

2．下列路由记录中最可靠的是（ ① ），最不可靠的是（ ② ）。

①选项：

A．直连路由　　B．静态路由　　C．外部 BGP　　D．OSPF

②选项：

A．直连路由　　B．静态路由　　C．外部 BGP　　D．OSPF

答案：A、C。

解析：

一条路由比其他路由拥有更高优先级的概念叫作管理距离（AD）。主要是比较不同路由协议有多条路径到达目的网络的参数，AD 越小，表示这条路由的可信度级别越高。

华为标准如下。

直连路由为 0；OSPF 为 10；静态路由为 60；RIP 为 100；BGP 为 255。

3．距离向量路由协议所采用的核心算法是（　　）。

A．Dijkstra 算法　　B．Prim 算法

C．Floyd 算法　　D．Bellman-Ford 算法

答案：D。

解析：

贝尔曼-福特算法（Bellman-Ford Algorithm）用于计算起点到各节点的最短距离。

4．RIP 规定在邻居之间每 30 s 进行一次路由更新，如果（　　）后仍未收到邻居的通告消息，则可以判断与该邻居路由器之间的链路已经断开。

A．60 s　　B．120 s　　C．150 s　　D．180 s

答案：D。

解析：

RIP 具有如下三个定时器。

更新定时器：每隔 30 s 发送整张路由表的副表给邻居路由器。

无效定时器：超过 180 s 没有收到邻居路由器发来的更新信息，就认为路由无效。

垃圾收集定时器：当路由器的路由无效后，该路由成为一个无效路由项，Cost 值会标记为 16，默认时间为 120 s，如果在这段时间内没有收到该路由的更新消息，则计时器结束后清除这条路由表项。

5．RIPv2 对 RIPv1 的改进之一是采用水平分割法。以下关于水平分割法错误的是（　　）。

A．路由器必须有选择地将路由表中的信息发给邻居

B．一条路由信息不会被发送给该信息的来源

C．水平分割法是为了解决路由环路

D．发送路由信息到整个网络

答案：D。

解析：

水平分割法是指 RIP 路由器从某个端口学到的路由，不会再从这个端口发送给邻居路由器。

6．以下措施中能够提高网络系统可扩展性的是（　　）。

A．采用静态路由进行路由配置

B．使用 OSPF，并规划网络分层架构

C．使用 RIPv1 进行路由配置

D．使用 IP 地址汇聚

答案：B。

解析：

OSPF 采用多区域的规划设计可以改善网络的可扩展性、快速收敛，OSPF 适用于大规模网络，因为 OSPF 最大的优点就是可以将一个 AS 划分成多个小的区域，而每个区域中的路由器只维护自己区域内的路由信息，从而可以减少路由器的管理任务，提高路由器的工作效率。

7．路由器 RA 上执行如下命令。

```
[RA-GigabitEthernet0/0] ip address 192.168.1.1 24
[RA-GigabitEthernet0/0] quit
[RA] router id 2.2.2.2
[RA] ospf 1 router-id 1.1.1.1
[RA-ospf-1] quit
[RA] interface Loopback 0
[RA-LoopBack0] ip address 3.3.3.3 32
```

从以上配置可以判断 RA 的 OSPF 进程 1 的 Router ID 是（　　）。

A．1.1.1.1　　B．2.2.2.2　　C．3.3.3.3　　D．192.168.1.1

答案：A。

解析：

在 OSPF 中的 Router ID 选举规则如下。

（1）优选手工配置的 Router ID。

① OSPF 进程手工配置的 Router ID 具有最高优先级。

② 在全局模式下配置的公用 Router ID 的优先级仅次于直接给 OSPF 进程手工配置的 Router ID，即它具有第二优先级。

（2）在没有手工配置的前提下，优选 Loopback 端口地址中的最大者作为 Router ID。

（3）在没有配置 Loopback 端口地址的前提下，优选其他端口的 IP 地址中的最大者作为 Router ID（不考虑端口的 Up/Down 状态）。

8．在运行 OSPF 的路由器中，可以使用（ ① ）命令查看 OSPF 进程下路由计算的统计信息，使用（ ② ）命令查看 OSPF 邻居状态信息。

①选项：

A．display ospf cumulative　　B．display ospf spf-statistics

C．display ospf global-statics　　D．display ospf request-queue

②选项：

A．display ospf peer　　B．display ospf spf-statistics

C．display ospf global-statics　　D．display ospf request-queue

答案：B、A。

解析：

`display ospf spf-statistics` 命令表示查看 OSPF 进程下路由计算的统计信息；

`display ospf peer` 命令表示查看各 OSPF 的邻居；

`display ospf cumulative` 命令表示查看 OSPF 的统计信息。

9．两台运行在 PPP 链路上的路由器配置了 OSPF 单区域，当这两台路由器的 Router ID 设置相同时，（　　）。

A．两台路由器将建立正常的完全邻居关系

B．VRP 系统会提示两台路由器的 Router ID 冲突

C．两台路由器将建立正常的完全邻接关系

D．两台路由器不会互相发送 Hello 信息

答案：B。

解析：

Router ID 在 OSPF 区域内唯一标识一台路由器的 IP 地址。一台路由器可能有多个端口启动 OSPF，这些端口分别处于不同的网段，它们各自使用自己的端口 IP 地址作为邻居地址和网络中其他路由器建立邻居关系，但网络中的其他路由器只会使用 Router ID 来标识这台路由器。

10．在 BGP 中，用于建立邻居关系的是（　　）报文。

A．Open　　B．Keepalive　　C．Hello　　D．Update

答案：A。

解析：

BGP 对等体之间通过以下 5 种报文进行交互，其中 Keepalive 报文为周期性发送，其余报文为触发式发送。

Open 报文：用于建立 BGP 对等体连接。

Update 报文：用于在对等体之间交换路由信息。

Notification 报文：用于中断 BGP 连接。

Keepalive 报文：用于保持 BGP 连接。

Route-refresh 报文：用于在改变路由策略后请求对等体重新发送路由信息。只有支持路由刷新（Route-refresh）能力的 BGP 设备才会发送和响应此报文。

11．下列哪种 BGP 路由属性不会随着 BGP 的 Update 报文通告给邻居？（　　）

A．PrefVal　　B．Next_Hop　　C．As_Path　　D．Origin

答案：A。

解析：

BGP 路由属性是 BGP 进行路由决策和控制的重要信息。

常见的 BGP 路由属性如下。

（1）Origin 属性。

Origin 属性标示路径信息的来源，是公认必须遵循属性。所有 BGP 路由器都可以识别，

且必须存在于 Update 报文中。如果缺少这种属性，路由信息就会出错。

（2）AS_Path 属性。

AS_Path 属性由一系列 AS 路径组成，是公认必须遵循属性。所有 BGP 路由器都可以识别，且必须存在于 Update 报文中。如果缺少这种属性，路由信息就会出错。它定义了到达目的地下一跳的设备 IP 地址。

（3）Next_Hop 属性记录了路由的下一跳信息。

（4）优选协议首选值（PrefVal）最高的路由。

协议首选值是华为设备的特有属性，该属性仅在本地有效。

12．某网络管理员在园区网规划时，在防火墙上启用了 NAT，以下说法中错误的是（　　）。

A．NAT 为园区网内用户提供地址翻译和转换功能，以使其可以访问互联网

B．NAT 为 DMZ（非军事化）区的应用服务器提供动态的地址翻译和转换功能，使其能访问外网

C．NAT 可以隐藏内网结构以保护内网安全

D．NAT 支持一对多和多对多的地址翻译和转换

答案：B。

解析：

本题考查防火墙功能的知识。

NAT 的主要功能是对使用私有地址内网用户提供 Internet 接入的方式，将私有地址固定转换为公有地址以访问 Internet，NAT 支持一对多和多对多的地址转换。由于通过 NAT 访问 Internet 的用户经过了地址翻译/转换，并非使用原地址访问互联网，因此外网对内网的地址结构是不得而知的，形成了对内网的隐藏和保护。

不能对内网中的服务器使用端口复用转换（PAT）进行地址翻译和转换，否则，用户将无法联系到内网的服务器。

13．某企业有电信和联通 2 条 Internet 接入线路，通过部署（ ① ）可以实现内网用户通过电信信道访问电信的目的 IP 地址，通过联通信道访问联通的目的 IP 地址。也可以配置基于（ ② ）的策略路由，实现行政部和财务部通过电信信道访问 Internet，市场部和研发部通过联通信道访问 Internet。

①选项：

A．负载均衡设备　　　　B．网闸

C．安全审计设备　　　　D．上网行为管理设备

②选项：

A．目的地址　　B．源地址　　C．代价　　D．管理距离

答案：A、B。

解析：

通过负责均衡设备可以做到电信联通 2 条 Internet 线路接入企业。根据题目要求采用

基于源地址的负责均衡策略路由。

14．网络管理员无法通过 Telnet 管理路由器，下列故障原因中不可能的是（　　）。

A．该管理员用户账号被禁用或删除

B．路由器设置了 ACL

C．路由器内 Telnet 服务被禁用

D．该管理员用户账号的权限级别被修改为 0

答案：D。

解析：

VRP 系统把命令和用户进行了分级，每条命令都有相应的级别，每个用户也有自己的权限级别，并且用户权限级别和命令级别有一定的关系，用户登录后，只能执行等于或低于自己权限级别的命令。权限级别是 0 的话可以执行网络诊断类命令（`Ping`、`Tracert`）、从本设备访问其他设备的命令（`Telnet`）等。

第 5 章

传输层和应用层

根据对 2022 版考试大纲的分析，以及对以往试题情况的分析，“传输层和应用层”章节基本维持在 4 分，占上午试题总分的 5%左右。从复习时间安排来看，请考生在 3 天之内完成本章的学习。

5.1 知识图谱与考点分析

通过分析历年的考试题目和考试大纲，要求考生掌握几方面内容，如表 5-1 所示。

表 5-1 知识图谱与考点分析

知识模块	知识点分布	重要程度
TCP	• TCP 的特点 • TCP 报文格式 • TCP 三次握手和四次挥手 • TCP 流量控制和拥塞控制	• ★★ • ★★★ • ★★★ • ★★★
UDP	• UDP 的特点 • UDP 报文格式	• ★★ • ★★
DHCP	• DHCP 的功能 • DHCP 的工作原理 • DHCP 的配置	• ★★ • ★★★ • ★★★
DNS 协议	• DNS 的功能 • DNS 的工作原理	• ★★ • ★★★
电子邮件协议	• 电子邮件协议的概念	• ★
HTTP	• HTTP 的工作原理	• ★★
互联网音视频服务	• 音视频服务协议	• ★

5.2 TCP

传输层实现端到端的连接，网络层识别 IP 地址，能够将信息送到正确的主机中，主机应该使用什么协议接收这个信息呢？这个协议需要传输层来完成，因为传输层实现进程到进程的连接。TCP（传输控制协议）是为了在不可靠的互联网络上提供可靠的端到端字节流而专门设计的一种传输协议。

5.2.1 TCP 的特点

TCP 的主要特点如下。

（1）面向连接的传输层协议。

（2）每条 TCP 连接只能有两个端点，只能是点对点。

（3）TCP 提供可靠交付的服务，通过 TCP 连接传输的数据无差错、不丢失、不重复、并且按顺序到达。

（4）TCP 提供全双工通信，TCP 允许通信双方的应用进程在任何时刻都能发送数据。在 TCP 连接的两端都有发送缓存和接收缓存，用来临时存放通信的数据。

（5）面向字节流，TCP 把应用进程交下来的数据看作一连串无结构的字节流。TCP 并不关心应用进程一次把多长的报文发送到 TCP 的缓存中，而是根据对端给出的窗口值和当前网络拥塞的程度来决定一个报文段应包含多少字节。

5.2.2 TCP 报文格式

TCP 报文包含 TCP 报头和 TCP 数据两部分，TCP 报文格式如图 5-1 所示。

<table>
<tr><td colspan="8">源 端 口</td><td>目 的 端 口</td></tr>
<tr><td colspan="9">序 列 号</td></tr>
<tr><td colspan="9">确 认 号</td></tr>
<tr><td>报头长度</td><td>预 留</td><td>URG</td><td>ACK</td><td>PSH</td><td>RST</td><td>SYN</td><td>FIN</td><td>窗 口 值</td></tr>
<tr><td colspan="8">校 验 和</td><td>紧 急 指 针</td></tr>
<tr><td colspan="9">选 项（长度可变）</td></tr>
<tr><td colspan="9">数 据（长度可变）</td></tr>
</table>

图 5-1 TCP 报文格式

（1）**源端口**：该字段长度为 2 字节，包括 TCP 报文发送方使用的端口号。

（2）**目的端口**：该字段长度为 2 字节，包括 TCP 报文接收方使用的端口号。

（3）**序列号（SEQuence number，SEQ）**：该字段长度为 4 字节。序列号是本报文段的编号。序列号的初始值称为初始序列号，由系统随机产生。

（4）**确认号（ACKnowledgment NUMber，ACKNUM）**：该字段长度为 4 字节。确认

号是目的端口期望收到的下一个报文段的序列号。

（5）**报头长度：**该字段长度为 4 bit，标识了 TCP 报头的结束和数据的开始。没有任何选项字段的 TCP 报头长度为 20 字节，最多可以为 60 字节。

（6）**预留：**该字段长度为 6 bit。预留字段默认为 0。

（7）**URG：**该字段长度为 1 bit。紧急标志，当 URG 为 1 时，表明紧急指针字段有效。

（8）**ACK：**该字段长度为 1 bit。确认标志，当 ACK 为 1 时，表明确认号字段有效。

（9）**PSH：**该字段长度为 1 bit。推送标志，接收方收到 PSH 为 1 的报文段，会尽快交给应用进程，不用等到整个缓存都填满后再交给应用进程。

（10）**RST：**该字段长度为 1 bit。复位连接标志，当 RST 为 1 时，表明 TCP 连接出现严重差错，必须释放连接，并重建连接。

（11）**SYN：**该字段长度为 1 bit。同步标志，当 SYN 为 1 时，表示一个连接请求或连接接收。

（12）**FIN：**该字段长度为 1 bit。释放连接标志，当 FIN 为 1 时，表明发送方的数据发送完毕，要求释放连接。

（13）**窗口值：**该字段长度为 2 字节。窗口值用来进行流量控制，单位为字节，这个值是本端期望一次接收的字节数。

（14）**校验和：**该字段长度为 2 字节，用于对 TCP 报头和 TCP 数据部分进行校验和计算，并由目的端口进行验证。

（15）**紧急指针：**该字段长度为 2 字节。紧急指针是一个偏移量，与序列号字段值相加表示紧急数据最后一个字节的序列号。

（16）**选项：**包括窗口值扩大因子、时间戳等选项，长度可变。

（17）**数据：**应用层数据，长度可变。

5.2.3 TCP 三次握手和四次挥手

TCP 使用三次握手协议建立连接。例如，主机 A 向主机 B 发出连接请求，过程如图 5-2 所示。

第一步，主机 A 发出连接请求。

TCP 数据 SEQ=X，SYN=1。SEQ=X 表示主机 A 发送序列号为 X 的报文段；SYN=1 表示主机 A 请求建立连接。

第二步，主机 B 确认请求，同意建立连接。

主机 B 收到连接请求，发送 TCP 数据 SEQ=Y，ACKNUM=X+1，ACK=1，SYN=1。SEQ=Y 表示主机 B 发送序列号为 Y 的报文段；ACKNUM=X+1，ACK=1 表示主机 B 确认已经正确收到主机 A 发送的序列号为 X 的报文段；SYN=1 表示主机 B 同意建立连接。

第三步，主机 A 确认，连接建立。

TCP 数据 SEQ=X+1，ACKNUM=Y+1，ACK=1。SEQ=X+1 表示主机 A 发送序列号为 X+1 的报文段；ACKNUM=Y+1，ACK=1 表示主机 A 确认已经正确收到主机 B 发送的序列

号为 Y 的报文段。至此主机 A 完成连接，主机 B 收到确认信息，也完成连接，主机 A 与主机 B 可以通信。

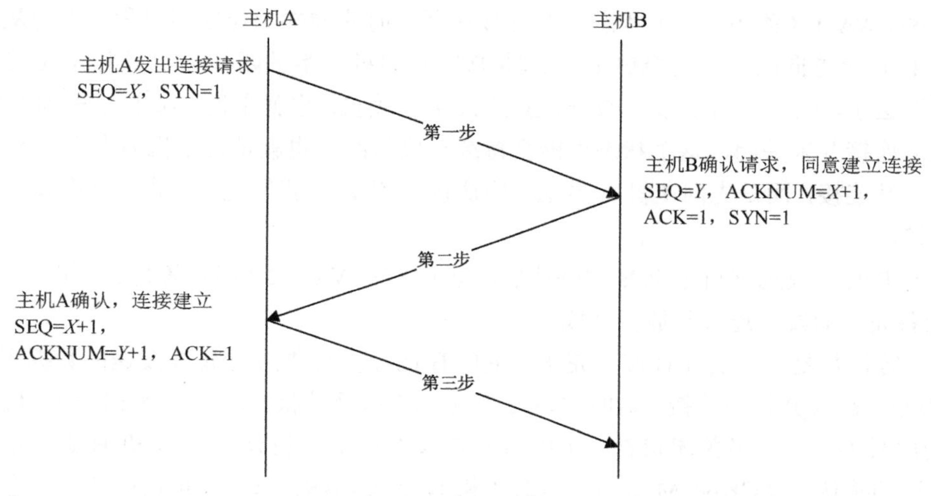

图 5-2 TCP 三次握手过程

TCP 连接释放采用的是四次挥手机制，过程如图 5-3 所示。

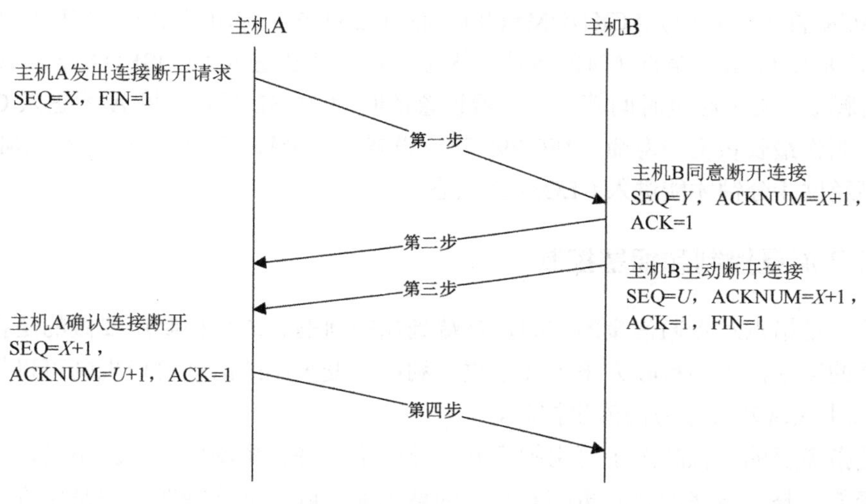

图 5-3 TCP 四次挥手过程

TCP 连接释放过程比较复杂，结合双方状态的改变来说明。

（1）数据传输结束后，通信的双方都可释放连接。现在主机 A 和主机 B 都处于 ESTABLISHED（已连接）状态。主机 A 的应用进程先向其 TCP 发出连接释放报文段，并停止发送数据，主动关闭 TCP 连接。主机 A 把连接释放报文段首部的终止控制位 FIN 置 1，其序号 SEQ=X，它等于前面已传输过的数据的最后一个字节的序号加 1。这时主机 A 进入 FIN-WAIT-1（终止等待 1）状态，等待主机 B 确认。TCP 规定，FIN 报文段即使不携带数据，也消耗一个序号。

（2）主机 B 收到连接释放报文段后发出确认。确认号是 ACKNUM=X+1，而这个报文段的序号是 Y，等于主机 B 前面已传输过的数据的最后一个字节的序号加 1。主机 B 就进入 CLOSE-WAIT（关闭等待）状态。主机 B 进程这时应通知上层应用进程，因而从主机 A 到主机 B 这个方向的连接就释放了，这时 TCP 连接处于半关闭状态，即主机 A 已经没有数据要发送了，但主机 B 若发送数据，主机 A 仍要接收。也就是说，从主机 B 到主机 A 这个方向的连接并未关闭，这个状态可能会持续一段时间。也就是说主机 B 收到请求后并不是立即断开连接，而是先向主机 A 发送“确认包”，告诉它我知道了，我需要准备一下才能断开连接。

（3）主机 A 收到来自主机 B 的确认后，进入 FIN-WAIT-2（终止等待 2）状态，等待主机 B 准备完毕后发出连接释放报文段。

（4）等待片刻后，主机 B 准备完毕，主机 B 已经没有要向主机 A 发送的数据了，其应用进程就通知 TCP 释放连接。这时主机 B 发出的连接释放报文段必须使 FIN=1。现假定主机 B 的序号为 U（在半关闭状态，主机 B 可能又发送了一些数据）。主机 B 必须重复上次已发送过的确认号 ACKNUM=X+1。这时主机 B 进入 LAST-ACK（最后确认）状态，等待主机 A 确认。

（5）主机 A 在收到主机 B 的连接释放报文段后，必须对此发出确认报文段。在确认报文段中把 ACK 置 1，确认号 ACKNUM=U+1，而自己的序号是 SEQ=X+1（FIN 要消耗一个序号）。然后进入 TIME-WAIT（时间等待）状态。而主机 B 进入 CLOSED 状态。现在 TCP 连接还没有释放。必须经过时间等待计时器设置的时间 2MSL 后，主机 A 才进入 CLOSED 状态。MSL 叫作最长报文段寿命，RFC 793 建议设置为 2 分钟。当主机 A 进入 TIME-WAIT 状态后，要经过 4 分钟才能进入 CLOSED 状态。

5.2.4 TCP 流量控制和拥塞控制

流量控制是指点对点通信量的控制，是端到端的问题。流量控制所要做的是抑制发送方传输数据的速率，以便接收方来得及接收。利用可变大小的滑动窗口机制可以很方便地在 TCP 连接上实现对发送方的流量控制。

拥塞是指需要的资源超过了可用的资源。若网络中许多资源同时供应不足，则网络的性能明显变差，整个网络的吞吐量随着负载的增大而下降。网络拥塞往往是由许多因素引起的。TCP 拥塞控制包括慢开始、拥塞避免、快重传和快恢复算法。

1. 慢开始算法

当主机开始发送数据时，如果立即把大量数据字节注入网络，那么有可能引起网络拥塞，因为现在并不清楚网络的负荷情况。因此，慢开始算法是先探测一下，即由小到大逐渐增大发送窗口。通常在刚刚开始发送报文段时，先把拥塞窗口（cwnd）设置为一个最大报文段 MSS 的数值（最大报文段长度 MSS 选项是 TCP 定义的一个选项，MSS 选项用于在 TCP 连接建立，收发双方协商通信时每个报文段所能承载的最大数据长度）。而在每收到一个对新的报文段的确认后，逐步增大发送方的拥塞窗口值，可以使分组注入网络的速率更加合理。

每经过一个传输轮次，拥塞窗口值就加倍。一个传输轮次所经历的时间其实就是往返时间（RTT）。不过“传输轮次”强调：把拥塞窗口所允许发送的报文段都连续发送出去，并收到对已发送的最后一个字节的确认。

为了防止拥塞窗口值增长过大引起网络拥塞，还需要设置一个慢开始门限（ssthresh）状态变量。慢开始门限的用法如下。

当 cwnd < ssthresh 时，使用上述的慢开始算法。

当 cwnd > ssthresh 时，停止使用慢开始算法而改用拥塞避免算法。

当 cwnd = ssthresh 时，既可使用慢开始算法，又可使用拥塞避免算法。

2. 拥塞避免算法

让拥塞窗口缓慢地增大，即每经过一个往返时间，就把发送方的拥塞窗口值加 1，而不是加倍。这样拥塞窗口值按线性规律缓慢增长，比慢开始算法的拥塞窗口值增长速率缓慢得多。

无论在慢开始阶段还是在拥塞避免阶段，只要发送方判断网络出现拥塞（其根据就是没有收到确认信息），就把慢开始门限设置为出现拥塞时发送方拥塞窗口值的一半（但不能小于 2）。然后把拥塞窗口值重新设置为 1，执行慢开始算法。这样做的目的是迅速减小主机发送到网络中的分组数，使得发生拥塞的路由器有足够时间把队列中积压的分组处理完毕。

3. 快重传和快恢复算法

为了防止网络拥塞，TCP 提出了一系列拥塞控制机制。最初 TCP 的拥塞控制由“慢启动”和“拥塞避免”组成，后来在 TCP Reno 版本中又针对性地加入了“快重传”（Fast Retransmit）和“快恢复”（Fast Recovery）算法，再后来在 TCP NewReno 版本中又对快恢复算法进行了改进，近些年又出现了选择性应答（SACK）算法，还有其他方面的大大小小的改进，成为网络研究的一个热点。

快重传算法首先要求接收方每收到一个失序的报文段后就立即发出重复确认（目的是使发送方及早知道有报文段没有到达接收方），而不要等到自己发送数据时才进行捎带确认。

与快重传算法配合使用的还有快恢复算法，其过程有以下两个要点。

（1）当发送方连续收到三个重复确认后，就执行“乘法减小”算法，把慢开始门限变成当前拥塞窗口值的一半。这是为了预防网络拥塞。注意，接下去不执行慢开始算法。

（2）由于发送方现在认为网络很可能没有发生拥塞（如果发生了严重的网络拥塞，就不会有好几个报文连续到达接收方，也不会导致接收方连续发送重复的确认），因此现在不执行慢开始算法（拥塞窗口值现在不设置为 1），而是把拥塞窗口值设置为慢开始门限的一半，然后执行拥塞避免算法（加法增大），使拥塞窗口值缓慢地线性增大。

5.3 UDP

UDP（用户数据报协议）是一种简单的面向数据报的传输层协议，实现的是不可靠、无连接的数据报服务，通常用于不要求可靠传输的场合，可以提高传输效率，减少额外开销。在使用 UDP 传输时，应用进程的每次输出均生成一个 UDP 数据报，并将其封装在一个 IP 数据报中传输。

5.3.1 UDP 的特点

UDP 是一种传输层协议，它不像 TCP 那样具有可靠的数据传输机制。UDP 是不可靠的数据传输协议，它不会检查数据报的完整性或确保数据报的传输顺序，而且 UDP 不会为数据传输提供拥塞控制机制。

5.3.2 UDP 报文格式

UDP 报文格式如图 5-4 所示。

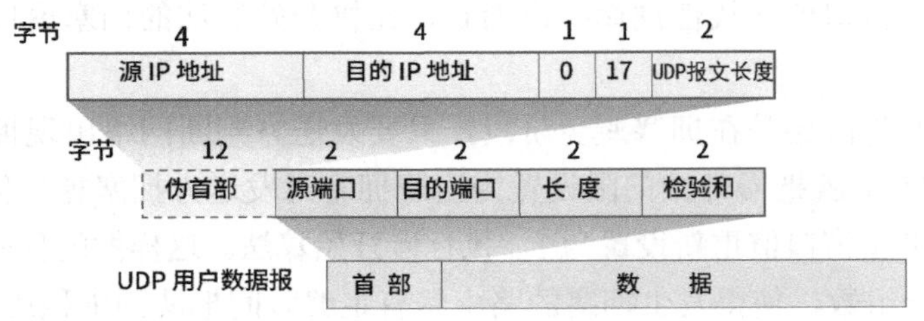

图 5-4 UDP 报文格式

（1）**源端口：**该字段占据 UDP 报头的前 2 字节，通常包含发送数据报的应用程序所使用的 UDP 端口。接收方的应用程序利用该字段的值作为发送响应的目的地址。该字段是可选的，所以发送方的应用程序不一定会把自己的端口号写入该字段。如果不写入端口号，则把这个字段设置为 0。这样，接收方的应用程序就不能发送响应了。

（2）**目的端口：**接收方主机上 UDP 使用的端口，占据 2 字节。

（3）**长度：**该字段占据 2 字节，表示 UDP 数据报的长度，包含 UDP 报头和 UDP 数据长度。因为 UDP 报头长度是 8 字节，所以这个值最小为 8。

（4）**校验和：**该字段占据 2 字节，可以检验数据在传输过程中是否被损坏。

（5）**伪首部：**在实际传输中不存在这样的字段。伪首部只是为了计算检验和。发送方将 UDP 伪首部、首部、数据每 2 字节一组进行二进制反码求和，再将求和结果求反码，填入校验和字段，需要注意的是，如果遇到最高位进位，则将要进的那一位加到尾部，之后取反码。

伪首部的数据是从 IP 数据报报头中获取的，共有 12 字节，包含如下信息：源 IP 地址、目的 IP 地址、保留字节（置 0）、传输层协议号（TCP 是 6，UDP 是 17）、TCP 报文长度或 UDP 报文长度。

5.4 传输层端口

传输层端口号的范围是 1～65535，一般分为 3 种端口号：熟知端口号、登记端口号、客户端口号（或短暂端口号）。

熟知端口号：数值为 0～1023，每个端口号应用于特定熟知的应用协议。表 5-2 所示为常用的端口号。

表 5-2 常用的端口号

端口号	关键字	描 述	端口号	关键字	描 述
20	FTP-DATA	FTP 的数据	53	DNS	域名
21	FTP	FTP 的控制	69	TFTP	简单 FTP
22	SSH	SSH 登录	80	HTTP	Web 访问
23	TELNET	远程登录	110	POP3	邮件接收
25	SMTP	简单邮件传输	143	IMAP	邮件访问协议
67	DHCP	DHCP 服务器	68	DHCP	DHCP 客户端
161	SNMP	轮询端口	162	SNMP	陷阱端口
3389	远程桌面	远程桌面的服务端口	443	HTTPS	安全 Web 访问

登记端口号：数值为 1024～49151，是没有熟知端口号的应用程序使用的。使用这个范围的端口号必须在 IANA 互联网数字分配机构登记，防止重复。

客户端口号：数值为 49152～65535，留给客户进程选择使用。当服务器进程收到客户进程的报文时，就知道了客户进程所使用的动态端口号。当通信结束后，客户端口号可供其他客户进程以后使用。

5.5 DNS 协议

DNS（Domain Name System）协议是 Internet 上的一个分布式数据库系统，其功能是将域名解析为 IP 地址，极大地便利了用户对 Internet 的访问。

5.5.1 域名空间结构

DNS 规定，域名中的标号由英文和数字组成，每个标号不超过 63 个字符（为了记忆方便，一般不会超过 12 个字符），不区分大小写字母。标号中除连字符（-）外，不能使用其他标点符号。级别最低的字符写在最左边，级别最高的字符写在最右边。由多个标号组成的完整域名总共不超过 255 个字符。

例如，www.educity.cn.最上层的是根域名，cn 属于根域名下的顶级域名，educity 属于顶级域名下的二级域名，www 叫作主机名。

顶级域名有如下三种。

（1）**国家顶级域名（nTLD）**：采用 ISO-3166 的规定，如 cn 代表中国、us 代表美国、uk 代表英国等。

（2）**通用顶级域名（gTLD）**：常见的通用顶级域名有 com（公司企业）、net（网络服务机构）、org（非营利组织）、int（国际组织）、gov（美国的政府部门）、mil（美国的军事部门）。

（3）**基础结构域名（Infrastructure Domain）**：这种域名只有一个，即 arpa。基础结构域名用于反向域名解析，因此又称反向域名。

5.5.2 DNS 服务器的类型

和域名层次空间相对应，DNS 服务器根据工作层次可以分为根域名服务器、顶级域名服务器和权限域名服务器（区域名服务器）。

（1）**根域名服务器**：最高层次的域名服务器，也是最重要的域名服务器。全球有 13 个根域名服务器，一个根域名服务器的名称可以作为入口对应一组服务器集群提供域名解析服务。根域名服务器知道所有顶级域名服务器的域名和 IP 地址。只要本地域名服务器无法解析，都要先求助于根域名服务器。

（2）**顶级域名服务器**：知道所有在顶级域名服务器下注册的二级域名。

（3）**权限域名服务器**：负责某一个区的域名服务器，当顶级域名服务器还没有搞定时，会告知应该找哪一个权限域名服务器。

（4）**本地域名服务器**：这类服务器不属于上面的工作层次，当一个主机发出 DNS 请求时，查询请求就被发送到本地域名服务器，本地域名服务器负责应答这个查询，或者代替主机向域名空间中不同工作层次的权威域名服务器查询，把查询的结果返回给主机。

按照工作性质，域名服务器分为主域名服务器、辅助域名服务器、转发域名服务器、缓存域名服务器。

（1）**主域名服务器**：主域名服务器负责维护一个区域内所有的域名信息，是域名信息的权威来源，可以修改信息。

（2）**辅助域名服务器**：当主域名服务器出现故障、关机或负载过重等情况时，辅助域名服务器作为备份服务器提供域名解析服务，区域记录同步于主域名服务器。

（3）**转发域名服务器**：当本地 DNS 服务器无法对 DNS 客户端的解析请求进行本地解析时，可以配置转发域名服务器，把客户端发送的解析请求发送到其他 DNS 服务器上。

（4）**缓存域名服务器**：为了提高 DNS 服务器的查询效率，并减轻 DNS 服务器的负载和减少 Internet 上的 DNS 查询报文数，在域名服务器中广泛使用缓存域名服务器，用来存放最近查询过的域名及从何处获得域名映射信息的记录，但缓存域名服务器中不存在区域资源记录数据库。

5.5.3 DNS 服务器的资源记录

每个 DNS 服务器都包含它所管理的 DNS 命名空间中的所有资源记录。资源记录包含和特定主机有关的信息，如 IP 地址、提供服务的类型等。常见的资源记录有 SOA 记录（起始授权结构记录）、NS 记录（名称服务器记录）、A 记录（主机记录）、MX 记录（邮件交换器记录）和 CNAME 记录（别名记录）等。

（1）**SOA 记录**：表明此 DNS 服务器是该 DNS 域中数据信息的最佳来源。

（2）**NS 记录**：用于标识区域的 DNS 服务器，有几个 DNS 服务器提供服务。

（3）**A 记录：** 又称主机记录，是域名到 IPv4 地址的映射，用于正向解析。

（4）**AAAA 记录：** 将域名指向一个 IPv6 地址。

（5）**PTR 记录：** IP 地址到 DNS 名称的映射，用于反向解析。

（6）**MX 记录：** 用于电子邮件系统发邮件时根据收信人的地址后缀定位邮件服务器。

（7）**CNAME 记录：** 允许将多个域名映射到同一台主机上，通常用于同时提供多种应用服务的主机。

5.5.4 DNS 的解析过程

域名解析分为本地解析和 DNS 服务器解析。其中本地解析指的是 DNS 客户端查访 DNS 缓存及查看自己的 Hosts 表。DNS 客户机访问 www.microsoft.com 这个 Web 服务器的过程如下，详细的解析过程如图 5-5 所示。

（1）DNS 客户机首先查看自己的 DNS 缓存。

（2）若 DNS 缓存中没有记录，则 DNS 客户机会查看自己的 Hosts 表。

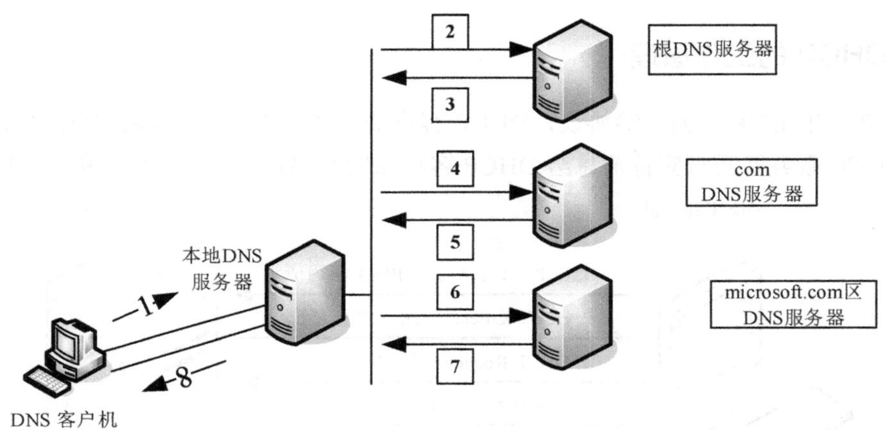

图 5-5 DNS 的解析过程

（3）若 Hosts 表中没有记录，则 DNS 客户机会以递归查询方式查询自己的本地 DNS 服务器。所谓递归查询，就是指如果主机所查询的本地 DNS 服务器不知道被查询域名的 IP 地址，那么本地 DNS 服务器就以 DNS 客户的身份，向其他根域名服务器继续发出查询请求（替主机继续查询），而不让主机自己进行下一步查询。因此，递归查询方式返回的查询结果，要么是所要查询的 IP 地址，要么报错，表示无法查询到所需的 IP 地址。

（4）本地 DNS 服务器收到查询请求后，首先查看自己的区域数据文件，若没有，则查询 DNS 服务器的缓存记录。

（5）若本地 DNS 服务器没有查询到，则把查询请求转发给自己设置的转发域名服务器，交由转发域名服务器查询。如果没有设置转发域名服务器，本地 DNS 服务器就会把查询请求转发给根域名服务器，这一步称为迭代查询。迭代查询的特点是当根域名服务器收到本地 DNS 服务器发出的迭代查询请求时，要么给出所要查询的 IP 地址，要么告诉本地 DNS

服务器“你下一步应当向哪一个 DNS 服务器进行查询。”然后让该 DNS 服务器进行后续的查询。

（6）根域名服务器通常会把自己知道的顶级域名服务器的 IP 地址告诉本地 DNS 服务器，让本地 DNS 服务器向顶级域名服务器查询。

（7）顶级域名服务器会告诉本地 DNS 服务器应该向哪一个权限域名服务器查询。

（8）本地 DNS 服务器告知 DNS 客户机结果。

5.6 DHCP

配置 DHCP 服务后，网络管理员可以集中为某网段指定 TCP/IP 参数（IP 地址、子网掩码、DNS 地址、网关地址等），并且可以定义使用保留地址的客户机的参数。客户机无须手工配置 TCP/IP 参数，DHCP 避免了在每台主机上手工输入数值引起的配置错误，还能防止网络上主机配置地址的冲突。

5.6.1 DHCP 的工作原理

DHCP 采用 UDP 作为传输协议，DHCP 客户端发送请求消息到 DHCP 服务器的 68 号端口，DHCP 服务器回应应答消息给 DHCP 客户端的 67 号端口。具体如图 5-6 所示。

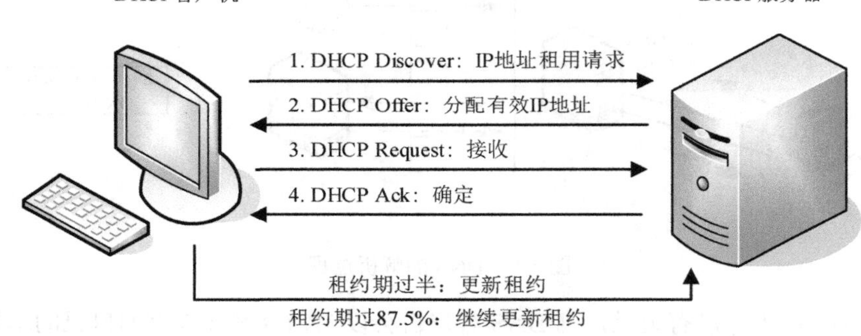

图 5-6　DHCP 的工作原理

1. 寻找 DHCP 服务器

首次接入网络的 DHCP 客户端不知道 DHCP 服务器的 IP 地址，为了学习到 DHCP 服务器的 IP 地址，DHCP 客户端以广播方式发送 DHCP Discover 报文（目的 IP 地址为 255.255.255.255）给同一网段内的所有设备（包括 DHCP 服务器或中继服务器）。DHCP Discover 报文中携带了客户端的 MAC 地址（chaddr 字段）、需要请求的参数列表选项、广播标志位（flags 字段）等信息。

DHCP Discover 广播的等待时间预设为 1 s，也就是当客户机将第一个 DHCP Discover 报文发送出去之后，如果在 1 s 内没有得到回应，就会进行第二次 DHCP Discover 广播。持续 4 次。如果都没有得到 DHCP 服务器的响应，则客户机会从 169.254.0.0/16 这个自动保留的私有 IP 地址中选用一个 IP 地址，并且每隔 5 分钟重新广播一次，如果收到某个 DHCP 服务器的响应，则继续 IP 地址租用过程。

2. 提供 IP 地址租用

当 DHCP 服务器侦听到 DHCP 客户机发出的 DHCP Discover 广播后，会从那些还没有租出去的地址中，选择最前面的空置 IP 地址，连同其他 TCP/IP 设定，通过 UDP 的 68 号端口响应给 DHCP 客户机一个 DHCP Offer 报文（包含 IP 地址、子网掩码、地址租约期等信息）。但这个报文只是告诉 DHCP 客户机可以提供 IP 地址，最终还需要 DHCP 客户机通过 ARP 检测该 IP 地址是否重复。

3. 接收 IP 地址租用

如果 DHCP 客户机收到网络上多个 DHCP 服务器的响应，那么它只会挑选其中一个服务器发出的 DHCP Offer 报文（一般是最先到达的那个），并且会向网络广播发送一个 DHCP Request 报文（包含客户机的 MAC 地址、接收的租约中的 IP 地址、提供此租约的 DHCP 服务器地址等），告诉所有 DHCP 服务器它将接收哪一个 DHCP 服务器提供的 IP 地址，其他 DHCP 服务器撤销它们提供的 IP 地址，以便可以重新将曾经分配给该客户机的 IP 地址分配给其他客户机。

4. 租约确认

当 DHCP Server 收到客户机的 DHCP Request 报文之后，会广播返回给客户机一个 DHCP Ack 消息包，表明已经接收客户机的选择，并将这一 IP 地址的合法租用及其他配置信息都放入该消息包发给客户机。

如果 DHCP 服务器由于某些原因（如协商出错或由于发送 DHCP Request 报文过慢导致服务器已经把此地址分配给其他客户端）无法分配 DHCP Request 报文中填充的 IP 地址，则发送 DHCP Nak 报文作为应答，通知 DHCP 客户端无法分配此 IP 地址。DHCP 客户端需要重新发送 DHCP Discover 报文申请新的 IP 地址。

如果 DHCP 客户端收到 DHCP 服务器响应的 DHCP Ack 报文后，通过免费 ARP 报文，地址冲突检测发现服务器分配的地址冲突或由于其他原因导致不能使用，则发送 DHCP Decline 报文，通知 DHCP 服务器所分配的 IP 地址不可用，让 DHCP 服务器禁用这个 IP 地址以免引起 IP 地址冲突，然后客户端又开始新的 DHCP 过程。

5. 续租

当租期达到 50%时，DHCP 客户端会自动以单播的方式向 DHCP 服务器发送 DHCP Request 报文，请求更新 IP 地址租期。如果收到 DHCP 服务器响应的 DHCP Ack 报文，则租期更新成功（租期从 0 开始计算）；如果收到 DHCP Nak 报文，则重新发送 DHCP Discover 报文请求新的 IP 地址。

当租期达到 87.5%时，如果仍未收到 DHCP 服务器的响应，则 DHCP 客户端会自动以广播的方式向 DHCP 服务器发送 DHCP Request 报文，请求更新 IP 地址租期。如果收到 DHCP 服务器响应的 DHCP Ack 报文，则租期更新成功（租期从 0 开始计算）；如果收到

DHCP Nak 报文，则重新发送 DHCP Discover 报文请求新的 IP 地址。

如果租期时间到时都没有收到 DHCP 服务器的响应，则 DHCP 客户端停止使用此 IP 地址，重新发送 DHCP Discover 报文请求新的 IP 地址。

5.6.2 DHCP 安全

目前，DHCP 在应用的过程中遇到了很多安全方面的问题，网络中存在一些针对 DHCP 的攻击，如 DHCP Server 仿冒者攻击、DHCP Server 拒绝服务攻击、仿冒 DHCP 报文攻击等。

1. DHCP 安全隐患

由于 DHCP 服务器和客户端之间没有认证机制，所以如果在网络上随意添加一台 DHCP 服务器，就可以为 DHCP 客户端分配 IP 地址及其他网络参数。如果该 DHCP 服务器分配错误的 IP 地址和其他网络参数，就会对网络造成非常大的危害。

通常，DHCP 服务器通过检查客户端发送的 DHCP Discover 请求报文中的 CHADDR（也就是 Client MAC address）字段判断客户端的 MAC 地址。正常情况下，CHADDR 字段和发送请求报文的客户端真实的 MAC 地址是相同的。攻击者可以修改 DHCP 报文中的 CHADDR 字段来实施攻击，由于 DHCP 服务器认为不同的 CHADDR 值表示请求来自不同的客户端，所以攻击者可以通过大量发送伪造 CHADDR 的 DHCP 请求报文，导致 DHCP 服务器上的地址池被耗尽，从而无法为其他正常用户提供网络地址，这是一种 DHCP Server 拒绝服务攻击。DHCP Server 拒绝服务攻击可以与伪造的 DHCP 服务器配合使用。当正常的 DHCP 服务器瘫痪时，攻击者就可以建立伪造的 DHCP 服务器为 LAN 中的客户端提供地址。

2. DHCP Snooping 技术

为防止 DHCP Server 仿冒者攻击，可使用 DHCP Snooping 技术。

DHCP Snooping 指在一次主机动态获取 IP 地址的过程中，通过对客户端和服务器之间的 DHCP 交互报文进行侦听，实现对用户的监控。同时 DHCP Snooping 起到一个 DHCP 报文过滤的功能，通过合理的配置实现对非法服务器的过滤，防止客户端获取到非法 DHCP 服务器提供的地址而无法上网。DHCP Snooping 还可以检查 DHCP 客户端发送的 DHCP 报文的合法性，防止 DHCP Server 拒绝服务攻击。

DHCP Snooping 将交换机端口划分为两类。

非信任端口：通常为连接终端设备的端口，如用户主机等。交换机限制用户端口（非信任端口）只能够发送 DHCP 请求报文，丢弃来自用户端口的其他 DHCP 报文，如 DHCP Offer 报文等。而且，可为 DHCP Snooping 配置白名单，DHCP Snooping 只发送白名单范围内的 DHCP 报文，所以并非所有来自用户端口的 DHCP 请求报文都被允许通过，交换机还会比较 DHCP 请求报文的（报头里的）源 MAC 地址和（报文内容里的）DHCP 客户机的硬件地址（CHADDR 字段），只有二者相同的请求报文才会被转发，否则将被丢弃。这样就防止了 DHCP 耗竭攻击。非信任端口在收到 DHCP 服务器响应的 DHCP Ack、DHCP Nak

和 DHCP Offer 报文后，丢弃该报文。

信任端口：连接合法 DHCP 服务器的端口或连接汇聚交换机的上行端口通过开启 DHCP Snooping，信任端口可以接收所有的 DHCP 报文。通过只将交换机连接到合法 DHCP 服务器的端口设置为信任端口，其他端口设置为非信任端口，就可以防止用户伪造 DHCP 服务器来攻击网络。信任端口正常接收 DHCP 服务器响应的 DHCP Ack、DHCP Nak 和 DHCP Offer 报文。

5.7 电子邮件协议

电子邮件是一种用电子手段提供信息交换功能的通信方式，是互联网应用最广的服务。通过网络的电子邮件系统，用户可以以非常低廉的成本、非常快速的方式与世界上任何一个角落的网络用户联系。

电子邮件支持文字、图像、声音等多种形式的传递（早期为 ASCII 码文本方式，后期随着 MIME 协议的加入，可以支持视频、声音、图像等信息）。

电子邮件系统相关协议如下。

（1）**SMTP：**简单邮件传输协议，用于邮件的发送，工作在 25 号端口。

（2）**POP3：**邮局协议 v3.0，用于接收邮件，工作在 110 号端口。

（3）**IMAP：**邮件访问协议，是用于替代 POP3 的新协议，工作在 143 号端口。

其中 IMAP 和 POP3 的区别是 POP3 允许电子邮件客户端下载服务器上的邮件，但是在客户端的操作（如移动邮件、标记已读等）不会反馈到服务器上。例如，通过客户端收取了邮箱中的 3 封邮件并移动到其他文件夹，邮箱服务器上的这些邮件是没有同时被移动的。而 IMAP 客户端的操作都会反馈到服务器上，对客户端邮件进行的操作，服务器上的邮件也会进行相应的更改。

5.8 FTP

FTP（File Transfer Protocol，文件传输协议）是 TCP/IP 协议簇中的协议之一。FTP 包括两个组成部分，其一为 FTP 服务器端，其二为 FTP 客户端。FTP 服务器端用来存储文件，用户可以使用 FTP 客户端通过 FTP 访问位于 FTP 服务器端上的资源。

FTP 服务器一般支持匿名访问，用户可通过 FTP 服务器连接到远程主机上，并从远程主机上下载文件，而无须成为其注册用户。系统管理员建立了一个特殊的用户 ID，名为 Anonymous，Internet 上的任何人在任何地方都可使用该用户 ID。

在默认情况下，FTP 使用 TCP 端口中的 20 号端口和 21 号端口，其中 20 号端口用于传输数据，21 号端口用于传输控制信息。但是，是否使用 20 号端口作为传输数据的端口与 FTP 采用的传输模式有关，如果采用主动模式，那么数据传输端口就是 20 号端口；如果采用被动模式，则具体使用哪个端口由服务器端和客户端协商决定。

5.9 HTTP

HTTP 是 Hyper Text Transfer Protocol（超文本传输协议）的缩写，是用于从万维网（World Wide Web）服务器传输超文本到本地浏览器的传输协议。

5.9.1 HTTP 的工作过程

用户单击 URL：http://www.educity.cn/index.htm 后所发生的事件如下。

（1）浏览器分析超链指向页的 URL。

（2）浏览器向 DNS 请求解析 www.educity.cn 的 IP 地址。

（3）域名系统 DNS 解析出希赛服务器的 IP 地址。

（4）浏览器与服务器建立 TCP 连接。

（5）浏览器发出取文件命令：GET /index.htm。

（6）服务器给出响应，把文件 index.htm 发给浏览器。

（7）TCP 连接释放。

（8）浏览器显示“希赛主页”文件 index.htm 中的所有文本。

5.9.2 HTTP 的版本

HTTP 的版本主要是 1.0、1.1、2.0、3.0。

1．HTTP 1.0

HTTP 1.0 规定浏览器和服务器保持短暂的连接。浏览器的每次请求都需要与服务器建立一个 TCP 连接，服务器处理完成后立即断开 TCP 连接（无连接），服务器不跟踪每个客户端，也不记录过去的请求（无状态）

这也造成了一些性能上的缺陷。例如，一个包含许多图像的网页文件中并没有包含真正的图像数据内容，只是指明了这些图像的 URL 地址，当 Web 浏览器访问这个网页文件时，浏览器首先发出针对该网页文件的请求，当浏览器解析 Web 服务器返回的该网页文件中的 HTML 内容时，发现其中的图像标签后，浏览器将根据标签中的 src 属性所指定的 URL 地址，再次向服务器发出下载图像数据的请求。显然，访问一个包含许多图像的网页文件的整个过程包含多次请求和响应，每次请求和响应都需要建立一个单独的连接，每次连接只是传输一个文件和图像，上一次和下一次请求完全分离。即使图像文件都很小，但是客户端和服务器端每次建立和关闭连接却是一个相对比较费时的过程，并且会严重影响客户机和服务器的性能。

2．HTTP 1.1

为了克服 HTTP 1.0 的这个缺陷，HTTP 1.1 支持持久连接（HTTP 1.1 的默认模式使用带流水线的持久连接），在一个 TCP 连接上可以传输多个 HTTP 请求和响应，减少了建立和关闭连接的消耗和延迟。一个包含许多图像的网页文件的多个请求和响应可以在一个连接中传输，但每个单独的网页文件的请求和响应仍然需要使用各自的连接。HTTP 1.1 还允许客户端不用等待上一次请求结果返回，就发出下一次请求，但服务器端必须按照收到客户端请求的先后顺序依次回送响应结果，以保证客户端能够区分出每次请求的响应内容，这样显著地减少了整个下载过程所需的时间。

3. HTTP 2.0

HTTP 2.0 把解决性能问题的方案内置在了传输层，通过多路复用减少延迟，通过压缩 HTTP 首部降低开销，同时增加请求优先级和服务器端推送的功能。HTTP 2.0 相比 HTTP 1.1 的修改并不会破坏现有程序的工作，但是新的程序可以借由新特性得到更好的速度。HTTP 2.0 保留了 HTTP 1.1 的大部分语义，同时增加了以下特点：二进制分帧层、多路复用、数据流优先级、服务端推送、首部压缩等。

4. HTTP 3.0

随着时间的演进，越来越多的流量都往手机端移动，手机端的网络环境会遇到封包丢失率较高、较长的往返时间和连接迁移等问题，都让主要是为了有线网络设计的 HTTP/TCP 协议遇到瓶颈。但是修改 TCP 是一件不可能完成的任务。因为 TCP 存在的时间实在太长，已经充斥在各种设备中，并且这个协议是由操作系统实现的，更新非常麻烦，不具备显示操作性。

随着 TCP 的缺点不断暴露出来，新一代的 HTTP 3.0 毅然决然地切断了和 TCP 的联系，转而拥抱了 QUIC 协议。

QUIC 协议是 Google 提出的一个基于 UDP 的传输协议，所以 QUIC 协议又被叫作快速 UDP 互联网连接。

5.10 远程登录协议

远程登录协议（Telnet 协议）提供远程登录功能，用户在本地主机上运行 Telnet 客户端，就可登录远端的 Telnet 服务器。在本地输入的命令可以在远端 Telnet 服务器上运行，远端 Telnet 服务器把结果返回到本地，如同直接在服务器控制台上操作，可以在本地进行远程操作和控制服务器。

为了解决不同操作系统对键盘定义的差异性，Telnet 协议定义了网络虚拟终端（NVT）。对于发送的数据，客户端把来自用户终端的按键和命令序列转换为 NVT 格式的数据和命令，并发送给服务器，服务器将收到的数据和命令，从 NVT 格式转换为远端系统需要的格式。

Telnet 协议是一个明文传输协议，用户名和密码都以明文方式在互联网上传输，具有一定的安全隐患，因此目前通常使用 SSH 协议代替 Telnet 协议进行远程管理。SSH 协议采用多种加密和验证方式，解决了传输过程中数据加密和身份验证的问题，能有效防止网络嗅探和 IP 欺骗等攻击。

5.11 课后检测

1．TCP 是（　　）。

A．可靠网络、可靠传输　　B．不可靠网络、不可靠传输

C．不可靠网络、可靠传输　　D．可靠网络、不可靠传输

答案：C。

解析：

TCP（Transmission Control Protocol，传输控制协议）是一种面向连接的、可靠的、基于字节流的传输层通信协议，在不可靠网络上实现可靠传输。

2．若 TCP 最大报文段长度为 1000 字节，在建立连接后慢启动，第 1 轮次发送了 1 个报文段并收到了响应，响应报文中窗口值字段为 5000 字节，此时还能发送（　　）字节。

A．1000　　B．2000　　C．3000　　D．5000

答案：B。

解析：

假如 TCP 最大报文段长度为 1000 字节，在建立连接后慢启动第 1 轮次发送了 1 个报文段并收到了响应，那么把窗口值扩大到 2 个报文段，也就是 2000 字节，而响应报文中的窗口值字段为 5000 字节，可以发送，此时发送 2000 字节。

3．TCP 使用的流量控制协议是（　　）。

A．停等 ARQ 协议　　B．选择重传 ARQ 协议

C．后退 N 帧 ARQ 协议　　D．可变大小的滑动窗口协议

答案：D。

解析：

在实际运行中，TCP 滑动窗口的大小是可以随时调整的。所以是可变大小的滑动窗口协议。

4．1110011001100110 和 1101010101010101 为某 UDP 报文的两个 16 bit，计算得到的校验和 Internet Checksum 为（　　）。

A．1101110111011011　　B．1100010001000100

C．1011101110111100　　D．0100010001000011

答案：D。

解析：

UDP 检验和的计算方法是，将所有的二进制数相加后取反码。有一点需要注意的是，如果遇到最高位进位，那么需要对结果进行回卷。简单来说，就是将要进的那一位加到尾部，之后取反码。

5．若要获取某个域的授权域名服务器的地址，则应查询该域的（　　）记录。

A．CNAME　　B．MX　　C．NS　　D．A

答案：C。

解析：

DNS 的资源记录中的 NS 记录列出负责域名解析的 DNS 服务器；CNAME 记录是别名记录；MX 是邮件交换记录；A 是主机记录。

6．在下列 DNS 查询过程中，合理的是（　　）。

A．本地域名服务器把转发域名服务器地址发送给客户机

B．本地域名服务器把查询请求发送给转发域名服务器

C．根域名服务器把查询结果直接发送给客户机

D．客户端把查询请求发送给中介域名服务器

答案：B。

解析：

本地域名服务器把查询请求发送给转发域名服务器。

7．浏览网页时浏览器与 Web 服务器之间需要建立一条 TCP 连接，该连接中客户端使用的端口号是（　　）。

A．21　　　　B．25

C．80　　　　D．大于 1024 的高端

答案：D。

解析：

浏览网页时浏览器与 Web 服务器之间需要建立一条 TCP 连接，该连接中客户端使用的端口号是 1024～65535。

8．在下列 DHCP 报文中，由客户端发送给 DHCP 服务器的是（　　）。

A．DHCP Decline　　　　B．DHCP Offer

C．DHCP Ack　　　　D．DHCP Nak

答案：A。

解析：

DHCP Decline：DHCP 客户端收到 DHCP 服务器回应的 DHCP Ack 报文后，通过地址冲突检测发现服务器分配的地址冲突或由于其他原因导致不能使用，则发送 DHCP Decline 报文，通知服务器所分配的 IP 地址不可用。通知 DHCP 服务器禁用这个 IP 地址以免引起 IP 地址冲突，然后客户端又开始新的 DHCP 过程。

第6章 网络管理

根据对 2022 版考试大纲的分析，以及对以往试题情况的分析，“网络管理”章节基本维持在 2～3 分，占上午试题总分的 3%左右。从复习时间安排来看，请考生在 1 天之内完成本章的学习。

6.1 知识图谱与考点分析

通过分析历年的考试题目和考试大纲，要求考生掌握几方面内容，如表 6-1 所示。

表 6-1 知识图谱与考点分析

知识模块	知识点分布	重要程度
网络管理的概念	• 网络管理的功能	• ★
SNMP	• SNMP 组成	• ★★
	• SNMP 版本	• ★★★
	• SNMP 报文	• ★★★
其他网络管理协议	• RMON 协议	• ★
	• NETCONF 协议	• ★
网络管理命令	• 常见的网络管理命令	• ★★★
Linux 系统管理	• Linux 的目录结构	• ★★
	• Linux 的配置文件	• ★★

6.2 网络管理的概念

当一个企业园区网建设完毕并投入使用后，网络管理员需要确保网络的健康运行，为了实现这个目标，必须对网络设备进行实时监控或定期监控，使其能够有效、可靠、安全地提供服务。通过检测可以了解网络状态是否正常，是否存在瓶颈和潜在危机；通过控制可以对网络状态进行合理调节，从而提高效率，保证服务。

ISO定义了网络管理的五大功能，并被各厂商接受。这五大功能分别是故障管理、配置管理、安全管理、性能管理和计费管理。

故障管理：要求能够及时对计算机网络中出现的问题进行故障定位，分析故障原因以便网络管理员采取相应补救措施。

配置管理：对网络设备进行配置和管理，包含对设备的初始化、维护和关闭等操作。

安全管理：保证网络当中的资源不被非法用户使用，同时防止网络资源由于受到入侵者攻击而遭到破坏。

性能管理：通过持续性测评网络中的主要性能指标，确认网络服务是否达到预期水平，如果没有达到预期水平，则需要找出发生或潜在的网络瓶颈，为网络管理的决策提供依据。性能管理的目的是维护网络服务质量和网络运营效率。

计费管理：对某些用户而言，使用网络服务时需要付费。计费管理记录了网络资源的使用情况，用来监测网络操作的费用和代价。同时，网络管理员可以通过用户的付费情况控制用户的网络行为，避免用户过多占用网络资源，从而提高网络的效率。

6.3 SNMP

网络管理员要对整个网络的设备进行配置和管理，这些设备分布较为分散，网络管理员到现场进行设备配置是不现实的。如果这些网络设备来自不同的厂商，而每个厂商都提供了一套独立的管理端口（如使用不同的命令行），则批量配置网络设备的工作量巨大。因此，在这种情况下，如果采用传统的人工方式，将会带来成本高、效率低的弊端。此时，网络管理员可以利用SNMP远程管理和配置其下属设备，并对这些设备进行实时监控。

6.3.1 SNMP组成

网络管理系统包括四部分：网络管理站、管理代理、网络管理协议和管理信息库（MIB），如图6-1所示。

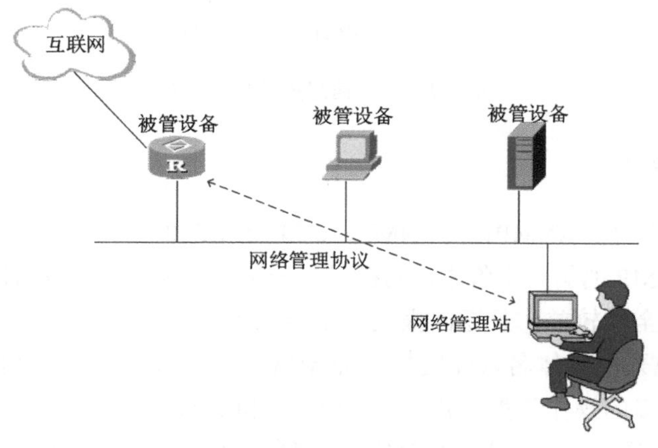

图6-1　网络管理系统

网络管理站又称管理进程，通常位于网络管理系统的主干或接近主干的位置。网络管理站可以发出管理操作指令给管理代理，管理代理收到指令后给网络管理站对应的响应。网络管理站也可以定期查询管理代理的信息，获取相关设备的运行状态、配置内容等信息，以判断网络是否正常。

管理代理简称代理，通常位于被管设备的内部，管理代理可以从管理信息库中读取各种变量信息，也可以修改管理信息库中的变量信息。管理代理收到网络管理站的指令后，可以把查到的信息响应给网络管理站。此外，管理代理在某些场合下可以主动把某些事件报告给网络管理站。

网络管理协议是网络管理系统中最重要的部分，它定义了网络管理员与管理代理之间的通信方法，网络管理协议包括 SNMP、RMON、NETCONF 等。

管理信息库是一个信息存储库。被管设备上可以有多个管理对象，管理对象的信息存储在管理信息库中，管理代理可以查询管理信息库中的管理对象信息。SNMP 的管理信息库采用树形结构，它的根在最上面，根没有名字。图 6-2 所示为管理信息库的一部分，又称对象命名树。每个对象标识符 OID（Object IDentifier）对应树中的一个管理对象，该树的每个分支都有一个数字和一个名称，并且每个点都以从该树的顶部到该点的完整路径命名。

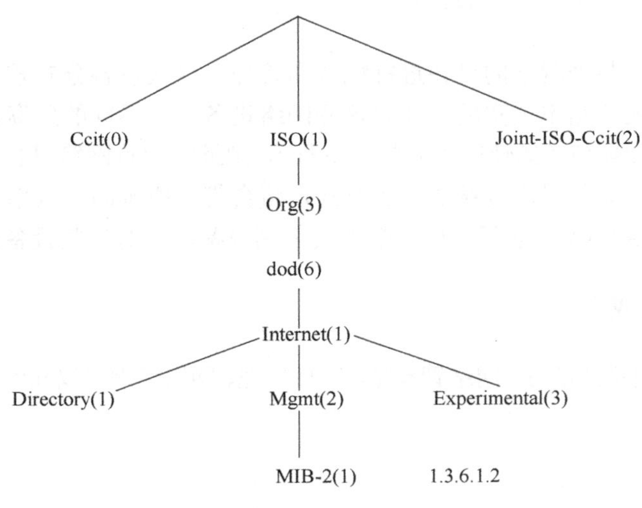

图 6-2　管理信息库的树形结构

6.3.2　SNMP 版本

SNMP 有三种版本：SNMPv1、SNMPv2c 和 SNMPv3。

SNMPv1： SNMP 的第一个版本，它提供了一种监控和管理计算机网络的系统方法，基于团体名认证，安全性较差，且返回报文的错误码也较少。

SNMPv2c： 也采用团体名认证机制。SNMPv2c 对 SNMPv1 的功能进行了增强，增强的内容包括提供更多的操作类型（引入了 GetBulk 和 Inform 操作）；支持更多的数据类型；提供更丰富的错误代码。但同样地，SNMPv2c 消息没有采用加密传输，因此缺乏安全保障。

SNMPv3：鉴于 SNMPv2c 在安全性方面没有得到改善，IETF 颁布了 SNMPv3 版本，提供了基于用户安全模块（User Security Module，USM）的认证加密和基于视图的访问控制模块（View-based Access Control Model，VACM）的访问控制，是迄今为止最安全的版本。

6.3.3 SNMP 报文

SNMP 规定了网络管理站和管理代理之间交换网络管理信息的报文格式。网络管理站和管理代理之间的通信方式有三种：一是网络管理站向管理代理发出请求以询问具体参数值；二是网络管理站要求修改管理代理中的一些参数值；三是管理代理主动向网络管理站报告某些重要事件。

在 SNMPv1 中，上面三种通信方式涉及五种报文的交换，如图 6-3 所示。

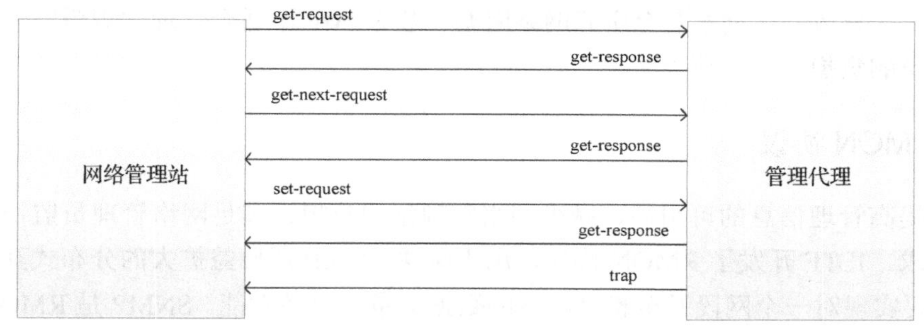

图 6-3 网络管理站和管理代理之间的通信方式

在第一种通信方式中，网络管理站向管理代理发起查询请求，发出 get-request（提取管理代理进程中的一个或多个参数值）和 get-next-request（提取管理代理进程中紧跟当前参数值的下一个参数值）报文。管理代理收到请求后给出响应，发出 get-response（返回一个或多个参数值）报文。

在第二种通信方式中，网络管理站修改管理代理中的某些参数值，发出 set-request 报文。管理代理收到报文，修改完参数值后给出响应，发出 get-response 报文。

在第三种通信方式中，管理代理主动发出 trap 报文，通知网络管理站有某些事件发生。

管理代理通过 UDP 的 161 号端口接收来自网络管理站的 request 报文，网络管理站通过 UDP 的 162 号端口接收来自管理代理的 trap 报文。

另外，SNMPv2 增加了 GetBulkRequest 消息、InformRequest 消息、Report 消息。利用 GetBulkRequest 消息，网络管理站可以一次读取管理代理处的大量成块数据，高效率地从管理代理处获取大量管理对象数据，该消息在检索大量管理信息时使所需的协议交换数目大大减少。InformRequest 消息可以实现管理进程之间的互相通信，也就是由网络管理站发起，向另一个网络管理站报告状态数据。

注意：SNMP 使用的是无连接的 UDP，因此在网络上传输 SNMP 报文的开销很小，但 UDP 是不保证可靠交付的。同时 SNMP 使用 UDP 的方法有些特殊，在运行代理程序的服务器端用 161 号端口接收 get 或 set 报文和发送响应报文（客户端使用临时端口），但运行管理程序的客户端则使用熟知的162号端口接收来自各管理代理的trap报文。

6.4 其他网络管理协议

SNMP是互联网中使用最广泛的网络管理协议，通过嵌入到设备中的代理软件实现对网络通信信息的收集和统计。管理软件通过轮询方式向代理的管理信息库发出查询信号得到这些信息，通过得到的信息实现对网络的管理。虽然管理信息库计数器把统计数据的总和记录下来了，但它无法对日常的通信情况进行历史分析。为了能全面地查看一天中的流量和流量的变化情况，管理软件需要不断地轮询，才能通过得到的信息分析出网络的状况。这种方式会占用大量的网络资源，在大规模网络中，通过轮询方式会产生大量的网络通信报文，这样会导致网络拥塞甚至引起网络阻塞，故SNMP不适合管理大规模网络，加重了网络管理员的负担。

6.4.1 RMON协议

为了提高管理信息的可用性、减少网络管理站的负担、满足网络管理员监控多个网段性能的需求，IETF开发了RMON协议，用于解决SNMP在日益扩大的分布式互联中的局限性，主要实现对一个网段乃至整个网络的数据流量的监控功能。SNMP是RMON协议实现的基础，RMON协议是SNMP功能的增强。

RMON协议基于SNMP体系结构实现，与现存SNMP框架兼容，仍然由网络管理站和运行在各网络设备上的管理代理两部分组成。由于RMON协议没有使用另外一套机制，网络管理站和SNMP共用，网络管理员无须进行额外的学习，因此实现比较简单。

RMON协议的管理信息库分为10组。存储在每组中的信息都是监视器从一个或几个子网中统计和收集的数据。

统计组（Statistics）：反映设备上每个监控端口的统计值。统计信息包括网络冲突数、CRC校验错误报文数、过小（或超大）的报文数、广播、多播的报文数及接收字节数、接收报文数等。

历史组（History）：历史组会周期性地收集网络统计信息，为了便于处理，这些统计信息被暂时存储，提供有关网段流量、错误报文、广播报文、带宽利用率等统计信息的历史数据。

警报组（Alarm）：对指定的变量（如端口的统计数据）进行监视，当被监视数据的值超过定义的阈值时，会产生告警事件，触发预先配置好的相应事件。

事件组（Event）：用来定义事件号及事件的处理方式。事件组定义的事件主要用在警报组配置项中警报触发产生的事件。

主机组（Host）：包括网络上发现的与每个主机相关的统计值，如主机地址、数据报、接收字节、传输字节等。

过滤组（Filter）：提供一种手段，通过过滤选择出某种指定的特殊分组，允许监视器观测符合一定过滤条件的数据报。

矩阵组（Matrix）：记录子网中两个主机之间的通信量，信息以矩阵的形式存储。

捕获组（Capture）：建立一组缓冲区，用于存储从通道中捕获的分组，捕获组的实现基于过滤组的实现。

最高 *N* 台主机组（HostTopN）：记录某种参数最大的 *N* 台主机的有关信息，这些信息的来源是主机组。

令牌环网组（TokenRing）：RFC 1513 扩展了 RMON 协议的管理信息库，增加了有关 IEEE 802.5 令牌环网的管理信息。

所以，标准的管理信息库仅提供管理对象大量关于端口的原始数据，而 RMON 协议的管理信息库提供的是一个子网的统计数据和计算结果，主要由一组统计数据和分析数据组成。RMON 协议的 10 个 MIB 组提供不同的数据以满足网络管理和监控的实际需要，每个组都有自己的控制表和数据表，控制表可读/写，定义数据表存放数据的格式，数据表可读、存放统计和分析数据。

6.4.2 NETCONF 协议

NETCONF（Network Configuration，网络配置）协议是一种基于 XML 的网络管理协议，它提供了一种可编程的方法对网络设备进行配置和管理。NETCONF 协议提供了一个标准框架和一个标准远程过程调用协议（Remote Procedure Call，RPC）的集合。网络管理员和应用开发人员可以根据此框架和集合来操作网络设备的配置，以及获取网络设备的状态数据。

NETCONF 报文使用 XML 格式，具有强大的过滤能力，而且每个数据项都有一个固定的元素名称和位置，这使得同一厂商的不同设备具有相同的访问方式和结果呈现方式，不同厂商之间的设备也可以经过映射 XML 得到相同的效果，这使得它在第三方软件的开发上非常便利，很容易开发出在混合不同厂商、不同设备的环境下特殊定制的网管软件。在这样的网管软件的协助下，使用 NETCONF 协议会使网络设备的配置管理工作，变得更简单、更高效。

6.5 网络管理命令

操作系统自带许多实用的工具，以供网络管理员实现简单的网络配置和测试。这些实用工具通常以命令的形式出现。我们需要熟悉一些常见的网络管理命令。

6.5.1 ipconfig 命令

ipconfig 命令其实脱胎于 Linux 操作系统下的 ifconfig 命令，该命令可以显示与网卡相关的 TCP/IP 配置参数等。在 ipconfig 命令后带不同参数以显示不同内容，语法格式为“ipconfig /参数”或“ipconfig -参数”。

以下是常见的参数及其解释说明。

（1）/?：显示帮助信息。

（2）/all：显示网卡的完整配置信息，如图 6-4 所示。

（3）/renew：如果主机通过 DHCP 服务器自动获取 IP 地址，那么此参数可以更新网卡的 IP 地址。

（4）/release：如果主机通过 DHCP 服务器自动获取 IP 地址，那么此参数可以释放获取的 IP 地址。

（5）/flushdns：清除 DNS 解析程序的缓存内容。

（6）/displaydns：显示 DNS 解析程序的缓存内容。

```
以太网适配器 以太网:

   连接特定的 DNS 后缀 . . . . . . . :
   描述. . . . . . . . . . . . . . . : Realtek PCIe GbE Family Controller
   物理地址. . . . . . . . . . . . . : 08-8F-C3-62-AA-2B
   DHCP 已启用 . . . . . . . . . . . : 是
   自动配置已启用. . . . . . . . . . : 是
   本地链接 IPv6 地址. . . . . . . . : fe80::f6b9:db1:e0f8:602c%14(首选)
   IPv4 地址 . . . . . . . . . . . . : 192.168.202.65(首选)
   子网掩码 . . . . . . . . . . . . : 255.255.255.0
   获得租约的时间 . . . . . . . . . : 2023年4月26日 12:52:20
   租约过期的时间 . . . . . . . . . : 2023年4月27日 12:52:18
   默认网关. . . . . . . . . . . . . : 192.168.202.1
   DHCP 服务器 . . . . . . . . . . . : 192.168.202.1
   DHCPv6 IAID . . . . . . . . . . . : 218664899
   DHCPv6 客户端 DUID . . . . . . . : 00-01-00-01-2A-29-1F-4A-08-8F-C3-62-AA-2B
   DNS 服务器 . . . . . . . . . . . : 192.168.1.1
                                       114.114.114.114
   TCPIP 上的 NetBIOS . . . . . . . : 已启用
```

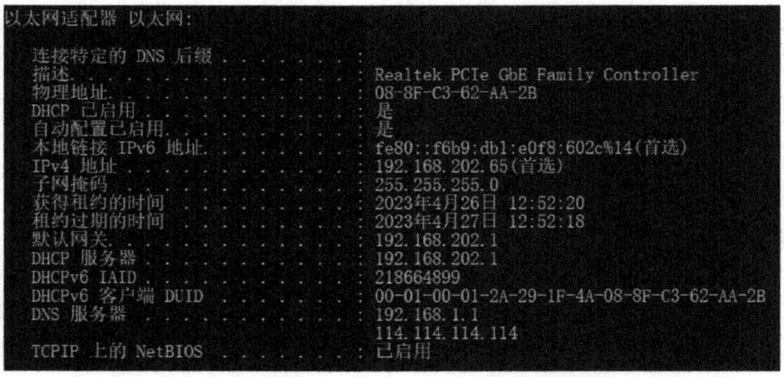

图 6-4　显示网卡的完整配置信息

6.5.2　ping 命令

ping 命令一般用来测试连通性。使用 ping 命令后，会收到对方发送的回馈信息，其中记录着对方的 IP 地址和 TTL。例如，IP 数据报在服务器发送前设置的 TTL 是 64，使用 ping 命令后，得到服务器反馈的信息，其中的 TTL 为 53，说明途中一共经过了 11 次路由器的转发，每经过一次转发，TTL 就减 1。语法格式为“ping /参数 IP 地址或域名”，举例如图 6-5 所示。

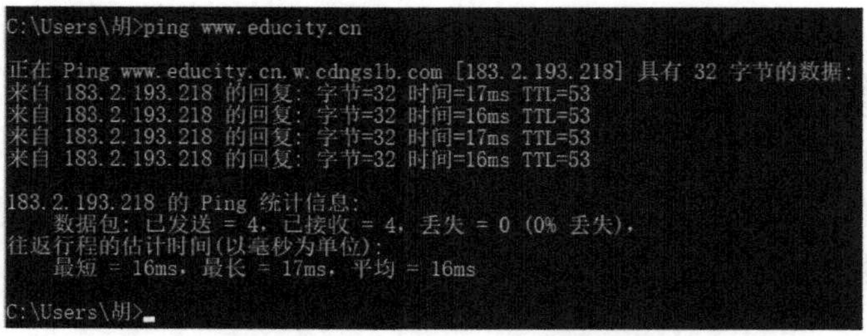

```
C:\Users\胡>ping www.educity.cn

正在 Ping www.educity.cn.w.cdngslb.com [183.2.193.218] 具有 32 字节的数据:
来自 183.2.193.218 的回复: 字节=32 时间=17ms TTL=53
来自 183.2.193.218 的回复: 字节=32 时间=16ms TTL=53
来自 183.2.193.218 的回复: 字节=32 时间=17ms TTL=53
来自 183.2.193.218 的回复: 字节=32 时间=16ms TTL=53

183.2.193.218 的 Ping 统计信息:
    数据包: 已发送 = 4, 已接收 = 4, 丢失 = 0 (0% 丢失),
往返行程的估计时间(以毫秒为单位):
    最短 = 16ms, 最长 = 17ms, 平均 = 16ms

C:\Users\胡>_
```

图 6-5　ping 命令举例

以下是常见的参数及其解释说明。

（1）/?：显示帮助信息。

（2）/t：持续 ping 一个 IP 地址，可以按 Ctrl+C 键停止持续 ping。

（3）/l：设置请求报文的字节数长度，默认是 32 字节。

（4）/a：如果用 IP 地址表示目标，则尝试将 IP 地址解析为主机名并显示。

（5）/n：设置发送请求报文的次数，默认是 4。

6.5.3 tracert 命令

tracert 命令可以显示去往目的地的中间每跳的路由器地址，其原理是通过多次向目的地发送 ICMP 报文，每次增加 ICMP 报文中的 TTL 的值，以获取路径中每个路由器的相关信息。语法格式为“tracert /参数”。

以下是常见的参数及其解释说明。

（1）/?：显示帮助信息。

（2）/d：不会把地址解析成主机名，但是使用该参数可以加快显示的速度，如图 6-6 所示。

```
C:\Users\胡>tracert www.baidu.com

通过最多 30 个跃点跟踪
到 www.baidu.com [14.119.104.254] 的路由:

  1     1 ms     1 ms     1 ms  192.168.202.1
  2    <1 毫秒   <1 毫秒   <1 毫秒 192.168.1.1
  3     3 ms     1 ms     3 ms  113.240.250.129
  4     *        *        *     请求超时。
  5     *        *        *     请求超时。
  6     *        *        *     请求超时。
  7     *        *        *     请求超时。
  8     *        *        *     请求超时。
  9    23 ms    27 ms    25 ms  90.96.135.219.broad.fs.gd.dynamic.163data.com.cn [219.135.96.90]
 10     *       48 ms    46 ms  14.29.117.138
 11     *        *        *     请求超时。
 12    27 ms    30 ms    29 ms  14.119.104.254

跟踪完成。
```

图 6-6 tracert 命令举例

注意：如果某条显示请求超时，并不是设备故障或产品问题，而是因为设备上的 ICMP 超时发送功能被关闭了。

6.5.4 nslookup 命令

nslookup 是一种网络管理命令行工具，可在多种操作系统中使用，通过查询 DNS 服务器以获得域名或 IP 地址的映射或其他 DNS 记录，还可以用于 DNS 服务器故障排错。

nslookup 命令以交互或非交互模式运行。非交互模式是指使用一次 nslookup 命令查询后又返回到命令提示符。交互模式则可以用来查找多项数据，当网络管理员按 Ctrl+C 键时再退回到命令提示符。nslookup 命令举例如图 6-7 所示。下面我们简单认识下非交互模式。

```
C:\Users\胡>nslookup www.baidu.com
服务器:  UnKnown
Address:  192.168.1.1

非权威应答:
名称:    www.baidu.com
Addresses:  14.119.104.254
          14.119.104.189
```

图 6-7 nslookup 命令举例

服务器：给出解析域名的 DNS 服务器的名称。

Address：给出解析域名的 DNS 服务器的 IP 地址。

非权威应答：告知解析域名的 DNS 服务器并非权威域名服务器。

名称：需要解析的域名。

Addresses：域名解析出来的 IP 地址。

6.5.5　route add 命令

route add 命令的主要作用是为主机添加静态路由，通常的格式如下。

```
# route add [-net|-host] target [netmask Nm] [gw Gw] [[dev] If]
```

add：添加一条路由规则；

-net：目的地址是一个网络；

-host：目的地址是一台主机；

target：目的网络或主机；

netmask：目的地址的网络掩码，如果是主机路由，子网掩码是 255.255.255.255；

gw：路由数据报通过的网关，也就是下一跳地址；

dev：为路由指定的本设备网络端口。

例如，route add -net 10.20.30.48 netmask 255.255.255.248 gw 10.20.30.41 #去往 10.20.30.48/29 网络的数据交给下一跳 10.20.30.41 的路由器。

6.5.6　route print 命令

客户机在命令提示符中输入“route print”可以查看本主机端口列表、网络目标、网络掩码、网关、端口和度量值等信息的路由表。此命令和 netstat-r 等价。

在图 6-8 中，最上方给出了本机的端口列表，展示本机的网卡信息。

```
C:\Users\Administrator>route print
===========================================================================
端口列表
 12...00 0c 29 ec 52 a2 ......Intel(R) PRO/1000 MT Network Connection
  1...........................Software Loopback Interface 1
 13...00 00 00 00 00 00 00 e0 Microsoft ISATAP Adapter
 11...00 00 00 00 00 00 00 e0 Microsoft Teredo Tunneling Adapter
===========================================================================

IPv4 路由表
===========================================================================
活动路由:
网络目标        网络掩码          网关       端口   跃点数
          0.0.0.0          0.0.0.0    192.168.215.2  192.168.215.130    266
        127.0.0.0        255.0.0.0            在链路上         127.0.0.1    306
        127.0.0.1  255.255.255.255            在链路上         127.0.0.1    306
  127.255.255.255  255.255.255.255            在链路上         127.0.0.1    306
    192.168.215.0    255.255.255.0            在链路上   192.168.215.130    266
  192.168.215.130  255.255.255.255            在链路上   192.168.215.130    266
  192.168.215.255  255.255.255.255            在链路上   192.168.215.130    266
    192.168.216.0    255.255.255.0            在链路上   192.168.215.130    266
  192.168.216.130  255.255.255.255            在链路上   192.168.215.130    266
  192.168.216.255  255.255.255.255            在链路上   192.168.215.130    266
        224.0.0.0        240.0.0.0            在链路上         127.0.0.1    306
        224.0.0.0        240.0.0.0            在链路上   192.168.215.130    266
  255.255.255.255  255.255.255.255            在链路上         127.0.0.1    306
  255.255.255.255  255.255.255.255            在链路上   192.168.215.130    266
===========================================================================
永久路由:
  网络地址          网络掩码  网关地址  跃点数
          0.0.0.0          0.0.0.0    192.168.215.2     默认
===========================================================================
```

图 6-8　route print 命令举例

我们先看图 6-8 第五行所表示的含义，该行内容是指当主机收到一个数据报，该数据报想去往 192.168.215.0/24 网段（通过目的网络和网络掩码确定网络目标）而转发数据报时，把数据报从本机的 192.168.215.130 网卡端口转发出去。“网关”指示的“在链路上”表明，该网络目标和主机是直连的。

在图 6-8 展示的 IPv4 路由表中，第一行内容是指当主机收到一个数据报，该数据报不知发往何处时（属于任意一个网络，通过目的网络和网络掩码全为 0 确定网络目标是任意网络），就把数据报交给网关（或称为下一跳），其 IP 地址是 192.168.215.2，让网关帮忙转发数据。本机把数据报交给网关时，数据报从本机的 192.168.215.130 网卡端口转发出去。IPv4 路由表中的其他行内容和上述两例类似，不再赘述。

6.5.7 netstat 命令

netstat 可以显示协议统计信息和当前的 TCP/IP 网络连接，其中较为常用的是查看端口状态。语法格式为“netstat /参数”或“netstat -参数”。

以下是常见的参数及其解释说明。

（1）/?：显示帮助信息。

（2）/n：以数字形式显示 IP 地址和端口号。

（3）/r：显示路由表，作用和 route print 命令一致。

（4）/a：显示所有的连接和侦听的端口，如图 6-9 所示。

（5）/e：显示以太网的统计信息，该参数可以和-s 配合使用。

（6）/s：显示每个协议的统计信息。

（7）/o：显示与每个连接所属的进程 ID。

```
C:\WINDOWS\system32\cmd.exe - netstat -a
  TCP    127.0.0.1:63912        3EDYJ82S21CRQDC:27015  TIME_WAIT
  TCP    127.0.0.1:63917        3EDYJ82S21CRQDC:1026   TIME_WAIT
  TCP    127.0.0.1:63920        3EDYJ82S21CRQDC:27015  TIME_WAIT
  TCP    127.0.0.1:63921        3EDYJ82S21CRQDC:27015  TIME_WAIT
  TCP    127.0.0.1:63931        3EDYJ82S21CRQDC:27015  TIME_WAIT
  TCP    127.0.0.1:63932        3EDYJ82S21CRQDC:27015  TIME_WAIT
  TCP    127.0.0.1:63940        3EDYJ82S21CRQDC:27015  TIME_WAIT
  TCP    127.0.0.1:63942        3EDYJ82S21CRQDC:27015  ESTABLISHED
  TCP    192.168.19.1:139       3EDYJ82S21CRQDC:0      LISTENING
  TCP    192.168.56.1:139       3EDYJ82S21CRQDC:0      LISTENING
  TCP    192.168.132.1:139      3EDYJ82S21CRQDC:0      LISTENING
  TCP    192.168.201.101:139    3EDYJ82S21CRQDC:0      LISTENING
  TCP    192.168.201.101:5786   3EDYJ82S21CRQDC:0      LISTENING
  TCP    192.168.201.101:49745  40.119.211.203:https   ESTABLISHED
```

图 6-9　所有的连接和侦听的端口

6.5.8 ifconfig 命令

ifconfig 是 Linux 系统中用于显示或配置网络设备（网卡参数）的命令，用 ifconfig 命令配置的网卡信息，在设备机器重启后，配置就不存在。要想将上述配置信息永远地存在主机里，就要修改网卡的配置文件。默认的 ifconfig 命令直接输出当前处于 UP 状态的所有端口信息。

例如，要将 IP 地址 192.168.0.101 和网络掩码 255.255.0.0 分配给端口 eth0，则执行命令 ifconfig eth0 192.168.0.101 netmask 255.255.0.0。

6.5.9 iptables 命令

iptables 是 Linux 系统下的包过滤防火墙。iptables 的主要功能是实现对网络数据报进出设备及转发的控制。

```
iptables [-t 表名] 选项 [链名] [条件] [-j 控制类型]
-P：设置默认策略:iptables -P INPUT (DROP|ACCEPT)
-F：清空规则链
-L：查看规则链
-A：在规则链的末尾加入新规则
-I num：在规则链的首部加入新规则
-D num：删除某一条规则
-s：匹配源地址 IP/MASK
-d：匹配目的地址
-i：网卡名称，匹配从这块网卡流入的数据
-o：网卡名称，匹配从这块网卡流出的数据
-p：匹配协议，如 tcp，udp，icmp
-dport num：匹配目的端口号
-sport num：匹配源端口号
```

以下示例是允许入站的 Web 服务连接。

```
iptables -A INPUT -i eth0 -p tcp --dport 80 - j ACCEPT
```

从端口 eth0 进来的、源地址为 192.168.1.0/4 网络的数据报丢弃。

```
iptables -A INPUT -s 192.168.1.0/24 -i eth0 -j drop
```

6.5.10 arp 命令

arp 命令用于显示和修改 ARP 使用的“IP 地址到 MAC 地址映射”缓存表内容。语法格式为“arp /参数”或“arp -参数”。

以下是常见的参数及其解释说明。

（1）/?：显示帮助信息。

（2）/a：显示 IP 地址与 MAC 地址的映射，如图 6-10 所示。

（3）/s：添加静态的 MAC 地址表项。

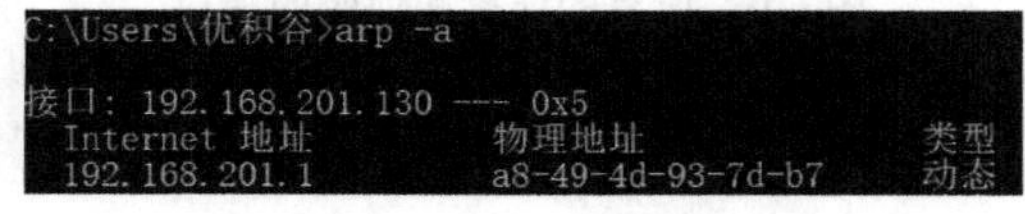

图 6-10 显示 IP 地址与 MAC 地址的映射

6.6 Linux 系统管理

Linux 系统是一个多用户、多任务的操作系统。多用户是指可以在 Linux 系统中为每个

用户指定一个独立的账号，并为账号指定一个独立的工作环境，以确保用户个人数据的安全；多任务是指 Linux 系统可以同时运行很多进程，以确保多个用户能够同时登录并使用系统的软/硬件资源，相互之间不干扰。Linux 系统与传统网络操作系统的最大区别是 Linux 系统开放源码。

6.6.1 Linux 系统的目录结构

Linux 系统使用树状目录结构。顶端是根目录，其他目录与文件都在根目录下。

表 6-2 所示为 Linux 常见目录及说明。

表 6-2 Linux 常见目录及说明

目录	说明
/	根目录，最高一级目录，包含整个 Linux 系统的所有目录和文件
/bin	bin 是 Binary（二进制）的缩写，该目录存放经常使用的命令
/boot	存放启动 Linux 系统时使用的一些核心文件，如系统内核、引导配置文件
/dev	dev 是 Device（设备）的缩写，该目录存放 Linux 系统的外设文件
/etc	存放所有的系统管理所需的配置文件
/home	用户的主目录，如使用 xisai 这个账户登录系统时，在默认情况下会进入/home/xisai 工作目录
/root	系统管理员 root 账户的主目录，当使用 root 账户登录时，默认会以/root 为工作目录
/lib	存放系统最基本的动态连接共享库，其作用类似 Windows 系统里的 DLL 文件。几乎所有的应用程序都需要用到这些共享库，不能随意删除
/mnt	存放用户临时挂载的其他文件系统
/opt	存放给主机额外安装的软件，如安装的 Oracle 数据库就可以放到这个目录下
/sbin	s 是 Super User 的意思，这里存放的是系统管理员使用的系统管理程序
/tmp	用于存放临时文件
/var	经常被修改的目录和文件放在这个目录下，包括各种日志文件
/proc	虚拟文件的目录，此目录的数据都在主存中，如系统核心、外设、网络状态。由于数据都存放在主存中，所以不占用磁盘空间
/lost+found	当系统意外崩溃或机器意外关机时，产生的一些文件碎片放在这个目录下

6.6.2 Linux 系统的配置文件

Linux 系统的配置文件在/etc 目录下，常见的配置文件及说明如表 6-3 所示。

表 6-3 常见的配置文件及说明

文件	说明
/etc/passwd	保存用户账户信息
/etc/shadow	保存用户的加密口令
/etc/httpd/conf/httpd.conf	配置 http 服务的配置文件
/etc/hosts	设置主机名和 IP 地址的对应关系
/etc/resolv.conf	设置主 DNS 服务器和从 DNS 服务器的 IP 地址
/etc/host.conf	设置域名查询顺序，先看缓存还是先 BIND 程序
/etc/dhcpd.conf	DHCP 的配置文件

续表

文件	说明
/etc/hostname	存放主机名称的文件
/etc/inttab	运行级别配置文件

6.7 课后检测

1．traceroute 命令的作用是（　　）。

A．测试链路协议是否正常运行

B．检查目的网络是否出现在路由表中

C．显示分组到达目的网络的过程中经过的所有路由器

D．检验动态路由协议是否正常工作

答案：C。

解析：

该诊断实用程序通过向目的地发送具有不同 TTL 的 Internet 控制信息协议 ICMP 应答报文，以确定至目的地的路由。

2．假设有一个 LAN，网络管理站每 15 分钟轮询网络设备一次，一次查询访问需要的时间是 200 ms，则该管理站最多可支持（　　）个网络设备。

A．400　　B．4000　　C．4500　　D．5000

答案：C。

解析：

假设有一个 LAN，网络管理站每 15 分钟轮询网络设备一次，一次查询访问需要的时间是 200 ms，则该管理站最多可支持 15×60×1000/200=4500 个网络设备。

3．在 RMON 协议的管理信息库中，矩阵组存储的信息是（ ① ），警报组的作用是（ ② ）。

①选项：

A．一对主机之间建立的 TCP 连接数

B．一对主机之间交换的字节数

C．一对主机之间交换的 IP 分组数

D．一对主机之间发生的冲突次数

②选项：

A．定义了一组网络性能门限　　B．定义了网络报警的紧急程度

C．定义了网络故障的处理方法　　D．定义了网络报警的受理机构

答案：B、A。

解析：

本题考查 RMON 协议的相关知识。

RMON 协议规范定义了管理信息库，它是对 SNMP 框架的重要补充，其目的是扩展

SNMP 的 MIB-II，使 SNMP 能更有效、更积极主动地监控远程设备。

RMON 协议的管理信息库分为 10 组。存储在每组中的信息都是监视器从一个或几个子网中统计和收集的数据。

（1）**统计组（Statistics）**：提供一个表，该表每行表示一个子网的统计信息。其中大部分对象是计数器，记录监视器从子网上收集到的各种不同状态的分组数。

（2）**历史组（History）**：存储的是以固定间隔采样所获得的子网数据。该组由历史控制表和历史数据组成。控制表定义被采样的子网端口编号、采样间隔大小，以及每次采样数据的多少，而数据表则用于存储采样期间获得的各种数据。

（3）**警报组（Alarm）**：设置一定的时间间隔和报警阈值，定期采样并与所设置的阈值相比较。

（4）**事件组（Event）**：提供关于 RMON 代理所产生的所有事件。

（5）**主机组（Host）**：包括网络上发现的与每个主机相关的统计值。

（6）**过滤组（Filter）**：允许监视器观测符合一定过滤条件的数据报。

（7）**矩阵组（Matrix）**：记录子网中一对主机之间的通信量，信息以矩阵的形式存储。

（8）**捕获组（Capture）**：建立一组缓冲区，用于存储从通道中捕获的分组。

（9）**最高 *N* 台主机组（HostTopN）**：记录某种参数值最大的 *N* 台主机的有关信息，这些信息的来源是主机组。在一个采样间隔中为一个子网上的一个主机组变量收集到的数据集合叫作一个报告。

（10）**令牌环网组（TokenRing）**：RFC 1513 扩展了 RMON 协议的管理信息库，增加了有关 IEEE 802.5 令牌环网的管理信息。

4．在 Linux 系统中，保存密码口令及其变动信息的文件是（　　）。

A．/etc/users　　B．/etc/group　　C．/etc/passwd　　D．/etc/shadow

答案：D。

解析：

在现在的 Linux 系统中，口令不再直接保存在 passwd 文件中，通常将 passwd 文件中的口令字段使用一个“x”代替，将/etc /shadow 作为真正的口令文件，用于保存包括个人口令在内的数据。当然，shadow 文件是不能被普通用户读取的，只有超级用户才有权读取。

5.某 Windows 主机网卡的连接名为“local”，下列命令中用于配置默认路由的是（　　）。

A．netsh interface ipv6 add address”local”2001:200:2020:1000::2

B．netsh interface ipv6 add route 2001:200:2020:1000::64　“ local”

C．netsh interface ipv6 add route ::/0”local”2001:200:2020:1000::1

D．interface ipv6 add dns”local”2001:200:2020:1000::33

答案：C。

解析：

配置默认路由语法格式。

6．在 Linux 系统中，DNS 的配置文件是（　　），它包含主机的域名搜索顺序和 DNS

服务器的地址。

A．/etc/hostname B．/dev/host.conf

C．/etc/resolv.conf D．/dev/name.conf

答案：C。

解析：

当进行 DNS 解析时，需要系统指定一台 DNS 服务器，以便当系统解析域名时，可以向所设定的域名服务器进行查询。在包括 Linux 系统在内的大部分 UNIX 系统中，DNS 服务器的 IP 地址都存放在/etc/resolv.conf 文件中。也就是说，在图形方式配置网络参数时，所设置的 DNS 服务器就是存放在这个文件中的。用户也完全可以手动修改这个文件的内容进行 DNS 设置。

配置文件不会放在 dev 目录下。

希赛点拨：

/etc/resolv.conf 文件的每行都是由一个关键字和随后的参数组成的，常见的关键字如下。

- **nameserver**：指定 DNS 服务器的 IP 地址，可以有多行，查询时按照次序进行，只有当一个 DNS 服务器不能使用时，才查询后面的 DNS 服务器。
- **domain**：用来定义默认域名（主机的本地域名）。
- **search**：多个参数指明域名查询顺序。当要查询没有域名的主机时，主机将在由 Search 声明的域中分别查找。domain 和 search 不能共存；如果同时存在，则后面出现的关键字会被使用。

第 7 章

广域网和接入网

根据对 2022 版考试大纲的分析，以及对以往试题情况的分析，“广域网和接入网”章节基本维持在 3 分，占上午试题总分的 4%左右。从复习时间安排来看，请考生在 2 天之内完成本章的学习。

7.1 知识图谱与考点分析

通过分析历年的考试题目和考试大纲，要求考生掌握几方面内容，如表 7-1 所示。

表 7-1 知识图谱与考点分析

知识模块	知识点分布	重要程度
广域网的概念	• 广域网专线连接 • 广域网交换连接	• ★ • ★★
广域网协议	• HDLC 协议 • PPP 协议	• ★★★ • ★★
传输网技术	• SDH 标准	• ★★
接入网技术	• xDSL 接入 • HFC 接入 • PON 接入	• ★ • ★ • ★★★

7.2 广域网的概念

广域网（WAN）是一种跨地区的数据通信网络。主机之间的通信常常使用电信运营商提供的设备作为信息传输平台，如通过公用网（电话网、分组交换数据网、帧中继网、Internet 等广域网）连接其他主机。

广域网链路分成两种：一种是专线连接，另一种是交换连接。

7.2.1 广域网专线连接

广域网专线连接大多面向企业、政府及其他有较高数据接入/互联要求、较高服务要求的客户，专线供应一般由运营商提供，为不同客户的业务需求提供不同种类的专线类型、带宽。

1. SDH 专线

SDH（Synchronous Digital Hierarchy）专线是指在运营商覆盖范围内的节点之间，以同步、透明的数字电路方式为用户提供两地设备之间的端到端 2 Mbit/s 及以上速率的专线连接。

2. MSTP 专线

MSTP（Multi-Service Transfer Platform，基于 SDH 的多业务传输平台）专线是指基于 SDH 平台同时实现 TDM、ATM，以及以太网等业务的接入、处理和传输，提供统一网络管理的多业务节点的专线连接。

3. 裸光纤专线

裸光纤是以光缆为承载体的传输方式，运营商提供一条纯净光纤线路，中间不经过任何交换机或路由器，只经过配线架或配线箱做光纤跳纤，可以理解成运营商仅仅提供一条物理线路。裸光纤是目前数据中心网络互联大带宽的首选传输链路，理论上裸光纤的传输带宽是无限的，它的传输速率完全取决于两端的设备，一般裸光纤的接入设备是密集波分设备，应用最普遍的是数据中心同城灾备同步传输。租用运营商裸纤价格较高，一般按照公里收费。租用运营商裸光纤后，只要光纤不被挖断，即使运营商内部交换机、路由器等设备故障，也不会影响业务。

7.2.2 广域网交换连接

广域网交换连接分为电路交换、报文交换和分组交换三种。

1. 电路交换

数据交换最早的方式是电路交换。电路交换利用原有的电话交换网络，在任意两个用户之间建立一个物理电路来交换数据。

所有的电路交换都经过连接建立、数据传输和电路拆除三个阶段，并且在信息传输期间，这条电路为用户所占用，通信结束后才进行释放。

电路交换的缺点在于电路利用率低，特别是用来传输主机数据时。因为主机数据都是突发式出现在传输链路上的，所以电路的利用率往往不到 1%。

2. 报文交换

在报文交换中，信息以报文为单位进行接收、存储和转发。报文交换不要求在两个通信节点之间建立专用通路。节点把要发送的信息组织成一个数据报——报文，该报文中含有目的节点的地址，完整的报文在网络中一站一站地向前传输。报文长度没有限制。每个中间节点都要完整地接收传来的整个报文，当输出线路不空闲时，可能要存储几个完整报文等待转发，因此要求网络中每个节点都有较大的缓冲区。为了降低成本，减少节点的缓冲存储器的容量，有时要把等待转发的报文存在磁盘上，这就进一步增加了传播时延。报文交换出现的时间比较短，已经被分组交换取代。

3. 分组交换

分组交换采用存储转发的传输方式，将一个长报文先分割为若干较短的分组，再把这些分组（携带源、目的地址和编号信息）逐个发送出去。按照实现方式，分组交换可以分为虚电路分组交换和数据报分组交换。

（1）虚电路分组交换。

虚电路分组交换在通信之前，需要在发送方和接收方之间先建立一个逻辑连接，然后才开始传输分组，所有分组沿相同的路径进行交换转发，通信结束后再拆除该逻辑连接。网络保证所传输的分组按发送的顺序到达接收方，所以网络提供的服务是可靠的，也保证服务质量。这种方式对信息传输频次高、每次传输量小的用户不太适用，但由于每个分组头只需标出虚电路标识符和序号，所以分组头开销小，适用于长报文传输，典型的网络代表有 X.25 网络、帧中继网络、ATM 网络等。

（2）数据报分组交换。

发送方需要在通信之前将所要传输的数据报准备好，数据报中包含发送方和接收方的地址信息。数据报的传输彼此独立、互不影响，可以按照不同的路由机制到达目的地，并重新组合。网络只是尽力地将数据报交付给目的主机，但不保证所传输的数据报不丢失，也不保证数据报能够按发送的顺序到达接收方，所以网络提供的服务是不可靠的，也不保证服务质量。典型的网络代表有 Internet。

7.3 广域网协议

在广域网路由器之间经常使用串行链路进行远距离的数据传输，HDLC 协议和 PPP 协议是两种典型的广域网协议。

7.3.1 HDLC 协议

HDLC 协议是一种通用的协议，工作在 OSI 参考模型的数据链路层。报文加上头开销和尾开销后封装成 HDLC 帧。

1. HDLC 协议的特点

HDLC 协议具有以下特点。

（1）只支持点到点链路，不支持点到多点链路。

（2）不支持 IP 地址协商，不支持认证。

（3）通过 Keepalive 报文检测链路状态，可以设置轮询时间间隔控制发送 Keepalive 报文的周期。

（4）只能封装在同步链路上，如果是同/异步串口，则只有当同/异步串口工作在同步模式下才可以应用 HDLC 协议。

2. HDLC 帧格式

HDLC 协议是一种面向比特的数据链路层协议，在 HDLC 协议中，只要负载的数据流中不存在和标志字段 F（01111110）相同的数据，就不会引起帧边界的判断失误。如果出现了和标志字段 F 相同的数据，也就是数据流中出现了 6 个连续的 1，则可以用 0 比特填充技术解决。具体做法是，在发送方，加标志字段之前，先对比特串进行扫描，若发现 5 个连续的 1，则立即在其后加一个 0。在接收方收到帧后，去掉头尾的标志字段，对比特串进行扫描，当发现 5 个连续的 1 时，立即删除其后的 0，这样就还原成原来的比特流了。

HDLC 帧结构由起始标志、地址、控制、信息、帧校验序列和结束标志字段组成，如图 7-1 所示。

起始标志	地址	控制	信息	帧校验序列	结束标志
01111110	8 bit	8 bit	8 bit×*n*	16 bit 或 32 bit	01111110

图 7-1　HDLC 帧结构

HDLC 协议有三种不同类型的帧：信息帧（I 帧）、监控帧（S 帧）和无编号帧（U 帧）。HDLC 帧结构中的控制字段中的第一位或第一、第二位表示帧的类型。

（1）I 帧用于传输用户数据，以控制字段第一位为“0”来标识。I 帧的控制字段中的发送序号 *N*(S)用于存放要发送的帧的序号，可以让发送方不必等待确认而连续发送多帧。接收序号 *N*(R)用于存放下一个预期要接收的帧的序号。例如，*N*(R)=5，表示下一帧要接收 5 号帧，换言之，5 号帧前的各帧已经收到。*N*(S)和 *N*(R)均为 3 位二进制编码，可取值 0～7。

（2）S 帧用于差错控制和流量控制，以控制字段第一、第二位为“10”来标识。S 帧只有 6 字节，即 48 bit。S 帧的控制字段的第三、第四位为 S 帧类型编码，共有四种不同的编码。

- **00**：接收就绪（RR），发送 RR 帧的一方准备接收编号为 *N*(R)的帧。
- **01**：拒绝（REJ），用于要求发送方对从序号为 *N*(R)开始的帧及其以后所有的帧进行重发，这说明 *N*(R)以前的 I 帧已被正确接收。
- **10**：接收未就绪（RNR），表示序号小于 *N*(R)的 I 帧已被收到，但目前处于忙状态，尚未准备好接收序号为 *N*(R)的 I 帧，希望对方暂缓发送序号为 *N*(R)的 I 帧，可用来对链路流量进行控制。
- **11**：选择拒绝（SREJ），SREJ 帧的含义类似 REJ 帧，但希望对方仅仅重发第 *N*(R)帧。

（3）U 帧因其控制字段中不包含序号 *N*(S)和 *N*(R)而得名，用于提供链路的建立、拆除及控制等多种功能，当要求提供不可靠的无连接服务时，U 帧可以承载数据。

7.3.2 PPP 协议

HDLC 协议在控制字段中提供了可靠的确认机制，因此可以实现可靠传输，而 PPP 协议不提供可靠传输，要靠上层实现保证其正确性。因此，在误码率比较高的链路中，HDLC 协议起到了极大的作用，但随着技术的发展，在数据链路层出现差错的概率不大，因此现在全世界使用得较多的数据链路层协议是 PPP 协议。PPP 协议是一种点到点数据链路层协议，主要用于在全双工的同/异步链路上进行点到点的数据传输。

PPP 帧结构和 HDLC 帧结构相似，二者的主要区别在于 PPP 帧是面向字符的，而 HDLC 帧是面向比特的。

1. PPP 协议的框架

PPP 协议的框架具体包括链路控制协议（LCP）、验证协议和网络层控制协议（NCP）阶段。

（1）**LCP 阶段：**LCP 阶段主要管理 PPP 数据链路，包括进行数据链路层参数的协商、建立、拆除，以及监控数据链路等。

（2）**验证协议阶段：**在这个阶段，客户端会将自己的身份验证请求发送给远端的接入服务器寻求验证。

验证协议包括 PAP 和 CHAP。

PAP 验证过程非常简单，采用二次握手机制，使用明文格式发送用户名和密码。首先验证方（客户）向主验证方发送验证请求（包含用户名和密码），主验证方收到验证请求后，根据客户发送过来的用户名到自己的数据库中验证密码是否正确，如果密码正确，则 PAP 验证通过；如果密码错误，则 PAP 验证未通过。PAP 验证目前在 PPPoE 拨号环境中比较常见。

CHAP 验证比 PAP 验证更安全，采用的是三次握手机制，首先由服务器端给客户端发送一个随机码 challenge，客户端先根据 challenge 对口令进行哈希处理，然后把这个结果发送给服务器端。服务器端从数据库中取出口令，同样进行哈希处理。最后比较两个哈希结果是否相同。若相同，则验证通过，向客户端发送认可消息。

（3）NCP 阶段：验证成功后进入 NCP 阶段，配置 NCP，双方会协商彼此使用的网络层地址。

2. PPPoE 协议

运营商希望把一个站点上的多台主机连接到同一台远程接入设备，同时接入设备能够提供与拨号上网类似的访问控制和计费功能。在众多接入技术中，把多台主机连接到接入设备的最经济的方法就是以太网，但在以太网的数据封装字段中，没有任何字段可以提供用户身份验证功能，无法对数据进行压缩，也不具备自动分配 IP 地址的功能，而 PPP 协议可以提供。所以诞生了 PPPoE 协议。

PPPoE 协议利用以太网将大量主机组成网络，通过一个远端接入设备连入 Internet，并运用 PPP 协议对接入的每台主机进行控制，具有适用范围广、安全性高、计费方便的特点。

7.4 传输网技术

在早期的广域网中，多使用 PDH 设备，这种设备对传统的点对点通信有较好的适应性。随着数字通信的迅速发展，点对点的直接传输越来越少，大部分数字传输都要经过转接，而 PDH 设备只能逐级进行复用和解复用，无环路保护，并且 PDH 设备在实际应用中只有四次群信号的速率（139 Mbit/s），因而 PDH 设备不适合现代电信业务开发的需要。

为了解决以上问题，美国在 1988 年推出了一个数字传输标准，叫作同步光纤网（SONET），整个同步网络的各级时钟都来自一个非常精确的主时钟。国际电信联盟远程通信标准化组（ITU-T）以美国的 SONET 为基础，制定出国际标准同步数字系列（SDH）。

7.4.1 SDH 标准

目前，常用的 SONET/SDH 数据传输速率如表 7-2 所示。

表 7-2　常用的 SONET/SDH 数据传输速率

SONET 信号	数据传输速率/（Mbit/s）	SDH 信号
STS-1 和 OC-1	51.840	—
STS-3 和 OC-3	155.520	STM-1
STS-12 和 OC-12	622.080	STM-4
STS-48 和 OC-48	2488.320	STM-16
STS-192 和 OC-192	9953.280	STM-64
STS-768 和 OC-768	39813.120	STM-256

7.4.2 SDH 帧结构

为了方便地从高速信号中直接分插低速支路信号，应尽可能使低速支路信号在一帧内均匀地、有规律地分布。ITU-T 规定 STM-N 的帧采用以字节为单位的矩形块状结构。SDH 帧格式如图 7-2 所示。

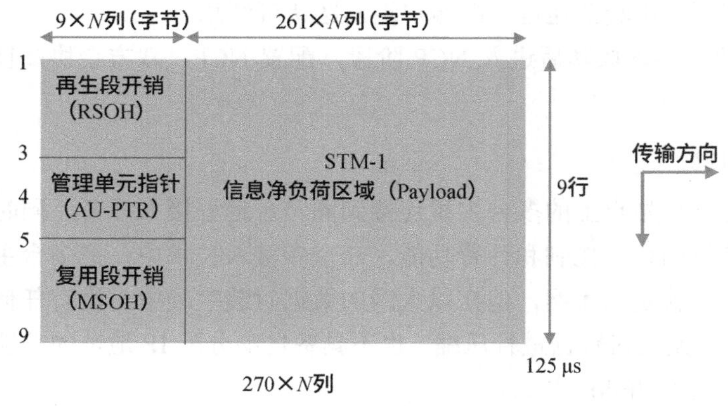

图 7-2　SDH 帧格式

（1）**信息净负荷区域（Payload）**：保持由各低速支路而来的信息，这些信息经过不同容器的封装，达到了STM-1帧的速率。此外，此区域还包括少量用于通道性能监视、管理和控制的通道开销字节（Path Overhead，POH），也作为SDH帧的净负荷在网络中传输。

（2）**段开销（Segmentation Overhead，SOH）**：在STM帧中为保证信息净负荷正常传输所必须附加的字节，主要包括网络运行、管理、维护使用的字节。SOH可以分为再生段开销（RSOH）和复用段开销（MSOH）。在STM-1帧中，最多可以有4.608 Mbit/s速率用于SOH，提供了强大的管理维护OAM能力。

那么，RSOH和MSOH的区别是什么呢？二者的区别在于监管的范围不同。RSOH监控的是STM-N整体的传输性能，而MSOH则是监控STM-N信号中每个STM-1帧的性能。

RSOH在STM-N帧中的位置是第1到第3行的第1到第9×N列，共3×9×N字节；MSOH在STM-N帧中的位置是第5到第9行的第1到第9×N列，共5×9×N字节。

（3）**管理单元指针（Administrator Unit Pointer，AUP）**：用于指示信息净负荷的第一个字节在STM-N帧中的位置，以便在接收端正确分解净负荷。

7.5 接入网技术

国际电联标准部根据电信网络的发展演变趋势，提出了接入网的定义，接入网是指网络用户与局交换系统之间的复用和传输系统，有时又称用户环路。

以前，电信网主要是以双绞铜线的方式连接用户和交换机的，提供的是以电话为主的业务，用户接入方式比较单一。随着用户业务类型的转变，话音、数据、图像和视频都要进行传输，因此需要更加丰富的接入技术取代之前的双绞铜线接入方式。接入网成为通信网络发展的一个重点。目前，常见的接入网技术有xDSL接入、HFC接入、PON接入。

7.5.1 xDSL接入

xDSL接入利用数字技术对现有的模拟用户线进行改造，使其能够承担宽带业务。虽然标准模拟电话信号的频率被限制在300～3400 Hz范围内，但模拟用户线本身实际通过的信号频率仍然超过1 MHz，因此xDSL接入把0～4000 Hz的低端频谱留给传统电话使用，把原来没有使用的高端频谱留给用户上网使用。DSL是数字用户线的缩写，x则表示数字用户线上实现的不同宽带方案。

1. ADSL接入

ADSL是非对称数字用户线的简称，理论上，ADSL接入可在5 km以内，在一对双绞铜线上提供最高1 Mbit/s的上行速率和最高8 Mbit/s的下行速率，能同时提供话音和数据业务。ADSL接入的服务器端设备和客户端设备之间通过普通的电话铜线连接，无须对入户线缆进行改造，就可以为现有的大量电话用户提供ADSL宽带接入。在调制技术方面，ADSL接入主要采用离散多音频（DMT）技术。

图 7-3 所示为常见 ADSL 接入的示意图。从图 7-3 中可以看到，ADSL 接入的客户端在原来电话终端的基础上，增加了一个 POTS 分频（分离）器和 ADSL Modem（ADSL 调制解调器），局端也有相对应的一套。其中，POTS 分频器实际上是由低通滤波器和高通滤波器合成的设备，其作用是把 4 kHz 以下的话音低频信号和 ADSL Modem 调制用的高频信号分离，以实现两种业务的互不干扰。ADSL Modem 的作用是完成数据信号的调制和解调，以便数字信号能在模拟信道上传输。

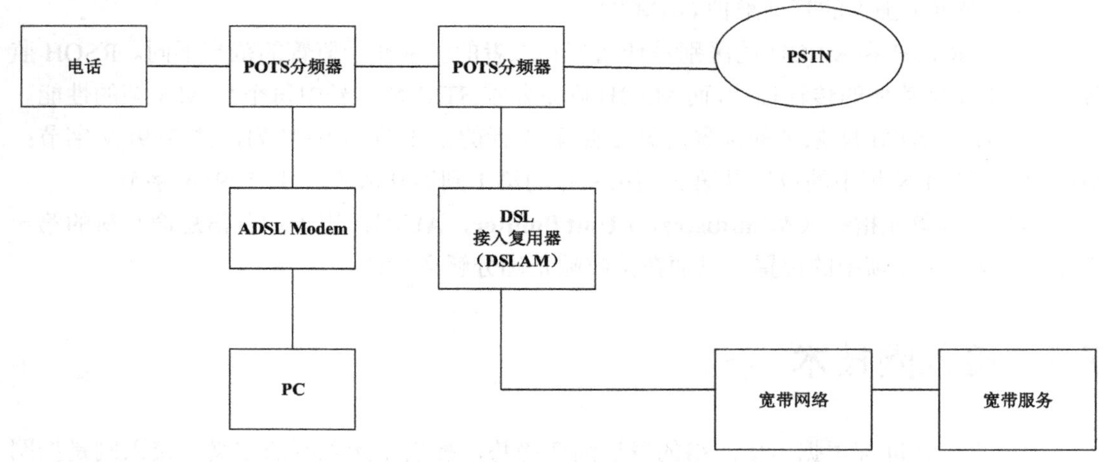

图 7-3　常见 ADSL 接入的示意图

2. 其他 DSL 接入

ADSL 接入在提供图像业务方面带宽十分有限，而且成本偏高，这些缺点成了 ADSL 接入迅速发展的障碍。

VDSL 接入作为 ADSL 接入的发展方向之一，是先进的数字用户线技术，可以说 VDSL 接入能满足广大用户高速上网的需要，它充分地利用了现有的电话线网络，保护了运营商既有的投资，很好地解决了“最后一公里”的网络瓶颈。

G.SHDSL 接入是由 ITU-T 定义的在普通双绞线上提供双向对称带宽数据业务传输的一种技术，符合国际电联 G.991.2 推荐标准，采用性能优越的 16 电平网格编码脉冲幅度调制技术，压缩了传输频谱，提高了抗噪性能，最大传输距离达 6 km，与 ADSL 接入相比有着明显的技术优势。

7.5.2　HFC 接入

经过多年的发展，我国有线电视网络（CATV）已经成为世界上用户规模最大的有线电视网络。如何有效地利用现有的有线电视网络资源，实现数据传输和宽带接入，诞生了 HFC。

HFC 接入是将光缆敷设到小区，通过光电转换节点，利用有线电视的总线式同轴电缆连接到用户，提供综合电信业务的技术。这种技术可以充分利用有线电视原有的网络，建网快、造价低，逐渐成为最佳的接入技术之一。

HFC 接入通常由光纤干线、同轴电缆支线和用户配线网络三部分组成，其中光纤干线一般采用星型拓扑结构，同轴电缆支线一般采用树型拓扑结构。

在同轴电缆的技术方案中，客户端需要使用一个称为 Cable Modem（电缆调制解调器）的设备，它不单纯是一个调制解调器，还具备调谐器、加/解密设备、交换机、网卡、虚拟专网代理和以太网集线器的功能，无须拨号，可提供随时在线的永远连接。Cable Modem 上行速率已达到 10 Mbit/s 以上，下行速率达到 30 Mbit/s。在局端有电缆调制解调器终端系统（CMTS），用来管理控制 Cable Modem。

在 HFC 网络中，各种广播和电视信号采用副载波频分复用方式实现传输介质的共享。

7.5.3 PON 接入

早期的接入技术以双绞铜线接入为主。从实际情况来看，铜线的故障率偏高，维护运营成本也较高。光纤接入是真正解决宽带多媒体业务的接入技术。通常光纤接入网（OAN）是指无源光网络（Passive Optical Network，PON）。

PON 接入是最新发展的点到多点的光纤接入技术。PON 是一种纯介质网络，利用光纤实现数据、语音和视频的全业务接入。

PON 不包含任何有源电子器件，全部由无源光器件组成。这就避免了外设的电磁干扰和雷电影响，减少了线路和外设的故障率，简化了供电配置和网络管理复杂度，提高了系统可靠性，同时节省了维护成本。PON 接入的业务透明性较好，原则上可适用于任何制式和速率的信号。

1. PON 的类型

在 PON 中，按照承载的内容来分类，目前市场上的主流 PON 接入是由 IEEE 802.3ah 工作组制定的 EPON 接入和由 ITU 制定的 GPON 接入。

EPON 接入采用以太网封装方式，上行以突发的以太网数据报方式发送数据流，可提供上下行对称的 1.25 Gbit/s 线路传输速率，采用 8B/10B 线路编码，符合网络 IP 化的发展趋势。相较于其他 PON 接入，EPON 接入在技术成熟度和设备价格方面更具优势，但 EPON 接入有一个缺陷，即难以承载 TDM 业务，包括话音或电路型数据专线等业务。

相对于 EPON 接入，GPON 接入更注重多业务的支持能力（TDM、IP、CATV），上连业务端口和下连用户端口更加丰富。GPON 接入的下行最大传输速率高达 2.5 Gbit/s，上行最大传输速率可达 1.25 Gbit/s，传输距离至少为 20 km，具有高速、高效传输的特点。GPON 接入在二层交换中采用 GFP（通用成帧规范）对以太网、ATM 等多种业务进行封装映射，但比较复杂。GPON 接入的 OAM 机制完善，方便运营商的管理和维护。

2. PON 的组网结构

图 7-4 所示为 PON 的参考配置。

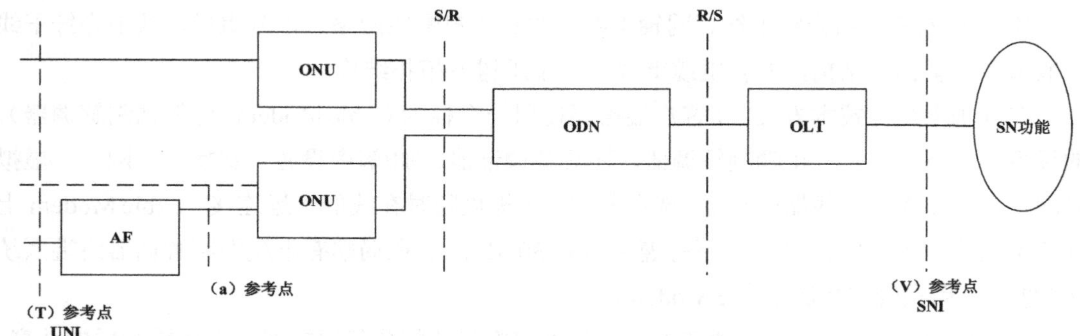

图 7-4　PON 的参考配置

（1）ODN。

ODN（光分配网络）位于 OLT 与 ONU 之间，其主要功能是完成 OLT 与 ONU 之间光信号的传输和功率分配，同时提供光路监控等功能。ODN 中的 POS 是连接 OLT 和 ONU 的光源光设备，也就是多个 ONU 通过 ODN 和一个 OLT 连接，属于点对多点模式，可以延长传输距离和扩大服务数目，从而节约成本。

（2）OLT。

OLT（光线路终端）是重要的局端设备，位于网络侧，既是一个二层交换机或路由器，又是一个多业务提供平台，提供多个 1 Gbit/s 和 10 Gbit/s 的以太网端口，可以支持 WDM 传输，提供网络的集中和接入，实现对客户端设备 ONU 的控制、管理。

（3）ONU。

ONU（光网络单元）提供用户侧端口并与 ODN 相连，负责用户接入 PON，实现光信号和电信号的转换。在应用上，根据 ONU 到达的位置，可以将 OAN 分为光纤到路边（Fibe To The Curb，FTTC）、光纤到大楼（Fibe To The Building，FTTB）、光纤到户（Fibe To The Home，FTTH）或光纤到办公室（Fibe To The Office，FTTO）等网络。

（4）AF。

AF（适配功能块）为 ONU 和用户设备提供适配功能，一般包含在 ONU 内，也可以独立使用。

PON 采用点对多点模式，一根光纤承载上下行数据信号，经过 1：N 分光器将光信号等分成 N 路，以覆盖多个接入点或接入用户。

下行数据流采用广播方式，OLT 数据流推送到所有的 ONU 处；ONU 通过判断帧头里的由 OLT 分配的 LLID 判断是否接收，接收属于自己的帧，将不属于自己的帧丢弃。

上行数据流采用时分多址（TDMA）技术，把上行的时间分成许多时间片，根据 ONU 分配的带宽和业务的优先级，给 ONU 的上行数据流分配不同的时间片，在每个时间片内，光纤只传输一个 ONU 的上行数据流。通过 OLT 和 ONU 之间协商，避免了 ONU 上行数据流之间的冲突，不会造成数据丢失。

3. 无源光局域网

无源光局域网（POL）基于 PON 接入的新型 LAN 组网方式，优化了 LAN 的基础布线和网络结构，网络结构更加扁平和简洁。继承了 PON 大带宽、高可靠性、扁平化、易部署、易管理等优点。

由于网络规模、接入的用户类型不同，POL 做了相应的优化，以确保更加适配企业的业务需求。通过 POL 方案，企业可以将数据、语音、视频及无线接入等不同的系统合并在一张光纤网络中，具有其他技术不可比拟的优势。

（1）**架构先进：**POL 采用单模光纤，带宽潜力近乎无限；宽带随需要平滑升级。

（2）**安全可靠：**全光纤传输，防探测，防电磁干扰；PON 设备提供极强的 DoS 防御能力，减少网络攻击。

（3）**融合承载：**POL 方案可一网承载数据、语音、视频、串口等业务，综合布线与弱电网络完美融合。

（4）**节省空间：**POL 方案超强汇聚，园区只需提供一个核心机房即可，不需要楼层机房。

（5）**覆盖广泛：**覆盖距离超过 30 km，满足超高楼宇、超大园区的覆盖需求。

（6）**绿色节能：**POL 方案用无源分光器替代传统网络的汇聚设备，且设备之间不需要安装空调，更节能。

（7）**维护方便：**POL 方案原生采用集中管理方式，避免了传统方案分散管理的弊端，降低了运维难度。

（8）**节省成本：**在 POL 方案中，接入终端距离用户更近，节约了大量铜缆资源，使得建设成本大幅降低。

POL 提供一个二层传输网络，采用 PON 接入技术，提供千兆接入到用户终端，以一根光纤融合承载视频、数据、无线、语音等业务。POL 全光园区方案与传统园区方案对比如图 7-5 所示。

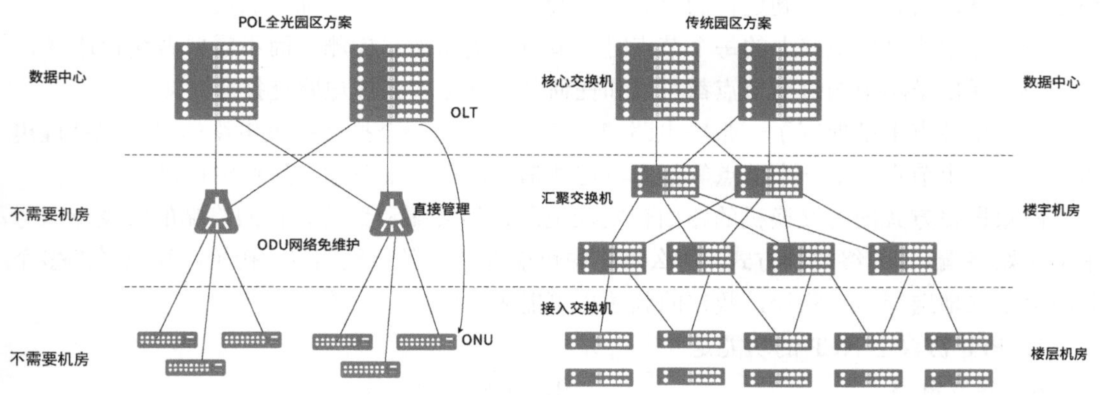

图 7-5 POL 全光园区方案和传统园区方案对比

和交换机的组网结构对比来看，OLT 和 ONU 与汇聚及接入层交换机相对应，OLT 上联核心交换机。

OLT 和 ONU 的转发原理和交换机类似，内核是基于以太网/IP 网络的转发，整个 POL

系统的用户侧和网络侧均可提供标准的以太网端口。主要区别在于汇聚交换机和接入交换机之间的端口协议也是以太网，是一种点对点拓扑。而 OLT 和 ONU 之间采用 PON 协议，是一种点对多点拓扑。

7.6 课后检测

1．广域网可以提供面向连接和无连接两种服务模式，对应两种服务模式，广域网有虚电路和数据报两种传输方式，以下关于虚电路和数据报的叙述中，错误的是（　　）。

A．在虚电路网络中，每个数据分组都含有源地址和目的地址，而数据报网络则不然

B．对于会话信息，数据报网络不存储状态信息，而虚电路网络对于建立好的每条虚电路，都要求占有虚电路表空间

C．数据报网络对每个分组独立选择路由，而虚电路网络在虚电路建好后，路由就已确定，所有分组都经过此路由

D．在数据报网络中，分组到达目的地可能失序，而在虚电路网络中，分组一定有序到达目的地

答案：A。

解析：

虚电路的特点如下。

（1）在每次分组发送之前，必须在发送方与接收方之间建立一条逻辑连接。这是因为不需要真正建立一条物理链路，连接发送方与接收方的物理链路已经存在。

（2）一次通信的所有分组都通过这条虚电路顺序传输，因此报文分组不必带目的地址、源地址等辅助信息。分组到达目的节点时不会出现丢失、重复与乱序的现象。

（3）分组通过虚电路上的每个节点时，节点只需做差错检测，而不需要做路径选择。

（4）通信子网中的每个节点都可以和任何节点建立多条虚电路连接。

在每个节点上都保存了一张虚电路表，表中记录了一个打开的虚电路信息，包括虚电路号、上一个节点、下一个节点等信息，这些信息是在虚电路建立过程中被确定的。

而数据报方式的各交换机的路由转发表记录目的终端和到达该目的终端的转发端口号；采用初始终端+目的终端的方式，那么网络中可能存在多条传输路径，初始终端发送的多个分组会独立地选择传输路径，数据的到达也可能先后顺序不一致。

2．PPP 协议中 NCP 的功能是（　　）。

A．建立链路　　　　B．封装多种协议

C．把分组转变成信元　　　　D．建立连接

答案：B。

解析：

PPP 协议一般包括三个协商阶段：LCP（链路控制协议）阶段、验证协议阶段，NCP（网络层控制协议）阶段。拨号后，用户主机和接入服务器在 LCP 阶段协商底层链路参数。在

验证协议阶段，用户主机将用户名和密码发送给接入服务器验证，接入服务器可以进行本地认证，可以通过 RADIUS 协议将用户名和密码发送给 AAA 服务器进行验证。认证通过后，在 NCP 阶段，接入服务器给用户主机分配网络层参数，如 IP 地址等。

3．HDLC 协议采用的帧同步方法为（　　）。

A．字节计数法　　B．使用字符填充的首尾定界法

C．使用比特填充的首尾定界法　　D．传输帧同步信号

答案：C。

解析：

本题考查 HDLC 协议的基本概念。

HDLC 协议是一个在同步网上传输数据、面向比特的数据链路层协议，是由 ISO 根据 IBM 公司的 SDLC（Synchronous Data Link Control）协议扩展开发而成的。

链路控制协议着重于对分段成物理块或包的数据的逻辑传输，块或包由起始标志引导并由结束标志终止，也称为帧。帧是每个控制、每个响应及用协议传输所有信息的媒体的工具。所有面向比特的数据链路控制协议均采用统一的帧格式，不论是数据还是单独的控制信息，均以帧为单位传输。每个帧前、后均有一个标志码 01111110，用作帧的起始、结束指示及帧的同步。标志码不允许在帧的内部出现，以免引起歧义。为保证标志码的唯一性但又兼顾帧内数据的透明性，可以采用“0 比特插入法”来解决。该方法在发送端监视除标志码以外的所有字段，当发现有 5 个连续的“1”出现时，便在其后添插一个“0”，然后继续发送后继的比特流。在接收端，同样监视除标志码以外的所有字段。当发现 5 个连续的“1”出现后，若其后为一个“0”，则自动删除它，以恢复原来的比特流；若发现 6 个连续的“1”，则可能是插入的“0”发生差错变成的“1”，也可能是收到了帧的结束标志码。对于后两种情况，可以进一步通过帧中的帧检验序列加以区分。“0 比特插入法”原理简单，适用于硬件实现。作为面向比特的数据链路控制协议的典型，HDLC 协议具有如下特点：不依赖任何一种字符编码集；数据报文可透明传输，用于实现透明传输的“0 比特插入法”易于硬件实现；全双工通信，不必等待确认便可连续发送数据，有较高的数据链路传输速率；所有帧均采用 CRC 校验，对信息帧进行编号，可防止漏收或重份，传输可靠性高；传输控制功能与处理功能分离，具有较大的灵活性和较完善的控制功能。由于以上特点，目前网络设计普遍使用 HDLC 协议作为数据链路控制协议。

4．SDH 帧结构包含（　　）。

A．再生段开销、复用段开销、管理单元指针、信息净负荷区域

B．通道开销、信息净负荷区域、段开销

C．容器、虚容器、复用、映射

D．再生段开销、复用段开销、通道开销、管理单元指针

答案：A。

解析：

从逻辑结构上划分，SDH 帧可以分为以下几个部分。

（1）**信息净负荷区域（Payload）**：保持由各低速支路而来的信息，这些信息经过不同容器的封装，达到了 STM-1 帧的速率。此外，此区域还包括少量用于通道性能监视、管理和控制的通道开销字节（Path Overhead，POH），也作为 SDH 帧的净负荷在网络中传输。

（2）**段开销（Segmentation Overhead，SOH）**：在 STM 帧中为保证信息净负荷正常传输所必须附加的字节，主要包括网络运行、管理、维护使用的字节。SOH 可以分为再生段开销（RSOH）和复用段开销（MSOH）。在 STM-1 帧中，最多可以有 4.608 Mbit/s 速率用于 SOH，提供了强大的管理维护 OAM 能力。

那么，RSOH 和 MSOH 的区别是什么呢？二者的区别在于监管的范围不同。RSOH 监控的是 STM-N 整体的传输性能，而 MSOH 则是监控 STM-N 信号中每个 STM-1 帧的性能。

RSOH 在 STM-N 帧中的位置是第 1 到第 3 行的第 1 到第 9×*N* 列，共 3×9×*N* 字节；MSOH 在 STM-N 帧中的位置是第 5 到第 9 行的第 1 到第 9×*N* 列，共 5×9×*N* 字节。

（3）**管理单元指针（Administrator Unit Pointer，AUP）**：用于指示信息净负荷的第一个字节在 STM-N 帧中的位置，以便在接收端正确分解净负荷。

5．按照同步光纤网传输标准（SONET），OC-3 的数据速率为（　　）Mbit/s。

A．150.336　　B．155.520　　C．622.080　　D．2488.320

答案：B。

解析：

按照同步光纤网传输标准（SONET），OC-3 的数据速率为 155.520 Mbit/s。

6．在 GPON 中，上行链路采用（　　）方式传输数据。

A．TDMA　　B．FDMA　　C．CDMAD　　D．SDMA

答案：A。

解析：

在 PON 中，OLT 到 ONU 的数据传输方向称为下行方向，反之为上行方向。上下行方向数据传输的原理是不同的。

下行方向：OLT 采用广播方式，将 IP 数据、语音、视频等多种业务，通过 1：*N* 无源光分路器分配到所有 ONU 单元。当数据信号到达 ONU 时，ONU 根据 OLT 分配的逻辑标识，在物理层上做判断，接收给它自己的数据帧，丢弃给其他 ONU 的数据帧。

上行方向：来自各 ONU 的多种业务信息，采用时分多址（TDMA）技术，分时隙互不干扰地通过 1：*N* 无源光分路器耦合到同一根光纤上，最终送到 OLT。

7．在 PON 中，上行传输波长为（　　）nm。

A．850　　B．1310　　C．1490　　D．1550

答案：B。

解析：

EPON 系统采用单纤双向传输，上行传输波长为 1310 nm，下行传输波长为 1490 nm。

8．通过 HFC 接入 Internet，客户端通过（　　）连接 Internet。

A．ADSL Modem　　B．Cable Modem

C．IP Router D．HUB

答案：B。

解析：

在同轴电缆的技术方案中，客户端需要使用一个称为Cable Modem（电缆调制解调器）的设备，它不单纯是一个调制解调器，还集成了调谐器、加/解密设备、桥接器、网络端口卡、虚拟专网代理和以太网集线器的功能于一身，无须拨号，可提供随时在线的永远连接。

第8章 网络新技术

根据对 2022 版考试大纲的分析，以及对以往试题情况的分析，“网络新技术”章节基本维持在 5 分，占上午试题总分的 7%左右。下午案例分析也是常考的章节。从复习时间安排来看，请考生在 4 天之内完成本章的学习。

8.1 知识图谱与考点分析

通过分析历年的考试题目和考试大纲，要求考生掌握几方面内容，如表 8-1 所示。

表 8-1 知识图谱与考点分析

知识模块	知识点分布	重要程度
WLAN	• WLAN 的工作模式 • WLAN 的标准 • WLAN 的物理层协议 • WLAN 安全 • WLAN 的组网结构	• ★★ • ★★★ • ★★ • ★★ • ★★★
IPv6 协议	• IPv6 的特点 • IPv6 地址 • IPv6 数据报格式 • IPv6 过渡技术	• ★★★ • ★★★ • ★★ • ★★★
QoS	• QoS 的类型 • QoS 的规划	• ★★ • ★★
云计算	• 云计算的特点 • 云计算的服务类型 • 云模式 • 云管理网络	• ★ • ★★ • ★★ • ★★
大数据	• 大数据的概念	• ★
物联网	• 物联网层次结构 • 物联网技术	• ★ • ★★

续表

知识模块	知识点分布	重要程度
虚拟化	• 服务器虚拟化 • 存储虚拟化 • 桌面虚拟化	• ★★ • ★ • ★★
SDN 和 NFV	• SDN 的概念 • SDN 的架构 • NFV 的概念	• ★★ • ★★ • ★
区块链	• 区块链的概念 • 区块链的原理 • 区块链的类型	• ★★ • ★★ • ★★
多媒体通信	• 多媒体通信协议和标准	• ★

8.2　WLAN

WLAN（无线局域网）是指利用射频技术取代双绞铜线构成的 LAN。由于 WLAN 不需要铜线介质，只利用无线电、微波、红外线等在空中发送和接收数据，因此可以方便地解决采用铜线介质难以实现的网络连接问题，这成为 LAN 联网方式的一种扩展和补充。

8.2.1　WLAN 的工作模式

在 IEEE 802.11 标准的提案中，规定了两种 WLAN 的工作模式，分别是基础设施网络模式（基础设施网络）和无访问点模式（Ad Hoc 网络），如图 8-1 所示。

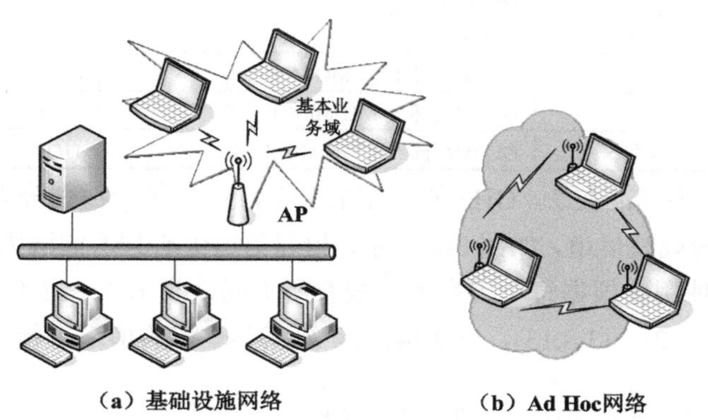

图 8-1　WLAN 的工作模式

1．基础设施网络

基础设施网络需要通过 AP 访问主干网。AP 的作用是把 LAN 里通过双绞线传输的有线信号（电信号）经过编译，转换成无线信号传递给笔记本电脑、手机等无线终端，与此同时，把这些无线终端发送的无线信号转换成有线信号通过双绞线在 LAN 内传输。通过这种方式，形成无线覆盖。

2. Ad Hoc 网络

Ad Hoc 网络是一种多跳的、无中心的、自组织的无线网络，又称多跳网、无基础设施网或自组织网。整个网络没有固定的基础设施 AP，每个节点都是移动的，动态地保持与其他节点的联系。在这种网络中，终端无线覆盖范围是有限的，两个无法直接进行通信的用户终端可以借助其他节点进行分组转发。每个节点同时是一个路由器。

Ad Hoc 网络路由协议是 Ad Hoc 网络的重要组成部分，与传统网络协议相比，Ad Hoc 网络路由协议更加复杂。大多数 Ad Hoc 网络路由协议中具有代表性的是目的序列距离矢量路由协议（DSDV）和请求距离向量协议（AODV），它们分别是表驱动路由协议和按需路由协议的代表。

8.2.2 WLAN 的标准

IEEE 802.11 标准先后提出了以下多个标准，最早的 IEEE 802.11 标准只能够达到 1～2 Mbit/s 的速率，在制定更高速率的标准时，产生了 IEEE 802.11a 和 IEEE 802.11b 标准两个分支，后来又推出了 IEEE 802.11g、IEEE 802.11n、IEEE 802.11ac、IEEE 802.11ax 等新标准，如表 8-2 所示。

表 8-2　WLAN 的标准

标　　准	运行频段/GHz	主要技术	数据传输速率/（Mbit/s）
IEEE 802.11	2.4	扩频通信技术	1 和 2
IEEE 802.11b	2.4	CCK 技术	11
IEEE 802.11a	5	OFDM 技术	54
IEEE 802.11g	2.4	OFDM 技术	54
IEEE 802.11n	2.4 和 5	OFDM 技术和 MIMO 技术	600
IEEE 802.11ac	5	OFDM 技术和 MU-MIMO 技术	1000
IEEE 802.11ax	2.4 和 5	OFDMA 技术和 MU-MIMO 技术	11000

IEEE 802.11 系列标准在 2.4 GHz 的工作情况下，这个频段被划分为 14 个交叠的、错列的 22 MHz 的无线载波信道，如图 8-2 所示，相邻信道中心频率间隔为 5 MHz，但是可用信道在每个国家的使用会根据每个国家的法规有所不同，我国 1～13 信道被允许使用。可以使用(1,6,11)，(2,7,12)，(3,8,13)，(4,9,14)这 4 组互不干扰的信道进行无线覆盖。

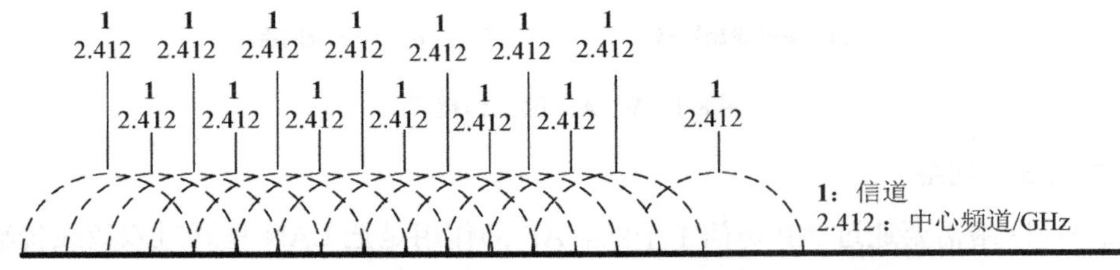

图 8-2　2.4 GHz 信道划分

WLAN 技术以射频信号（如频率为 2.4 GHz 或 5 GHz 的无线电磁波）为传输介质，无线电磁波在空气中的传播会因为周围环境影响而产生无线信号衰减等现象，从而影响无线用户上网的服务质量。射频资源管理能够自动检查周边无线环境，动态调整信道和发射功率等射频资源，智能均衡用户的接入，调整无线信号覆盖范围，降低射频信号干扰，确保用户接入无线网络的服务质量，保持最优的射频资源状态，提高用户上网体验。

8.2.3 WLAN 的物理层协议

IEEE 802.11 标准的 MAC 协议定义了分布式协调功能（DCF）和点协调功能（PCF）两种接入机制，其中 DCF 机制是基于竞争的接入方法，所有节点竞争接入介质；PCF 机制是无竞争的，节点可以被分配在特定的时间内单独使用介质。DCF 机制是一种基本的访问协议，而 PCF 机制是一种可选的访问协议。

CSMA/CD 协议已经成功应用于有线 LAN，但在 WLAN 的环境下，DCF 机制不能简单地搬用 CSMA/CD 协议，特别是冲突检测部分。主要原因有以下两个。

（1）在 WLAN 中，接收信号的强度往往远小于发送信号的强度，因此如果要实现冲突检测，在硬件上需要的花费就会过大。

（2）在 WLAN 中，并非所有节点都能侦听到对方，而“所有节点都能侦听到对方”是实现 CSMA/CD 协议的基础。

在 DCF 机制中，子层介质存取方式采用 CSMA/CA 算法。与以太网所采用的 CSMA/CD 算法很相似，只不过 CSMA/CA 算法没有冲突检测功能，因为在 WLAN 上进行冲突检测是不太现实的。介质上信号的动态范围非常大，因此发送节点不能有效地辨别出输入的微弱信号是噪声还是自己发送的结果。所以取而代之的方案是一种避免碰撞 CA 的算法。

8.2.4 WLAN 安全

WLAN 技术具有安装便捷、使用灵活、经济节约、易于扩展等优点。但是 WLAN 技术以无线射频信号为业务数据的传输介质，这种开放的信道使攻击者很容易对无线信道中传输的业务数据进行侦听和篡改。因此，安全性成为阻碍 WLAN 技术发展的最重要因素。

WLAN 安全体现在用户的访问控制和数据加密两个方面，访问控制是指网络只能由授权的用户进行访问，数据加密是指数据只能被授权的用户理解。

1. 验证技术

WLAN 验证技术包括 MAC 地址验证、802.1X 协议验证、PSK 验证、Portal 验证等。

（1）MAC 地址验证。

MAC 地址验证是一种基于端口和 MAC 地址对用户的网络访问权限进行控制的方法，不需要用户安装任何客户端软件。MAC 地址过滤要求预先在无线控制器（AC）或胖 AP 上写入合法 MAC 地址列表，只有当用户设备的 MAC 地址和合法 MAC 地址列表一致时，才允许用户和设备进行通信。

（2）802.1X 协议验证。

IEEE 802.1X 协议属于二层协议，是基于客户端/服务器（Client/Server）的访问控制和验证协议。它可以限制未经授权的用户/设备通过接入端口访问 LAN/WLAN 的资源（对于

WLAN，一个“端口”就是一条信道）。

（3）PSK 验证。

PSK 验证，即预共享密钥验证，不需要单独的验证服务器，直接由 AP 进行验证。

（4）Portal 验证。

Portal 验证的基本方式是在 Portal 验证页的显著位置设置验证窗口，用户开机获取 IP 地址后，登录 Portal 验证页进行验证，验证通过后即可访问网络。

对用户来说，有如下两种方式可以访问 Portal 验证页。

① **主动 Portal**：用户必须知道 Portal 服务器的 IP 地址，主动登录 Portal 服务器进行验证，之后才能访问网络。

② **强制 Portal**：未验证的用户访问网络，都会先强制用户定向到 Portal 服务器进行验证，用户不需要记忆 Portal 服务器的 IP 地址。

Portal 业务可以为运营商提供方便的管理功能，基于其门户网站可以开展广告、社区服务、个性化业务等，使宽带运营商、设备提供商和内容服务提供商形成一个产业生态系统。

2. 加密技术

WLAN 主要有 4 种无线加密技术，分别是 WEP、WPA、WPA2 和 WAPI。

（1）WEP。

WEP 使用静态共享密钥和未加密循环冗余码进行校验，WEP 的核心加密算法是 RC4 算法，无法保证加密数据的完整性，并存在弱密钥等问题。WEP 在安全保护方面存在明显缺陷。

（2）WPA。

WPA 的核心加密算法还是 RC4 算法，WPA 对 WEP 进行了改进，其中包括消息完整性检查（确定 AP 和客户端之间传输的数据报是否被攻击者捕获或改变）和临时密钥完整性协议（TKIP）。TKIP 采用数据报密钥系统，比 WEP 采用的固定密钥系统更加安全。TKIP 针对 WEP 的弱点进行了重大改良（动态密钥），但保留了 WEP 的加密算法和架构，虽说安全系数大大增强，但相对后来出现的 AES 协议，安全性还是不够。

（3）WPA2。

随后 802.11i 安全标准组织又推出了 WPA2，是对 WPA 在安全方面的改进版本。与 WPA 相比，WPA2 主要改进的是所采用的加密标准。WPA2 采用安全性更高的区块密码锁链-信息真实性检查码协议（CCMP），WPA2 新增了支持 AES 协议的加密方式。

（4）WAPI。

WAPI（WLAN Authentication and Privacy Infrastructure，WLAN 鉴别与保密基础结构）是中国提出的、以 802.11 无线协议为基础的无线安全标准。WAPI 能够提供比 WEP 和 WPA 更强的安全性，WAPI 由以下两部分构成。

WAI（WLAN Authentication Infrastructure，WLAN 鉴别基础结构）：用于 WLAN 中身份鉴别和密钥管理的安全方案。

WPI（WLAN Privacy Infrastructure，WLAN 保密基础结构）：用于 WLAN 中数据传输

保护的安全方案，包括数据加密、数据鉴别和重放保护等功能。

WAPI 采用基于公钥密码体制的椭圆曲线密码算法和对称密码体制的分组密码算法，分别用于无线设备的数字证书、证书鉴别、密钥协商和传输数据的加解密，从而实现设备的身份鉴别、链路验证、访问控制和用户信息的加密保护。

3．其他安全手段

为了防止非法设备的入侵，可以在需要保护的网络空间中部署监测 AP，通过无线入侵检测系统（Wireless Intrusion Detection System，WIDS），监测 AP 可以定期对无线信号进行探测，这样，AC 就可以了解到无线网络中设备的情况，进而对非法设备采取相应的防范措施。

无线干扰防御系统（Wireless Intrusion Prevention System，WIPS）可以保护企业网络和用户不被无线网络上未经授权的设备访问。

8.2.5 WLAN 的组网结构

WLAN 的组网结构按照 AP 通常可以分为胖 AP（Fat AP）和瘦 AP（Fit AP）两种模式。

1．胖 AP

胖 AP 除具有无线接入功能以外，还具有数据加密、QoS（服务质量）、用户验证、网络管理、DHCP 等其他功能。胖 AP 通常有自带的完整操作系统，是可以独立工作的网络设备，可以实现拨号、路由等功能，一个典型的例子就是我们常见的家用无线路由器。胖 AP 一般应用于小规模无线网络建设，可独立工作，不需要 AC 产品的配合。胖 AP 一般应用于仅需较少数量即可完整覆盖的家庭、小型商户或小型办公类场景。

2．瘦 AP

瘦 AP，形象理解就是把胖 AP 瘦身，去掉路由、DNS、DHCP 等诸多加载的功能，仅保留无线接入的功能。我们常说的 AP 就是指瘦 AP，瘦 AP 相当于无线交换机或集线器，瘦 AP 完成无线射频接入功能，如无线信号发射与探测响应、数据加解密、数据传输确认等功能。瘦 AP 作为 WLAN 的一个部件，是不能独立工作的，必须配合 AC 产品才能成为一个完整的系统。而 AC 集中处理所有的安全、控制和管理功能，如移动管理、身份验证、VLAN 划分、射频资源管理和数据报转发等。瘦 AP+AC 解决方案一般应用于中、大规模无线网络建设，以一定数量的瘦 AP 配合 AC 产品来组建较大规模的无线网络，使用场景一般为商场、超市、景点、酒店、餐饮娱乐、企业办公等。

根据 AP 和 AC 之间的组网方式，WLAN 的组网结构可分为二层组网和三层组网两种。

（1）二层组网。

当 AC 和 AP 之间的网络是直连或二层网络，如 AP 和 AC 通过二层交换机互联时，由于二层组网比较简单，适用于简单临时的组网，能够进行比较快速的组网配置，但这种方式不适用于大型组网结构。

AP 通过二层网络连接时的注册流程如下。

瘦 AP 上电后的第一步就是通过 DHCP 获取 IP 地址，只有在成功获取 IP 地址后，瘦 AP 才会发送二层广播发现请求以寻找 AC；AC 在收到瘦 AP 的发现请求后，会检查此 AP 的接入权限，如果 AP 有接入权限，则发送响应报文，瘦 AP 与 AC 之间就实现了数据的交换。

（2）三层组网。

当 AC 和 AP 之间的网络是三层网络，也就是 AP 和 AC 属于不同的 IP 网段时，AP 和 AC 之间的通信需要通过路由器或三层交换机来转发完成，如图 8-3 所示。当 AC 与 AP 之间是三层网络时，AP 无法通过广播方式发现 AC，所以需要通过 DHCP 服务器上配置 DHCP 响应报文中携带的 Option 43 字段发现 AC。具体过程如下：瘦 AP 上电启动后，通过 DHCP 动态获取自己的 IP 地址，DHCP 服务器向瘦 AP 下发 DHCP Offer 报文中携带的 Option 43 字段，此字段中就包含 AC 的 IP 地址信息；瘦 IP 从 Option 43 字段中获取 AC 的 IP 地址，向 AC 发送单播发现请求；AC 在收到瘦 AP 的发现请求后，会检查此 AP 的接入权限，如果 AP 有接入权限，则发送响应报文，瘦 AP 与 AC 之间就实现了数据的交换。

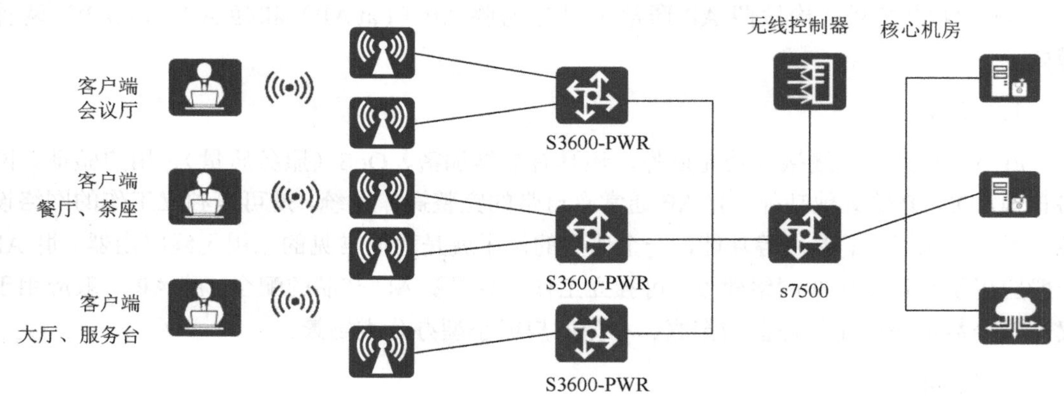

图 8-3　瘦 AP+AC 三层组网

在实际组网中，一台 AC 可以连接几十个、几百个 AP，AP 可以放在办公室、会议室等地方，AC 可以放在企业机房内，根据 AC 在网络中的位置分为直连式联网和旁挂式组网。

（1）直连式联网。

在直连式联网中，AC 还具有汇聚交换机的功能，AP 的业务数据和管理控制数据都要由 AC 来集中转发和处理，也就是所有的数据必须通过 AC 到达上层网络，这种方案的缺点是对 AC 的吞吐量和数据处理能力要求比较高，AC 容易成为整个 WLAN 带宽的瓶颈。优点是组网结构清晰，实施比较简单。

（2）旁挂式组网。

旁挂式组网就是 AC 旁挂在 AP 和上层网络的直连链路上，AP 的业务数据可以不经过 AC 而直接到达上层网络。在实际组网中，无线网络的覆盖架设大部分是在现有网络后期扩展而来的，采用旁挂式组网比较容易进行扩展，只需把 AC 旁挂在现有网络中，如旁挂在汇聚交换机上，就可以对 AP 进行管理。

在这种方案中，AC 只起到管理 AP 的作用，AP 和 AC 之间的控制管理报文封装在 CAPWAP 隧道中进行传输，报文可以通过 CAPWAP 隧道经过 AC 转发（AC 集中转发报文，安全性好，方便集中管理和控制，业务数据必须经过 AC 转发，报文转发效率比直接转发方式低，AC 所受压力大），也可以不经过 AC 直接转发，直接通过汇聚交换机传到上层网络（报文转发效率高，AC 所受压力小，但业务数据不便于集中管理和控制）。CAPWAP 隧道是 AP 和 AC 之间的通信规则，实现 AC 与 AP 之间的互通。

3. 云 AP

云 AP 是随着云计算、大数据分析等技术的发展，出现的网络云端管理控制平台，云管理平台是基于 SDN 技术的真正云化架构，支持多租户网络，可弹性扩容，按需购买，大大降低了部署成本，本地部署云 AP，不需要部署 AC、认证服务器和网络管理服务器，就能提供 Web 认证、短信和社交媒体等丰富的认证功能，极大地简化了组网。传统瘦 AP 之间漫游需要通过 WLAN AC 调度。云 AP 把 WLAN AC 的小部分对实时性要求非常高的功能下放到 AP 上实现，如快速漫游功能，也就是说用户在云 AP 之间漫游无须经过云管理平台处理，而把大部分及时性要求不高的功能搬到云管理平台上处理，如管理监控和调优等，从而提升整个网络的运行效率和安全稳定性能。

云管理是当云 AP 布放完成后，无须网络管理员到安装现场对云 AP 进行软件调试，在云 AP 满足空配置的条件下，上电后即可自动连接到指定的云管理平台，加载指定的配置文件、软件包、补丁文件等系统文件，实现云 AP 零配置上线。随时随地通过云管理平台统一下发操作给 AP，使得业务批量配置更快捷。

AP 默认工作在瘦 AP 模式，如果需要实现网络云管理平台的统一管理，需要先将 AP 切换到云模式。可以通过 DHCP 方式切换。向外发送 DHCP 请求，首先 DHCP 服务器已经配置了云管理平台的信息，DHCP 服务器收到此请求，会回应一个 Option 148 字段携带有云管理平台信息的 DHCP 报文。AP 根据此信息重启设备，切换到云模式。这种方式需要设备满足一个条件：空配置。

云 AP 通过云管理平台提供了丰富的 API 端口，可以与第三方业务系统对接，提供丰富的上层应用。

8.3 IPv6 协议

由于 IPv4 协议存在地址空间匮乏、安全性差和不支持 QoS 等方面的固有缺陷，因此难以担当下一代 Internet 核心协议的重任。为此，IETF 提出了 IPv6 协议。IPv6 协议在 IP 地址空间、路由协议、安全性、移动性及 QoS 支持等方面进行了较大的改进，增强了 IP 协议的功能。

8.3.1 IPv6 的特点

IPv6 包括以下几个特点。

（1）**更大的地址空间：**把原来的 32 位地址扩展到 128 位，采用 16 进位表示，每 4 位构成一组，每组之间用一个冒号隔开。IPv6 的地址空间非常大，可以满足每个用户的需求。IPv6 地址空间很大，因此可以划分为更多的层次。取消了 IPv4 的网络号、主机位和子网掩码的概念，IPv6 以前缀、端口标识符、前缀长度取代，也没有 A、B、C 类地址的概念。

（2）**灵活的首部格式：**IPv6 定义了很多可选的扩展首部。可以很方便地实现功能的扩展。IPv6 基本首部的长度是 40 字节。

（3）**路由选择效率高：**在分配之初就考虑到主干网汇总的问题。

（4）**支持即插即用：**支持自动配置 IPv6 地址。

（5）**更好的服务质量：**对传输时延和抖动有严格要求的实时网络应用（VOIP、电视会议）提供良好的服务质量保证，通过 IPv6 数据报报头格式中的通信量类和流标签保证。

（6）**内置的安全机制：**IPv4 通过叠加 IPSec 协议保证安全，而 IPv6 把 IPSec 作为自身自带的组成部分，所以 IPv6 自带安全机制。

8.3.2 IPv6 地址

IPv6 地址长度为 128 位，通常写作 8 组，每组 4 个十六进制数。

例如，2001:0db8:85a3:08d3:1319:8a2e:0370:7344 是一个合法的 IPv6 地址。

如果 4 个数字都是零，则可以省略。例如，2001:0db8:85a3:0000:1319:8a2e:0370:7344 等价于 2001:0db8:85a3::1319:8a2e:0370:7344。

遵守这些规则，如果因为省略而出现了两个以上的冒号，则可以压缩为一个，但这种压缩在 IPv6 地址中只能出现一次。例如

2001:0DB8:0000:0000:0000:0000:1428:57ab

2001:0DB8:0000:0000:0000::1428:57ab

2001:0DB8:0:0:0:0:1428:57ab

2001:0DB8:0::0:1428:57ab

2001:0DB8::1428:57ab

都是合法的地址，并且它们是等价的。同时，前导的零可以省略，因此 2001:0DB8:02de::0e13 等价于 2001:DB8:2de::e13。

IPv6 地址分为单播地址、组播地址和任播地址。

1．单播地址

单播地址是一个设备单个端口的地址。发送到一个单播地址的信息包只会送到地址为这个单播地址的端口。

常见的单播地址有可汇聚全球单播地址、链路本地单播地址和唯一本地单播地址。

（1）可汇聚全球单播地址。

可汇聚全球单播地址是可以在全球范围内进行路由转发的 IPv6 地址。可汇聚全球单播

地址把 128 位的 IP 地址分为三级，如图 8-4 所示。

全球路由选择前缀（48 位）	子网标识符（16 位）	端口标识符（64 位）

图 8-4　可汇聚全球单播地址

全球路由选择前缀：分配给各公司和机构，用于路由器的路由选择，相当于 IPv4 地址中的网络号。如果全球路由选择前缀地址的前 3 位是 001，那么可进行分配的地址就有 45 位。具体来说，可汇聚全球单播地址的范围是 2000::/3 及 3000::/3。

子网标识符：占 16 位，用于各公司和机构创建自己的子网。小公司可以把这个字段置为 0。

端口标识符：用来识别某个端口，端口标识符 ID 可以由 EUI-64 规范自动生成、随机分配、DHCPv6 分配或手动配置。其中，EUI-64 规范自动生成最为常用，EUI-64 规范可以将各端口的硬件地址直接进行编码形成端口标识符，而不需要用 ARP 进行解析。

（2）链路本地单播地址。

链路本地单播地址是 IPv6 网络中的概念，端口在启动 IPv6 网络时，会自动给自己配置一个链路本地单播地址。链路本地单播地址的格式前缀为 1111 1110 10，即 FE80::/64；其后是 64 位的端口 ID。链路本地单播地址用于邻居发现协议和无状态自动配置进程中链路本地节点之间的通信。

（3）唯一本地单播地址。

虽然 IPv6 拥有足够的地址空间，但是 Internet 号码分配机构（IANA）还是分配了一段可以让不同机构在自己的私网中复用的私有地址空间。这种地址就是唯一本地单播地址，实际就是取代了站点本地地址。唯一本地单播地址的前缀为 FC00::/7，也就是前 7 位是 1111 110。从第 9 到第 48 位相当于一个 IPv4 地址中的网络位全局 ID。而第 8 位为 0 的用法还未标准化（保留），为 1 表示本地范围，目前真正提供给私网使用的 IPv6 地址都以 1111 1101 开头，也就是 FD00::/8 的地址。后面再跟 40 位全球唯一前缀、16 位的子网 ID、64 位的端口 ID。

（4）特殊的 IPv6 地址。

特殊的 IPv6 地址主要有未指定地址和环回地址（回送地址）两类。

未指定地址：128 位全是 0 的地址，IPv6 单播地址中的 0:0:0:0:0:0:0:0 或::/128 形式的地址叫作未指定地址。通常在初始化主机、主机未取得具体的地址之前，通过主机发送 IPv6 数据报时，主机的源地址可以临时使用未指定地址。

环回地址：前 127 位是 0，最后一位是 1 的地址。IPv6 单播地址中的 0:0:0:0:0:0:0:1 或::1 形式的地址叫作环回地址，表示网络设备本身，用来把 IPv6 网络的数据报环发给端口自己。

2．组播地址

组播地址是一组端口共用的地址，发往一个组播地址的数据报将被传输至由该地址标识的所有端口上。在 IPv6 地址中没有广播地址，在 IPv4 协议中某些需要用到广播地址的服务或功能，都用组播地址完成。IPv6 组播地址的格式前缀为 1111 1111，其后是 4 位的

Flag（标志）、4 位的 Scope（范围域）和 Group ID（组 ID）。

3．任播地址

任播地址是 IPv6 地址中特有的地址类型，也用来标识一组端口，但与组播地址不同的是，发送到任播地址的数据报被传输给此地址标识的一组端口中距离源节点最近的一个端口。IPv6 任播地址是从单播地址空间中分配的，并使用单播地址的格式。仅看地址本身，节点是无法区分任播地址和单播地址的，所以在配置时，必须明确指明该地址是一个任播地址。任播地址只能作为目的地址，目前仅分配给路由器。

8.3.3 IPv6 数据报格式

IPv6 协议对其基本报头定义了 8 个字段，如图 8-5 所示。

（1）**版本号：**长度为 6 位，对于 IPv6 数据报，本字段的值必须为 6。

（2）**通信量类（IHL）：**长度为 8 位，用于区分不同 IPv6 数据报的类别或优先级。

（3）**流标签：**长度为 20 位，用于标识属于同一业务流的数据报（和资源预分配挂钩）。

（4）**净荷长度：**长度为 16 位，除基本报头外的字节数。

（5）**下一个报头：**长度为 8 位，指出 IPv6 基本报头后所跟的报头字段中的协议类型。

（6）**跳极限：**长度为 8 位，每转发一次该值减 1，到 0 则丢弃，用于高层设置其超时值。

（7）**源 IP 地址：**长度为 128 位，指出发送方的地址。

（8）**目的 IP 地址：**长度为 128 位，指出接收方的地址。

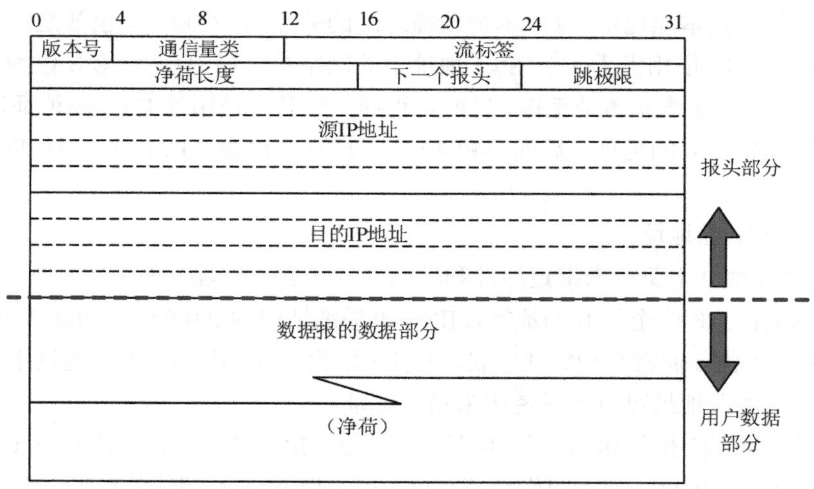

图 8-5　IPv6 数据报格式

IPv6 扩展报头是跟在 IPv6 基本报头后面的可选报头。和 IPv4 相比，新增选项时不必修改现有结构就能做到，理论上可以无限扩展，体现了优异的灵活性。

在 IPv6 协议中，每个中间路由器必须处理的扩展报头只有逐跳选项扩展报头，这种处理方式提高了路由器处理数据报的速度，也提高了其转发性能。

扩展报头有以下几类：逐跳选项扩展报头、目的选项扩展报头、路由扩展报头、分片扩展报头（IPv6 只在源节点中进行数据的分片）、身份验证扩展报头（确保数据来源于可信任的发送方，保证报文的完整性）、封装安全有效负载扩展报头（确保数据来源于可信任的发送方，保证报文的完整性和机密性）。

8.3.4 IPv6 过渡技术

自 1998 年中国教育和科研计算机网 CERNET 首次将 IPv6 引入中国以来，IPv6 网络演进已经持续了二十多年，几乎成了网络版的“狼来了”，一方面大讲 IPv6 部署的紧迫性，IPv6 应用势在必行，另一方面却迟迟不见 IPv6 规模部署。归根结底，就在于行业参与者（ISP、ICP、大型企业等）没有看到演进 IPv6 后的明显收益。具体如下。

（1）IPv6 和 IPv4 不能兼容，导致 IPv6 部署困难。

（2）私有地址和 NAT 技术延缓了 IPv4 地址的枯竭。

（3）对下一代互联网技术方案的徘徊与观望。

（4）用户、内容提供商、运营商三方互相等待，陷入 IPv6 部署的死结。

（5）IPv6 技术不够成熟，相关技术支持人员不足。

（6）需要更换设备满足 IPv6 技术的实现，加大运营成本，无法快速部署。

IPv6 的升级建议如下。

（1）网络基础设施 IPv6 能力就绪。

（2）应用基础设施提升 IPv6 业务承载能力。

（3）终端设备增强 IPv6 支持能力。

（4）网站及互联网应用生态加快向 IPv6 升级。

（5）IPv6 网络及服务性能持续提升。

（6）IPv6 网络安全保障进一步加强。

目前，Internet 上成千上万的主机、路由器等网络设备都运行着 IPv4 协议，意味着从 IPv4 网络向 IPv6 网络演进是一个浩大而繁杂的工程，IPv4 网络和 IPv6 网络将在很长时间内共存，如何从 IPv4 网络平滑地过渡到 IPv6 网络是一个非常复杂的问题。

IPv6 和 IPv4 互通包括三个层面：IPv6 与 IPv4 终端或服务器互通，IPv6 与 IPv4 网络互通及通过主干 IPv4 网络与对端 IPv6 网络连接。针对不同的互通需求，已经有不同的技术标准出现。IPv4 终端或服务器互通采用双协议栈技术（设备上同时启用 IPv4 协议栈和 IPv6 协议栈）实现；对于需要跨越 IPv4 设备的 IPv6 网络之间的互联，可以采用隧道技术；单一的 IPv6 网络需要访问 IPv4 网络，可以采用协议转换（NAT-PT）技术。

1. 双协议栈技术

双协议栈技术是指在一台设备上同时启用 IPv4 协议栈和 IPv6 协议栈。这样，这台设备既能和 IPv4 网络通信，又能和 IPv6 网络通信。如果这台设备是一个路由器，那么这台路由器的不同端口上，分别配置了 IPv4 地址和 IPv6 地址，分别连接了 IPv4 网络和 IPv6 网络。如果这台设备是一台主机，那么它将同时拥有 IPv4 地址和 IPv6 地址，并具备同时处理这两个协议地址的功能。虽然双协议栈技术在 LAN 上通信的改造是很容易的，但是在广域网上，问题就变得十分复杂了。主要问题是在广域网上的两个节点之间往往经过多个路由器，按照双协议栈技术的部署要求，之间的所有节点都要支持 IPv4/IPv6 双协议栈，并且都要配置 IPv4 的公网 IP 地址才能正常工作，这里就无法解决 IPv4 公网地址匮乏的问题。因此，双协议栈技术一般不会直接部署到网络中，而是配合其他过渡技术一起使用。双协议栈技术也是其他过渡技术的基础。

2. 隧道技术

隧道技术就是把 IPv6 报文封装在 IPv4 报文中，可以穿越 IPv4 网络进行通信。隧道技术分为手工隧道(如果设备不能从 IPv6 报文的目的地址中自动获得隧道终点的 IPv4 地址，就需要对隧道终点进行手动配置，如 IPv6 over IPv4 GRE 隧道）和自动隧道（隧道的终点能从 IPv6 报文中自动获取，如 6 to 4、ISATAP、6PE 隧道）。

（1）6 to 4 隧道。

6 to 4 隧道是点到多点的自动隧道，主要是将多个 IPv6 孤岛通过 IPv4 网络进行连接，如图 8-6 所示。6 to 4 隧道通过 IPv6 报文的目的地址中嵌入的 IPv4 地址，自动获取隧道的终点。6 to 4 隧道必须采用特殊的地址：6 to 4 地址，它以 2002 开头，后面跟着 32 位的 IPv4 地址转化的十六进制数表示，构成一个 48 位的 6 to 4 前缀 2002:a.b.c.d::/48，用户不能改变，而后 16 位（SLA）是由用户自己定义的。

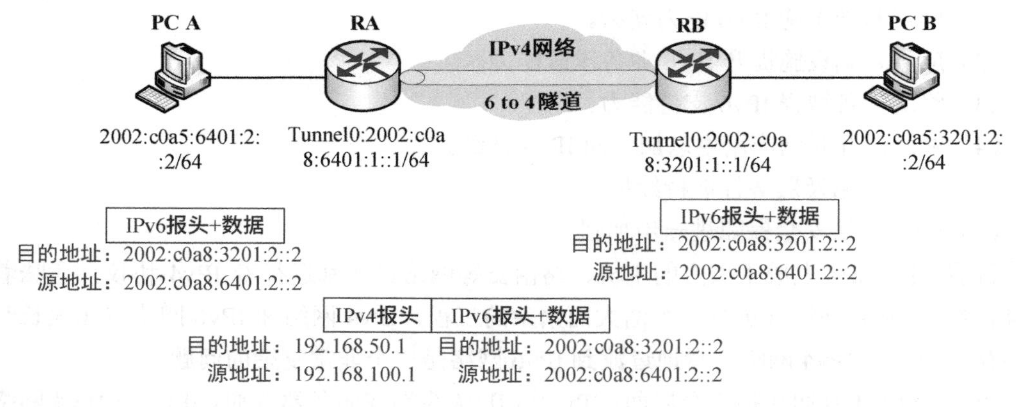

图 8-6　6 to 4 隧道

① PC A 发出的 IPv6 报文到达 RA。

② PC A 根据 IPv6 报文的目的地址查找 IPv6 转发表，发现出端口是 6 to 4 隧道的 Tunnel 端口，且报文的目的地址是 6 to 4 地址，则将该 IPv6 报文封装到 IPv4 报文中，IPv4 报头的目的地址是从 6 to 4 地址中取出的 IPv4 地址，源地址是本端隧道端口上配置的 IPv4 源地址。

③ 封装完成后，报文被 RA 从隧道端口发出后，在 IPv4 网络中被路由到接收端，也就是 RB。

④ RB 收到此报文后，先进行解封装，然后查找解封装后 IPv6 报头的目的地址，最后根据路由表将此报文转发到 PC B 中。

⑤ PC B 收到报文后，对此进行回复。返回的报文也是按照这个过程处理的。

（2）ISATAP 隧道。

ISATAP（Intra-Site Automatic Tunnel Addressing Protocol）隧道是另外一种自动隧道，如图 8-7 所示。ISATAP 隧道同样使用了内嵌 IPv4 地址的特殊 IPv6 地址形式，与 6 to 4 地址不同，6 to 4 地址使用 IPv4 地址做网络前缀，而 ISATAP 地址用 IPv4 地址做端口 ID。它的端口 ID 格式为 0000:5EFE:w.x.y.z。在这里，0000:5EFE 是规定的格式，w.x.y.z 是单播 IPv4 地址，嵌入到 IPv6 地址的最后 32 位。ISATAP 地址的前 64 位前缀是通过向 ISATAP 路由器发送请求得到的。在 ISATAP 隧道的两端设备之间可以运行 IPv6 邻居发现协议（NDP）。

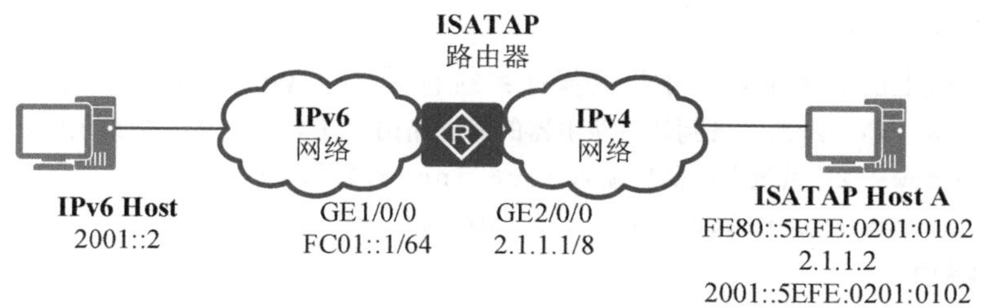

图 8-7 ISATAP 隧道

在创建 ISATAP 隧道时，由于双栈主机和 ISATAP 路由设备在同一个 IPv4 网络里，因此 ISATAP 地址中嵌入的 IPv4 地址可以是公网地址，也可以是私网地址。

① Host A 发送路由设备请求消息。

Host A 使用 ISATAP 格式的链路本地地址向 ISATAP 路由设备发送路由设备请求消息，该路由设备请求消息被封装在 IPv4 报文中。

② ISATAP 路由设备响应请求。

ISATAP 路由设备使用路由设备通告消息响应 Host A 的路由设备请求。路由设备通告消息中包含全球可路由前缀（全球可路由前缀在路由设备上通过手工配置）。

③ Host A 得到自己的 IPv6 地址。

Host A 将 ISATAP 前缀与 5EFE:IPv4-Address 组合得到自己的 IPv6 地址，并用此地址访问 IPv6 网络。

具体配置如下。

配置 ISATAP 路由器。

```
# 使能 IPv4/IPv6 双协议栈，配置各端口地址。
<Huawei> system-view
[Huawei] sysname Router
[Router] ipv6
[Router] interface gigabitethernet 1/0/0
[Router-GigabitEthernet1/0/0] ipv6 enable
```

```
[Router-GigabitEthernet1/0/0] ipv6 address fc01::1/64
[Router-GigabitEthernet1/0/0] quit
[Router] interface gigabitethernet 2/0/0
[Router-GigabitEthernet2/0/0] ip address 2.1.1.1 255.0.0.0
[Router-GigabitEthernet2/0/0] quit
# 配置 ISATAP 隧道。
[Router] interface tunnel 0/0/2
[Router-Tunnel0/0/2] tunnel-protocol ipv6-ipv4 isatap
[Router-Tunnel0/0/2] ipv6 enable
[Router-Tunnel0/0/2] ipv6 address 2001::/64 eui-64
[Router-Tunnel0/0/2] source gigabitethernet 2/0/0
[Router-Tunnel0/0/2] undo ipv6 nd ra halt
[Router-Tunnel0/0/2] quit
```

配置 ISATAP 主机。

ISATAP 主机上的具体配置与主机的操作系统有关。以 Windows 7 操作系统的主机为例。

使用如下命令添加一条到边界路由器的静态路由（在 Windows 7 系统中，IPv6 协议默认已经安装，在 Windows XP 系统中，需要输入 ipv6 install 命令）

```
C:\> netsh interface ipv6 isatap set router 2.1.1.1
```

（3）6PE 隧道。

6PE（IPv6 Provider Edge）是一种 IPv4 到 IPv6 的过渡技术，ISP 可以利用已有的 IPv4 主干网为分散用户的 IPv6 网络提供接入能力。6PE 的主要思想是：IPv6 供应商边缘 6PE 设备将用户的 IPv6 路由信息转换为带有标签的 IPv6 路由信息，并且通过内部边界网关协议（Internal Border Gateway Protocol，IBGP）会话扩散到 ISP 的 IPv4 主干网中。6PE 设备转发 IPv6 报文时，首先将进入主干网隧道的数据流打上标签。隧道可以是 GRE 隧道或 MPLS LSP 等。当 ISP 想利用自己原有的 IPv4 或 MPLS 网络，使其通过 MPLS 具有 IPv6 能力时，只需升级 6PE 设备。所以对运营商来说，使用 6PE 隧道作为 IPv6 过渡机制是一个高效的解决方案。

3. NAT-PT 技术

隧道技术比较好地解决了在很长的一段时间内还是 IPv4 网络是主流的情况下，IPv6 节点（或双协议栈节点）之间的通信问题。由于 IPv4 到 IPv6 的过渡是十分漫长的，因此需要解决 IPv6 节点与 IPv4 节点通信的问题。NAT-PT 技术可以解决这个问题。

NAT-PT 技术是一种纯 IPv6 节点和 IPv4 节点之间的互通方式，包括地址、协议在内的转换工作都由网络设备完成，地址转换是为了让 IPv6 和 IPv4 网络中的主机能识别对方，也就是 IPv4 网络中的主机用 IPv4 地址标识 IPv6 网络中的主机，IPv6 网络中的主机用 IPv6 地址标识 IPv4 网络中的主机。协议转换的目的是实现 IPv4 和 IPv6 报头之间的转换。

此外，NAT-PT 技术还需要应用层网关（ALG）的支持。NAT-PT 技术对 IPv4 和 IPv6 网络来说是透明的，用户不必改变目前的 IPv4 网络就可以实现 IPv6 网络和 IPv4 网络的通信。由于 IPv6 和 IPv4 报头的某些字段不同，所以在进行协议转换时，某些信息会丢失。例如，IPv4 报头中的可选项部分无法转换到 IPv6 报文中，而 IPv6 报文中的目的选项报头、路由报头、逐跳选项报头也无法转换到 IPv4 报文中。另外，对 NAT-PT 路由器的性能要求很高，而且地址在传输过程中发生了变化，端到端的安全性难以实现。

8.4 QoS

网络的普及和业务的多样化使得互联网流量激增，从而产生了网络拥塞，增加了数据报转发时延，严重时还会丢包，导致业务质量下降。所以，要在网络上开展这些实时性业务，就必须解决网络拥塞问题。解决网络拥塞的最好办法是增加网络的带宽，但从运营、维护的成本考虑，这是不现实的，最有效的解决方案就是应用一个“有保证”的策略对网络流量进行管理。

QoS（Quality of Service，服务质量）指一个网络能够利用各种基础技术，为指定的网络通信提供更好的服务能力，是用来解决网络阻塞等问题的一种技术。在 Internet 中，QoS 所评估的是网络投递分组的服务能力。由于网络提供的服务是多样的，因此对 QoS 的评估可以基于不同方面。通常所说的 QoS，是对分组投递过程中为时延、抖动、丢包率等核心需求提供支持的服务能力的评估。

8.4.1 QoS 的类型

QoS 包括尽力而为服务模型、综合服务模型及区分服务模型。

1. 尽力而为服务模型

尽力而为服务模型是一个单一的服务模型，也是十分简单的服务模型。对于尽力而为服务模型，网络尽最大的努力来发送报文，对时延、可靠性等性能不提供任何保证，不能区别对待不同类型的业务。尽力而为服务模型是网络的默认服务模型。

2. 综合服务模型

综合服务（IntServ）模型由 RFC 1633 定义，在这种模型中，节点在发送报文前，需要向网络申请所需的资源，这是通过资源预留协议（RSVP）实现的。RSVP 的特点是具有单向性，由接收方向发送方的方向发起对中途的路由器资源预留的请求，并维护资源预留信息。

综合服务模型要求为单个数据流预先保留所有连接路径上的网络资源，很难独立应用于大规模网络。

综合服务模型可以提供保证和负载控制两种服务。

（1）**保证服务：**提供保证的时延和带宽来满足应用程序的要求（如在 IP 电话的应用中可以预留 64 Kbit/s 的带宽，并要求不超过 100 ms 的时延）。

（2）**负载控制服务：**保证即使在网络过载的情况下，也能对报文提供与网络未过载时类似的服务，也就是说在网络出现拥塞时，可以保证某些应用报文优先通过。

3．区分服务模型

区分服务（Diffserv）模型的基本原理是将网络中的流量分成多个类，每个类享受不同的处理，尤其是网络出现拥塞时，不同的类会享受不同级别的处理，从而得到不同的丢包率、时延及抖动。同类业务在网络中会被汇聚起来统一发送，保证相同的时延、抖动、丢包率等 QoS 指标。

在区分服务模型中，业务流的分类和汇聚工作在网络边缘由边界节点完成。边界节点可以通过多种条件（如报文的源地址和目的地址、服务类型域中的优先级、协议类型等）灵活地对报文进行分类，对不同的报文设置不同的标记字段，而其他节点只需简单地识别报文中的这些标记，即可进行资源分配和流量控制。

与综合服务模型相比，区分服务模型不需要信令。在区分服务模型中，应用程序发出报文前，不需要预先向网络提出资源申请，而是通过设置报文的 QoS 参数信息，告知网络节点它的 QoS 需求。网络不需要为每个报文流维护状态，而是根据每个报文流指定的 QoS 参数信息提供差分服务，即对报文的服务进行等级划分，有差别地进行流量控制和转发，提供端到端的 QoS 保证。区分服务模型充分考虑了 IP 网络本身灵活性、可扩展性强的特点，将复杂的 QoS 保证通过报文自身携带的信息转换为单跳行为，从而大大减少信令的工作，是当前网络中的主流服务模型。

8.4.2 QoS 的规划

以企业办公为例，除了基本的网页浏览、工作邮件，在较集中的工作时间段内还需要保证 Telnet 登录设备、异地的视频会议、实时语音通话、FTP 文件的上传和下载，以及视频播放等业务的网络质量。对于不同网络质量要求的业务，可以配置不同的 QoS 子功能，或者不部署 QoS。

1．网络协议和管理协议（如 OSPF、Telnet）

网络协议和管理协议要求低时延和低丢包率，但对带宽的要求不高。因此可以通过 QoS 的优先级映射功能，为此类报文标记较高的服务等级，使网络设备优先转发此类报文。

2．实时业务（如视频会议、VoIP）

视频会议要求高带宽、低时延和低抖动。因此可以通过 QoS 的流量监管功能，为视频报文提供高带宽；通过 QoS 的优先级映射功能，适当调高视频报文的优先级。

VoIP 是指通过 IP 网络进行实时语音通话，要求低丢包率、低时延和低抖动，否则通话双方可以明显感知到质量受损。因此，一方面可以调整语音报文的优先级，使其高于视频报文；另一方面通过流量监管功能，为语音报文提供最大带宽，在网络拥塞时，可以保证语音报文优先通过。

3．大数据量业务（如 FTP、数据库备份、文件转储）

大数据量业务是指存在长时间大量数据传输行为的网络业务，这类业务需要尽可能低的网络丢包率。因此可以为这类报文配置流量整形功能，通过数据缓冲区缓存从端口发送

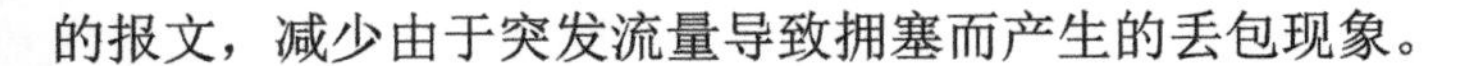

的报文，减少由于突发流量导致拥塞而产生的丢包现象。

4．普通业务（如 HTML 网页浏览、邮件）

普通业务对网络无特殊要求，重要性也不高。网络管理员可以对其保持默认设置，不需要额外部署 QoS 功能。

8.5 云计算

云计算（Cloud Computing）是分布式计算的一种，指的是通过网络“云”将巨大的数据计算处理程序分解成无数个小程序，通过多台服务器组成的系统进行处理和分析这些小程序，得到结果并返回给用户。云计算早期，简单地说，就是简单的分布式计算，解决任务分发，并进行计算结果的合并。因而，云计算又称网格计算。通过这项技术，可以在很短的时间内（几秒钟）完成对数以万计的数据的处理，从而达到强大的网络服务。现阶段所说的云计算已经不单单是一种分布式计算，而是分布式计算、负载均衡、网络存储、热备份冗杂和虚拟化等计算机技术混合演进并跃升的结果。

云计算为用户提供了更灵活、更高效、更可靠的计算环境，同时为服务提供商提供了更赚钱、更可持续的商业模式。随着云计算的不断发展和普及，它将成为计算领域的重要趋势和发展方向。

8.5.1 云计算的特点

云计算的本质核心：以虚拟化的硬件体系为基础，以高效服务管理为核心，提供自动化的，具有高度可伸缩性、虚拟化的硬/软件资源服务。

五种基本属性（云计算的业务）如下。

（1）**按需自助服务（On-demand Self-service）**：客户可以根据需求自动获取处理能力，如服务器网络存储空间。

（2）**广泛的网络接入（Broad Network Access）**：计算能力通过网络提供，并通过标准机制进行访问，使得各种客户端（如手机、笔记本电脑或 PDA）和其他传统的或基于云的软件平台均可以使用云计算。

（3）**资源池（Resource Pooling）**：云计算服务提供商提供的各种物理资源被池化，通过多租户模式为多客户提供多样服务，并根据客户的需求动态提供或重新分配物理或虚拟化资源。

（4）**快速弹性（高扩展性）**：云计算服务提供商可以迅速、弹性地提供计算能力，根据需求快速扩展资源，需求完结后又能快速释放资源。让用户感觉资源是无限的，可以在任何时刻租用任何数量的资源。

（5）**可计量服务**：云计算服务提供商提供可计量的服务，用户按使用状况付费。云计算服务提供商可监视、控制和优化资源的使用。

8.5.2 云计算的服务类型

虽然云计算的服务模式在不断进化，但业界普遍接受将云计算按照服务的提供方式划分为三大类：IaaS（基础架构即服务）、PaaS（平台即服务）和 SaaS（软件即服务）。

1. IaaS

IaaS 通过虚拟化技术将服务器等计算平台同存储和网络资源打包，通过 API 端口的形式提供给用户。用户不用再租用机房，不用自己维护服务器和交换机，只需购买 IaaS 服务就能够获得这些资源。租用 IaaS 公司提供的场外服务器、存储设备和网络硬件。这样一来，用户可以大大节省运维成本和办公场地。

2. PaaS

PaaS 在 IaaS 的基础之上，将一个软件开发工具和运行平台作为服务提供给用户，用户只需开发和调试安装软件即可。

3. SaaS

SaaS 是一种通过 Internet 提供软件的模式，厂商将应用软件统一部署在自己的服务器上，用户可以根据自己的实际需求，通过互联网向厂商订购所需的应用软件服务，按订购的服务多少和时间长短向厂商支付费用，用户不用再购买软件或开发软件，通过网络使用云服务提供商的软件服务，管理企业经营活动，用户自身无须对软件进行维护，云服务提供商会全权管理和维护软件。

8.5.3 云模式

随着云计算的发展，如今，几乎每个企业都计划或正在使用云计算，但不是每个企业都使用相同类型的云模式。有三种不同的基本云模式：公有云、私有云和混合云。

1. 公有云

公有云的核心属性是共享资源服务。第三方提供商将共享的计算、存储、网络等资源按需提供给用户。对用户来说，由于不需要进行初始 IT 基础设施投资就可以通过按需付费的方式享受 IT 服务，数字化门槛和 IT 成本都大幅降低。

2. 私有云

私有云（Private Cloud）是为一个组织单独使用而建立的一种云模式。私有云可提供对数据、安全性和 QoS 的有效控制。该组织拥有基础设施，并可以在此基础设施上部署自己的网络和应用服务。私有云可由该组织自己的 ICT 部门建立，也可由专门的私有云提供商建立。私有云的所有者不与其他企业或组织共享资源，私有云的核心属性是资源专有。

3. 混合云

混合云（Hybrid Cloud）作为云计算的一种模式，将私有云和公有云协同工作，从而提高用户跨云的资源利用率。混合云帮助用户管理跨云、跨地域的 IT 基础设施，是包含公有云和私有云中各类资源和产品的一个有机整体系统。

8.5.4 云管理网络

传统网络的建设、管理和运维手段已无法满足数字化带来的新的网络需求。

（1）**网络部署效率低，新业务开通慢：**需要专业 IT 人员现场网规、开局部署和调试验收。数字化转型需要网络部署更便捷、更高效，从而实现新业务快速上线。

（2）**网络管理复杂，运营支出占比居高不下：**由专业运维人员进行网络管理，管理和维护成本高。数字化转型需要网络管理简单、运维方便，从而适应业务多样化。

（3）**网络开放性差，网络和应用分离：**网络管理系统与业务系统（如策略控制、计费、大数据分析等）独立部署，端口不兼容导致对接困难。数字化转型需要网络能够集成第三方应用，帮助企业扩展增值服务。

华为云管理网络解决方案是基于华为公有云上的 CloudCampus 云管理平台，通过云端管理 AP、交换机、路由器和防火墙等云化设备，实现网络的快速部署和集中管理，在云端实现网络的全生命周期管理，覆盖购买、网规、开局、部署、运维及运营等各阶段。

华为云管理网络解决方案提供三层架构，分为网络层、云管理平台和 SaaS 增值服务层。

网络层：通过工作在云模式下的网络设备（包括 AP、交换机、AR 和防火墙）为用户提供网络服务，覆盖零售、酒店、教育等行业场景。

云管理平台：部署在公有云上的网络管理控制系统，包含管理控制系统 Agile Controller-Campus 和智能分析系统 CampusInsight。通过基于 Web 的管理用户界面，云管理平台提供在线网规、部署、网优、运维等全生命周期云服务。网络管理员使用浏览器或 CloudCampus App 登录云管理平台后，可以随时随地部署网络、修改网络配置、升级网络设备，从而跨越 Internet 实现从本地管理到集中管理、本地运维到远程运维的升级转变。

在 MSP 运营模式下，具有自运维能力的租户可以通过租户管理员自维护本租户网络，如果租户不具有网络运维能力，则可以通过租户管理员将本租户的网络委托给 MSP，由 MSP 代替租户管理租户网络。无论是租户自运维场景还是 MSP 代运维场景，租户管理员都可以管理本租户网络。

SaaS 增值服务层：云管理平台提供 API 端口，包括认证授权类、网络自动化类、网络运维类和增值数据类四种 API 端口类型。通过 API 端口与合作伙伴一起实现增值服务，目前已支持电子价签、电子书包、客流分析、无线非经等 180 多种行业应用，覆盖零售、酒店、教育、医疗等各行业，帮助企业扩展 SaaS 增值服务。

8.6 大数据

大数据是指数据量非常庞大、多种类型和来源、高速增长、难以处理和管理的数据集合。大数据的出现和应用已经成为现代信息和数据处理技术的重要组成部分。

8.6.1 大数据 5V 特性

大数据具备 5V 特性：大容量、多样性、价值化、速度快、真实性。

（1）**大容量（Volume）**：数据量大，包括采集、存储和计算的量都非常大。大数据的起始计量单位至少是 P（1000 个 T）、E（100 万个 T）或 Z（10 亿个 T）。

（2）**多样性（Variety）**：种类和来源多样化。包括结构化、半结构化和非结构化数据，具体表现为网络日志、音频、视频、图片、地理位置信息等，多样化的数据对数据的处理能力提出了更高的要求。

（3）**价值化（Value）**：数据价值密度相对较低，随着互联网及物联网的广泛应用，信息感知无处不在，信息海量，但价值密度较低，如何结合业务逻辑并通过强大的机器算法挖掘数据价值，是大数据时代最需要解决的问题。

（4）**速度快（Velocity）**：数据增长速度快，处理速度也快，时效性要求高。例如，搜索引擎要求几分钟前的新闻能够被用户查询到，个性化推荐算法要求尽可能实时完成推荐。这是大数据区别于传统数据挖掘的显著特征。

（5）**真实性（Veracity）**：数据的准确性和可信赖度，即数据的质量。

8.6.2 大数据关键技术

大数据关键技术涵盖数据存储、处理、应用等多方面的技术，根据大数据的处理过程，可将其分为大数据采集、大数据预处理、大数据存储及管理、大数据分析及挖掘。

大数据采集：大数据采集是指通过 RFID（射频识别）数据、传感器数据、社交网络交互数据及移动互联网数据等方式获得各种类型的结构化、半结构化（或称为弱结构化）及非结构化的海量数据。

大数据预处理：数据的世界是庞大而复杂的，其中存在残缺的、虚假的、过时的数据。想要获得高质量的分析挖掘结果，就必须在数据准备阶段提高数据的质量。大数据预处理可以对采集到的原始数据进行清洗、填补、平滑、合并、规格化及检查一致性等，将那些杂乱无章的数据转化为相对单一且便于处理的构型，为后期的数据分析奠定基础。大数据预处理主要包括数据清理、数据集成、数据转换及数据规约四大部分。

大数据存储及管理：大数据存储及管理要用存储器把采集到的数据存储起来，建立相应的数据库，并进行管理和调用。主要解决大数据的可存储、可表示、可处理、可靠性及有效传输等关键问题。在大数据环境下使用海量的非结构化数据，常使用 HDFS 分布式文件系统和 NoSQL 数据库进行存储。

大数据分析及挖掘：大数据分析是从可视化分析、数据挖掘算法、预测性分析、语义引擎、数据质量管理等方面，对杂乱无章的数据进行萃取、提炼和分析的过程；大数据挖掘就是从大量的、不完全的、有噪声的、模糊的、随机的实际应用数据中，提取隐含在其中的、人们事先不知道的、潜在的、有用信息的过程。

8.7 物联网

物联网（IoT）是指通过 RFID、红外感应器、全球定位系统（GPS）、激光扫描器等信息传感设备，按约定的协议，把任何物品与互联网相连，进行信息交换和通信，以实现智能化识别、定位、跟踪、监控和管理的一种网络概念。

8.7.1 物联网层次结构

物联网层次结构分为三层，自下向上依次是感知层、网络层、应用层。感知层是物联网的核心，是信息采集的关键部分，位于物联网层次结构中的底层，其功能是通过传感网络获取环境信息。

（1）感知层包括二维码标签和识读器、RFID 标签和读写器、摄像头、GPS、传感器、传感器网关等，主要功能是识别物体、采集信息。

（2）网络层位于物联网层次结构中的中间层，其功能为“传输”，即通过通信网络进行信息传输。网络层作为纽带连接着感知层和应用层，它由各种私网、互联网、有线和无线通信网络等组成，负责将感知层获取的信息，安全可靠地传输到应用层，根据不同的应用需求进行信息处理。

（3）应用层位于物联网层次结构中的顶层，其主要作用是存储海量数据，对感知层采集的数据进行计算、处理和知识挖掘，提供物联网服务和应用，涉及技术包括数据存储技术、云计算技术、大数据技术等。

8.7.2 物联网技术

NB-IoT 是物联网领域一个新兴的技术，支持低功耗设备在广域网的蜂窝数据连接，也被叫作低功耗广域网。

NB-IoT 的特点如下。

（1）**覆盖广**：在同样的频段下，NB-IoT 比现有的网络增益 20 dB，相当于提升了 100 倍覆盖区域的能力。

（2）**海量连接**：NB-IoT 一个扇区能够支持 10 万个连接。

（3）**低功耗**：NB-IoT 终端模块的待机时间可长达 10 年。NB-IoT 引入了 eDRX 省电技术和 PSM 省电模式，进一步降低了功耗，延长了电池使用时间。

NB-IoT 建立于蜂窝网络，只消耗大约 180 kHz 的带宽，可直接部署于 GSM 网络、UMTS 网络或 LTE 网络，以降低部署成本、实现平滑升级。因为 NB-IoT 自身具备的低功耗、覆盖广等优势，可以广泛应用于多种垂直行业，如交通、环境保护、公共设施、医疗、金融等方面。

8.8 虚拟化

目前，IT 领域的虚拟化技术在网络系统中得到了广泛应用，已经被公认为是支撑云计算发展的关键技术。

虚拟化其实就是把物理资源转变为逻辑上可以管理的资源，打破物理结构之间的壁垒。资源的管理以逻辑方式进行，完全实现资源的自动化分配，用户可以在虚拟环境中实现其在真实环境中的部分或全部功能。

8.8.1 服务器虚拟化

服务器虚拟化就是把服务器物理资源抽象成逻辑资源，让一台服务器变成几台，甚至多台相互隔离的虚拟服务器。这样就可以不受物理上的界限，而是让 CPU、主存、磁盘及 I/O 这些硬件变成可以动态管理的资源池。服务器虚拟化是一种方法，能够区分资源的优先级，随时随地把服务器资源分配给它们最需要的工作负载来简化管理和提高效率，减少为单个工作负载峰值而储备的资源。

服务器虚拟化目前分为寄居架构、裸金属架构、操作系统虚拟化架构三种。

1．寄居架构

虚拟化软件运行在基础操作系统上，建立出一整套虚拟硬件平台，支持创建各种操作系统类型的虚拟机。优点是简单、易实现。缺点是上层虚拟机操作系统的处理需要逐层转换，发送到底层进行处理，依赖主机操作系统。

2．裸金属架构

裸金属架构就是直接在硬件上安装虚拟化软件，依赖虚拟层内核和服务器控制台进行管理。裸金属架构相对于寄居架构效率更高（少了主机操作系统这一层），具有更好的可扩展性、可靠性和性能。企业级服务器虚拟化都是裸金属架构。

3．操作系统虚拟化架构

操作系统虚拟化架构在操作系统层面增加了虚拟服务器功能。操作系统虚拟化架构把单个操作系统划分为多个容器（虚拟服务器），使用容器管理器进行管理。宿主操作系统负责在多个容器之间分配硬件资源，并且让这些容器彼此独立。容器直接运行在操作系统之上。因此，容器虚拟化也被称为操作系统虚拟化。如果底层操作系统跑的是 Windows 系统，那么容器也是 Windows 系统。

8.8.2 存储虚拟化

存储虚拟化（Storage Virtualization）是一种对物理存储资源进行抽象的技术，将多个物理存储设备通过一定的技术集中统一管理，虚拟化的存储资源就像是一个存储池，用户不会看到具体的磁盘、磁带，也不关心自己的数据经过哪一条路径通往具体的存储设备。存储虚拟化可以将多种、多个存储设备统一管理，为用户提供大容量、高数据传输性能的存储系统。

1．存储虚拟化的优势

相对于传统存储技术，存储虚拟化具有以下优势。

（1）**磁盘利用率高：**传统存储技术的磁盘利用率一般只有 30%～70%，而存储虚拟化的磁盘利用率高达 70%～90%，极大地提高了存储资源的利用率。

（2）**管理方便：**传统存储技术的存储管理和维护工作大部分由人工完成，而在存储虚拟化中，管理员不必关心后台存储，只需专注于管理存储空间本身，存储管理的复杂性大大降低。

（3）**存储灵活：**传统存储技术不支持异构存储，而存储虚拟化可以适应不同厂商、不同类别的异构存储平台，为存储资源管理提供了更好的灵活性。

（4）**更多功能：**相比传统存储技术，存储虚拟化带来了精简磁盘和空间回收、快照、迁移、链接克隆等实用功能。

2．存储虚拟化的实现

根据虚拟化实现位置的不同，存储虚拟化可以分为基于主机的存储虚拟化、基于存储设备的存储虚拟化、基于网络的存储虚拟化。

（1）基于主机的存储虚拟化。

基于主机的存储虚拟化将虚拟化实现放在主机上，通过改造主机操作系统的文件系统层或设备层完成部分逻辑地址到物理地址的转换，若仅仅是单个主机服务器（或单个集群）访问多个磁盘阵列，则可以使用基于主机的存储虚拟化。

基于主机的存储虚拟化具有以下特点：不需要任何附加硬件，容易实现且设备成本低；I/O 路径简单，读/写性能好；虚拟化软件运行在主机上，会占用主机的处理时间，可扩展性较差，实际运行的性能不是很好，还可能影响到主机系统的稳定性和安全性。

（2）基于存储设备的存储虚拟化。

基于存储设备的存储虚拟化将虚拟化实现放在物理存储设备上，如磁盘阵列。当多个主机服务器需要访问同一个磁盘阵列时，可以采用基于存储设备的存储虚拟化。

基于存储设备的存储虚拟化具有以下特点：软件运行于存储设备中专门的嵌入式系统上，不占用主机资源；数据管理功能丰富，还可以提供一些存储高级业务，如精简配置、快照和链接克隆；依赖存储设备的能力，一般只能对设备内的磁盘进行虚拟化，不同厂商数据管理功能之间不能互相操作，不同存储设备需要配置不同的数据管理软件。

（3）基于网络的存储虚拟化。

基于网络的存储虚拟化通过在存储网络中添加虚拟化引擎实现，可以将虚拟化实现放在专门的服务器或路由器上。当多个主机服务器需要访问多个异构存储设备时，可以使用基于网络的存储虚拟化。

基于网络的存储虚拟化具有以下特点：与主机无关，不占用主机资源；支持异构主机、异构存储设备，统一不同存储设备的数据管理功能，建立统一管理平台，可扩展性好；I/O 路径长，性能有损耗；技术发展成熟度较低。

8.8.3 桌面虚拟化

桌面虚拟化是基于服务器虚拟化诞生出的一种技术，其将所有桌面 PC 所需的操作系统软件、应用程序软件、用户数据全部存放到后台服务器中，通过专门的管理系统赋予特定用户，用户通过专用的网络传输协议连接到后端服务器分配的桌面资源，连接后，用户可在连接本地终端上直接使用后台运行的桌面系统，使用体验基本与物理 PC 一致。

1．桌面虚拟化的优势和劣势

（1）桌面虚拟化的优势。

灵活的访问和使用：桌面虚拟化的出现，使得用户可以远程访问桌面系统，获得和 PC 完全一致的体验。用户可以随时随地通过任何一种满足接入要求的终端设备访问自己的虚拟桌面，并且能够保证数据安全。

更广泛和简化的终端设备支持：由于所有的计算都在服务器中，所以对终端设备的要求大大降低。

终端设备采购和维护成本降低：终端采购成本降低，虚拟桌面终端的采购成本约 2000 元，而 PC 的成本约 4000 元。

集中管理、统一配置和使用安全：虚拟终端桌面维护工作直接在后台统一进行，尤其适合学校机房、教学中心等应用场景。数据可以通过配置不允许下载到客户端，保证用户不会带走和传播机密信息。服务器在数据中心这一层，可以享受到数据中心的容灾备份，做到永不停机，保证业务的连续性。

杜绝因兼容问题产生的 IT 系统故障：应用程序之间的兼容性所引起的故障一直是 IT 企业的问题，在一台物理机上安装不同的应用可能会出现各种问题，而通过桌面虚拟化把企业应用和桌面镜像进行有机打包，可以最大限度地杜绝应用之间的冲突。因为每个应用都打包自己的配置信息，意味着每个应用的配置都是独享的，不受其他应用影响，保证了最大的兼容性和稳定性。

降低耗电和节能减排：终端要求的降低导致功耗只有传统 PC 的十分之一，在电力消耗上节省很多。后台的虚拟化也为服务器的节能减排打好了基础。

（2）桌面虚拟化的劣势。

初始成本高：桌面虚拟化不是免费的，初始成本比较高。进行基础架构的改造需要购买虚拟化软件的许可，操作系统的授权也不能少，对 IT 人员的要求更高，一般情况下只有几十人的小单位没有必要部署桌面虚拟化，成本太高。

虚拟桌面的性能不如物理桌面：由于虚拟桌面通过后台的虚拟机提供计算，通过网络传输数据到前端进行展现，所以在性能上和传统 PC 相比有差距，虚拟桌面现有的一些高级传输协议应付企业的 Office、邮件、视频播放等没有问题，但如果想执行高负载的应用，如 3D 动画和视频处理，虚拟桌面并不合适。

虚拟桌面的高度管控可能会引起用户反感：对于 IT 企业管理部门，希望能更好、更集中化地管理 IT 资源，通常不安装与办公无关的应用，但对员工来说，希望有一个更宽松自由的 IT 办公环境，所以部署虚拟桌面可能会引起员工的排斥。

安全问题：数据中心虚拟化后，企业大部分应用都存在于虚拟机环境中，这些应用中包括很多对外应用，黑客可直接通过这些应用侵入虚拟机内部，遗留木马病毒。另外，虚拟机和宿主机本身都有外部端口，如 USB 端口、虚拟网卡与宿主机物理网卡桥接等方式，可能会使得虚拟机感染外界木马、病毒。这些病毒爆发时，将因为整体资源池负载过高而导致业务中断、企业敏感数据泄露、虚拟机逃逸，对企业造成灾难性的后果。传统安全软件可以部署在虚拟机环境下，但因为某些特定需求（如启动、杀毒、升级等）会同时进行，因此会在同一时间消耗大量的系统资源，极易引发启动风暴、杀毒风暴、升级风暴等新的问题。

2．桌面虚拟化的组成

云终端：远程用户访问虚拟桌面的各种终端设备。

接入控制：对终端的接入访问需要进行有效的控制。

桌面会话管理：桌面会话管理负责对虚拟桌面使用者的权限进行认证，保证虚拟桌面的使用安全，并对系统中所有虚拟桌面的会话进行管理。目前，常见的桌面传输协议有微软的远程桌面协议（RDP）和思杰的独立计算架构（ICA）。

云资源管理和调度：云资源管理是指根据虚拟桌面的要求，把桌面云系统中的各种资源分配给申请资源的虚拟桌面，分配的资源包括计算资源、存储资源和网络资源等；云资源调度是指根据桌面云系统的运行情况，把虚拟桌面从负载比较高的物理资源迁移到负载比较低的物理资源上，保证整个系统物理资源的均衡使用。

虚拟化平台：虚拟化平台是指根据虚拟桌面对资源的需求，把桌面云系统中各种物理资源虚拟化成多种虚拟资源的过程，这些虚拟资源包括计算资源、存储资源和网络资源等，可以供虚拟桌面使用。

硬件：硬件是指组成桌面云系统相关的硬件基础设施，包括服务器、存储设备、交换设备、机架、安全设备、防火墙、配电设备等。

运维管理系统：运维管理系统包括桌面云系统的业务运营管理和系统维护管理两部分，其中业务运营管理完成桌面云系统的开户、销户等业务发放过程；系统维护管理完成对桌面云系统各种资源的操作维护功能。

8.9 SDN 和 NFV

SDN（Software-Defined Networking，软件定义网络）是一种网络管理方法，它支持动态可编程的网络配置，提高了网络性能和管理效率，使网络服务能够像云计算一样提供灵活的定制能力。SDN 将网络设备的转发面与控制面解耦，通过控制器负责网络设备的管理、网络业务的编排和业务流量的调度，具有成本低、集中管理、灵活调度等优点。

NFV（Network Functions Virtualization，网络功能虚拟化）也是一种网络架构，它将传统物理设备的网络功能封装成独立的模块化软件，通过在硬件设备上运行不同的模块化软件，在单一硬件设备上实现多样化的网络功能。

8.9.1 SDN

SDN 是一种理念，而不是一个具体的技术。广义上的 SDN 就是控制和转发分离、网络可编程、集中化控制，满足这三点就是SDN。

控制和转发分离、网络可编程就是网络不受到任何硬件设备的限制，可以灵活地增加、修改网络的功能，硬件只完成最基本的转发数据，复杂的路由配置、业务配置、性能检测管理所有功能都放在控制器上实现，控制器通过端口支持业务层的各种应用程序。

1．SDN的价值

网络业务快速创新：SDN的可编程和开放性，可以快速开发新的网络业务，加速业务创新。

简化网络：SDN架构简化了网络，消除了很多Internet国际工程组定义的协议，使得用户的学习成本下降，运行维护成本下降，业务部署速度提升，主要是因为SDN架构下的网络集中控制和转发控制分离。因为网络集中控制，所以很多被SDN控制器控制的网络内部协议基本不需要了。网络内部的路径计算和建立全部交给控制器去完成，计算完毕后，下发给转发器。

网络设备的白牌化：控制器是SDN的关键，控制器通过南向端口管理网络设备，如果SDN的南向端口标准化，就意味着只要支持标准端口，无论什么品牌的设备都可以和控制器互通，不同设备之间的区别也仅仅在于硬件参数方面，这就给行业的格局带来了很大的变化。

业务自动化：整个网络归属控制器控制，不需要另外的系统进行配置，屏蔽了网络内部细节，提供了网络业务自动化能力。

网络路径优化和流量调优：传统网络的路由算法是走最短路径，可能会导致最短路径上的流量非常拥挤，而其他非最短路径非常空闲。当采用SDN架构时，SDN控制器可以根据网络流量的状态，智能地调整网络路径，提高网络利用率。

2．SDN层次结构

SDN层次结构可分为基础设施层、控制层和应用层。

基础设施层：主要为转发设备，实现转发功能，如数据中心交换机。

控制层：由SDN控制软件组成，可通过标准化协议与转发设备进行通信，实现对基础设施层的控制。

应用层：常见的有基于OpenStack架构的云管理平台。另外，也可以基于OpenStack架构建立用户自己的云管理平台。

SDN架构下的三个端口：北向端口、南向端口、东西向端口。

北向端口是一个管理端口，SDN北向端口是通过控制器向上层业务应用开放的端口，其目标是使得业务应用能够便利地调用底层的网络资源和能力。通过北向端口，网络业务的开发者能以软件编程的形式调用各种网络资源；同时，上层的网络资源管理系统可以通过控制器的北向端口掌握整个网络的资源状态，并对资源进行统一调度。

SDN转发器需要在远程控制器的管控下工作，与之相关的设备状态和控制指令都需要经由SDN的南向端口传达，从而实现集中化统一管理。典型的南向端口控制协议有Open Flow协议。

东西向端口：SDN 在和传统网络进行互通时，需要一个东西向端口。SDN 控制器需要和传统网络通过传统的路由协议对接，需要控制器支持传统的 BGP。

3. OpenFlow 协议

OpenFlow 协议是 SDN 架构中控制平面和转发平面之间的通信协议，通过标准化开放端口实现控制平面和转发平面的分离。

OpenFlow 网络由 OpenFlow 网络设备（OpenFlow 交换机）、控制器（OpenFlow 控制器）、用于连接设备和控制器的安全通道（Secure Channel）及 OpenFlow 表项组成。

其中，OpenFlow 表项为 OpenFlow 网络的关键组成部分，一条 OpenFlow 表项（Flow Entry）由匹配域（Match Fields）、优先级（Priority）、处理指令（Instructions）和统计数据（如 Counters）等字段组成，流表项的结构随着 OpenFlow 协议版本的演进不断丰富。

8.9.2 NFV

NFV 是一种关于网络架构的概念。我们平时使用的 x86 服务器由硬件厂商生产，在安装了不同的操作系统及软件后，实现了各种各样的功能。而传统的网络设备并没有采用这种模式，路由器、交换机、防火墙、负载均衡等设备均有自己独立的硬件和软件系统。NFV 借鉴了 x86 服务器的架构，将路由器、交换机、防火墙、负载均衡这些不同的网络功能封装成独立的模块化软件，通过在硬件设备上运行不同的模块化软件，在单一硬件设备上实现多样化的网络功能。

NFV 和 SDN 有一定的联系，也有一些区别。

NFV 和 SDN 都需要专用硬件的开放化，都是从封闭转向开放的基本理念，但二者的出发点和侧重点不同，SDN 的重点是网络的集中控制、可编程，而 NFV 更关注网络设备种类的简化。

8.10 区块链

区块链是一种特殊的数据库技术，是一个共享的、难以篡改的，且用于跟踪交易记录和资产变化的分布式账本。区块链并不是一种单一的、全新的技术，而是多种现有技术（加密算法、哈希算法、数字签名、共识机制等）整合的结果。

8.10.1 区块链的特征

区块链的特征包括去中心化、数据无法篡改、匿名性、透明性。

1. 去中心化

区块链就是一种去中心化的分布式账本数据库。去中心化与传统中心化不同，这里没有中心，或者说人人都是中心；分布式账本数据库意味着记载方式不仅将账本数据存储在每个节点中，而且每个节点会同步共享复制整个账本的数据。

2. 数据无法篡改

区块链是用一条链来链接的密码学技术，涉及哈希算法，可以保证任何交易都不能被篡改，在新增区块中储存上一个区块的哈希值，一经修改，整条链都会变化。在区块链上，各节点都保存有一份账本的信息，最终所有的节点都要公认出一条最长的链作为这份账本的最终状态，即一个又一个新产生的节点在经过验证后，会不断链接到现有区块链的尾端，每个节点也都将拥有一份完整的账本备份。因为链上每个节点的交易信息都要通过对应的每个交易发起人的私钥进行签名，所以首先，这个交易是不可能被伪造的，其次，交易信息上链之后，除非所有人公认，或者同时控制住系统中超过 51%的节点，否则单个节点对数据库的修改是无效的，也是几乎不可能实现的。

3. 匿名性

匿名性，就是指区块链利用密码学的隐私保护机制，可以根据不同的应用场景保护交易人的隐私信息，交易人在参与交易的整个过程中身份不被透露，交易人身份、交易细节不被第三方或无关方查看。

4. 透明性

透明性，实际上是指交易的关联方共享数据、共同维护一个分布式共享账本。因账本的分布式共享、数据的分布式存储、交易的分布式记录，人人都可以参与到这种分布式记账体系中，账本上的交易信息也对所有人公开，所以任何人都可以通过公开的端口对区块链上的数据信息进行检查、审计和追溯。

8.10.2 区块链的共识机制

共识机制是一整套由协议、激励和想法构成的体系，使得整个网络的节点能够就区块链状态达成一致。常见的共识机制有工作量证明机制（POW）、权益证明机制（POS）、股份授权证明机制（DPOS）、实用拜占庭容错算法（PBFT）。

1. 工作量证明机制

工作量证明机制是比特币系统采用的算法，算力竞争的胜者将获得相应区块记账权和比特币奖励。工作量证明机制的优点就是，算法简单，容易实现，但缺点在于消耗算力巨大，并且交易的确认时间需要 10～16 分钟，不能满足实时性需求。

2. 权益证明机制

权益证明机制采用类似股权证明与投票的机制，选出记账人，由它创建区块。持有股权越多，特权越大，且需要承担更多的责任来产生区块，同时获得更多收益的权力。权益证明机制在一定程度上缩短了共识达成的时间，不再需要消耗大量能源挖矿。

3. 股份授权证明机制

股份授权证明机制是在权益证明机制的基础上发展的。与权益证明机制的主要区别在于持币者投出一定数量的节点，代理他们进行验证和记账。其合规监管、性能、资源消耗和容错性与权益证明机制相似。

4．实用拜占庭容错算法

实用拜占庭容错算法在保证活性和安全性的前提下提供了$(n-1)/3$的容错性。由链上所有人参与投票，在实用拜占庭容错算法中，如果有超过 2/3 的节点正常，则整个系统可以正常工作。少数服从多数，共识达成。

8.10.3 区块链的双花问题

"双花"是指在区块链系统中的一种欺诈行为，也被称为"双重支付"。

在区块链系统中，双花问题会在以下情况下出现。

（1）**确认前双花：**由于共识机制导致区块确认时间长，用一个数字货币进行一次交易，可以在这笔交易还未被确认完成前，进行第二笔交易。

（2）**控制算力实现双花：**第一次交易验证通过并被记入区块后，在该网络中有更高的算力验证出新的更长链，在该链中，这笔钱被第二次花费，由于第二次花费的区块链更长，因此第一笔交易区块所在链为无效链，这样一来，第一笔交易所在的区块链就被区块链网络放弃，第一次花费的钱又回到自己的账户，这就导致了双花问题。

通过未花费的交易输出（UTXO）、时间戳及规定每笔交易必须进行六次确认等方法可以解决区块链的双花问题。

8.10.4 区块链的类型

目前，根据不同的应用场景和用户需求，区块链主要分为三种类型：公有链（Public Block Chains）、私有链（Private Block Chains）、联盟链（Consortium Block Chains）。

公有链：公有链没有访问限制。任何有互联网连接的人都可以向其发送交易并成为验证者（参与执行共识协议）。通常，此类网络为加入区块链节点的人提供经济激励，并利用某种类型的权益证明或工作证明算法。

私有链：私有链需要获得许可，除非网络管理员邀请，否则无法加入。参与者和验证者访问受到限制。对区块链技术感兴趣但对公有链提供的控制水平不满意的公司，这种类型的区块链可以被视为中间地带。通常，这些公司寻求将区块链纳入其会计和记录保存程序，但不会牺牲自主权并冒着将敏感数据暴露给公网的风险。

联盟链：联盟链通常被认为是半分散的。由某个群体内部指定多个预选的节点为记账人，每个区块的生成都由所有的预选节点共同决定（预选节点参与共识过程），其他接入节点可以参与交易，但不过问记账过程（本质上还是托管记账，只是变成分布式记账，预选节点的多少，如何决定每个区块的记账人成为该区块链的主要风险点），其他任何人都可以通过该区块链开放的 API 进行限定查询。

随着应用场景的需求更复杂，区块链技术越来越复杂，无论是公有链、私有链还是联盟链都没有绝对的优劣，往往需要根据不同的场景选择合适的区块链类型。

8.10.5 区块链的技术优劣

区块链除了能提供去中心化特征、信任机制，还能提供灵活的可编程特性，可帮助规范现有市场秩序。智能合约是区块链发展到 2.0 时期的一个核心关键技术，是一种用计算机语言取代法律语言记录条款的合约。智能合约的核心是利用算法程序（或称为脚本）替代人去执行合约，它可以不受人工干预，自动执行合约中的协议条款。

区块链想要全面应用于现实社会，关键是解决高耗能、数据存储空间及大规模交易处理等问题。

8.11 多媒体通信

音视频信息属于多媒体信息，多媒体信息和传统的数据信息有很大的区别，多媒体信息量往往很大，传输多媒体数据时，对时延和抖动有比较高的要求。

8.11.1 多媒体通信标准

目前，国际上 IP 网络通信的主要标准有 H.323 和 SIP，二者都对 IP 电话系统信令提出了完整的解决方案。

1. H.323

H.323 是基于分组的多媒体通信系统，是 Internet 系统之间进行实时语音和视频会议的标准。H.323 不是一个单独的协议，而是由国际电信联盟（ITU）指定的一个标准协议簇。

H.323 指明了四种构件，使用这些构件联网就可以进行点到点或点到多点的多媒体通信。

（1）**H.323 终端**：可以是一个 PC，也可以是运行 H.323 程序的某个设备。

（2）**网关**：连接两种不同的网络，使得 H.323 网络可以和非 H.323 网络进行通信。

（3）**网守**：相当于整个 H.323 网络的大脑，所有的呼叫都需要通过网守，主要负责认证控制、地址解析、带宽管理、路由控制、计费等功能。

（4）**多点控制单元（MCU）**：能支持三个或多个 H.323 终端的语音和视频会议。

其中，网关与网守之间进行信息交互使用 RAS 协议，RAS 单播通信（如 IP 电话）一般使用 UDP 的 1719 号端口，RAS 多播通信（如视频会议）一般使用 UDP 的 1718 号端口。在 TCP 的 1720 号端口上，通过 IP 网络创建可靠的 TCP 呼叫控制通道。

2. SIP

由于 H.323 过于复杂，不利于发展基于 IP 协议的新业务。因此 IETF 制定了一套比较简单而实用的标准，即 SIP（会话发起协议），目前已经成为 Internet 的建议标准。

SIP 用于发起会话，它能控制多个参与者参加的多媒体会话的建立和终结，并能动态调整和修改会话属性，如会话带宽要求、传输的媒体类型（语音、视频和数据等）、媒体的编解码格式、对组播和单播的支持等。SIP 基于文本编码，大量借鉴了成熟的 HTTP，并且具有易扩展、易实现等特点，因此非常适用于实现基于 Internet 的多媒体通信系统。

SIP 系统的构成主要包括用户代理和 SIP 服务器，其中用户代理是呼叫的终端系统，SIP 服务器是处理呼叫相关信令的网络设备。

8.11.2　多媒体通信协议

在多媒体通信中，往往需要多种协议，第一种就是直接传输语音/视频数据的协议，如 RTP；第二种是为了提高服务质量的协议，如 RSVP 和 RTCP；第三种是和信令相关的协议，如 H.323 和 SIP。

1．RTP

RTP（实时运输协议）为实时应用提供端到端的传输，但不提供任何服务质量的保证。

2．RTCP

RTCP（实时传输控制协议）是和 RTP 配合使用的协议。RTCP 的功能：服务质量的监控和反馈、多媒体信息的同步（如声音和图像的同步）。

5004 和 5005 号端口分别作为 RTP 和 RTCP 的默认端口。

3．RTSP

RTSP（实时流传输协议）是一个负责服务器与客户端之间的请求与响应、基于文本的多媒体播放控制协议，属于应用层。RTSP 以客户端方式工作，扮演“网络远程控制”的角色。对流媒体提供播放、暂停、后退、前进等操作。

8.12　课后检测

1．在无线网络中，通过射频资源管理可以配置的任务不包括（　　）。

A．射频优调　　B．频谱导航　　C．智能漫游　　D．终端定位

答案：D。

解析：

通过配置射频资源管理，可以动态调整射频资源以适应无线信号环境的变化，确保用户接入无线网络的服务质量，保持最优的射频资源状态，提高用户上网体验。

在 WLAN 中，AP 的工作状态会受到周围环境的影响。例如，当相邻 AP 的工作信道存在重叠频段时，某个 AP 的功率过大会对相邻 AP 造成信号干扰。通过射频调优功能，动态调整 AP 的工作信道和功率，可以使同一 AC 管理的各 AP 的工作信道和功率保持相对平衡，保证 AP 工作在最佳状态。

通过频谱导航功能，AP 可以控制 STA 优先接入 5G，减少 2.4G 频段上的负载和干扰，提升用户体验。

智能漫游功能正好解决了这一问题。用户配置了智能漫游功能后，系统会主动促使终

端及时漫游到信号更好的邻居 AP。

2．在 IEEE 802.11 WLAN 标准中，频率范围在 5.15～5.35 GHz 的是（　　）。

A．802.11　　B．802.11a　　C．802.11b　　D．802.11g

答案：B。

解析：

802.11、802.11b、802.11g 工作于 2.4 GHz，而 802.11a 工作于 5 GHz 频段，其频率范围为 5.15～5.825 GHz。

3．MIMO 技术在 5G 中起着关键作用，以下不属于 MIMO 功能的是（　　）。

A．收发分离　　B．空间复用

C．赋形抗干扰　　D．用户定位

答案：D。

解析：

通过充分利用无线信道的空间特性，可以使用布置在无线通信系统中发射机和/或接收机处的多根天线，实质性地提高系统性能。这些系统被称为“多路输入多路输出”（MIMO），即在发射机和接收机处设置两根或多根天线。

4．某高校拟全面进行无线校园建设，要求实现室内外无线网络全覆盖，可以通过无线网络访问所有校内资源，非本校师生不允许自由接入。在室外无线网络的建设过程中，宜采用的供电方式是（ ① ）。本校师生接入无线网络的设备 IP 分配方式宜采用（ ② ）。对无线接入用户进行身份认证，只允许在学校备案过的设备接入无线网络，宜采用的认证方式是（ ③ ）。

①选项：

A．太阳能供电　　B．地下埋设专用供电电缆

C．高空架设专用供电电缆　　D．以 POE 方式供电

②选项：

A．DHCP 自动分配　　B．DHCP 动态分配

C．DHOP 手动分配　　D．设置静态 IP 地址

③选项：

A．通过 MAC 地址认证　　B．通过 IP 地址认证

C．通过用户名与密码认证　　D．通过用户物理位置认证

答案：D、B、A。

解析：

以太网供电 POE 技术是交换机 POE 模块通过以太网线路为 IP 电话、AP、网络摄像头等小型网络设备直接提供电源的技术。该技术可以避免大量的独立铺设电力线，以简化系统布线，降低网络基础设施的建设成本。

DHCP 有三种 IP 地址分配方式。

（1）自动分配方式（Automatic Allocation）。DHCP 服务器为主机指定一个永久性的 IP 地址，一旦 DHCP 客户端第一次成功地从 DHCP 服务器端租用到 IP 地址后，就可以永久

性地使用该地址。

（2）动态分配方式（Dynamic Allocation）。DHCP 服务器给主机指定一个具有时间限制的 IP 地址，时间到期或主机明确表示放弃该地址时，该地址可以被其他主机使用。

（3）手工分配方式（Manual Allocation）。客户端的 IP 地址是由网络管理员指定的，DHCP 服务器只是将指定的 IP 地址告诉客户端主机。

在三种 IP 地址分配方式中，只有动态分配方式可以重复使用客户端不再需要的地址。

只允许备案过的设备接入无线网络，采用的认证方式是通过 MAC 地址认证。

5．在进行 WLAN 建设时，现在经常使用的协议是 IEEE 802.11b/g/n，采用的共同工作频带为（ ① ）。其中，为了防止无线信号之间的干扰，IEEE 将频段分为 13 个信道，其中仅有 3 个信道是完全不覆盖的，它们分别是（ ② ）。

①选项：

A．2.4 GHz　　B．5 GHz　　C．1.5 GHz　　D．10 GHz

②选项：

A．信道 1、6 和 13　　B．信道 1、7 和 11

C．信道 1、7 和 13　　D．信道 1、6 和 11

答案：A、D。

解析：

本题考查 WLAN 的相关知识。

IEEE 802.11b/g/n 采用共同工作频带为 2.4 GHz。无线信道中完全隔离的是信道 1、6、11。

6．IPv6 定义了多种单播地址，表示环回地址的是（ ① ），表示本地链路单播地址的是（ ② ）。

①选项：

A．::/128　　B．::1/128　　C．FF00::/8　　D．FE80::/10

②选项：

A．::/128　　B．::1/128　　C．FF00::/8　　D．FE80::/10

答案：B、D。

解析：

环回地址（回送地址）表示前 127 位是 0，最后一位是 1 的地址。IPv6 单播地址中的 0:0:0:0:0:0:0:1 或::1 形式的地址叫作环回地址，表示节点本身，用来把 IPv6 的数据报环发给端口，等同于 IPv4 地址中的 127.0.0.1。发送给环回地址的 IPv6 数据报永远不可发送给 IPv6 的某条链路，也永远不会通过路由器转发，只在节点内部生效。

本地链路单播地址的格式前缀为 1111 1110 10，即 FE80::/64；其后是 64 位的端口 ID。

7．在 IPv6 中，（　　）首部是每个中间路由器都需要处理的。

A．逐跳选项　　B．分片选项　　C．鉴别选项　　D．路由选项

答案：A。

解析：

逐跳选项扩展头，定义了转发路径中每个节点都需要处理的信息。

路由扩展头，记录转发路径上路由节点的信息。

分片扩展头，用于 IPv6 数据报的分片和重组，不同于 IPv4，IPv6 只在源节点中进行数据的分片。

身份认证扩展头，确保数据来源于可信任的源点。

8．下面支持 IPv6 的是（　　）。

A．OSPFv1　　B．OSPFv2　　C．OSPFv3　　D．OSPFv4

答案：C。

解析：

OSPF（Open Shortest Path First）是 IETF 组织开发的一个基于链路状态的 IGP。

目前，针对 IPv4 协议使用的是 OSPFv2，针对 IPv6 协议使用的是 OSPFv3。

9．以下关于 IPv6 任播地址的叙述中，错误的是（　　）。

A．只能指定给 IPv6 路由器　　B．可以用作目的地址

C．可以用作源地址　　D．代表一组端口的标识符

答案：C。

解析：

任播地址是一个标识符对应多个端口的情况。如果一个数据报要求被传输到一个任播地址，则将被传输到最近一个端口（路由器决定）。

10．在从 IPv4 向 IPv6 的过渡期间，为了解决 IPv6 主机之间通过 IPv4 网络进行通信的问题，需要采用（ ① ），为了使得纯 IPv6 主机能够与纯 IPv4 主机通信，必须使用（ ② ）。

①选项：

A．双协议栈技术　　B．隧道技术

C．多协议栈技术　　D．协议翻译技术

②选项：

A．双协议栈技术　　B．隧道技术

C．多协议栈技术　　D．协议翻译技术

答案：B、D。

解析：

双协议栈技术是指在设备和节点上同时启用 IPv4 与 IPv6 协议栈，同时启动两个协议栈的设备与节点可以与 IPv4 的设备与节点通信，也能与 IPv6 的设备与节点通信。

隧道技术是一种封装技术，它利用一种网络协议封装另一种网络协议，IPv6 的隧道是将 IPv6 数据报封装在 IPv4 数据报里，在隧道的入口处，用 IPv4 封装 IPv6，在隧道出口处，解封装后把 IPv6 数据报转发到目的地。该技术要求设备两端的网络设备能够支持隧道与双协议栈技术，而对于其他的设备没有要求。但该技术不能实现 IPv4 主机与 IPv6 主机的直接通信。

协议翻译技术通过修改协议报文头转换网络地址，使 IPv6 主机与 IPv4 主机能直接通信。

11．RSVP 通过（　　）预留资源。

A. 发送方请求路由器　　B. 接收方请求路由器
C. 发送方请求接收方　　D. 接收方请求发送方

答案：B。

解析：

RSVP 是在应用程序开始发送报文之前为该应用申请网络资源的。RSVP 的特点是具有单向性，由接收方发起对资源预留的请求，并维护资源预留信息。路由器为每条数据流进行资源预留时都会沿着数据传输方向逐跳发送资源请求报文 Path 消息，其中包含自身对于带宽、延时等参数的需求消息。收到请求的路由器在进行记录后，把资源请求报文继续发到下一跳。报文到达目的地后，由接收方反向逐跳发送资源预留报文 Resv 消息给沿途的路由器进行资源预留。

12．互联网上的各种应用对网络 QoS 指标的要求不一，下列应用中对实时性要求最高的是（　　）。

A. 浏览页　　B. 视频会议　　C. 邮件接收　　D. 文件传输

答案：B。

解析：

根据题意，对实时性要求最高的是视频会议，如果视频会议不实时，会引起图像的失真。

13．NB-IoT 的特点包括（　　）。

①NB-IoT 聚焦小数据量、小速率应用，NB-IoT 设备功耗可以做到非常小

②NB-IoT 射频和天线可以复用已有网络，减少投资

③NB-IoT 室内覆盖能力强，比 LTE 提升了 20 dB 增益，提升了覆盖区域的能力

④NB-IoT 可以比现有无线技术提供更大的接入数

A. ①②③④　　B. ②③④　　C. ①②③　　D. ①③④

答案：A。

解析：

NB-IoT 基于窄带物联网通信。

NB-IoT 具有超大覆盖范围，相较于 4G/GPRS 网络增强 20 dB 左右强度，具有更远的传输距离。NB-IoT 网络可提供海量连接。

NB-IoT 因其适用的超低成本，无须重新建网，射频和天线基本上都是复用的场景，还具有低速率和低移动性的特点。

14．实用拜占庭容错算法是一种重要的共识算法。其中，拜占庭节点可能出现拜占庭错误的节点或恶意节点数不超过（　　），系统中非拜占庭节点之间即可达成共识。

A. 1/5　　B. 1/4　　C. 1/3　　D. 1/2

答案：C。

解析：

区块链中的共识算法。

拜占庭容错来源于拜占庭将军问题。拜占庭将军问题是对现实世界的模型化，由于硬

件错误、网络拥塞或中断及遭到恶意攻击等原因，计算机和网络可能出现不可预料的行为。拜占庭容错技术被设计用来处理现实存在的异常行为，并满足所要解决的问题的规范要求。实用拜占庭容错算法，简单来说，就是一种少数服从多数的机制，只要在所有节点中，失效节点不超过 1/3，网络总能达成正确共识。它的优点就是记账速度快，且在进行过程中不用发行代币的激励机制，缺点就是其仍然是半中心化的系统，且节点数不能太多，否则会严重影响效率。所以实用拜占庭容错算法一般用在企业集团内部等私有链或联盟链中。

15．以下关于区块链应用系统中“挖矿”行为的描述中，错误的是（　　）。

A．矿工“挖矿”取得区块链的记账权，同时获得代币奖励

B．“挖矿”本质上是在尝试计算一个哈希碰撞

C．“挖矿”是一种工作量证明机制

D．可以防止比特币的双花攻击

答案：D。

解析：

比特币网络通过“挖矿”生成新的比特币。所谓“挖矿”，实质上是用计算机解决一项复杂的数学问题，来保证比特币网络分布式记账系统的一致性。比特币网络会自动调整数学问题的难度，让整个网络约每 10 分钟得到一个合格答案。随后，比特币网络会新生成一定量的比特币作为区块奖励，奖励获得答案的人。

工作量证明机制是我们最熟知的一种共识机制。工作量证明机制就是工作越多，收益越大。这里的工作就是计算出一个满足规则的随机数，谁能最快地计算出唯一的数字，谁就能做信息公示人。

“双花”问题是指一笔数字货币在交易中被反复使用的现象。传统的加密数字货币和其他数字资产，都具有无限可复制性，人们在交易过程中，难以确认这笔数字货币是否已经产生过一笔交易。

在区块链中，中本聪通过对产生的每个区块打上时间戳（时间戳相当于区块链公证人）的方式保证了交易记录的真实性，保证每笔货币被支付后，不能再用于其他支付。在这个过程中，当且仅当包含在区块中的所有交易都是有效的，且之前从未存在过，其他节点才认同该区块的有效性。

16．VOIP 通信采用的实时传输协议是（　　）。

A．RTP　　　B．RSVP　　　C．G729/G723　　　D．H.323

答案：A。

解析：

VOIP 通信采用的实时传输协议为 RTP，RTP 为数据提供了具有实时特征的端对端传输服务。

17．阅读下列说明，回答问题 1 至问题 5，将答案填入答题纸的对应栏内。

【说明】

图 8-8 所示为某企业桌面虚拟化设计的网络拓扑。

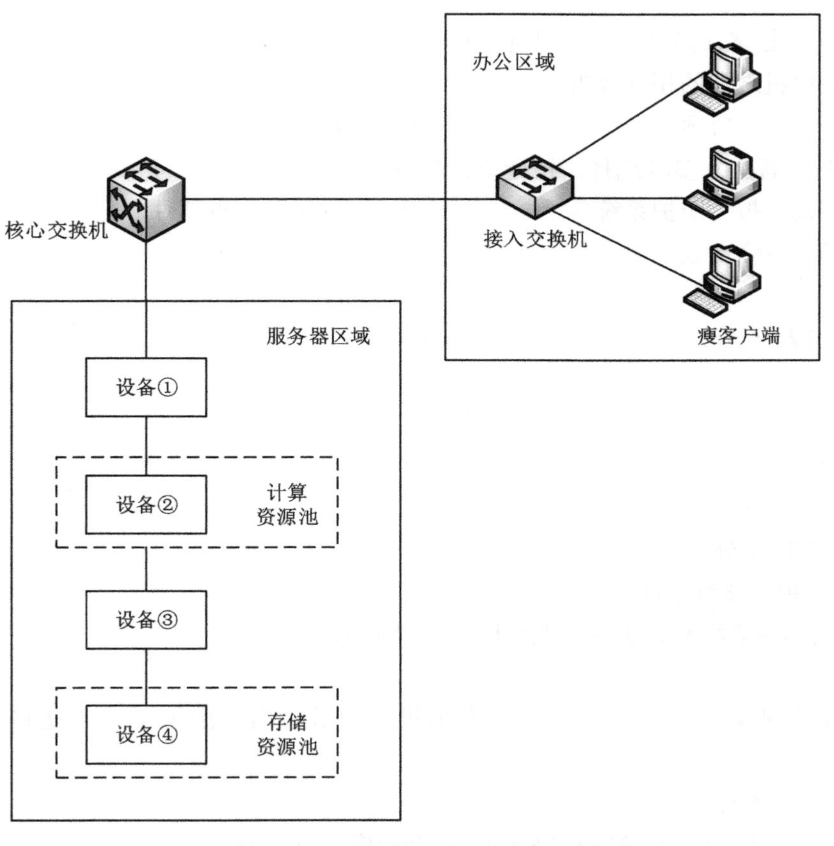

图 8-8　某企业桌面虚拟化设计的网络拓扑

【问题 1】(6 分)

结合图 8-8 和桌面虚拟化部署需求，①处应部署＿(1)＿，②处应部署＿(2)＿，③处应部署＿(3)＿，④处应部署＿(4)＿。

(1)～(4) 备选答案（每个选项仅限选一次）：

A．存储系统　　　　B．网络交换机

C．服务器　　　　　D．光纤交换机

【问题 2】(4 分)

该企业在虚拟化计算资源设计时，宿主机 CPU 的主频与核数应如何考虑？请说明理由。设备冗余上如何考虑？请说明理由。

【问题 3】(6 分)

图 8-8 中的存储网络方式是什么？结合桌面虚拟化对存储系统的性能要求，从性价比考虑，如何选择磁盘？请说明原因。

【问题 4】(4 分)

对比传统物理终端，简要谈谈桌面虚拟化的优势和劣势。

【问题 5】(5 分)

桌面虚拟化可能会带来＿(5)＿等风险和问题，可以进行＿(6)＿等对应措施。

（5）备选答案（多项选择，错选不得分）：

A．虚拟机之间的相互攻击　　B．防病毒软件的扫描风暴

C．网络带宽瓶颈　　D．扩展性差

（6）备选答案（多项选择，错选不得分）：

A．安装虚拟化防护系统　　B．不安装防病毒软件

C．提升网络带宽　　D．提高服务器配置

答案：

【问题 1】（6 分）

（1）B。

（2）C。

（3）D。

（4）A。

【问题 2】（4 分）

CPU 主频和核数设计。

（1）低频率高核数，实现资源利用率的最大化。

（2）冗余设计。

（3）至少部署两台设备，当一台虚拟机出现故障时，虚拟机自动迁移到另一台设备上。

【问题 3】（6 分）

图 8-8 的存储网络方式是 FC-SAN。在企业资金充足的情况下，可以采用 FC-SAN，因为 FC-SAN 存储方式安全、高效、稳定，可以保证虚拟化桌面系统可靠、稳定地运行；在企业资金不充裕的情况下，可以考虑 IP-SAN，因为 IP-SAN 成本比 FC-SAN 低，无距离限制、组建方式灵活，可扩展性高，不足之处是噪声碰撞问题、传输速率不高，加之 IP 网络环境复杂，安全性也相对令人质疑。

选择部署 VDI 存储涉及一些因素。首要关注的就是磁盘及磁盘子系统的选择，管理员可以选择高端 FC（在企业资金充足情况下，考虑用 SAS 磁盘，因为该磁盘支持高可用性，适用于大、中型企业关键任务资料的存储，效率高且扩充性好）、中端 SAS 及低端 SATA 磁盘。如果磁盘子系统还部署了 RAID，那么管理员需要在 RAID1+0、RAID 4、RAID 5、RAID 6 及厂商专有的 RAID 版本之间做出选择。部署的规模越大，对容量、性能及弹性的要求也就越高。还可以辅佐 SSD 作为存储系统的缓存，提高性能。

【问题 4】（4 分）

桌面虚拟化的优势。

（1）具备更灵活的访问和使用。

（2）更广泛和简化的终端设备支持。

（3）终端设备的采购和维护成本大大降低。

（4）集中管理、统一配置且使用安全。

（5）杜绝因为兼容问题产生的 IT 系统故障。

（6）降低耗电和节能减排。

（7）提供合作效率和生产力。

桌面虚拟化的劣势。

（1）初始成本比较高。

（2）虚拟桌面的性能不如物理桌面。

（3）虚拟桌面的高度管控可能会引起用户反感。

【问题 5】（5 分）

（5）A、B、C。

（6）A、C。

解析：

略。

第9章 网络安全解决方案

根据对 2022 版考试大纲的分析，以及对以往试题情况的分析，“网络安全解决方案”章节基本维持在 8 分，占上午试题总分的 11%左右。下午案例分析基本每次一道 25 分的大题。从复习时间安排来看，请考生在 5 天之内完成本章的学习。

9.1 知识图谱与考点分析

通过分析历年的考试题目和考试大纲，要求考生掌握几方面内容，如表 9-1 所示。

表 9-1　知识图谱与考点分析

知识模块	知识点分布	重要程度
网络安全的基本概念	• 网络安全要素 • PDR 模型	• ★ • ★
恶意攻击防御	• 计算机病毒攻击及防御 • DDoS 攻击及防御 • 欺骗攻击及防御 • SQL 注入攻击及防御 • XSS 攻击及防御 • APT 攻击及防御	• ★★ • ★★★ • ★★ • ★★★ • ★★★ • ★★★
数据加密技术	• 对称加密算法 • 公钥加密技术 • 数字信封技术 • 密钥管理技术	• ★★★ • ★★★ • ★★ • ★
数字签名和报文摘要	• 数字签名 • 报文摘要	• ★★★ • ★★★
数字证书	• 数字证书的概念 • PKI 体系	• ★★★ • ★★
安全协议	• SSL 协议 • PGP • S/MIME 协议	• ★★★ • ★ • ★

续表

知识模块	知识点分布	重要程度
安全设备	• 网闸 • 防火墙 • IDS • IPS • WAF • 漏洞扫描设备 • 安全审计设备	• ★ • ★★★ • ★★★ • ★★★ • ★★ • ★★ • ★★
VPN	• VPN 的类型 • IPSec VPN • MPLS VPN • SSL VPN	• ★★ • ★★★ • ★ • ★
认证技术	• 802.1X 认证 • MAC 地址认证 • Web 认证 • PPPoE+认证 • IPoE 认证	• ★★ • ★★★ • ★★ • ★ • ★
其他网络安全技术	• 端口隔离 • 端口镜像 • 安全 MAC 地址功能	• ★★ • ★★ • ★★
网络安全等级保护	• 安全管理体系 • 安全技术体系	• ★★★ • ★★★

9.2　网络安全的基本概念

网络安全是指网络中的硬件、软件及系统中的数据都受到保护，不因恶意的原因受到破坏、更改、泄露，系统能连续、可靠、正常运行，信息服务不中断。

9.2.1　网络安全要素

网络安全的 5 个基本要素如下。

（1）**机密性**：确保信息不暴露给未授权的实体。

（2）**完整性**：只有得到允许的用户才能修改数据，并能判断数据是否已被篡改。

（3）**可用性**：得到授权的实体在需要时可访问数据。

（4）**可控性**：可以控制授权范围内的信息流向和行为方式。

（5）**可审查性**：对出现的安全问题提供调查的依据和手段。

对于网络及网络交易，信息安全的基本要素是机密性（又称保证性）、完整性和不可抵赖性（数据和交易发送方无法否认曾经的事实）。

9.2.2　PDR 模型

PDR 模型是由美国国际互联网安全系统公司（ISS）提出的，它是最早体现主动防御思想的一种网络安全模型。

PDR 模型包括 Protection（保护）、Detection（检测）、Response（响应）3 个部分。

（1）保护就是采用一切可能的措施来保护网络、系统及信息的安全。其通常采用的技术及方法主要包括加密、认证、访问控制、防火墙及防病毒等。

（2）检测可以了解和评估网络和系统的安全状态，为安全防护和安全响应提供依据。检测技术主要包括入侵检测、漏洞检测及网络扫描等。

（3）响应在网络安全模型中占有重要地位，是解决安全问题的最有效的办法。解决安全问题就是解决紧急响应和异常处理问题，因此，建立应急响应机制，形成快速安全响应的能力，对网络和系统至关重要。

PDR 模型建立在基于时间的安全理论基础之上，该理论的基本思想是：与信息安全相关的所有活动，无论是攻击行为、防护行为、检测行为还是响应行为，都要消耗时间，因而可以用时间尺度来衡量一个体系的能力和安全性。

9.3 恶意攻击防御

常见的网络安全威胁包括特洛伊木马、病毒侵害、DDoS 攻击、欺骗攻击、SQL 注入攻击、XSS 攻击、APT 攻击等，给网络造成了非常大的危害。

9.3.1 计算机病毒攻击及防御

计算机病毒（Computer Virus）在《中华人民共和国计算机信息系统安全保护条例》中被明确定义，计算机病毒是指编制者在计算机程序中插入的破坏计算机功能或破坏数据，影响计算机正常使用并且能够自我复制的一组计算机指令或程序代码。计算机病毒具有传染性、非授权性、隐蔽性、可触发性、破坏性、不可预见性等。

1. 计算机病毒类型

病毒的命名并没有一个统一的规定，每个反病毒公司的命名规则都不太一样，但基本都是采用前缀、后缀法进行命名的，可以是多个前缀、后缀组合，中间以小数点分隔，一般格式为〔前缀〕.〔病毒名〕.〔后缀〕。

病毒前缀是指一个病毒的种类，常见的有 Script（代表脚本病毒）、Trojan（代表木马病毒）、Worm（代表蠕虫病毒）、Harm（代表破坏性程序）、MACRO / WM / WM97 / XM / XM97（代表宏病毒）、Win32/W32（代表系统病毒），一般 DoS 类型的病毒是没有前缀的。

（1）木马病毒。

木马病毒是隐藏在正常程序中的一段具有特殊功能的恶意代码，是具备破坏和删除文件、发送密码、记录键盘等特殊功能的后门程序。木马病毒其实是计算机黑客用于远程控制计算机的程序，可以对感染木马病毒的计算机实施操作。木马病毒具有很强的隐蔽性，可以根据黑客意图突然发起攻击。

木马软件一般由三部分组成：木马服务器程序、木马配置程序和木马控制程序。

木马服务器程序驻留在用户的系统中，非法获取其操作权限，负责接收控制指令，并且根据指令或配置将数据发送给控制端。

木马配置程序用来设置木马软件的端口号、触发条件、木马名称等，使其在服务器端隐藏得更深。有时，木马配置程序被集成在木马控制程序菜单内。

木马控制程序远程控制木马服务器端，有些木马控制程序集成了木马软件的配置功能。

有些木马配置程序和木马控制程序集成在一起，统称控制端（客户端）程序，负责配置服务器、给服务器发送指令，同时接收服务器的数据。因此，一般的木马软件都是C/S结构。当木马服务器程序在目标计算机上被执行后，便打开一个默认的端口进行侦听，当客户端向服务器端提出连接请求时，服务器端上的相应程序就会自动运行以应答客户端的请求，建立连接。服务器端与客户端建立连接后，客户端发出指令，服务器端在计算机中执行这些指令，并将数据传输到客户端，以达到控制主机的目的。

随着防火墙技术的提高和发展，基于IP数据报过滤规则来拦截木马软件可以有效地防止外部连接，因此黑客在无法取得连接的情况下，也无所作为。

后来，木马程序员发明了所谓的"反弹式木马"，反弹式木马利用防火墙对内部发起的连接请求无条件信任的特点，假装是系统的合法网络请求来取得对外的端口，通过某些方式连接到木马软件的客户端，从而窃取用户计算机的资料，同时遥控计算机本身。

（2）蠕虫病毒。

蠕虫病毒是一种可以自我复制的代码，并且通过网络传播，通常无须人为干预就能传播。蠕虫病毒入侵并完全控制一台计算机之后，就会以这台计算机为宿主，进而扫描并感染其他计算机。当这些新的被蠕虫病毒入侵的计算机被控制之后，蠕虫病毒会以这些计算机为宿主继续扫描并感染其他计算机，这种行为会一直延续下去。蠕虫病毒使用这种递归方法进行传播，按照指数增长的规律分布自己，进而迅速控制越来越多的计算机。典型的冲击波、震荡波、熊猫烧香、勒索病毒都属于蠕虫病毒。

（3）宏病毒。

宏病毒是一种寄存在Office文档或模板的宏中的计算机病毒。一旦打开这样的文档，其中的宏就会被执行，宏病毒被激活，转移到计算机上，并驻留在Normal模板上。从此以后，所有自动保存的文档都会感染上这种宏病毒，如果其他用户打开了感染病毒的文档，则宏病毒又会转移到其他用户的计算机上。

（4）脚本病毒。

脚本病毒通常是由JavaScript代码编写的恶意代码，一般带有广告、修改IE首页、修改注册表等信息。脚本病毒的前缀是Script，脚本病毒的共同点是使用脚本语言编写，通过网页进行传播。

病毒名是指一个病毒的名称，如以前很有名的CIH病毒，它和它的一些变种都是统一的"CIH"，还有震荡波，它的病毒名则是"Sasser"。

病毒后缀是指一个病毒的变种特征，一般采用26个英文字母表示。

2. 计算机病毒防御

计算机病毒的防御方法如下。

（1）安装杀毒软件及网络防火墙（或断开网络），及时更新病毒库。

（2）及时更新操作系统的补丁。

（3）不去安全性得不到保障的网站。

（4）从网络下载文件后及时杀毒。

（5）关闭多余端口，使计算机在合理的使用范围之内。

（6）关闭 IE 安全中的 ActiveX 控件，很多网站都是使用 ActiveX 控件入侵计算机的。

（7）如果有条件，则尽量使用非 IE 内核的浏览器，如 Google 浏览器。

（8）不使用修改版的软件，如果一定要用，则应在使用前查杀病毒，以确保安全。

（9）及时备份数据。

9.3.2 DDoS 攻击及防御

DoS 攻击（拒绝服务攻击）是借助于网络系统或网络协议的缺陷和漏洞进行的网络攻击，让目标系统受到某种程度的破坏而不能继续提供正常的服务甚至服务中断。

DDoS 攻击（分布式拒绝服务攻击）借助于客户端/服务器技术，将多个计算机联合起来作为攻击平台，对一个或多个目标发动攻击，从而成倍地提高 DoS 攻击的威力。由于很难被识别和防御，因此 DDoS 攻击发展得十分迅速。DDoS 攻击规模大、危害性强。

1. DDoS 攻击的类型

具体 DDoS 攻击的类型很多，主要包括 SYN Flood 攻击、UDP Flood 攻击、Ping of Death 攻击、Teardrop 攻击、LAND 攻击和 ICMP Flood 攻击。

（1）SYN Flood 攻击。

客户端发送一个 SYN 请求包给服务器端，服务器端接收后会发送一个 SYN+ACK 包回应客户端，最后客户端会返回一个 ACK 包给服务器端实现一次完整的 TCP 连接。SYN Flood 攻击就是让客户端不返回最后的 ACK 包，这就形成了半开连接，TCP 半开连接是指发送或接收了 TCP 连接请求，等待对方应答的状态，半开连接状态需要占用系统资源以等待对方应答，半开连接数达到上限，无法建立新的连接，从而造成 DoS 攻击。

（2）UDP Flood 攻击。

UDP Flood 攻击是一种消耗攻击和被攻击双方资源的带宽类攻击方式。攻击者通过僵尸网络向目标设备发送大量伪造的 UDP 报文，这种报文一般为大包且速率非常快，通常会造成链路拥塞甚至网络瘫痪。

（3）Ping of Death 攻击。

网络设备对数据报的大小是有限制的，IP 数据报的长度字段为 16 位，即 IP 数据报的最大长度为 65535 字节。如果遇到大小超过 65535 字节的报文，则会出现主存分配错误，从而使接收方死机。攻击者只需不断地通过 ping 命令向攻击目标发送超过 65535 字节的报文，就可以使攻击目标的 TCP/IP 堆栈崩溃，致使接收方死机。

（4）Teardrop 攻击。

对于一些大的 IP 数据报，为了满足链路层 MTU 的要求，需要在传输过程中对其进行分片，分成几个小的 IP 数据报。在每个 IP 报头中有一个偏移字段和一个拆分标志（MF），其中偏移字段指出了这个片段在整个 IP 数据报中的位置。如果攻击者截取 IP 数据报后，把偏移字段设置成不正确的值，那么接收方在收到这些分片的数据报后，就不能按数据报中的偏移字段值正确组合出被拆分前的数据报，这样，接收方会不停地尝试，以至于操作系统因资源耗尽而崩溃。

（5）LAND 攻击。

LAND 攻击的原理是利用 TCP 三次握手中的缺陷，LAND 攻击者打造了一个特别的 SYN 包，其源地址和目的地址被设置成同一台主机的地址，源端口与目的端口也被设置成同一个端口。该主机收到 SYN 包之后，将导致该主机向它自己的地址发送 SYN+ACK 消息，结果这个地址又发回 SYN+ACK 消息并创建一个空连接，每个这样的连接都将保留，直到超时。

（6）ICMP Flood 攻击。

ICMP Flood 攻击发送速度极快的 ICMP 报文，当一个程序发送数据报的速度达到每秒 1000 个以上时，它的性质就成了洪水产生器，大量的 ICMP Echo Request 报文发送给攻击被测对象，被测对象主机不得不回复很多 ICMP Echo Reply 或 ICMP 不可达报文，攻击者伪造了虚假源地址后，被测对象主机就会徒劳地回复大量 ICMP 报文给虚假地址，从而消耗自身的系统资源，最终可能导致服务器停止响应。

2. DDoS 攻击防御

具体的 DDoS 攻击防御方法如下。

（1）部署 DDoS 防火墙。

DDoS 防火墙具有独特的抗攻击算法，高效的主动防御系统可有效防御 DoS/DDoS、Super DDoS、DrDoS、代理 CC、变异 CC、僵尸集群 CC、UDP Flood、变异 UDP 等多种攻击，当然，防火墙只是防御策略的一部分，而不是一个完整的解决方案。想要更加全面有效地防御 DDos 攻击，就绝不能仅仅依靠防火墙，还需要结合其他技术和设备。

（2）部署内容分发网络。

内容分发网络（CDN）的基本原理是广泛采用各种缓存服务器，将这些缓存服务器分布到用户访问相对集中的地区或网络中，在用户访问网站时，利用全局负载技术将用户的访问指向距离最近的工作正常的缓存服务器上，由缓存服务器直接响应用户请求。这种机制能够帮助网站流量访问分配到每个节点中，智能进行流量分配机制，如果存在被 DDoS 攻击的情况，CDN 整个系统就能够将被攻击的流量分散开，降低站点服务器的压力及节点压力。同时能够增强网站被黑客攻击的难度，降低对网站带来的危害。

（3）购买流量清洗服务或流量清洗设备。

攻击检测系统检测网络流量中隐藏的非法攻击流量，发现攻击后及时通知并激活防护设备进行流量清洗；攻击缓解系统通过专业的流量净化产品，将可疑流量从原始网络路径中重定向到净化产品上，进行恶意流量的识别和剥离，还原出的合法流量回注到原网络中转发给目标系统，其他合法流量的转发路径不受影响。

（4）网站防护系统。

网站防护系统又叫作 Web 应用防火墙（Web Application FireWall，WAF），用于针对 Web 网站的常见攻击进行安全监测和阻止。WAF 用来防御分布式拒绝服务 CC 攻击，还有利用网站漏洞的入侵攻击行为。侧重于应用层的 DDoS 攻击防御。

（5）在网络架构上做好优化，采用负载均衡分流。

不断优化自身的网络和服务架构，提高对 DDoS 攻击的防御能力。

9.3.3 SQL 注入攻击及防御

SQL 注入攻击是最普遍的安全隐患之一，它利用应用程序对用户输入数据的信任，将恶意 SQL 语句注入应用程序，从而执行攻击者的操作。这种攻击可以导致敏感信息泄露、数据损坏或删除及系统瘫痪，给企业和个人带来巨大损失。

1. SQL 注入攻击的原理

SQL 注入攻击是一种利用应用程序漏洞的攻击方式。攻击者通过向应用程序发送构造的恶意 SQL 语句，欺骗应用程序执行这些 SQL 语句，如果 Web 应用没有适当地验证用户输入的信息，攻击者就有可能改变后台执行的 SQL 语句的结构，获取相应结果。攻击者可以利用 SQL 注入漏洞获取数据库中的敏感信息，修改或删除数据库中的数据，或者完全控制 Web 服务器。

例如，基于表单登录功能的应用程序，通过执行一个简单的 SQL 查询来确认每次登录，以下是这个查询的一个典型实例。

```
SELECT * FROM users WHERE username='alice' and password='secret'
```

这个查询要求数据库检查用户表中的每行，提取 `username` 值为 `alice` 且 `password` 值为 `secret` 的记录。如果返回一条用户记录，则该用户即可成功登录。

攻击者可注入用户名或密码字段来修改程序执行的查询，一般输入双连字符（--）注释掉其余部分或类似`' or '1' ='1`用引号包含的字符串数据来“平衡引号”，破坏查询的逻辑。例如，攻击者可以提交用户名为`'alice'--`或`alice' or '1'='1'`，密码为任意，应用程序将执行以下查询。

```
SELECT * FROM users WHERE username='alice'--'' and password='any'
```

或

```
SELECT * FROM users WHERE username=' alice' or '1'='1' and password='any'
```

这两条查询均等同于以下查询。

```
SELECT * FROM users WHERE username='alice'
```

从而避开了密码检查，成功登录。

因此 SQL 注入漏洞本质上是针对程序员编程中的漏洞，利用 SQL 的语法在应用程序与数据库交互的 SQL 语句中插入精心编制的额外 SQL 语句，从而对数据库进行非法查询和修改。由于程序运行 SQL 语句时的权限与当前该组件（如数据库服务器、Web 应用服务器）的权限相同，而这些组件一般的运行权限都很高，而且经常以管理员的权限运行，所以攻击者可能获得数据库的完全控制，并执行系统命令。

2．SQL 注入攻击防御

防止 SQL 注入攻击有以下一些防御方法。

（1）使用参数化查询。

程序员在书写 SQL 语言时，禁止将变量直接写到 SQL 语句中，必须通过设置相应的参数来传递相关的变量，从而抑制SQL注入攻击的影响。数据输入不能直接嵌入查询语句。同时过滤输入的内容，过滤掉不安全的输入数据，或者采用参数传值的方式传递输入变量，这样可以最大程度地防御 SQL 注入攻击。

（2）使用安全参数。

SQL 数据库为了有效抑制 SQL 注入攻击的影响。在进行 SQL Server 数据库设计时，设置了专门的 SQL 安全参数。在程序编写时，应尽量使用安全参数来杜绝 SQL 注入攻击，从而确保系统的安全性。

（3）检查用户的输入。

SQL 注入攻击前，攻击者通过修改参数提交 and 等特殊字符，判断是否存在漏洞，然后通过 select、update 等字符编写 SQL 语句。因此，防御 SQL 注入攻击要对用户输入进行检查，确保数据输入的安全性，在具体检查输入或提交的变量时，对于单引号、双引号、冒号等字符进行转换或过滤，从而有效防御 SQL 注入攻击。

（4）分级管理。

对用户进行分级管理，严格控制用户的权限，对于普通用户，禁止给予数据库建立、删除、修改等相关权限，只有管理员才具有增添、删除、修改、查询的权限。

（5）应用专业的漏洞扫描工具。

应用专业的漏洞扫描工具，能够协助管理员找寻有可能被 SQL 注入攻击的点。凭借专业工具，管理员可以快速发觉 SQL 注入漏洞，并采用积极主动的对策来预防 SQL 注入攻击。

（6）使用 WAF 及 IPS。

WAF 和 IPS（入侵防御系统）可以帮助阻止 SQL 注入攻击。它可以检测和拦截 SQL 注入攻击，并防止黑客访问数据库。

（7）使用数据库防火墙。

数据库防火墙是对数据库进行查询过滤和安全审计的安全产品。通过数据库防火墙可以拦截 SQL 注入攻击、对敏感数据脱敏、阻止高危数据删除操作、记录并发现违规行为等。

9.3.4 XSS 攻击及防御

XSS（跨站脚本）攻击是指攻击者向网页中插入恶意 JavaScript 代码，当用户浏览该网页时，嵌入网页的 JavaScript 代码会被执行，从而达到攻击者的特殊目的。合法用户在访问这些网页时，程序将数据库里面的信息输出，这些恶意代码就会被执行。

XSS 是网页被注入了恶意内容的代码。

（1）在 HTML 内嵌的文本中，恶意内容以 Script 标签形式注入。

（2）在内联的 JavaScript 中，拼接的数据突破了原本的限制。

（3）在标签属性中，恶意内容包含引号，从而突破属性值的限制，注入其他属性或标签。

（4）在标签的 href、src 等属性中，包含 javascript:等可执行代码。

（5）在 onload、onerror、onclick 等事件中，注入不受控制代码。

1. XSS 攻击的类型

XSS 攻击有三类：反射型 XSS（非持久型）、存储型 XSS（持久型）和 DOM XSS。

（1）反射型 XSS 攻击。

攻击者构造出特殊的 URL，其中包含恶意代码。当用户打开带有恶意代码的 URL 时，网站服务器端将恶意代码从 URL 中取出，拼接在 HTML 中返回浏览器，之后用户浏览器收到响应后解析执行混入其中的恶意代码，恶意代码窃取用户数据并发送到攻击者的网站，或者冒充用户行为，调用目标网站端口执行攻击者指定的操作。

（2）存储型 XSS 攻击。

攻击者将恶意代码提交到目标网站的数据库中，用户打开网站时，网站服务器端将恶意代码从数据库中取出，拼接在 HTML 中返回浏览器，之后用户浏览器收到响应后解析执行混入其中的恶意代码，恶意代码窃取用户数据并发送到攻击者的网站，或者冒充用户行为，调用目标网站端口执行攻击者指定的操作。

（3）DOM XSS 攻击。

攻击者构造出特殊的 URL，其中包含恶意代码，用户用浏览器打开带有恶意代码的 URL，之后用户浏览器收到响应后解析执行，前端 JS 取出 URL 中的恶意代码并执行，恶意代码窃取用户数据并发送到攻击者的网站，或者冒充用户行为，调用目标网站端口执行攻击者指定的操作。

2. XSS 攻击防御

对用户输入进行校验，防止不安全的输入被写入网页或数据库，禁止 JavaScript 读取某些敏感 Cookie，对所有输出数据进行适当的编码，以防任何已成功注入的脚本在浏览器端运行，也可以部署一些专用的 Web 防护设备、IPS 设备。

9.3.5 APT 攻击及防御

高级持续性威胁攻击，简称 APT 攻击，是指利用各种先进的攻击手段，对高价值目标进行的有组织、长期持续性网络攻击行为。

1. APT 攻击的特点

典型的 APT 攻击一般有以下特点。

（1）持续性。

攻击者通常会花费大量的时间跟踪、收集目标系统中的网络运行环境，并主动探寻用户的受信系统和应用程序的漏洞。在一段时间内，攻击者无法突破目标系统的防御体系。但随着时间的推移，目标系统不断有新的漏洞被发现，防御体系也会存在一定的空窗期（如设备升级、应用更新等），而这些不利因素往往会导致用户的防御体系失守。

（2）终端性。

攻击者并不是直接攻击目标系统，而是先攻破与目标系统有关系的人员的终端设备（如智能手机、PAD、USB 等），并窃取终端使用者的账号、密码信息。然后以该终端设备为跳板，攻击目标系统。

（3）针对性。

攻击者会针对收集到的目标系统中的常用软件、常用防御策略与产品、内部网络部署等信息，搭建专门的环境，用于寻找有针对性的安全漏洞，测试特定的攻击方法能否绕过检测。

（4）未知性。

传统的安全产品只能基于已知的病毒和漏洞进行攻击防御。但在 APT 攻击中，攻击者会利用 0DAY 漏洞进行攻击，从而顺利通过用户的防御体系。

（5）隐蔽性。

攻击者访问到重要资产后，会通过控制的客户端，使用合法加密的数据通道，将信息窃取出来，以绕过用户的审计系统和异常检测系统的防护。

2. APT 攻击的流程

APT 攻击者通常是一个组织，从瞄准目标到大功告成，要经历多个阶段，在安全领域中，这个过程叫作攻击链。

（1）信息收集。

攻击者选定目标后，首先要做的就是收集所有跟目标有关的情报。这些情报可能是目标的组织架构、办公地点、产品及服务等内容。

（2）外部渗透。

信息收集完成后，就要考虑如何渗透到组织内部。方式包括钓鱼邮件、利用客户端软件的 0DAY 漏洞等。渗透手段确定后，需要制作特定的恶意软件。恶意软件制作好后，把它投递到目标网络内。常用的手法包括邮件的附件、网站（挂马）、U 盘等。

（3）命令控制。

当用户使用含有漏洞的客户端程序或浏览器打开带有恶意代码的文件时，就会被恶意代码击中漏洞，下载并安装恶意软件，与控制服务器建立 C&C 信道。

（4）内部扩散。

攻陷一台内网主机后，恶意程序会横向扩散到子网内其他主机或纵向扩散到企业内部服务器。

（5）数据泄露。

在攻击的每步过程中，都通过匿名网络、加密通信、清除痕迹等手段进行自我保护，在机密信息外发的过程中，也会采用各种技术手段避免被网络安全设备发现。将机密信息打散、加密或混淆，以尽量不超过各类安全设备的检测阈值把数据窃取出来。

3．APT 攻击防御

高级威胁通常利用定制恶意软件、0DAY 漏洞或高级逃逸技术，突破防火墙、IPS、AV 等基于特征的传统防御检测设备，针对系统未及时修复的已知漏洞、未知漏洞进行攻击。可以部署 APT 攻击防御与大数据安全解决方案，采用大数据分析方法，采集全网信息，辅助多维风险评估，准确识别和防御 APT 攻击，有效避免 APT 攻击造成用户核心信息资产损失。

9.4　数据加密技术

加密是指通过密码算术对数据进行转化，使之成为没有正确密钥任何人都无法读懂的报文。这些以无法读懂的形式出现的数据一般称为密文。为了读懂密文，必须将密文转变为它的最初形式——明文。数据加密技术是网络安全的基石。根据工作原理，数据加密技术可以分为对称加密算法和非对称加密算法。柯克霍夫原则是现代密码学算法设计的基本原则之一，其核心思想是密码学算法的安全性，不应该建立在算法设计保密的基础上。即便算法设计是公开的，但只要实际使用的密钥没有被攻击者获知，密码学算法产生的密文信息就不应该能被轻易破解。

9.4.1　对称加密算法

对称加密算法是指加密和解密使用相同密钥的加密算法，有时又称传统加密算法、常规加密算法、共享密钥算法。

对称加密算法的安全性依赖密钥，泄露密钥就意味着任何人都可以对它们发送或接收的消息解密，所以密钥的保密性对通信来说至关重要。

对称加密算法的特点是算法公开、计算量小、加密速度快、加密效率高。常见的对称加密算法包括 DES 算法、3DES 算法、IDEA 算法、AES 算法、RC4 算法、RC5 算法及国密算法 SM1、SM4。

1．DES 算法

DES 算法在加密前对明文进行分组，每组有 64 位数据，对每组的 64 位数据进行加密，产生一组 64 位的密文，把各组的密文串接，得出整个密文，其中密钥为 64 位（实际为 56

位，有 8 位用于校验）。由于计算机运算能力的增强，因此 DES 算法的密钥变得容易被破解。

2．3DES 算法

3DES 算法即三重数据加密算法，相当于对每个数据块应用三次 DES 算法。第一次和第三次用的是相同的 56 位密钥，第二次用的是不同的 56 位密钥，所以在考试中，3DES 算法的密钥长度被认为是 112 位。

3．IDEA 算法

IDEA 算法即国际数据加密算法，使用了 128 位密钥，因此不容易被破解。

4．AES 算法

美国国家标准技术研究所在 2001 年发布了高级加密标准（AES），旨在取代 DES 算法成为广泛使用的标准。AES 算法是一个对称分组密码算法。AES 算法使用几种不同的方法执行排列和置换运算。AES 算法产生一个迭代的、对称密钥分组的密码，可以使用 128、192 和 256 位密钥。

5．RC5 算法

RC5 算法是 1994 年由马萨诸塞技术研究所的 Ronald L.Rivest 教授发明的。RC5 算法是参数可变的对称分组密码算法，三个可变的参数是分组大小、密钥大小和加密轮数，在此算法中使用了异或、加和循环三种运算。RC5 算法一般应用于无线网络的数据加密。

6．SM1、SM4 算法

SM1 算法的加密强度与 AES 算法相当。该算法不公开，调用该算法时，需要通过加密芯片的端口进行调用。SM4 算法为 WLAN 标准的分组数据算法。对称加密，密钥长度和分组长度均为 128 位。

9.4.2 非对称加密算法

在对称加密算法中，加解密的双方使用相同的密钥。怎么样才能做到这一点呢？那就是事先约定密钥。事先约定密钥会给密钥的管理和更换带来很大的不便。如果使用高度安全的密钥分配中心（KDC），加密成本就会增加。于是非对称加密算法应运而生。

非对称加密算法又称公钥密码体制，它使用不同的加密密钥与解密密钥，是一种无法由已知加密密钥推导出未知解密密钥的密码体制。

非对称加密算法的加密和解密过程如下。

（1）密钥对产生器产生出接收者 B 的一对密钥：加密密钥（PKB）和解密密钥（SKB）。发送者 A 所用的加密密钥是接收者 B 的公钥，向公众公开。接收者 B 所用的解密密钥是接收者 B 的私钥，对其他人保密。

（2）发送者 A 用接收者 B 的公钥对明文 X 加密，得到密文 Y，将密文 Y 发送给接收者 B。

（3）接收者 B 用自己的私钥进行解密，恢复出明文。

与对称加密算法相比，非对称加密算法的优点在于无须共享通用密钥，解密的私钥不发往任何用户。即使公钥在网络上被截获，如果没有与其匹配的私钥，也无法解密，因此所截获的公钥是没有任何用处的。非对称加密算法广泛应用于数字签名场景。

注意：对称加密算法的安全性取决于密钥的长度，以及破解密文所需的计算量，而不是简单地取决于加密的体制。非对称加密算法的开销较大，并没有使得对称加密算法变得过时。

典型的非对称加密算法有 RSA 算法、ECC 算法、背包加密算法、Rabin 算法、DH 算法、国密算法 SM2 等。

1. RSA 算法

RSA 算法是目前最有影响力的非对称加密算法，该算法基于一个十分简单的数论事实：将两个大质数相乘十分容易，但想要对其乘积进行因式分解却极其困难，因此可以将乘积公开作为加密密钥，即公钥，而两个大质数组合成私钥。公钥是可发布的，供任何人使用，私钥则为自己所有，供解密之用。基本原理如下。

（1）先找出两个质数，一个是 p，另一个是 q。p 与 q 越大，越安全。

（2）$n=p\times q$。

（3）取一个函数，这个函数满足$@(n)=(p-1)\times(q-1)$，这个函数叫作欧拉函数。

（4）公钥 e 满足 $1<e<@(n)$的一个整数（e 和$@(n)$要互质）。

私钥 d 满足 $e\times d$ 除以$@(n)$后，余数为 1。

明文被分成 k 位的块，k 是满足 $2k<n$ 的最大整数。

可以设计出一对公钥和私钥，加密密钥（公钥）为 $K_U=(e,n)$，解密密钥（私钥）为 $K_R=(d,n)$。

假设现在 A 和 B 进行机密通信，A 发的信息为 m，公钥加密就是 m^e 除以 n 而得到余数，就是密文 C。B 收到 C 后，会用 C^d 除以 n 而得到余数，就是明文 m。

2. DH 算法

迪菲-赫尔曼密钥交换（Diffie-Hellman key exchange，简称 DH）算法可以让双方在完全没有对方任何预先信息的条件下通过不安全信道建立一个密钥。这个密钥可以在后续的通信中作为对称密钥来加密通信的信息。

用于密钥交换场景，不适用于数据传输的加解密，如系统 A、B 需要交换密钥，过程如下。

系统 A 建立一对密钥：私钥 Private Key1 和公钥 Public Key1。

系统 A 向系统 B 公布自己的公钥（Public Key1）。

系统 B 建立一对密钥：私钥 Private Key2 和公钥 Public Key2。

系统 B 向系统 A 公布自己的公钥 Public Key2。

系统 A 使用自己的私钥 Private Key1 和系统 B 的公钥 Public Key2 建立本地对称密钥。

系统 B 使用自己的私钥 Private Key2 和系统 A 的公钥 Public Key1 建立本地对称密钥。

虽然系统 A、B 使用了不同的密钥建立自己的本地密钥，但是 DH 算法能保证系统 A、B 获得的本地密钥是一致的。这个本地密钥可以用来实现信息的加密。

3. SM2 算法

SM2 算法为非对称加密算法，基于 ECC 算法。SM2 算法基于椭圆曲线上点群离散对数难题，相对于 RSA 算法，256 位的 SM2 算法密码强度比 2048 位的 RSA 算法密码强度要高。

9.4.3 数字信封技术

数字信封是指发送方使用接收方的公钥来加密对称密钥，其目的是确保对称密钥传输的安全性。采用数字信封技术时，接收方需要使用自己的私钥才能打开数字信封，得到对称密钥。

甲事先获得乙的公钥，具体加解密过程如下。

（1）甲使用对称密钥对明文进行加密，生成密文信息。

（2）甲使用乙的公钥加密对称密钥，生成数字信封。

（3）甲将数字信封和密文信息一起发送给乙。

（4）乙收到甲的加密信息后，使用自己的私钥打开数字信封，得到对称密钥。

（5）乙使用对称密钥对密文信息进行解密，得到最初的明文。

9.4.4 密钥管理技术

密钥分配是密钥管理中的重要事件。密钥必须通过安全的通路进行分配。目前，常用的密钥分配方式是设立密钥分配中心（KDC），常用的密钥分配协议是 Kerberos 协议。Kerberos 是一种网络认证协议，其设计目的是通过密钥系统为客户机/服务器应用程序提供强大的认证服务。Kerberos 是一种应用对称加密算法进行密钥管理的系统。

Kerberos 协议使用两个服务器：鉴别服务器（AS）和票据授权服务器（TGS）。

在 Kerberos 协议中，用户首先向 AS 申请初始票据，然后 TGS 获得会话密钥，具体过程如图 9-1 所示。

（1）客户端 A 向 AS 发起请求，请求的内容是“我是谁，我要和谁通信（服务器 B）”。AS 对 A 的身份进行验证。只有验证结果正确，才允许 A 和 TGS 联系。

（2）AS 向 A 发送用 A 的对称密钥 K_A 加密的报文，这个报文里包含 A 和 TGS 通信的会话密钥 K_S 和 AS 要发给 TGS 的票据（这个票据是用 TGS 的对称密钥 K_{TG} 加密的），该票据是给 TGS 的，但是 AS 并不直接给 TGS，而是交给 A，由 A 交给 TGS。因为该票据由 TGS 的密钥加密了，所以 A 无法伪造和篡改。

A 收到报文之后，用自己的对称密钥 K_A 把 AS 发来的报文解密，这样就能提取出会话密钥 K_S（A 和 TGS 通信用的）及要转发给 TGS 的票据。

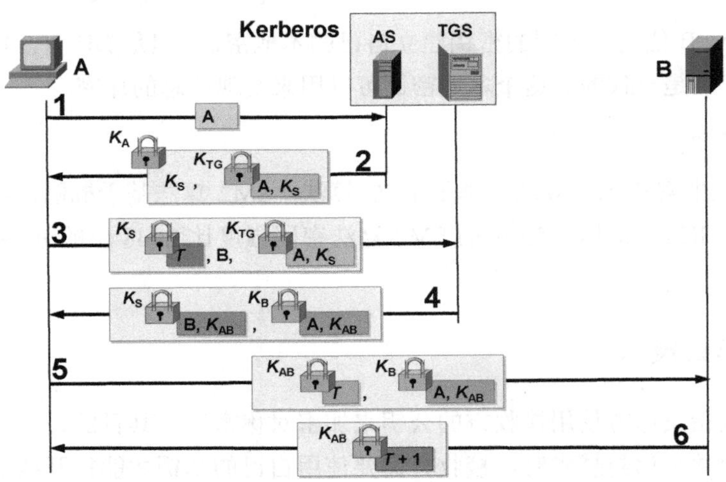

图 9-1 Kerberos 协议原理

（3）A 向 TGS 发送如下三个项目。

① AS 发来的票据。

② 服务器 B 的名字，这表明 A 请求 B 的服务。请注意，现在 A 向 TGS 证明自己的身份，就是通过转发 AS 发来的票据（因为这个票据只有 A 才能提取出来）来证明的。票据是加密的，入侵者无法伪造。

③ 用 K_S 加密的时间戳 T 防止入侵者的重放攻击。

（4）TGS 收到后，发送两个票据，每个票据都包含 A 和 B 通信的会话密钥 K_{AB}。将 A 的票据用 K_S 加密；将 B 的票据用 B 的密钥 K_B 加密。入侵者无法得到 K_{AB}，因为它没有 K_A 和 K_B。入侵者也无法重放步骤③，因为入侵者无法更换 T，它没有 K_S。

（5）A 向 B 转发 TGS 发来的票据，同时发送用 K_{AB} 加密的 T。

（6）B 把 T 加 1 证明收到了票据。B 向 A 发送的报文用密钥 K_{AB} 进行加密。

之后，A 和 B 之间就可以用 TGS 给出的会话密钥 K_{AB} 进行通信了。

9.5 数字签名和报文摘要

数字签名主要保证信息的完整和提供信息发送方的身份认证和不可抵赖性，其中，“完整性”主要是由报文摘要提供的，报文摘要用来防止发送的报文被篡改。

9.5.1 数字签名

数字签名是指将摘要信息用发送方的私钥加密，与原文一起传输给接收方，接收方只有用发送方的公钥才能解密被加密的摘要信息。接收方用哈希函数对收到的原文产生一个摘要信息，与解密得到的摘要信息对比，如果相同，则说明收到的信息是完整的，在传输过程中没有被篡改，否则说明信息被篡改过。数字签名能够验证信息的完整性。

数字签名能够实现以下三个功能。

（1）接收方能够核实发送方对报文的签名，也就是说，接收方能够确信该报文是发送方发送的。其他人无法伪造对报文的签名，这叫作报文鉴别。

（2）接收方确信收到的数据和发送方发送的数据完全一样，没有被篡改过，这叫作报文的完整性。

（3）发送方事后不能抵赖对报文的签名，这叫作不可否认性。

9.5.2 报文摘要

数字签名中的一项重要技术是报文摘要，通过一个报文摘要算法将消息压缩成某个固定长度的短消息，报文摘要算法一般又称哈希算法，生成的短消息称为消息摘要（Digital Digest），又称散列值。消息摘要和数字签名算法配合使用，数字签名算法只对消息摘要签名。其中，MD5 算法输出 128 位的短消息，SHA-1 算法输出 160 位的短消息，SHA-2 算法输出 256、384、512 位的短消息，SM3 算法输出 256 位的短消息。

报文摘要是一种求逆困难的算法，要找到具有相同消息摘要的两个不同的原始消息，或者找到具有已知消息摘要的一个原始消息是很困难的。

数字签名算法的基本原理如下。

（1）被发送文件采用报文摘要对原始消息进行运算，得到一个固定长度的消息摘要。

（2）发送方生成消息摘要，用自己的私钥对消息摘要加密进行数字签名。

（3）数字签名作为报文的附件和报文一起发送给接收方。

（4）接收方先从收到的原始报文中用同样的算法计算出新的报文摘要，再用发送方的公钥对报文附件的数字签名进行解密，比较两个报文摘要，如果相同，接收方就能确信该数字签名是发送方的。

数字签名算法很多，应用广泛的有 DSS 数字签名体制、RSA 数字签名体制和 EIGamal 数字签名体制。DSS 数字签名体制是目前应用最广泛的数字签名算法。

9.6 数字证书

数字证书就是互联网通信中标志通信各方身份信息的一系列数据，提供了一种在 Internet 上验证身份的方式，数字证书是由一个权威机构证书授权中心（CA）发行的，用户可以在网上用它来识别对方的身份。最简单的证书包含一个公开密钥、名称及 CA 的数字签名。可以更加方便灵活地运用在电子商务和电子政务中。

9.6.1 数字证书的概念

数字证书的格式遵循 X.509 v3 标准。X.509 v3 标准是由国际电信联盟（ITU-T）制定的数字证书标准。数字证书的内容如下。

（1）**序列号**：发放数字证书的实体有责任为数字证书指定序列号，以使该数字证书区别于该实体发放的其他数字证书。序列号用途很多。如果某一数字证书被撤销，则其序列号将放到证书撤销清单（CRL）中。

（2）**版本号：**识别用于该数字证书的 X.509 v3 标准的版本。

（3）**签名算法：**签署数字证书所用的算法及其参数。

（4）**发行者 ID：**唯一地标识数字证书的发行者。

（5）**发行者：**建立和签署数字证书的 CA 的 X.509 v3 名字。

（6）**主体 ID：**唯一地标识数字证书的持有者。

（7）**有效期：**包括数字证书有效期的起始时间和终止时间。

（8）**公钥：**有效的公钥及其使用方法。

9.6.2 PKI 体系

随着网络技术和信息技术的发展，电子商务已逐步被人们接受，并得到不断普及。但通过网络进行电子商务交易时，存在如下问题：交易双方并不在现场交易，无法确认双方的合法身份；通过网络传输时，信息易被窃取和篡改，无法保证信息的安全性；交易双方发生纠纷时没有凭证可依，无法提供仲裁。

为了解决上述问题，PKI 应运而生，其利用公钥技术保证在交易过程中能够实现身份认证、保密、数据完整性和不可否认性。因而在网络通信和网络交易，特别是电子政务和电子商务业务中，得到了广泛应用。

PKI 的核心技术围绕数字证书的申请、颁发和使用等整个生命周期展开，而在这整个生命周期过程中，PKI 会使用到对称加密算法、非对称加密算法、数字信封和数字签名技术。

一个典型的 PKI 系统包括 PKI 实体、CA、RA 和证书/CRL 发布点。

（1）**PKI 实体：**PKI 产品或服务的最终使用者，可以是个人、组织、设备（如路由器、防火墙）或计算机中运行的进程。

（2）**CA（证书机构）：**PKI 的信任基础，管理公钥的整个生命周期，其作用包括颁发证书、规定证书的有效期和通过发布 CRL 确保必要时可以废除证书。

（3）**RA（注册机构）：**一个受 CA 委托来完成 PKI 实体注册的机构，RA 是数字证书注册审批机构，是 CA 面对用户的窗口，是 CA 的证书颁发、管理功能的延伸，它负责接收用户的证书注册和撤销申请，对用户的身份信息进行审查，并决定是否向 CA 提交签发或撤销数字证书的申请。

作为 CA 功能的一部分，在实际应用中，RA 并不一定独立存在，而是和 CA 合并在一起。RA 也可以独立出来，分担 CA 的一部分功能，减轻 CA 的压力，增强 CA 系统的安全性。建议在部署 PKI 系统时，将 RA 与 CA 安装在不同的设备上，减少 CA 与外界的直接交互，以保护 CA 的私钥。

（4）**证书/CRL 发布点：**RA 接收 CA 返回的证书，发送到轻量级目录访问协议（LDAP）服务器，并告知用户证书发送成功。用户获取证书后，就能利用证书和其他用户进行安全通信。

另外，PKI 的核心是数字证书，由于用户名的改变、私钥泄露或业务中止等原因，需要存在一种方法将现行的证书吊销，即撤销公钥及相关的 PKI 实体身份信息的绑定关系。在 PKI 中，所使用的这种方法为 CRL。

9.7 安全协议

在计算机网络安全协议中，我们经常用 SSL 协议保障 Web 服务器的安全，用 PGP 保障电子邮件的安全。

9.7.1 SSL 协议

SSL 协议（安全套接层协议）可以对客户与服务器之间传输的数据进行加密和鉴别。双方在握手阶段，采用 SSL 协议对将要使用的加密算法和双方共享的会话密钥进行协商，完成客户与服务器之间的鉴别。握手完成后，所传输的数据使用会话密钥进行传输。

1. SSL 协议的功能

SSL 协议提供三个功能：SSL 服务器鉴别、SSL 会话加密和 SSL 客户鉴别。

（1）**SSL 服务器鉴别：**允许客户鉴别服务器的身份。具有 SSL 服务器鉴别功能的浏览器维持一个可信的 CA 及其公钥列表。当浏览器要和一个具有 SSL 服务器鉴别功能的服务器进行商务活动时，浏览器就从服务器处得到含有该服务器公钥的数字证书。此数字证书是由某个 CA 发出的，这就使得客户在提交信用卡、银行卡之前能够鉴别服务器的身份。

（2）**SSL 会话加密：**客户和服务器交互的数据都在发送时加密，在接收时解密。

（3）**SSL 客户鉴别：**属于 SSL 可选的安全服务，允许服务器鉴别客户的身份。SSL 客户鉴别功能对服务器来说很重要。例如，当银行把有关财务的机密信息发送给客户时，必须鉴别客户的身份。

2. SSL 协议的子协议

SSL 协议的三个子协议分别是 SSL 报警协议、SSL 记录协议和 SSL 握手协议。

（1）**SSL 报警协议：**用来为对等实体传递 SSL 协议的相关警告。如果在通信过程中某一方发现任何异常，则需要给对方发送一条警告消息。

（2）**SSL 记录协议：**建立在可靠的传输协议（如 TCP）之上，为上层协议提供数据封装、压缩、加密等基本功能的支持。

（3）**SSL 握手协议：**建立在 SSL 记录协议之上，用于在实际的数据传输开始前，通信双方进行身份验证、加密算法协商、加密密钥交换等。

3. SSL 协议的工作原理

假设 A 有一个使用 SSL 协议的安全网页，B 在上网时点击这个安全网页的链接，于是服务器和浏览器进行握手，主要过程如下。

（1）浏览器向服务器发送浏览器的 SSL 版本号和密码编码的参数选择（协商采用哪一种对称加密算法）。

（2）服务器向浏览器发送服务器的 SSL 版本号、密码编码的参数选择及服务器的数字证书。数字证书是由某个 CA 用自己的密钥加密后，发送给服务器的。

（3）浏览器有一个可信 CA 列表，表中有每个 CA 的公钥。当浏览器收到服务器发来的数字证书时，就检查此数字证书的发行者是否在自己的可信 CA 列表中。如果不在，则后面的加密和鉴别就不能进行。如果在，则浏览器使用该 CA 相应的公钥对数字证书解密，这样就得到了服务器的公钥。

（4）浏览器随机地产生秘密数，借此生成一个会话密钥，并用服务器的公钥加密这个秘密数，将加密后的秘密数发送给服务器。服务器可以使用自己的私钥进行解密，得到这个秘密数，借此可以生成一样的会话密钥。

（5）浏览器先向服务器发送一个报文，说明以后浏览器都将使用此会话密码进行加密。然后浏览器向服务器发送一个单独的加密报文，指出浏览器端的握手过程已经完成。

（6）服务器先向浏览器发送一个报文，说明以后服务器都将使用此会话密码进行加密。然后服务器向浏览器发送一个单独的加密报文，指出服务器端的握手过程已经完成。

（7）SSL 协议的握手过程已经完成，下面开始 SSL 协议的会话过程。浏览器和服务器都可以使用这个会话密码对所发送的报文进行加密。

SSL 协议作用在端系统应用层的 HTTP 和传输层之间，在 TCP 之上建立一个安全通道，为通过 TCP 传输的应用层数据提供安全保障。

网景公司把 SSL 协议交给 IETF，希望把 SSL 协议进行标准化。IETF 在 SSL 3.0 协议的基础上设计了 TLS 协议，现在使用较多的传输层安全协议是 TLS 协议。

9.7.2 PGP

PGP 是一个完整的电子邮件安全软件包，包括加密、鉴别、电子签名和压缩等技术。PGP 的工作原理并不复杂，可以提供电子邮件的安全性、发件人鉴别和报文完整性功能。

假设 A 向 B 发送电子邮件明文 X，现在我们用 PGP 进行加密。A 有三个密钥：自己的私钥、B 的公钥和自己生产的一次性密钥；B 有两个密钥：自己的私钥和 A 的公钥。

A 需要做以下几件事。

（1）对明文 X 进行 MD5 报文摘要运算，得出报文摘要 H。用自己的私钥对 H 进行数字签名，得出签名过的报文摘要 $D(H)$，把它拼接到明文 X 的后面，得到报文 $X+D(H)$。

（2）使用自己的一次性密钥对报文 $X+D(H)$进行加密。

（3）用 B 的公钥对自己生成的一次性密钥进行加密。

（4）把加密过的一次性密钥和加密过的报文 $X+D(H)$发送给 B。

B 收到加密密文后要做以下几件事。

（1）把被加密的一次性密钥和被加密的报文 $X+D(H)$分开。

（2）用自己的私钥解出 A 的一次性密钥。

（3）用解出的一次性密钥对加密的报文 $X+D(H)$ 解密，分离出明文 X 和报文摘要 $D(H)$。

（4）用 A 的公钥对报文摘要 $D(H)$ 进行签名核实，得出报文摘要 H。

（5）对明文 X 进行 MD5 报文摘要运算，得出报文摘要，看看是否和报文摘要 H 一致。如果一致，则电子邮件的发件人鉴别就通过了，报文的完整性得到了肯定。

9.7.3 S/MIME 协议

S/MIME（安全多用途互联网邮件扩展）协议是一种互联网标准，它在安全方面对 MIME 协议进行了扩展，可以将 MIME 实体（如数字签名和加密信息等）封装成安全对象，为电子邮件应用增添了消息真实性、完整性和保密性服务。S/MIME 协议不局限于电子邮件，可以被其他支持 MIME 协议的传输机制使用，如 HTTP。在 S/MIME 协议中，用户必须从受信任的 CA 申请 X.509 v3 数字证书，由 CA 验证用户的真实身份并签署公钥，确保用户公钥可信，收件人通过证书公钥验证发件人身份的真实性。S/MIME 协议不仅能保护文本信息，还能保护各种附件/数据文件信息。相对于 PGP，S/MIME 协议具备更广泛的行业支持特性。

9.8 安全设备

安全设备是指用于检测和防护网络系统免受恶意攻击的设备，可以有效提高网络的安全性，安全设备包括网闸、防火墙、IDS、IPS、WAF 等。

9.8.1 网闸

随着我国信息化建设的加快，电子政务网逐步普及，电子政务网由政务内网和政务外网构成。具体而言，政务内网属于涉密网，主要用于承载各级政务部门的内部办公、管理、协调、监督和决策等业务信息系统，并实现安全互联互通、资源共享和业务协同。政务外网属于非涉密网，主要为各级政务部门履行职能提供服务，为面向公众、服务民生的业务应用系统及国家基础信息资源的开放共享提供信息支持。

出于电子政务网的安全需求，在政务内网和政务外网之间实行物理隔离，没有连接，这样来自政务外网对政务内网的攻击就无从实施。

计算机网络是基于协议实现连接的。所有攻击都是在网络协议的一层或多层上进行的。如果断开 TCP/IP 体系结构的所有层协议，就可以消除来自网络潜在的攻击。

网闸的功能有摆渡和裸体检查。

1. 摆渡

网闸与防火墙等安全设备不同的地方在于网闸阻断通信的连接。网闸只完成数据的交换，没有业务的连接，如同网络的“物理隔离”。摆渡其实就是模拟人工数据倒换，利用中间数据倒换区，分时地与内外网连接，但一个时刻只与一个网络连接，保持“物理的分离”，实现数据的倒换，消除物理层和数据链路层的漏洞。

2. 裸体检查

传统网络的信息传输需要一层层进行封装，在每层中按照协议进行转发。摆渡消除了物理层和数据链路层的漏洞，但无法消除上层的漏洞。要想完全消除漏洞，必须进一步剥离上层协议。网闸在工作时，会经过剥离→检测→重新封装的过程，首先对数据报进行剥离分解，然后对静态的裸数据进行安全审查，接着用特殊的内部协议封装后转发，到达对端网络后重新按照 TCP/IP 等协议进行封装。

9.8.2 防火墙

防火墙主要用于保护一个网络区域免受来自另一个网络区域的网络攻击和网络入侵行为。因其具有隔离、防守的属性，灵活应用于网络边界、子网隔离等位置，具体如企业网络出口、大规模网络内部子网隔离、数据中心边界等。

1. 防火墙的分类

防火墙根据其工作层次分为包过滤型防火墙、状态检测型防火墙。

（1）包过滤型防火墙。

包过滤型防火墙的工作是通过查看数据报的源地址、目的地址或端口来实现的，决定丢弃或接收这个数据报，由此不难看出这个层次的防火墙的优势和劣势，由于防火墙只工作在 OSI 参考模型的第三层（网络层）和第四层（传输层），因此包过滤型防火墙的一个非常明显的优势就是速度，这是因为防火墙只是检查数据报的报头，而对数据报所携带的内容没有任何形式的检查，因此速度非常快。与此同时，这种防火墙的劣势也是显而易见的，比较关键的几点如下：一是所有可能用到的端口都必须开放，对外界暴露，增加了被攻击的可能性；二是包过滤型防火墙无法对数据报内容进行核查，即使通过防火墙的数据报的内容有攻击性，也无法进行控制和阻断。包过滤型防火墙生成的日志常常只是包括数据报捕获的时间、网络层的 IP 地址、传输层的端口等非常原始的信息。至于这个数据报内容是什么，防火墙不知道，而这对安全管理恰恰是很关键的，在发生安全事件时，会给安全审计带来很大的困难。

（2）状态检测型防火墙。

包过滤型防火墙只根据设定好的静态规则来判断是否允许报文通过，它认为报文都是无状态的孤立个体，不关注报文产生的前因后果，这就要求包过滤型防火墙必须针对每个方向上的报文都配置一条规则，转发效率低下而且容易带来安全风险，也无法检测某些来自传输层和应用层的攻击行为，而状态检测型防火墙的出现是防火墙发展历史上里程碑的事件，而其所使用的状态检测和会话机制，目前已经成为防火墙产品的基本功能，也是防火墙实现安全防护的基础技术。

状态检测型防火墙的出现正好弥补了包过滤型防火墙的缺陷。状态检测型防火墙使用基于连接状态的检测机制，将通信双方之间交互的属于同一连接的所有报文都作为整个数据流来对待。在状态检测型防火墙看来，同一个数据流内的报文不再是孤立的个体，而是存在联系的。例如，为数据流的第一个报文建立会话，数据流内的后续报文就会直接匹配会话转发，不需要进行规则的检查，提高了转发效率。

状态检测型防火墙能够检查应用层协议信息，如报文的协议类型和端口号等信息，还能够对应用层报文的内容加以检测，并且监控基于连接的应用层协议状态。对于所有连接，每个连接状态信息都被状态检测型防火墙维护，并用于动态地决定数据报是否被允许通过防火墙进入内网，以阻止恶意入侵。

2. 防火墙的安全区域

在防火墙中，安全区域（Security Zone），简称区域，是一个或多个端口的组合，这些端口所包含的用户具有相同的安全属性。每个安全区域都具有全局唯一的安全优先级。

设备认为在同一安全区域内部发生的数据流动是可信的，不需要实施任何安全策略。只有当不同安全区域之间发生数据流动时，才会触发防火墙的安全检查，并实施相应的安全策略。

防火墙默认提供 Trust、DMZ、Untrust，通常分别用于连接外网、内网和具有中间状态的 DMZ 区域。

（1）**Trust 区域：**本区域内的网络受信程度高，通常用来定义内部用户所在的网络。

（2）**DMZ 区域：**本区域内的网络受信程度中等，通常用来定义公共服务器所在的网络。

（3）**Untrust 区域：**本区域代表的是不受信任的网络，通常用来定义 Internet 等不安全网络。

（4）**LOCAL 区域：**防火墙自身所在的区域。

在华为防火墙中，每个安全区域都有一个安全级别，用 1～100 表示，数字越大，代表这个区域越可信。在默认情况下，LOCAL 区域的安全级别为 100，Trust 区域为 85，DMZ 区域为 50，Untrust 区域为 5。

安全区域之间的数据流动具有方向性，包括入方向（Inbound）和出方向（Outbound）。

- **入方向：**数据由低优先级的安全区域向高优先级的安全区域传输。
- **出方向：**数据由高优先级的安全区域向低优先级的安全区域传输。

合理规划安全区域和部署资源，有助于提高网络的安全性和韧性。

3. 防火墙的安全策略

防火墙的安全策略指的是用于保护网络的规则。由管理员在系统中配置，决定了哪些流量可以通过，哪些流量应该被阻断。安全策略是防火墙产品的一个基本概念和核心功能。防火墙通过安全策略提供业务管控能力，以保证网络的安全。

每条安全策略都是由匹配条件和动作组成的规则。防火墙收到报文以后，将报文的属性与安全策略的匹配条件进行匹配。如果所有条件都匹配，则此报文成功匹配安全策略，防火墙按照该安全策略的动作处理这个报文及其后续双向流量。因此，安全策略的核心元素是匹配条件和动作。

用户创建的安全策略，按照创建顺序从上往下排列，新创建的安全策略默认位于策略列表底部，默认策略之前。防火墙收到流量之后，按照安全策略列表从上往下依次匹配。

一旦某一条安全策略匹配成功，则停止匹配，并按照该安全策略指定的动作处理流量。如果所有手工创建的安全策略都未匹配，则按照默认策略处理。

防火墙出厂时存在一条显式的默认策略 default，默认禁止所有的域间流量。默认策略永远位于策略列表的底部，且不可删除。

4．防火墙的主备

防火墙设备是所有信息流都必须通过的单一点，一旦出现故障，所有信息流都会中断。保障信息流不中断至关重要，这就需要解决防火墙设备单点故障问题。

为了解决这一问题，可以由两台防火墙实现冗余路由备份，其中一台为主用（Master）防火墙，另一台为备用（Backup）防火墙。主用和备用防火墙各端口分别连接相应的安全区域。防火墙的主备状态由 VRRP 协商确定，通过 HSB 协议实现防火墙会话表项的同步。

5．防火墙的部署

大规模网络放一个路由器到防火墙前面主要是因为路由器的端口丰富，适合广域网不同类型的端口链路，而防火墙端口单一。防火墙全职做安全策略实现非法数据报的过滤，做外网连接之类的工作交由路由器负责。

注意：在大多情况下，防火墙以直路部署方式连接到网络环境中，与直路部署方式相比，防火墙旁挂部署的优点主要在于，可以在不改变现有网络物理拓扑的情况下，将防火墙部署到网络中；可以有选择地将通过汇聚交换机的流量引导到防火墙上，即对需要进行安全检测的流量引导到防火墙上进行处理，对不需要进行安全检测的流量直接通过汇聚交换机转发到核心交换机上。

9.8.3 IDS

IDS（入侵检测系统）可以弥补防火墙的不足，为网络安全提供实时的入侵检测，并采取相应的防护手段，如记录证据、追踪入侵、恢复或断开网络连接等。

1．IDS 的原理

IDS 的工作过程分为以下几步。

（1）收集待检测的原始数据，原始数据包括原始网络数据报、系统调用记录、日志文件等。

（2）检测入侵行为，利用误用入侵检测方法或异常入侵检测方法对收集到的数据进行分析，检测这些数据中是否含有入侵企图或入侵行为。

（3）响应攻击，IDS 将相关攻击数据记录在数据库或日志文件中，同时发出报警信息，并采取进一步的响应行为，如拒绝接收来自该数据源的数据、追踪入侵等。

2．IDS 的组成

为了提高 IDS 产品、组件与其他安全产品之间的互操作性，美国国防高级研究计划署（DARPA）和 IETF 的入侵检测工作组（IDWG）发起制订了一系列建议草案，从体系结构、

API、通信机制、语言格式等方面对 IDS 进行规范化。其中，CIDF 体系结构将 IDS 分为四个基本组件：事件产生器、事件分析器、响应单元和事件数据库。IDS 的结构如图 9-2 所示。

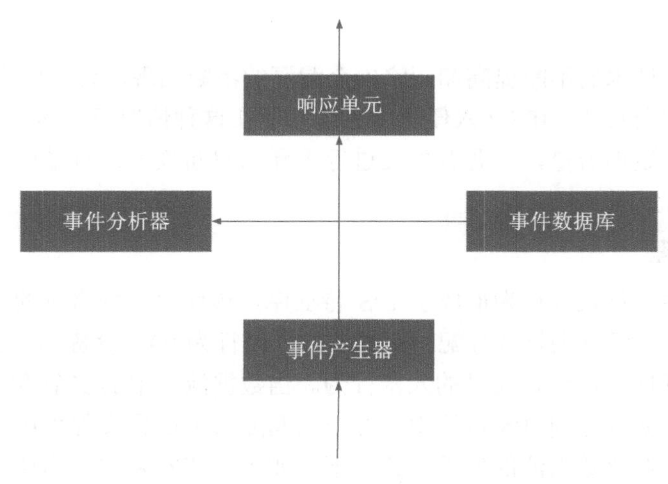

图 9-2　IDS 的结构

（1）**事件产生器：**负责从网络中抓取数据或从主机中读取各种日志，并进行预处理，如协议数据报的解析、多余日志信息的去除等，形成原始的事件数据。

（2）**事件分析器：**根据一定的检测规则，从事件数据库中读取相关记录，并与事件产生器传来的数据进行匹配，把匹配的结果发送给响应单元。

（3）**响应单元：**根据事件分析器的处理结果，进行一系列操作，包括记录事件、告警、通过、与防火墙进行通信、进行进一步处理等。

（4）**事件数据库：**保存各种恶意事件的特征或正常事件的特征，并为事件分析器提供这些特征，共同完成事件的判别。

3. IDS 的分类

从部署位置来看，IDS 基本上分为基于网络的 IDS、基于主机的 IDS 和混合 IDS。混合 IDS 可以弥补一些基于网络与基于主机的 IDS 的片面性缺陷。有时，文件的完整性检查工具可看作一种 IDS 产品。

入侵是基于入侵者的行为不同于合法用户的行为，通过可以量化的方式表现出来的假定。当然，不能期望入侵者的行为和合法用户对资源的正常行为之间存在一个清楚的、确切的界限。相反，二者的行为是存在某些重叠的。入侵检测技术可分为特征检测和异常检测。

特征检测：又称基于知识的检测，其前提是假定所有可能的入侵行为都是能被识别和表示的。特征检测对已知的攻击方法用一种特定的模式来表示，称为攻击签名，通过判断这些攻击签名是否出现判断入侵行为是否发生，是一种直接检测方法。

异常检测：又称基于行为的检测，其前提是假定所有的入侵行为都是“不同寻常”的。

异常检测首先要建立系统或用户的正常行为特征，通过比较当前系统或用户的行为是否偏离正常行为判断是否发生了入侵，是一种间接检测方法。

9.8.4 IPS

随着网络攻击技术的不断提高和网络安全漏洞的不断出现，传统防火墙和传统 IDS 已经无法应对一些安全威胁。IPS（入侵防御系统）便在这种情况下应运而生，IPS 可以深度感知并检测流经的数据流量，对恶意报文进行丢弃以阻断攻击，对滥用报文进行限流以保护网络宽带资源。

1. IPS 的原理

通过分析各种常见入侵行为形成了 IPS 特征库，该库对各种常见的入侵行为特征进行定义，同时为每种入侵行为特征分配一个唯一的入侵行为 ID。设备加载 IPS 特征库后，即可识别出 IPS 特征库里已经定义过的入侵行为。当数据流命中的安全策略中包含 IPS 配置文件时，设备将数据流送到 IPS 模块中，并依次匹配 IPS 配置文件引用的签名，当数据流命中多个签名时，对该数据流的处理方式如下：如果这些签名的实际动作都为告警，则最终动作为告警；如果这些签名中至少有一个签名的实际动作为阻断，则最终动作为阻断。

2. IPS 的部署

IPS 的设计思想是兼有检测入侵和对入侵做出反应两项功能。在设计 IPS 时，就已经将病毒检测、脆弱性评估、防火墙、入侵检测及自动阻止攻击的功能考虑进去，从而在体系结构层面避免了上述安全产品之间的相互孤立、缺乏有效联动的被动局面。同时，大大节省了分别部署上述产品的资源和空间。IPS 一般是以直路串联形式直接嵌入网络流量的，这有别于 IDS 的并联方式。

IPS 可以部署在网络的边界，这样所有来自外部的数据必须直路通过 IPS，IPS 即可实时分析网络数据，发现攻击行为立即予以阻断，保证来自外部的攻击数据不能通过网络边界进入网络。

IPS 也可以部署在服务器的前端，这种部署方式可以阻断蠕虫活动、针对服务和平台的漏洞攻击，防止因为恶意软件造成服务器数据的损坏，对发送到服务器的文件或邮件进行病毒扫描，防止服务器感染病毒。防止因为 DoS/DDoS 攻击造成服务器不可用。防御针对 Web 应用的新型攻击，如 SQL 注入、XSS、各种扫描、猜测和窥探攻击。

IPS 的缺点：IPS 会对数据报进行重组，会对数据的传输层、网络层、应用层中的各字段进行分析，并与签名库进行比对，如果没有问题，则转发出去。IPS 规划在这个位置会加大网络的延迟。同时，网络中部署一个 IPS 会存在单点故障的问题。

9.8.5 WAF

IPS 的保护对象是一系列协议类型的流量，如 DNS、SMTP、TELNET、RDP、SSH 和 FTP。在通常情况下，IPS 会运行于第三层和第四层，并对其提供保护，相较于网络层和传输层，对应用层（第七层）提供的保护力度有限。

WAF 的设计则专为保护应用层而生，旨在分析应用层上各 HTTP 或 HTTPS 请求。WAF 对网站或 App 的业务流量进行恶意特征识别及防护，在对流量清洗和过滤后，将正常、安全的流量返回给服务器，避免网站服务器被恶意入侵导致性能异常等问题，从而保障网站的业务安全和数据安全。

9.8.6　漏洞扫描系统

漏洞扫描系统作为自动化的漏洞检测工具，对运维人员和安全工作者来说是一个必不可少的工具。

漏洞扫描系统是一款基于最新操作系统的综合漏洞发现与评估系统。漏洞扫描系统通过对系统漏洞、服务后门、网页挂马、SQL 注入漏洞及 XSS 等攻击手段多年的研究积累，总结出了智能主机服务发现、智能化爬虫和 SQL 注入状态检测等技术，可以通过智能遍历特征库和多种扫描选项的组合手段，深入准确地检测出系统和网站中存在的漏洞和弱点。最后根据扫描结果，提供测试用例来辅助验证漏洞的准确性，同时提供整改方法和建议，帮助管理员修补漏洞，全面提升整体安全性。

9.8.7　安全审计

计算机网络安全审计（Audit）是指按照一定的安全策略，利用记录系统活动和用户活动等信息，检查、审查和检验操作事件的环境及活动，从而发现系统漏洞、入侵行为或改善系统性能的过程。

安全审计包括识别、记录、存储和分析与安全行为有关的信息。安全审计的检查结果用来判断发生了哪些安全行为，以及哪些用户要对这些行为负责。审计需要的信息能够单独日志存储，并分配独立的安全通道，确保这些日志能够防篡改、防删除，防破译。审计相关日志的安全等级需要比普通日志等级高，即使系统被攻击，日志模块也不会被篡改。后续要使用这些安全日志分析和溯源设备所遭到的攻击。

安全日志可以用来进行安全审计溯源，安全日志范畴包括系统启动日志、账户登录日志（如 AAA 日志）、账户管理日志、网络安全事件记录日志、证书密钥管理等操作日志。

安全审计的流程：通过事件采集设备对客体进行事件采集，并将采集到的事件发送至事件分析器进行分析，策略定义的危险事件，发送至报警处理部件，进行报警或响应。对所有需要产生审计信息的事件，产生审计信息，并发送至结果汇总，进行数据备份或报告生成，评估系统安全，提出改进意见。

9.9　VPN

VPN（虚拟专用网）指的是在公网上建立专用网络的技术。之所以称为虚拟网，主要是因为整个 VPN 中任意两个节点之间的连接并没有传统专用网所需的端到端的物理链路，而是架构在公网服务商所提供的网络平台上。由于 VPN 是公网上临时建立的安全专用虚拟网络，因此节省了租用专线的费用。

按照 VPN 技术实现的网络层次进行分类。基于数据链路层的 VPN：L2TP、L2F、PPTP，其中 L2F 和 PPTP 已经基本上被 L2TP 替代；基于网络层的 VPN：GRE、IPSec；基于应用层的 VPN：SSL。

9.9.1 L2TP VPN

L2TP（Layer 2 Tunneling Protocol，二层隧道协议）是 VPDN（Virtual Private Dial-up Network，虚拟私有拨号网）隧道协议的一种，扩展了 PPP 的应用，是远程拨号用户接入企业总部的一种重要 VPN 技术。

L2TP 通过拨号网络，基于 PPP 的协商，建立了企业分支用户到企业总部的隧道，使远程用户可以接入企业总部。PPPoE 技术更是扩展了 L2TP 的应用范围，通过以太网连接 Internet，建立远程移动办公人员到企业总部的 L2TP 隧道。

L2TP 还具有如下特点，可以为企业提供方便、安全和可靠的远程用户接入服务。

（1）**灵活的身份验证机制及高度的安全性：** L2TP 使用 PPP 提供的安全特性（如 PAP、CHAP），对接入用户进行身份认证；L2TP 定义了控制消息的加密传输方式，支持 L2TP 隧道的认证；L2TP 对传输的数据不加密，但可以和 Internet 协议安全（Internet Protocol Security，IPSec）结合应用，为数据传输提供高度的安全保证。

（2）**多协议传输：** L2TP 传输 PPP 数据报，PPP 可以传输多种协议报文，所以 L2TP 可以在 IP 网络、帧中继永久虚拟电路（PVCs）、X.25 虚拟电路（VCs）或 ATM VCs 网络上使用。

9.9.2 IPSec VPN

在 Internet 的传输中，绝大部分数据的内容都是明文传输的，这样就会存在很多潜在的危险，如密码、银行账户的信息被窃取或篡改，用户的身份被冒充，遭受网络恶意攻击等。在网络中部署 IPSec 后，可对传输的数据进行保护处理，降低信息泄露的风险。

IPSec VPN 是目前 VPN 技术中使用率非常高的一种技术，同时提供 VPN 和信息加密两项技术。

1. IPSec 的框架

IPSec 是 IETF 制定的一组开放的网络安全协议。它并不是一个单独的协议，而是一系列为 IP 网络提供安全性的协议和服务的集合。该体系结构包括认证头协议（AH）、封装安全负载协议（ESP）、密钥管理协议（IKE）和用于网络认证及加密的一些算法等。IPSec 规定了如何在对等体之间选择安全协议、确定安全算法和密钥交换，向上提供了数据源认证、数据加密、数据完整性等网络安全服务。

（1）AH。

AH 不能加密，只能对数据报进行验证，保证报文的完整性。AH 采用哈希算法，防止黑客在网络中插入伪造的数据报，也能防止抵赖。当数据不需要机密性保护时，AH 是最好的选择。如果采用 AH，在 IP 报文转发的过程中，对于 IP 报头中一些部分是变化的（如服务类型 TOS、TTL、分片相关的字段、校验和），因此在计算数据报完整性校验值时，必须把这些字段设置为 0，其实就是不参与计算。AH 是一种基于 IP 的传输层协议，协议号为 51。AH 的缺陷就是不能对数据加密、不能穿越 NAT 网络。

（2）ESP。

ESP 具有加密性，既可以保证数据报的机密性，又可以保证数据报在传输过程中的完整性（ESP 通常使用 DES、3DES、AES 等算法实现数据加密，使用哈希算法实现数据完整性。）AH 功能已经包含在 ESP 中，因此使用 ESP 就可以不使用 AH。ESP 是一种基于 IP 的传输层协议，协议号为 50。

（3）IKE。

IPSec 加密和验证算法所使用的密钥可以手工配置，也可以通过 IKE 动态协商。IKE 建立在 Internet 安全联盟和密钥管理协议（Internet Security Association and Key Management Protocol，ISAKMP）框架之上，采用 DH 算法在不安全的网络上安全地分发密钥、验证身份，以保证数据传输的安全性。IKE 可提升密钥的安全性，并降低 IPSec 的管理复杂度。IKE 使用 500 号端口发起协商、响应协商。在总部和分部都有固定 IP 地址时，这个端口在协商过程中保持不变。

2. IPSec 的封装模式

IPSec 的封装模式是指将与 AH 或 ESP 相关的字段插入原始 IP 报文，以实现对报文的认证和加密，有传输模式和隧道模式两种。

（1）传输模式。

在图 9-3 所示的传输模式下，IPSec 报头（AH 或 ESP 首部）增加在原 IP 数据报报头和数据之间，在整个传输层报文段的后面和前面添加一些控制字段，构成 IPSec 数据报。这种方式把整个传输层报文段都保护起来，可以保证原 IP 报文数据部分的安全性。在使用这种封装模式时，所有加密、解密和协商操作都是在主机上完成的，网络设备只执行正常的路由转发。

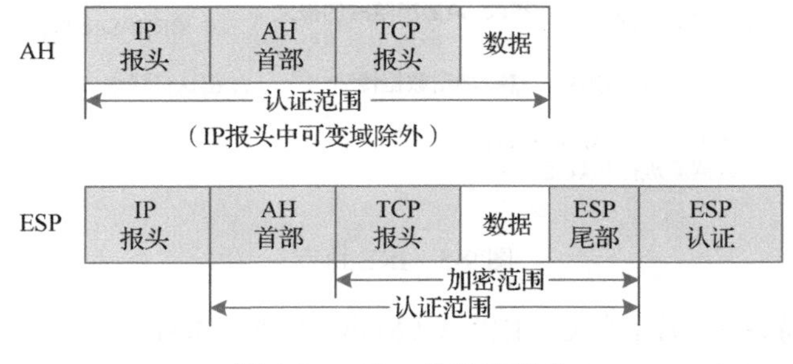

图 9-3 IPSec 的传输模式

（2）隧道模式。

隧道模式（见图 9-4）为整个 IP 报文提供安全传输机制，在一个 IP 报文的后面和前面都添加一些控制字段，构成 IPSec 数据报。在后面增加新的 IP 报文头，包括两个站点网关的源地址和目的地址。在隧道模式中，两个网关路由器运行 IPSec，所有加密、解密和协商操作都由网关路由器完成，对主机系统透明。IPSec 的隧道模式经常用来实现 VPN。

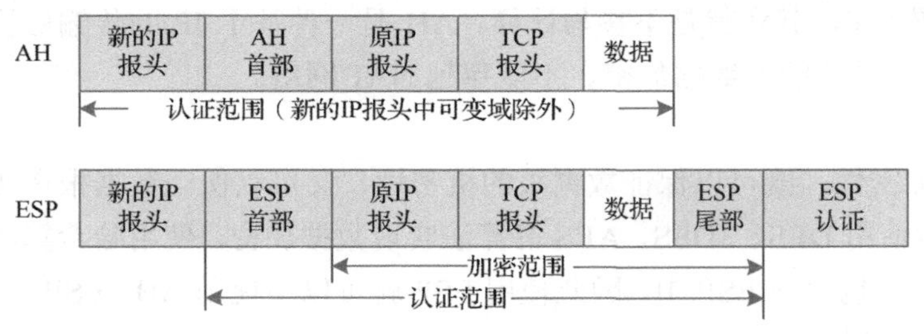

图 9-4　IPSec 的隧道模式

3. IPSec 的工作原理

IPSec 在工作时，两端的网络设备必须就 SA 达成一致。SA 是 IPSec 的基础。SA 是通信两端对等体对某些要素的约定，如使用哪种协议、协议的操作模式、加密算法、特定数据流中保护的共享密钥及 SA 的生存周期等。

SA 是单向的，在两个通信两端对等体之间的双向通信，最少需要两个 SA 分别对两个方向的数据流进行安全保护。

采用 IKEv1 协商 SA 主要分为两个阶段（见图 9-5）。协商阶段 1，通信双方协商和建立 IKE 本身使用的安全通道，即建立一个 IKE SA；协商阶段 2，利用协商阶段 1 已通过验证和安全保护的安全通道，建立一对用于数据安全传输的 IPSec SA。

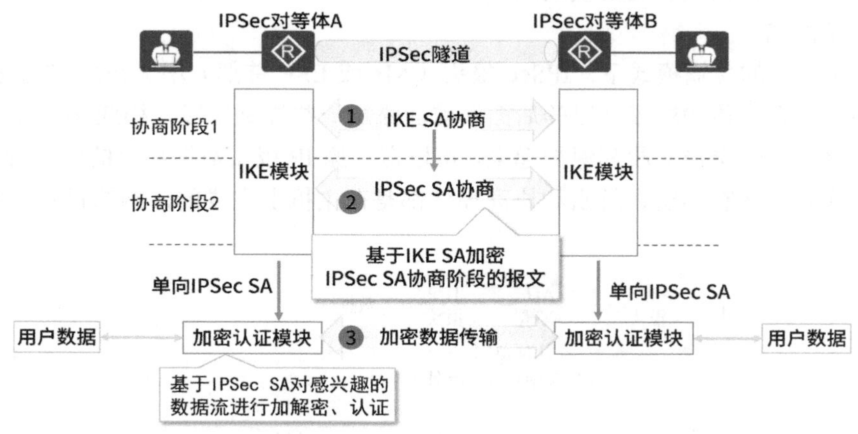

图 9-5　IKE 协商

协商阶段 1 支持两种协商模式：主模式（Main Mode）和野蛮模式（Aggressive Mode）。主模式能保护设备的身份信息，但需要在两台设备之间相互交换 6 个信息；野蛮模式不能保护设备的身份信息，但双方设备只需交换 3 个信息就可以完成协商。在野蛮模式下，发送方和接收方把安全提议、密钥相关信息和身份信息全放在一个 ISAKMP 消息中发送给对方，虽然协商效率提升了，但由于身份信息是明文传输的，没有加密和完整性验证过程，所以安全性降低了。

协商阶段 2 的目的是建立用来安全传输数据的 IPSec SA，并为数据传输衍生出密钥。这一阶段采用快速模式（Quick Mode）。该模式使用协商阶段 1 中生成的密钥对 ISAKMP 消息的完整性和身份进行验证，并对 ISAKMP 消息进行加密，保证了交换的安全性。

4．IPSec 的配置

需求：在两个网关之间建立点到点的 IPSec 隧道，假设网关 A 需要保护的网段为 50.50.50.0/24，网关 B 需要保护的网段为 60.60.60.0/24，如图 9-6 所示。

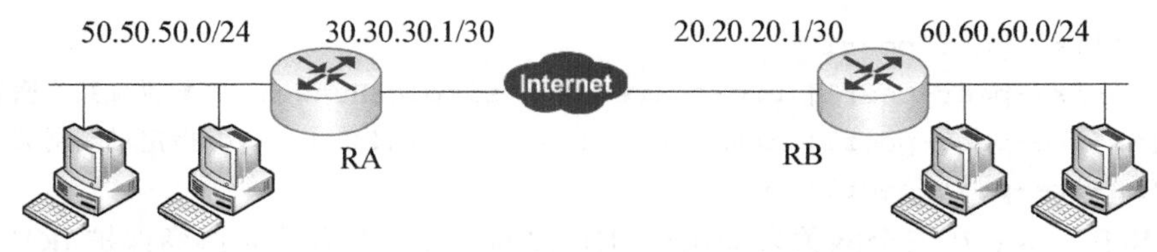

图 9-6 IPSec VPN 案例

IPSec 的具体配置流程如下。

（1）定义 IPSec 保护的数据流。

采用 ACL 方式建立 IPSec 隧道，包括手工方式和 IKE 动态协商方式。在对等体之间镜像配置 ACL，筛选出需要进入 IPSec 隧道的报文，ACL 规则允许（Permit）的报文将被保护，ACL 规则拒绝（Deny）的报文将不被保护。这种方式可以利用 ACL 配置的灵活性，根据 IP 地址、端口、协议类型等对报文进行过滤，进而灵活制定安全策略。

RA 的关键配置如下。

```
[RA] acl number 3000
[RA-acl-adv-3000]rule permit ip source 50.50.50.0 0.0.0.255 destination 60.60.60.0 0.0.0.255
```

RB 的配置类似 RA 的配置，只是源地址和目的地址交换。

（2）配置 IPSec 安全提议。

IPSec 安全提议是安全策略的一个组成部分，它包括 IPSec 使用的安全协议、认证/加密算法及数据的封装模式，定义了 IPSec 的保护方法，为 IPSec 协商 SA 提供了各种安全参数。IPSec 隧道两端设备需要配置相同的安全参数。

IPSec 安全提议（封装模式、安全协议、加密算法和验证算法）配置如下。

```
[RA]ipsec proposal tran1                                  //进入 IPSec 安全提议视图
[RA-ipsec-proposal-tran1] Encapsulation-mode tunnel     //选择安全协议对数据的封装模式，在默认情况下，安全协议对数据的封装模式采用隧道模式
[RA-ipsec-proposal-tran1] Transform esp //配置安全协议，在默认情况下，IPSec 安全提议采用 ESP
[RA-ipsec-proposal-tran1] esp encryption-algorithm AES-256 //设置 ESP 采用的加密算法，在默认情况下，ESP 采用 AES-256 加密算法
[RA-ipsec-proposal-tran1] esp authentication-algorithm sha2-256 //设
```

置ESP采用的认证算法，在默认情况下，esp采用SHA2-256认证算法

```
[RA-ipsec-proposal-tran1]quit
```

RB和RA的配置相同。

（3）配置IKE。

IKE默认采用预共享密钥方式。配置预共享密钥之前需要先确定IKE交换过程中安全保护的强度，主要包括身份验证方法、加密算法等。IKE的配置任务包括配置IKE对等体和IKE提议。

配置IKE对等体：本端安全网关配置的对端安全网关IP地址一定要和对端网关设备相同。

```
[RA]ike peer peer1
[RA-ike-peer-peer1] pre-shared-key simple Huawei //配置预共享密钥 Huawei
[RA-ike-peer-peer1] remote-address 20.20.20.1    //指定对端网关设备 IP
[RA-ike-peer-peer1] quit
```

配置IKE提议：在安全网关之间执行IKE协商初期，双方首先协商保护IKE协商本身的安全参数，这一协商通过交换IKE提议实现。IKE提议描述了希望在IKE协商过程中使用的安全参数，包括验证算法、加密算法等，保护IKE交换时的通信。

```
[Router] ike proposal {proposal-number} //数值越小，级别越高
[Router-ike-proposal-10] encryption-algorithm { des | 3des | aes-128 | aes-192 | aes-256 | sm4 } //在默认情况下，IKE协商时所使用的加密算法为AES-256加密算法
[Router-ike-proposal-10] authentication-method { pre-share | rsa-signature } //默认pre-share（预共享密钥）
[Router-ike-proposal-10] authentication-algorithm { md5 | sha1 | sha2-256 | sha2-384 | sha2-512 | sm3 }// 默认SHA2-256验证算法
[Router-ike-proposal-10] dh { group1| group2 | group5| group14}//在默认情况下，IKE协商时采用的DH组为group14
```

（4）配置IPSec安全策略[并将（1）（2）（3）进行关联]。

```
[RA] ipsec policy csaimap 1 isakmp //创建一条安全策略，策略名为csaimap。IPSec安全策略组是所有具有相同名称、不同序号的IPSec安全策略的集合。在同一个IPSec安全策略组中，序号越小的IPSec安全策略，优先级越高
[RA-ipsec-policy-isakmp-csaimap-1]proposal tran1 // 通过IKE协商建立SA时，安全策略引用的安全提议
[RA-ipsec-policy-isakmp-csaimap-1]security acl 3000 //安全策略引用的ACL
[RA-ipsec-policy-isakmp-csaimap-1]ike-peer peer1 //在安全策略中引用IKE对等体，一旦有数据报匹配安全策略，系统使用此IKE对等体指定的参数和指定的设备协商IPSec隧道的安全参数
[RA-ipsec-policy-isakmp-csaimap-1]quit
```

RB的配置也一样。

（5）在端口上应用IPSec安全策略组。

```
[RA]interface serial 0/0
[RA-serial 0/0] ipsec policy csaimap
```

RB的配置基本类似，但注意对端地址需要更改。

配置完毕后，RA 和 RB 之间如果有 50.50.50.0/24 和 60.60.60.0/24 之间的报文通过，则触发 IKE 协商，建立 IPSec SA，两个子网之间的数据流被安全保护，实现安全通行。

5. IPSec 和 NAT

协商 IPSec 的过程是由 ISAKMP 消息完成的，而 ISAKMP 消息是经过 UDP 封装的，源和目的端口号均是 500，NAT 设备本身可以转换 ISAKMP 消息的 IP 地址和端口号，因此 ISAKMP 消息能够顺利地完成 NAT 转换，成功协商 IPSec 安全联盟。但是数据流是通过 AH 或 ESP 传输的，在 NAT 转换过程中存在问题。

IPSec 的主要目标是保护 IP 数据报的完整性，这意味着 IPSec 会禁止任何对数据报的修改操作。但是 NAT 转换过程需要修改 IP 报头、传输层报文报头等字段，才能够正常工作。所以一旦经过 IPSec 处理的 IP 数据报穿过 NAT 设备，这些字段的值就被 NAT 设备修改，修改后的数据报到达目的主机后，其解密或完整性认证处理就会失败，这个报文被认为是非法数据而被丢弃。

无论是传输模式还是隧道模式，AH 都会认证整个数据报，不同于 ESP 的是，AH 还会认证位于 AH 首部之前的 IP 报头。当 NAT 设备修改了 IP 报头之后，IPSec 就会认为这是对数据报完整性的破坏，从而丢弃数据报。因此，AH 是绝对不可能和 NAT 在一起工作的。所以 AH 模式我们一般不用。

而 ESP 并不保护 IP 报头，ESP 保护的内容是 ESP 字段到 ESP 尾部之间的内容，因此，如果 NAT 只是转换 IP，就不会影响 ESP 的计算。但是如果是使用 PAT，那么这个数据报仍然会受到破坏。所以，在 NAT 网络中，只能使用 IPSec 的 ESP 认证加密方法，不能使用 AH。但是也是有办法解决这个缺陷的，不能修改受 ESP 保护的 TCP/UDP，那就再加一个 UDP 报头。这样，当此数据报穿越 NAT 网关时，被修改的只是最外层的 IP/UDP 数据，而对其内部真正的 IPSec 数据没有进行改动；在目的主机处把外层的 IP/UDP 封装去掉，就可以获得完整的 IPSec 数据报，如图 9-7 所示。

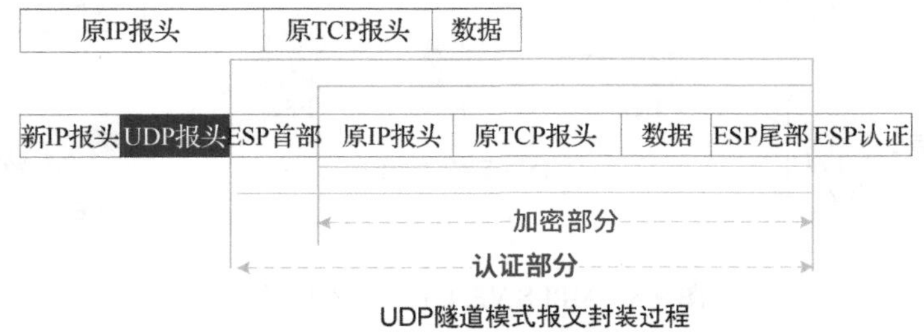

图 9-7 IPSec 穿越 NAT

在建立 IPSec 隧道的两个网关上同时开启 NAT 穿越功能（对应命令行 nat traversal）。开启 NAT 穿越功能后，当需要穿越 NAT 设备时，ESP 报文会被封装在一个 UDP 报头中，源和目的端口号均是 4500。有了这个 UDP 报头，就可以正常进行转换。

注意： 当 IPSec 和 NAT 同时配置在一台设备上时，在防火墙处理流程中，NAT 在上游，IPSec 在下游，所以 IPSec 流量难免会受到 NAT 的干扰。IPSec 流量一旦命中 NAT

策略就会进行 NAT 转换，转换后的流量不会匹配 IPSec 中的 ACL，也就不会进行 IPSec 处理。

解决这个问题的方法就是在 NAT 策略中配置一条针对 IPSec 流量不进行地址转换的策略，该策略的优先级要高于其他策略，并且该策略中定义的流量范围是其他策略的子集。这样，IPSec 流量会先命中不进行 NAT 转换的策略，地址不会被转换，也就不会影响下面 IPSec 环节的处理，而需要进行 NAT 转换的流量也可以命中其他策略正常转换。

9.9.3 MPLS VPN

MPLS VPN 是指利用 MPLS（多协议标记交换）技术在 IP 网络上建立企业专用网，实现跨地域、安全、高速、可靠的通信。

1. MPLS 的工作原理

MPLS 的一个重要特点：不用长度可变的 IP 地址网络前缀查找路由表中的匹配项目，而是利用标签（Label）进行数据转发。当 IP 分组进入网络时，要为其分配固定长度的短标签，并将短标签与 IP 分组封装在一起，在整个转发过程中，中间的交换节点仅根据标签进行转发。转发的过程省去了每到达一个路由器都要上升到第三层用软件查找路由表的过程，而是直接根据标签在第二层用硬件转发，所以转发速率大大提高。在 MPLS 中，数据传输发生在标签交换路径（LSP）上。LSP 是每个沿着从源端到目的端的路径上的节点的标签序列。LSP 本身就是公网上的隧道，所以采用 MPLS 来实现 VPN 有天然的优势。

2. MPLS VPN 中路由器的角色

MPLS VPN 主要由 CE、PE 和 P 三部分组成，如图 9-8 所示。

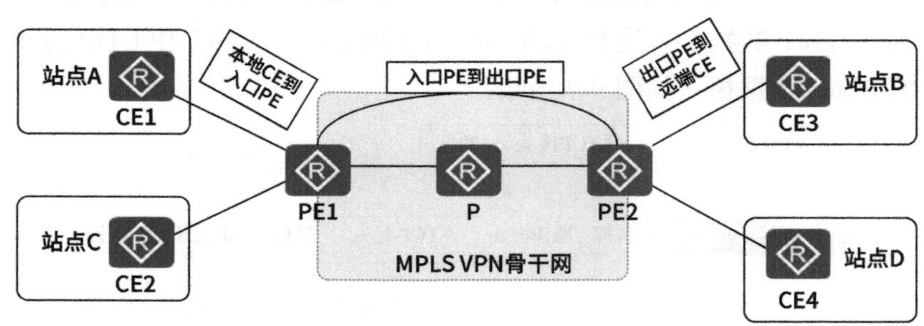

图 9-8　MPLS VPN 中路由器的角色

CE 是用户网络边缘路由器设备，直接与服务提供商网络相连，它“感知”不到 VPN 的存在。

PE 是服务提供商边缘路由器设备，与用户的 CE 直接相连，负责 VPN 业务接入，处理 VPN-IPv4 路由，是 MPLS 三层 VPN 的主要实现者，在 MPLS 网络中，对 VPN 的所有处理都发生在 PE 上，对 PE 性能要求较高。

P 是服务提供商核心路由器设备，负责快速转发数据，不与 CE 直接相连。

在整个 MPLS VPN 中，P、PE 需要支持 MPLS 的基本功能，CE 不必支持 MPLS。

3. MPLS VPN 中的地址冲突问题

MPLS VPN 和传统的 VPN 技术相比，能够实现隧道的动态建立、解决本地 IP 地址冲突问题，VPN 的私网路由更容易控制。

VPN 是一种私网，不同的 VPN 独立管理自己的地址范围，又称地址空间。不同 VPN 的地址空间可能会在一定范围内重合。例如，VPN1 和 VPN2 都使用 10.110.10.0/24 网段地址，这就发生了地址空间的重叠。

运营商为确保用户信息的安全性，为每个 VPN 用户单独分配了一个路由表，即 VPN 路由与转发表（VRF）。在 PE 路由器上的路由需要被相互隔离，以确保对每个用户 VPN 的私有性，每个 VRF 和每个 VPN 相对应。为了解决用户地址重叠问题，MPLS VPN 除了在 PE 路由器上使用多个 VRF 的方法，还引入了路由标识符（RD）。RD 具有全局唯一性，让不是唯一的 IPv4 地址转换为唯一的 VPN-IPV4 地址。这个地址对客户端来说是不可见的，只用于主干网上路由信息的分发。RD 和 VRF 之间建立了一一对应的关系。一个 VRF 只能分配一个 RD。

4. MPLS VPN 中路由信息的发布

MPLS VPN 使用 BGP 扩展团体属性——VPN Target（又称 Route Target）来控制 VPN 路由信息的发布。

有如下两类 VPN Target。

Export Target（出标记）：本地 PE 从直接相连站点（Site）学到 IPv4 路由后，转换为 VPN-IPv4 路由，并为这些路由设置 Export Target。Export Target 作为 BGP 的扩展团体属性随路由发布。

Import Target（入标记）：PE 收到其他 PE 发布的 VPN-IPv4 路由时，检查其 Export Target。当此属性与 PE 上某个 VPN 实例的 Import Target 匹配时，PE 就把路由加入该 VPN 实例。

每个 VRF 都可以配置 Export Target 和 Import Target，从而实现 VPN 的灵活控制，能够通过配置实现同一个 VPN 里用户的路由进行交互，而不同 VPN 的用户路由不能交互，也就控制了 VPN 用户之间的互访关系。

在 PE 之间传递各 VRF 中的路由及相应的 RT，需要用到 MP-BGP。MP-BGP 报文中带了很多属性，其中的团体属性 Community 可用来对入路由和出路由进行过滤。通过团体属性就可以传递 RT 信息。

5. MPLS VPN 中的私网标签

当 PE 设备把本端的私网路由发往对端 PE 时，会为该路由分配一个 MPLS 私网标签，存放在 MP_REACH_NLRI 属性内发给对端，对端 PE 收到该路由后，把路由中携带的 MPLS 私网标签和该路由同时保存下来。当 PE 上有数据报通过这个路由发往 PE 时，先在 IP 地址前面压入这个私网标签，再进入 MPLS 公网隧道。这时，需要在报文前再压入 MPLS 公网标签，因为 MPLS 支持多层标签的嵌套，支持多层标签的嵌套也是实现 MPLS VPN 的关键。

6．路由交换流程和数据转发流程

MPLS VPN 的路由交换流程和数据转发流程包括本地 CE 到入口 PE、入口 PE 到出口 PE、出口 PE 到远端 CE 三部分。

（1）本地 CE 到入口 PE。

CE 与直接相连的 PE 建立邻居或对等体关系后，把本站点的 IPv4 路由发布给 PE。CE 与 PE 之间可以使用静态路由、RIP、OSPF、IS-IS 或 BGP。无论使用哪种路由协议，CE 发布给 PE 的都是标准的 IPv4 路由。

（2）入口 PE 到出口 PE。

PE 从 CE 学到 VPN 路由信息后，存放到 VPN 实例中。同时，为这些标准 IPv4 路由增加 RD，形成 VPN-IPv4 路由，加上私网标签（随机自动生成，无须配置）。

入口 PE 通过 MP-BGP 的 Update 报文把 VPN-IPv4 路由发布给出口 PE。Update 报文中携带 Export Target 及 MPLS 私网标签。

出口 PE 收到 VPN-IPv4 路由后，决定是否将该路由加入 VPN 实例的路由表。

PE 和 P 设备通过主干网 IGP 学习到 BGP 邻居下一跳的地址，通过运行 LDP，分配标签，建立公网标签转发通道，MPLS 核心 P 路由器转发基于外层标签，而不管内层标签是多少。也就是说，在数据传输过程中，内层标签只由 PE 设备进行处理，P 设备并不理会它的存在，即 P 设备并不关心数据报属于哪个 VPN。

（3）出口 PE 到远端 CE。

出口 PE 发现数据报已经达到终点站，剥去数据报的外层标签，查看私网标签，根据私网标签可以找到转发报文的端口，将内层标签剥离后将报文从对应出端口发送给远端 CE。此时报文是一个纯 IP 数据报。

7．MPLS VPN 配置流程

MPLS VPN 配置流程包括配置公网隧道、配置本地 VPN、配置 MP-BGP 和配置本地 VPN 和 MP-BGP 之间的路由引入/引出。

（1）**配置公网隧道**：首先在公网上使能 MPLS，建立公网隧道；然后在公网上配置某种 IGP 路由协议，让公网设备之间 IP 互通；最后在公网设备及公网端口上使能 MPLS 和 MPLS LDP。

（2）**配置本地 VPN**：首先根据用户 VPN 互访关系，设计本地 VPN；然后按照用户互访需求创建 VPN，并配置该 VPN 的 RD 和 RT；接着配置私网端口和 VPN 的绑定；最后配置 PE 和 CE 之间的路由，实现 PE 和本地 VPN 用户之间的路由交互。

（3）**配置 MP-BGP**：在 PE 之间建立其 MP-BGP 邻居，传递私网路由。

PE 之间是通过 Loopback 端口建立普通 BGP 邻居关系的。

在建立普通 BGP 邻居关系的基础上，需要进一步使能 PE 之间的 BGP 传递 VPN-IPV4 路由的能力，也就是要把 PE 之间普通 BGP 邻居关系转变为 MP-BGP 邻居关系，这是关键步骤。方法是在 BGP 视图下进入 VPN-IPV4 地址族，并使能该邻居。

（4）**配置本地 VPN 和 MP-BGP 之间的路由引入/引出**：PE 和 CE 之间采用某种路由协

议的相互交互路由，这部分路由将学习到 PE 对应的 VPN 路由表中，但这些路由并不会自动被 MP-BGP 路由发布给对端 PE，需要在 MP-BGP 中加以引入才行。相反，MP-BGP 从远端 PE 学到的私网路由也存在于对应的 VPN 路由表中，但这部分路由并不会自动通过 PE 和 CE 之间运行的路由协议发布给 CE，也需要路由引入。

9.9.4 SSL VPN

SSL VPN 是采用 SSL（Security Socket Layer）/TLS（Transport Layer Security）协议实现远程接入的一种轻量级 VPN 技术。企业出差员工和居家办公员工，需要在外地远程办公，并期望能够通过 Internet 随时随地远程访问企业内网资源。同时，企业为了保证内网资源的安全性，希望能对移动办公用户进行多种形式的身份认证，并对移动办公用户可访问内网资源的权限做精细化控制。IPSec VPN 和 SSL VPN 技术都可以支持远程接入这个应用场景。

作为一种轻量级 VPN 技术，SSL VPN 的安全性不输于 IPSec VPN，且能实现更为精细的资源控制和用户隔离。不需要额外安装客户端，浏览器登录的便捷性也让 SSL VPN 在企业和机构员工中更易于推广使用。SSL VPN 工作在传输层和应用层之间，不会改变 IP 数据报报头和 TCP 数据报报头，不会影响原有网络拓扑，也不需要安装客户端。因此部署、配置和维护 SSL VPN 比较简便，成本也较低。

移动办公用户访问企业内网的服务器时，首先与 SSL VPN 服务器之间建立安全连接（SSL VPN 隧道），采用标准的 SSL 协议对传输的数据报进行加密。登录 SSL VPN 服务器时，用户访问 SSL VPN 服务器登录界面，SSL VPN 服务器会对用户身份进行认证。SSL VPN 服务器往往支持多种用户认证方式，保证访问的安全性、合法性。

SSL VPN 服务器将报文转发给特定的内网服务器，使得移动办公用户在通过验证后，可访问企业内网中管理员分配的指定服务器资源。SSL VPN 可以借助 Web 浏览器覆盖所有的远程访问需求。

9.10 认证技术

认证技术是网络安全技术的重要组成部分之一。认证是验证被认证对象是否属实和是否有效的一个过程，其基本思想是通过验证被认证对象的属性，达到确认被认证对象是否真实有效的目的。

9.10.1 AAA 机制

AAA 作为网络安全的一种管理机制，以模块化的方式提供以下服务。

- **认证**：确认访问网络的用户身份，判断访问者是否为合法的网络用户。
- **授权**：对不同用户赋予不同的权限，限制用户可以使用的服务。
- **计费**：记录用户使用网络服务过程中的所有操作，包括使用的服务类型、起始时间、数据流量等，用于收集和记录用户对网络资源的使用情况，并可以实现针对时间、流量的计费需求，也对网络起到监视作用。

1. AAA 的基本架构

AAA 采用客户端/服务器结构，AAA 客户端运行在接入设备上，通常被称为 NAS 设备，负责验证用户身份与管理用户接入；AAA 服务器是认证服务器、授权服务器和计费服务器的统称，负责集中管理用户信息。

2. AAA 协议

AAA 可以通过多种协议实现，目前设备支持基于 RADIUS 或 TACACS 协议实现 AAA，在实际应用中，最常使用 RADIUS 协议。

（1）RADIUS 协议。

RADIUS 是一种分布式的、客户端/服务器结构的信息交互协议，能保护网络不受未授权访问的干扰，常应用在既要求较高安全性，又允许远程用户访问的各种网络环境中。该协议定义了基于 UDP 的 RADIUS 报文格式及其传输机制，并规定 UDP 的 1812、1813 号端口分别作为默认的认证、计费端口。

RADIUS 协议的应用范围很广，在移动、数据、智能网等业务的认证、计费系统中都有所应用。在 WLAN 的 802.1X 认证框架的认证端，也建议使用 RADIUS 协议。

一个成功的 RADIUS 登录过程一般包括两次握手过程：首先发送一个实时的 Access-Request 报文，带上用户名、口令、访问端口信息，请求验证；RADIUS 服务器通过查询认证数据库鉴权通过后，返回 Access-Challenge 应答报文询问具体的访问请求，并带上状态属性与相关信息；客户端收到后，用 Access-Challenge 报文中的信息组成新的 Access-Request 报文；最后服务器应答 Access-Accept 报文，完成验证登录过程，如图 9-9 所示。

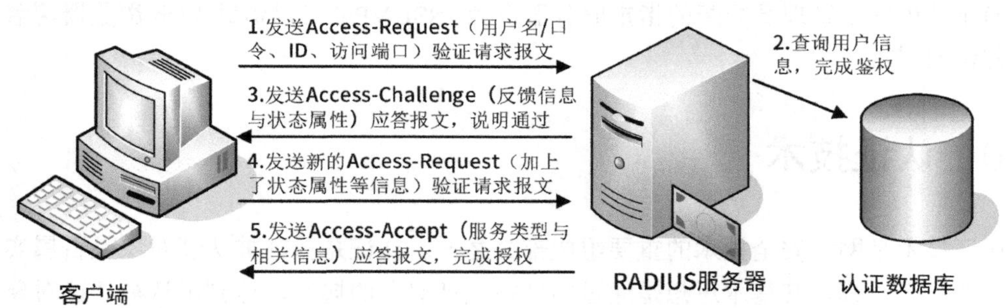

图 9-9 RADIUS 登录过程示意图

用户通过认证之后，接入服务器向 RADIUS 服务器发送一个计费开始请求报文，RADIUS 计费过程开始。RADIUS 服务器收到报文后根据用户类别进行响应。在用户断网之后，接入服务器向 RADIUS 服务器发送一个计费停止请求报文（信息包括接收/发送字节数、会话的时间及挂断原因等）。RADIUS 服务器收到后同样要给予响应。

（2）TACACS 协议。

AAA 还可以使用 TACACS 协议，和 RADIUS 一样，规定了 NAS 和服务器之间如何实现对用户认证、授权和计费。结构上都采用客户端/服务器模式，都采用公共密钥对传输的信息进行加密，具有较好的灵活性和可扩展性。区别在于传输协议的使用，信息报加密、认证授权分离、多协议支持等方面。TACACS 协议有更可靠的传输和加密机制，更加适合安全控制。

9.10.2 802.1X 认证

IEEE 802 LAN/WAN 委员会为解决 WLAN 的网络安全问题，提出了 802.1X 协议。后来，802.1X 协议作为 LAN 端口的一个普通接入控制机制，在以太网中被广泛应用，主要解决以太网内认证和安全方面的问题。

1. 802.1X 的体系结构

使用 802.1X 的系统为典型的客户端/服务器体系结构，包括三个实体：客户端、设备端和认证服务器。

（1）**客户端：**LAN 用户终端设备，但必须是支持 LAN 可扩展认证协议 EAPOL 的设备，可通过启动客户端设备上安装的 802.1X 客户端软件（Windows XP 系统自带客户端）发起 802.1X 认证。

802.1X 引入了 PPP 定义的扩展认证协议（EAP）。大家都知道，传统的 PPP 采用 PAP/CHAP 认证方式，而作为扩展认证协议，EAP 可以采用更多的认证机制，如 MD5、一次性口令、智能卡、公共密钥等，从而提供更高级别的安全。

（2）**设备端：**支持 802.1X 协议的网络设备（如交换机），对所连接的客户端进行认证。它为客户端提供接入 LAN 的端口。

（3）**认证服务器：**为设备端 802.1X 协议提供认证服务的设备，是真正进行认证的设备，对用户进行认证、授权和计费，可以是设备端交换机自带的本地认证，但通常为 RADIUS 服务器或 TACACS 服务器。

2. 802.1X 的工作原理

802.1X 认证系统利用 EAP 作为在客户端、设备端和认证服务器之间交换认证信息的手段。

在客户端和设备端之间，EAP 使用 EAPOL 封装格式，直接承载于 LAN 环境中。

在设备端 PAE 和 RADIUS 服务器之间，802.1X 协议可以使用以下两种方式进行交互。

（1）EAP 中继方式。

设备端把 EAP 报文承载在其他上层协议中。例如，把 EAP 报文以 EAPOR 封装格式（EAP Over RADIUS）承载于 RADIUS 协议中，传输到 RADIUS 服务器中。EAP 中继方式需要 RADIUS 服务器支持 EAP 属性。RADIUS 服务器从封装的 EAPOR 报文中获取客户端认证信息，对客户端进行认证。

这种认证方式的优点是设备端的工作很简单，不需要对来自客户端的 EAP 报文进行任何处理。

（2）EAP 终结方式。

EAP 终结方式将 EAP 报文在设备端终结，并映射到 RADIUS 报文中，利用标准 RADIUS 协议完成认证、授权和计费。设备端与 RADIUS 服务器之间可以采用 PAP 或 CHAP 认证。EAP 终结方式的优点是现有的 RADIUS 服务器基本均可支持 PAP 和 CHAP 认证，无须升级服务器，但设备端的工作比较繁重，因为在这种认证方式中，设备端不仅要从来自客户端的 EAP 报文中提取客户端认证信息，还要通过标准的 RAIUDS 协议对这些信息进行封装。

设备端就根据 RADIUS 服务器的指示决定受控端口的状态（授权/非授权）。

3．交换机端口的接入控制方式

交换机端口对用户的接入控制方式包括基于端口的认证方式和基于 MAC 地址的认证方式。

（1）基于端口的认证方式。

采用基于端口的认证方式时，只要该端口下第一个用户认证成功，其他接入用户无须认证就可以使用网络资源，但是当第一个用户下线后，其他用户会被拒绝使用网络。

（2）基于 MAC 地址的认证方式。

当采用基于 MAC 地址的认证方式时，这个端口下的所有接入用户都需要单独认证，当某个用户下线时，也只有这个用户无法使用网络。

9.10.3 MAC 地址认证

MAC 地址认证是一种基于端口和 MAC 地址对用户的网络访问权限进行控制的认证方式，它不需要用户安装任何客户端软件。设备在启动了 MAC 地址认证的端口上首次检测到用户的 MAC 地址以后，即启动对该用户的认证操作。在认证过程中，不需要用户手动输入用户名或密码。

9.10.4 Web 认证

Web 认证通常也称为 Portal 认证，一般将 Web 认证网站称为门户网站。用户上网时，必须在门户网站进行认证，只有认证通过后才可以使用网络资源。

1．系统结构

Web 认证系统的典型组网方式由四个基本要素组成：客户端、接入设备、Portal 服务器与认证服务器。

（1）**客户端：**安装有运行 HTTP 的浏览器的主机。

（2）**接入设备：**交换机、路由器等接入设备的统称，主要有三方面的作用。在认证之前，将认证网段内用户的所有 HTTP 请求都重定向到 Portal 服务器；在认证过程中，与 Portal

服务器、认证服务器交互，完成对用户身份认证、授权与计费的功能；在认证通过后，允许用户访问被管理员授权的网络资源。

（3）**Portal 服务器：**接收客户端认证请求的服务器系统，提供免费门户服务和认证界面，与接入设备交互客户端的认证信息。

（4）**认证服务器：**与接入设备进行交互，完成对用户的认证、授权与计费。

2. 认证流程

（1）未认证用户连接 WiFi 信号准备上网时，Web 认证会强制用户登录到特定的 Web 认证主页。

（2）用户在 Web 认证主页/认证对话框中输入认证信息后提交，Portal 服务器会将用户的认证信息传递到认证/计费服务器通信进行认证。

（3）认证通过后，允许用户访问网络资源。

9.10.5 PPPoE+认证

PPPoE 是一种通过一个远端接入设备为以太网上的主机提供接入服务，并可以对接入的每个主机实现控制和计费的技术。PPPoE 使用客户端/服务器体系结构，PPPoE 客户端向 PPPoE 服务器发起连接请求，在二者会话协商过程中，PPPoE 服务器向 PPPoE 客户端提供接入控制、认证等功能。

目前所使用的 PPPoE 具有较好的认证和安全机制，但仍然存在一些缺陷。例如，PPPoE 服务器仅通过用户名和密码对接入用户进行认证，如果账号被盗，那么盗用者可以很容易地在其他地方通过该账号接入网络。为了解决上述问题，引入了 PPPoE+。

PPPoE+又称 PPPoE Intermediate Agent，部署在终端用户主机和宽带远程接入服务器 BRAS 之间的接入设备 Switch 上。Switch 将终端用户主机接入的端口信息（如槽位号/子卡号/端口号、VLAN、MAC 地址等）通过 PAD（PPPoE Active Discovery）报文上发送给 PPPoE 服务器，由 PPPoE 服务器根据报文信息实现终端用户的用户账号与接入端口的绑定认证，避免用户账号被盗用。

9.10.6 IPoE 认证

IPoE（IP over Ethernet）是一种接入认证技术。在 IPoE 中，用户通过 DHCP 动态获取 IP 地址，接入网络。IPoE 的出现提供了一种灵活、高效的访问控制方式，用户终端无须安装专用的客户端软件，即可接入网络，适合多种网络设备的接入，如智能手机、数字电视、PSP 等。

IPoE 与 PPPoE 均为接入认证技术。传统 PPPoE 以点对点的方式，将数据封装在以太网框架中，通过建立 PPP 会话和封装 PPP 报文为 PPPoE 报文，为用户提供接入、控制和计费功能。用户设备在通过 PPPoE 接入网络前，需要安装客户端软件，设备接入效率低。另外，PPP 是一种点对点协议，基于该协议的 PPPoE 对组播性能支持较弱，网络开销较大，限制了网络的使用范围和组播业务的开展。当时，面对日新月异的用户业务需求，尤其是需要网络组播能力支持的业务，如 IPTV（网络电视），PPPoE 已经显现出不足，需要尽快采用新的接入认证技术来支撑这些新的业务。IPoE 就是一种能够满足多业务支撑需求的接入认证技术。

IPoE 将用户的 IP 数据报直接在以太网上封装，形成 IPoE 报文，IPoE 报文中携带了可用于认证和授权的用户物理和逻辑信息，通过和其他认证协议配合，可以实现用户的高效接入与认证。这种接入认证技术不要求用户设备安装客户端软件，就可实现设备的快速接入。相比于 PPPoE，IPoE 没有额外的协议封装，组播数据流可以在最靠近用户接入侧的二层交换机上做组播复制，极大程度地减小了网络开销，提高了传输效率，十分适合承载 IPTV 等一对多的视频业务。

9.11 其他网络安全技术

网络安全技术类型繁多，本节主要针对交换网络的一些安全特性，从原理、配置等方面进行介绍。

9.11.1 端口隔离

为了实现报文之间的二层隔离，可以把端口加入不同 VLAN，但采用 VLAN 的方式隔离用户会浪费有限的 VLAN 资源。VLAN 资源总数是 4096，但在一个大规模网络中，接入用户的数量可能远远大于 4096，这时用 VLAN 进行隔离不太现实。可以采用端口隔离技术，在一个 VLAN 的端口之间实现隔离，用户只需把端口加入隔离组，就可以实现二层数据的隔离。端口隔离的案例如图 9-10 所示。

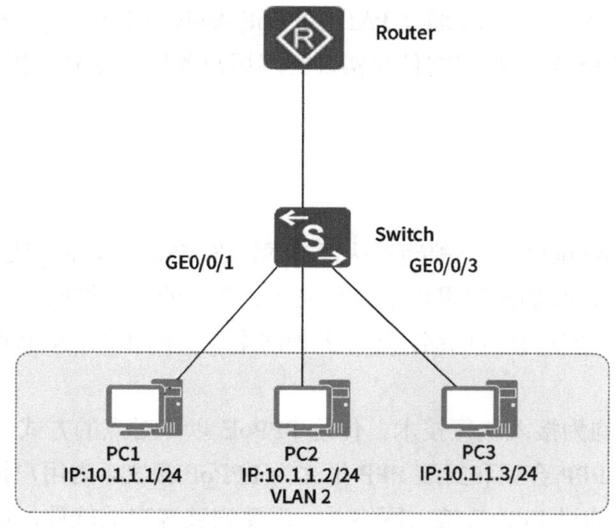

图 9-10　端口隔离的案例

\# 配置端口 GE1/0/1 和 GE1/0/2 的端口隔离功能，实现两个端口之间的二层数据隔离，三层数据互通

```
<HUAWEI> system-view
[HUAWEI] port-isolate mode l2
[HUAWEI] interface gigabitethernet 1/0/1
[HUAWEI-GigabitEthernet1/0/1] port-isolate enable group 1
[HUAWEI-GigabitEthernet1/0/1] quit
[HUAWEI] interface gigabitethernet 1/0/2
[HUAWEI-GigabitEthernet1/0/3] port-isolate enable group 1
[HUAWEI-GigabitEthernet1/0/3] quit
```

9.11.2 端口镜像

镜像可以在不影响交换机/路由器等网络设备报文正常处理流程的情况下，将指定源的报文复制一份到目的端口。目的端口与监控设备直接或间接相连，监控设备上安装了分析软件，可以对报文进行分析。

当网络中存在攻击或出现故障时，网络管理员可以通过镜像功能对报文进行获取并分析，找到攻击源或故障原因。

端口镜像是指设备复制从镜像端口流经的报文，并将此报文传输到指定的观察端口进行分析和监控。

配置 1：1 端口镜像。

将一个镜像端口的报文复制到一个观察端口上。例如，将镜像端口 GE2/0/1 入方向的报文（收到的报文）复制到观察端口 GE1/0/1 上，GE1/0/1 与监控设备直连，如图 9-11 所示。

```
<HUAWEI> system-view
[HUAWEI] observe-port 1 interface gigabitethernet 1/0/1
[HUAWEI] interface gigabitethernet 2/0/1
[HUAWEI-GigabitEthernet2/0/1] port-mirroring to observe-port 1 inbound
```

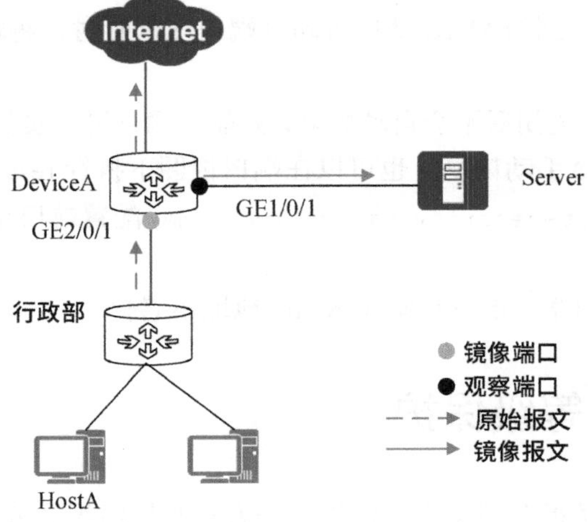

图 9-11　端口镜像的配置

9.11.3 安全 MAC 地址功能

在对接入用户的安全性要求较高的网络中，可以配置端口安全功能，将端口学习到的 MAC 地址转换为安全动态 MAC 地址或 Sticky MAC 地址，端口学习的最大 MAC 地址数超过上限后不再学习新的 MAC 地址，只允许这些 MAC 地址和设备通信。这样可以阻止其他非信任的 MAC 地址主机通过本端口和无线接入控制器通信，提高设备与网络的安全性。

在默认情况下，安全动态 MAC 表项不会被老化，但可以通过在端口上配置安全动态 MAC 地址的老化时间，使其变为可以老化，设备重启后安全动态 MAC 地址会丢失，需要重新学习。

执行命令 `system-view`，进入系统视图。

执行命令 `interface interface-type interface-number`，进入端口视图。

执行命令 `port-security enable`，使能端口安全功能。

在默认情况下，未使能端口安全功能。

（可选）执行命令 `port-security max-mac-num max-number`，配置端口安全动态 MAC 地址学习限制数。

在默认情况下，端口学习的安全 MAC 地址限制数为 1。

（可选）执行命令 `port-security protect-action { protect | restrict | shutdown }`，配置端口安全保护动作。

在默认情况下，端口安全保护动作为 `restrict`。

端口安全保护动作有以下三种。

- **protect**：当学习到的 MAC 地址数超过端口限制数时，端口丢弃源地址在 MAC 表以外的报文。
- **restrict**：当学习到的 MAC 地址数超过端口限制数时，端口丢弃源地址在 MAC 表以外的报文，并同时发出告警。
- **shutdown**：当学习到的 MAC 地址数超过端口限制数时，将端口 `error down`，同时发出告警。

在默认情况下，端口关闭后不会自动恢复，只能由网络管理员先执行 `shutdown` 命令再执行 `undo shutdown` 命令手动恢复，也可以在端口视图下执行 restart 命令重启端口。

（可选）执行命令 `port-security aging-time time`，配置端口学习到的安全动态 MAC 地址的老化时间。

在默认情况下，端口学习的安全动态 MAC 地址不老化。

9.12 网络安全等级保护

网络安全等级保护是指对国家重要信息、法人和其他组织及公民的专有信息、公开信息和存储、传输、处理这些信息的信息系统分等级实行安全保护，对信息系统中使用的信息安全产品分等级管理，对信息系统中发生的信息安全事件分等级响应、处置。

随着云计算、物联网、大数据、人工智能等新兴技术的不断发展，如今的网络环境已不同于之前的基础信息网络，而是一种人、物、云三者大互联的全新网络架构，新的网络架构也带来了未知的安全挑战。

为了适用于新型网络架构的安全保护要求，2019 年 5 月 13 日《信息安全技术网络安全等级保护基本要求》（GB/T 22239－2019）正式发布，习惯称为等保 2.0 标准，同年 12 月 1 日正式实施，配套标准也在同年发布。

同时，将基础信息网络、传统信息系统、云计算平台、大数据平台、移动互联、物联网和工业控制系统等作为等级保护对象，并在原有通用安全要求的基础上新增了安全扩展要求。采用新技术的信息系统除了需要满足安全通用要求，还需要满足相应的扩展要求。

同时，等保 2.0 标准在 1.0 的基础上，新增了风险评估、安全检测、态势感知等安全要求，这就要求安全服务供应商能对未知的安全威胁进行提前检测，从而进一步实现提前防御，化被动为主动，提供更加完备的安全防护能力。

等级保护体系主要包含安全管理体系、安全技术体系和安全运维体系。其中，安全管理体系是策略方针和指导思想，安全技术体系是纵深防御体系的具体实现，安全运维体系是支撑和保障。

9.12.1 安全管理体系

在系统建设、运行维护、日常管理中都要重视安全管理，制定并落实安全管理制度，明确责任权力，规范操作，加强人员、设备的管理及人员的培训，提高安全管理水平，同时加强对紧急事件的应对能力，通过预防措施和恢复控制相结合的方式，使由意外事故引起的破坏减小至可接受的程度。安全管理体系建设覆盖如下五个方面。

1. 安全管理制度

安全管理制度自上而下分为安全策略、管理制度、制定和发布、评审和修订，单位需要建设符合单位实际情况的安全管理制度，应覆盖物理、网络、主机系统、数据、应用、建设和运维等管理内容，并对管理人员或操作人员执行的日常管理操作建立操作规程。

（1）从安全策略主文档中规定的安全各方面所应遵守的原则方法和指导性策略引出的具体管理规定、管理办法和实施办法，是具有可操作性，且必须得到有效推行和实施的制度。

（2）安全管理制度系列文档制定后，必须有效发布和执行。在发布和执行过程中，除了要得到管理层的大力支持和推动，还必须有合适的、可行的发布和推动手段，同时在发布和执行前对每个人员都要做与其相关部分的充分培训，保证每个人员都知道和了解与其相关部分的内容。

（3）信息安全领导小组负责定期组织相关部门和相关人员对安全管理制度的合理性和适用性进行审定，定期或不定期对安全管理制度进行评审和修订，修订不足并进行改进。

2. 安全管理机构

安全管理机构是行使单位信息安全管理职能的重要机构，一般由信息安全领导机构和执行机构构成，信息安全领导机构需要确保整个组织贯彻单位的信息安全方针、策略和制度等。等级保护制度中明确规定“单位应成立指导和管理网络安全工作的委员会或领导小组，其最高领导由单位主管领导担任或授权。”并设立网络安全管理的职能部门。

（1）根据基本要求设置安全管理机构的组织形式和运作方式，明确岗位职责。

设置安全管理岗位，设立系统管理员、网络管理员、安全管理员等岗位，根据要求进行人员配备，配备专职安全员；成立指导和管理信息安全工作的委员会或领导小组，其最高领导由单位主管领导委任或授权；制定文件明确安全管理机构各部门和岗位的职责、分工和技能要求。

（2）建立授权与审批制度。

（3）建立内外部沟通合作渠道。

（4）定期进行全面安全检查，特别是系统日常运行、系统漏洞和数据备份等。

3. 安全管理人员

安全管理人员是针对人员管理模式提出的安全控制要求，涉及的安全控制点包括人员录用、人员离岗、安全意识教育和培训及外部人员访问管理。

4. 安全建设管理

安全建设管理是针对安全建设过程提出的安全控制要求，涉及的安全控制点包括定级和备案、安全方案设计、安全产品采购和使用、自行软件开发、外包软件开发、工程实施、测试验收、系统交付、等级测评和服务供应商管理。

5. 安全运维管理

安全运维管理是针对安全运维过程提出的安全控制要求，涉及的安全控制点包括环境管理、资产管理、介质管理、设备维护管理、漏洞和风险管理、网络和系统安全管理、恶意代码防范管理、配置管理、密码管理、变更管理、备份与恢复管理、安全事件处置、应急预案管理和外包运维管理。

9.12.2 安全技术体系

通过业界成熟可靠的安全技术及安全产品，结合专业技术人员的安全技术经验和能力，系统化地搭建安全技术体系，确保安全技术体系的安全性与可用性的有机结合，达到适用性要求。安全技术体系建设覆盖如下五个方面。

1. 安全物理环境

物理安全是整个网络信息系统安全的前提，可能面临的物理安全风险有地震、水灾、火灾、电源故障、电磁辐射、设备故障、人为物理破坏等，这些风险都可能造成系统的崩溃。因此，物理安全必须具备环境安全、设备物理安全和防电磁辐射等物理支撑环境，保护网络设备、设施、介质和信息免受自然灾害、环境事故及人为物理操作失误或错误导致的破坏、丢失，防止各种以物理手段进行的违法犯罪行为。等级保护制度的通用要求对系统的物理安全要求较为严格，主要涉及的方面包括环境安全（防火、防水、防雷击等），设备和介质的防盗窃和防破坏等方面。具体包括物理位置选择、物理访问控制、防盗窃和防破坏、防雷击、防火、防水和防潮、防静电、温/湿度控制、电力供应和电磁防护十个控制点。

针对云计算场景、移动互联网场景、物联网场景、工业控制场景，安全物理环境，在通用要求的基础上增加了安全扩展要求。

云计算场景：需要保证云计算基础设施位于中国境内。

移动互联网场景：针对无线接入设备，重点关注信号覆盖和电磁干扰防护。

物联网场景：针对关键网关节点设备应具有持久稳定的电力供应能力。针对感知节点需要在挤压、振动、强光、干扰、电力供应等方面重点防护，特别是电力供应，应具有持久稳定的电力供应能力。

工业控制场景：针对室外控制设备应放置在防火材料的箱体内并固定，箱体具有透风、散热、防盗、防雨和防火等功能，同时控制设备应放置在远离强电磁干扰、强热源等环境中。

2. 安全通信网络

网络整体架构和传输线路的可靠性、稳定性和保密性是业务系统安全的基础，通信网络的安全主要包括网络架构、通信传输和可信验证。

（1）网络架构。

网络架构的合理性直接影响着能否有效地承载业务需要，因此网络架构需要具备一定的冗余性，包括通信链路的冗余、通信设备的冗余；同时网络各部分的带宽，以及网络通信设备的处理能力需要满足业务高峰时期的数据交换需求，并合理地划分安全区域、子网网段和 VLAN。等保二级中只提出了要做合理的分区分域，以及重要业务系统与其他区域隔离的要求。等保三级在等保二级的基础上增加了对网络处理能力的要求，强调要满足业务高峰时的需求，同时强调通信线路和关键网络设备要冗余部署，提升系统的可用性。

（2）通信传输。

通信传输应采用加密或校验码技术保证通信过程中的完整性和保密性。等保二级中只对完整性提出了要求，等保三级在等保二级的基础上增加了对保密性的要求，要求用密码技术实现通信传输的保密性。

（3）可信验证。

基于可信根对通信设备的系统引导程序、系统程序、重要配置参数和通信应用程序等进行可信验证，同时对报文转发流程等关键执行环节进行动态可信验证处理，对检测到的异常事件进行实时告警，同时将异常事件上送日志审计中心进行事后统一审计。

等保二级和等保三级均要求可信验证，等保三级额外增加了在应用程序的关键环节中增加动态可信验证的功能。

针对云计算场景、工业控制场景，安全通信网络在通用要求的基础上增加了安全扩展要求。

云计算场景：云管理平台等保级别不低于租户或承载业务系统的等保级别，云管理平台应具备不同云服务用户虚拟网络之间的隔离能力，以及给租户或业务系统提供等级保护安全机制的能力。

工业控制场景：涉及实时控制和数据传输的工业控制系统，应使用独立的网络设备组网，在物理层面上实现与其他数据网及外部公共信息网的安全隔离。

3. 安全区域边界

从加强网络边界的访问控制粒度、网络边界行为审计及维护网络边界完整性等方面，提升网络边界的可控性和可审计性。区域边界的安全主要包括边界防护、访问控制、入侵防范、恶意代码和垃圾邮件防范、安全审计和可信验证方面。下面将从这几个方面介绍安全区域边界的通用要求。

（1）边界防护。

边界的检查是最基础的防护措施，首先在网络规划部署上做到流量和数据必须经过边界设备，并接受规则检查，其中无线网络的接入也需要经过边界设备检查，因此不仅需要对非授权设备私自联到内网的行为进行检查，还需要对内部非授权用户私自联到外网的行为进行检查，维护边界完整性。

（2）访问控制。

企业网络根据业务的重要程度，将业务类型划分为不同的网络信任域，对于各类边界，最基本的安全需求就是访问控制，对进出安全区域边界的数据信息进行控制，阻止非授权及越权访问。

（3）入侵防范。

各类网络攻击行为可能来自大家公认的互联网等外网，但在内网也同样存在。通过采取相应的安全措施，主动阻断针对信息系统的各种攻击，如病毒、木马、间谍软件、可疑代码、端口扫描、DoS/DDoS 攻击等，实现对网络层及业务系统的安全防护，保护核心信息资产免受攻击危害。

（4）恶意代码和垃圾邮件防范。

如今，蠕虫病毒泛滥，有些蠕虫病毒还能与黑客技术相结合，这将产生更大的危害。与此同时，计算机病毒的传播途径也发生了很大的变化，更多以网络（包括 Internet、广域网、LAN）形态进行传播。同时垃圾邮件日渐泛滥，不仅占用带宽、侵犯个人隐私，而且成为黑客入侵的工具，传统的安全防护手段已无法应对这些威胁。因此迫切需要网关型产品在网络边界上对病毒及垃圾邮件予以清除。

（5）安全审计。

在安全区域边界需要建立必要的审计机制，对进出边界的各类网络行为进行记录与审计分析，可以和主机审计、应用审计及网络审计形成多层次的审计系统，并通过安全管理中心集中管理。

（6）可信验证。

基于可信根对边界设备的系统引导程序、系统程序、重要配置参数和边界防护应用程序等进行可信验证，同时对访问控制等关键执行环节进行动态可信验证处理，对检测到的异常事件进行实时告警，同时将异常事件上送日志审计中心进行事后统一审计。

针对云计算场景、移动互联网场景、物联网场景、工业控制场景，安全区域边界在通用要求的基础上增加了安全扩展要求。

云计算场景：应具备在虚拟化网络边界实施访问控制的能力，应具备虚拟化网络边界、虚拟机与宿主机、虚拟机之间的入侵防御能力，同时云管理平台对云租户的操作可被租户审计。

移动互联网场景：有线网络和无线网络边界要通过无线接入网关设备、边界防护设备等隔离，应对无线接入设备进行准入控制，防止非授权无线接入设备接入。

物联网场景：应对感知设备进行准入控制，防止非授权感知设备接入网络，同时设置访问控制规则只允许感知设备访问物联网平台等。

工业控制场景：应在工业控制网络边界部署访问控制设备，防止 E-Mail、Web 等传统 IT 业务进入工业控制网络，对于拨号和无线接入，应采用强准入技术，防止非授权接入。

4. 安全计算环境

安全计算环境是整个安全建设的核心和基础。安全计算环境通过设备、主机、移动终端、应用服务器和数据库的安全机制，保障应用业务处理全过程及数据的安全。系统终端和服务器通过在操作系统核心层和系统层设置以强制访问控制为主体的系统安全机制，形成严密的安全保护环境，通过对用户行为的控制，可以有效防止非授权用户访问和授权用户越权访问，确保信息和信息系统的保密性和完整性，从而为业务系统的正常运行和免遭恶意破坏提供支撑和保障。安全计算环境主要包括身份鉴别、访问控制、安全审计、入侵防范、恶意代码防范、可信验证、数据完整性与保密性、数据备份与恢复、剩余信息保护、个人信息保护方面。下面将从这几个方面介绍安全计算环境的通用要求。

（1）身份鉴别。

身份鉴别包括主机和应用两个方面。用户登录主机操作系统、数据库及应用系统时均需要进行身份鉴别，其中口令要满足一定的复杂度，并定期更换。同时，在鉴别过程中，需要使用两种或两种以上的鉴别技术。当进行远程管理时，应采取必要措施，防止鉴别信息在网络传输过程中被窃取。

（2）访问控制。

用户登录系统时，应根据不同的系统类别，分配不同的账号和权限，对于不同的用户，授权原则是进行能够完成工作的最小化授权，避免授权范围过大，并严格限制默认账户的访问权限，重命名默认账户，修改默认口令；及时删除多余的、过期的账户，避免共享账户的存在。

（3）安全审计。

安全计算环境的安全审计包括多层次的审计要求。对于服务器和重要主机，需要进行严格的行为控制，对用户的行为、使用的命令等进行必要的记录审计，便于日后分析、调查、取证，规范主机使用行为。而对于应用系统，同样提出了应用审计的要求，即对应用系统的使用行为进行审计。合理的安全审计能够为安全事件提供足够的信息。

安全审计需要借助统一的管理平台。对于计算机环境，虽然很多问题会在系统的安全管理过程中显示出来，包括用户行为、资源异常、系统中的安全事件等，但由于计算机环境复杂，没有统一的管理平台展示、分析、存储，可能导致安全事件遗漏，给系统安全运维带来不必要的风险。

（4）入侵防范。

在企业内业务系统的计算环境中，由于缺少入侵防御能力，因此无法主动发现现存系统的漏洞，如系统是否遵循最小安装原则，是否开启了不需要的系统服务、默认共享和高危端口，应用系统是否对数据进行有效性校验等。面对企业网络的复杂性和不断变化的情况，依靠人工经验寻找安全漏洞、做出风险评估并制定安全策略是不现实的，应对此类安全风险进行预防，预先找出存在的漏洞并进行修复。

（5）恶意代码防范。

病毒、蠕虫等恶意代码是对计算环境造成危害最大的隐患，当前病毒威胁非常严峻，特别是蠕虫病毒的爆发，会立刻向其他子网迅速蔓延，发动网络攻击和数据窃密。大量占据正常业务十分有限的带宽，造成网络性能严重下降、服务器崩溃甚至网络通信中断、信息损坏或泄露，严重影响正常业务开展。因此必须部署恶意代码防范软件进行防御，同时保持恶意代码库的及时更新。

（6）可信验证。

基于可信根对计算设备的系统引导程序、系统程序、重要配置参数和计算应用程序等进行可信验证，并在应用程序的关键执行环节进行动态可信验证，在检测到其可信性受到破坏后进行报警，并将验证结果形成审计记录送至安全管理中心。

（7）数据完整性与保密性。

数据是信息资产的直接体现。所有的措施最终都是为了业务数据的安全。因此数据的备份十分重要，是必须考虑的问题。应采用校验技术或密码技术保证重要数据在传输和存储过程中的完整性与保密性，包括但不限于鉴别数据、重要业务数据、重要审计数据、重要配置数据、重要视频数据和重要个人信息等。

（8）数据备份与恢复。

应具有异地备份场地及备份环境，并能提供本地、异地数据备份与恢复功能。在异地备份的数据应能利用通信网络将重要数据实时备份至备份场地。此控制点中等保二级和等保三级要求一致。

（9）剩余信息保护。

对于正常使用中的主机操作系统和数据库系统等，经常需要对用户的鉴别信息、文件、目录、数据库记录等进行临时或长期存储，在这些存储资源重新分配前，如果不对其原使用者的信息进行清除，将会引起原使用者信息泄露的安全风险，因此，需要确保系统内的用户鉴别信息、文件、目录和数据库记录等资源所在的存储空间，被释放或重新分配给其他用户前得到完全清除。

（10）个人信息保护。

个人信息保护不是为了限制个人信息的流动，而是对个人信息的流动进行正规的管理和规范，以保证符合信息主体同意的目的，保持信息的正确、有效和安全。保证个人信息能够在合理、合法的状态下流动。

针对云计算场景、移动互联网场景、物联网场景、工业控制场景，安全计算环境在通用要求的基础上增加了安全扩展要求。

云计算场景：访问控制，入侵防御、镜像和快照等方面应具备支持虚拟机场景的能力，同时在数据安全方面，云管理平台应具备在传输、存储、清除等方面为云服务租户提供对应的安全能力。

移动互联网场景：应具备针对移动终端防护和管控的能力。

物联网场景：增加了对感知节点设备和网关节点设备的安全加固要求，同时对于任何连接的设备和人员，全部要做身份鉴别，保障只允许授权用户访问和数据转发，应用系统要具备防重放功能。

工业控制场景：增加了对控制设备自身的安全加固要求，应使用专用设备和专用软件对控制设备进行加固和更新，设备上线前要做安全性测试。

5．安全管理中心

安全管理中心是安全技术体系的核心和中枢，针对系统的安全计算环境、安全区域边界和安全通信网络三个部分的安全机制，形成一个统一的安全管理中心，实现统一管理、统一监控、统一审计。主要包括系统管理、审计管理、安全管理、集中管控四个方面。下面将从这几个方面介绍安全管理中心的通用要求。

（1）系统管理。

对系统管理员进行身份鉴别，并通过系统管理员进行适当的管理和配置。

（2）审计管理。

对审计管理员进行身份鉴别，并通过审计管理员对审计记录进行分析和处理。此控制点中等保二级和等保三级要求一致。

（3）安全管理。

对安全管理员进行身份鉴别，并通过安全管理员对系统中的安全策略进行配置。等保二级中无此控制点要求，等保三级独有要求。

（4）集中管控。

对系统中的网络设备、安全设备和服务器等进行集中监控和管理，并对网络中的安全事件进行识别、分析和报警。等保二级中无此控制点要求，等保三级独有要求。

针对云计算场景、物联网场景，安全管理中心在通用要求的基础上增加了安全扩展要求。

云计算场景：确保云服务商和云服务客户的管理流量分离，并实现各自的集中管控。

物联网场景：针对感知节点具备端到端的全生命周期管理。

9.13 课后检测

1．主动防御是新型的杀病毒技术，其原理是（　　）。

A．根据特定的指令串识别病毒程序并阻止其运行

B．根据特定的标志识别病毒程序并阻止其运行

C．根据特定的行为识别病毒程序并阻止其运行

D．根据特定的程序结构识别病毒程序并阻止其运行

答案：C。

解析：

本题考查病毒与木马的基本概念。

主动防御根据特定的行为判断程序是否为病毒。

2．特洛伊木马程序分为客户端（又称控制端）和服务器端（又称被控制端）两部分。当用户访问了带有木马的网页后，木马的（　　）就下载到用户所在的计算机上，并自动运行。

A．客户端　　　　B．服务器端

C．客户端和服务器端　　　　D．客户端或服务器端

答案：B。

解析：

本题考查特洛伊木马程序的基础知识。

对木马程序而言，一般包括两个部分：客户端和服务器端。服务器端安装在被控制的计算机中，一般通过电子邮件或其他手段运行，以达到控制用户计算机的目的。客户端程序是客户端所使用的，用于对被控制的计算机进行控制。服务器端程序和客户端程序建立起连接就可以实现对远程计算机的控制。

3．窃取是一种针对数据或系统（①）的攻击。DDoS 攻击可以破坏数据或系统的（②）。

①选项：

A．可用性　　B．保密性　　C．完整性　　D．真实性

②选项：

A．可用性　　B．保密性　　C．完整性　　D．真实性

答案：B、A。

解析：

窃取是一种针对数据或系统的保密性的攻击。DDoS 攻击可以破坏数据或系统的可用性。

4．SYN Flood 攻击的原理是（　　）。

A．利用 TCP 三次握手，恶意造成大量 TCP 半连接，耗尽服务器资源，导致系统拒绝服务

B．有些操作系统在实现 TCP/IP 协议栈时，不能很好地处理 TCP 报文的序列号紊乱问题，导致系统崩溃

C．有些操作系统在实现 TCP/IP 协议栈时，不能很好地处理 IP 分片的重叠情况，导致系统崩溃

D．有些操作系统协议栈在处理 IP 分片时，对于重组后的超大 IP 数据报不能很好地处理，导致缓存溢出而系统崩溃

答案：A。

解析：

SYN Flood 攻击利用 TCP 三次握手的一个漏洞向目标计算机发动攻击。攻击者向目标计算机发送 TCP 连接请求（SYN 报文），对于目标返回的 SYN-ACK 报文不做回应。目标计算机如果没有收到攻击者的 ACK 回应，就会一直等待，形成半连接，直到连接超时才释放。攻击者利用这种方式发送大量 SYN 报文，让目标计算机上生成大量的半连接，迫使其大量资源浪费在这些半连接上。目标计算机一旦资源耗尽，就会出现速度极慢、正常用户不能接入等情况。攻击者还可以伪造 SYN 报文，其源地址是伪造的或不存在的地址，向目标计算机发起攻击。

5．（　　）不是实现防火墙的主流技术。

A．包过滤型技术　　B．NAT 技术

C．代理服务器技术　　D．应用级网关技术

答案：B。

解析：

本题考查实现防火墙的主要技术的基础知识。

防火墙技术可根据防范的方式和侧重点的不同分为包过滤型技术、应用级网关技术、代理服务器技术三种类型。NAT 技术是一种将私有地址转化为合法 IP 地址的转换技术，它被广泛应用于各种 Internet 接入方式和各种类型的网络中。NAT 技术在解决 IP 地址不足的同时，能隐藏并保护网络内部的计算机，从而能有效避免来自网络外部的攻击，通常同防火墙技术配合使用。但是它本身不是实现防火墙的技术。

6．关于防火墙的功能，下列叙述中错误的是（　　）。

A．防火墙可以检查进出内网的通信量

B．防火墙可以使用过滤技术在网络层对数据报进行选择

C．防火墙可以阻止来自网络内部的攻击

D．防火墙可以工作在网络层，也可以工作在应用层

答案：C。

解析：

本题考查防火墙的基础知识。

在建筑上，防火墙被设计用来防止火势从建筑物的一部分蔓延到另一部分，而网络防火墙的功能与此类似，用于防止外网的损坏波及内网。其基本工作原理是在可信任网络的边界（常说的内网和外网之间，通常认为内网是可信任和安全的，而外网是不可信任和不安全的）建立访问控制系统，隔离内网和外网，执行访问控制策略，防止外部的未授权节点访问内网和非法向外网传递内部信息。防火墙一般安放在保护网络的边界，只有在所有进出被保护网络的通信都通过防火墙的情况下，防火墙才能起到安全防护的作用。

如果针对内网的攻击来自网络内部，其相关通信数据不会经过防火墙，则防火墙的访问控制安全策略不能对攻击通信数据加以检查和控制，所以防火墙不能阻止来自网络内部的攻击。也就是防火墙只能防“外贼”，而不能防“内贼”。

7. 下列关于 IPSec 的说法中，错误的是（　　）。

A. IPSec 用于增强 IP 网络的安全性，有传输模式和隧道模式两种封装模式

B. 认证头 AH 协议提供数据完整性认证、数据源认证和数据机密性服务

C. 在传输模式中，认证头仅对 IP 数据报的数据部分进行了重新封装

D. 在隧道模式中，认证头对含原 IP 数据报报头的所有字段都进行了封装

答案：B。

解析：

认证头 AH 协议不能加密，只对数据报进行验证，保证报文的完整性。AH 协议采用安全哈希算法（MD5 和 SHA1 算法实现），防止黑客截断数据报或在网络中插入伪造的数据报，也能防止抵赖。

8. 在图 9-12 中，某公司甲、乙两地通过建立 IPSec VPN 隧道，实现主机 A 和主机 B 的互相访问，VPN 隧道协商成功后，甲、乙两地访问互联网均正常，但从主机 A 到主机 B ping 不通，原因可能是（ ① ）、（ ② ）。

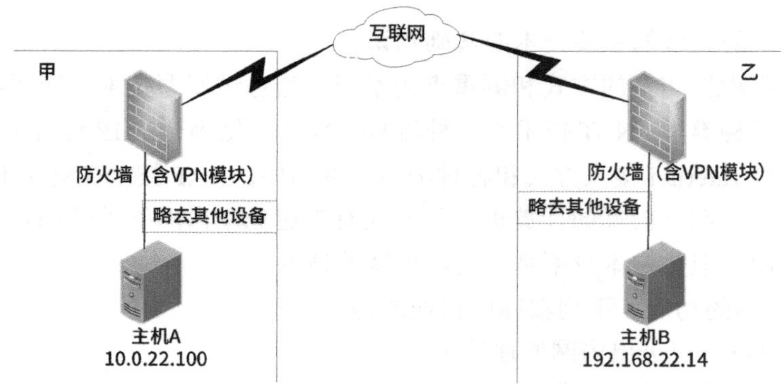

图 9-12　IPSec VPN 隧道

①选项：

A. 甲、乙两地存在网络链路故障

B. 甲、乙两地防火墙未配置虚拟路由或虚拟路由配置错误

C. 甲、乙两地防火墙策略路由配置错误

D. 甲、乙两地防火墙互联网端口配置错误

②选项：

A. 甲、乙两地防火墙未配置 NAT 转换

B. 甲、乙两地防火墙未配置合理的访问控制策略

C. 甲、乙两地防火墙的 VPN 配置中未使用野蛮模式

D. 甲、乙两地防火墙 NAT 转换中未排除主机 A、B 的 IP 地址

答案：B、D。

解析：

IPSec 是基于定义的感兴趣流触发对特定数据的保护，至于什么样的数据是需要 IPSec

保护的，可以通过以下两种方式定义。其中，IPSec 感兴趣流即需要 IPSec 保护的数据流。通过 IPSec 虚拟隧道端口建立 IPSec 隧道，将所有路由到 IPSec 虚拟隧道接口的报文都进行 IPSec 保护，根据该路由的目的地址确定哪些数据流需要 IPSec 保护。IPSec 虚拟隧道端口是一种三层逻辑端口。

在防火墙处理流程中，NAT 在上游，IPSec 在下游，所以 IPSec 流量难免会受到 NAT 的干扰。IPSec 流量一旦命中 NAT 策略，就会进行 NAT 转换，转换后的流量不会匹配 IPSec 中的 ACL，也就不会进行 IPSec 处理。

9. 以下关于执行 MPLS 转发中压标签（PUSH）操作设备的描述中，正确的是（　　）。

A．发生在该报文进入 MPLS 网络处的 LER 设备上

B．发生在 MPLS 网络中的所有 LSR 设备上

C．发生在该报文离开 MPLS 网络处的 LER 设备上

D．发生在 MPLS 网络中的所有设备上

答案：A。

解析：

LDP（标签分配协议）会话建立在 TCP 连接之上，用于在 LSR（标签交换路由器）之间交换标签映射、标签释放、差错通知等消息。

LER 负责从 IP 网络中接收 IP 数据报，并给报文打上标签送到 LSR，反之，也负责从 LSR 中接收带标签的报文，并去掉标签转发到 IP 网络；LSR 只负责按照标签进行转发。

10. 关于 IDS（入侵检测系统）的描述，下列叙述中错误的是（　　）。

A．监视分析用户及系统活动　　B．发现并阻止一些已知的攻击活动

C．检测违反安全策略的行为　　D．识别已知进攻模式并报警

答案：B。

解析：

本题考查 IDS 的基础知识。

IDS 是指通过从计算机网络和系统若干关键点中收集信息并对其进行分析，从中发现网络或系统中是否有违反安全策略的行为或遭到入侵的迹象，并依据既定的策略采用一定措施的系统。IDS 的目的在于检测和发现攻击活动，自身并不能阻止攻击活动。只有与防火墙等设备联运，才有可能阻止一些攻击活动。

11. 假设两个密钥分别是 K_1 和 K_2，以下（　　）是正确使用 3DES 算法对明文 M 进行加密的过程。

①使用 K_1 对 M 进行 DES 加密得到 C_1

②使用 K_1 对 C_1 进行 DES 解密得到 C_2

③使用 K_2 对 C_1 进行 DES 解密得到 C_2

④使用 K_1 对 C_2 进行 DES 加密得到 C_3

⑤使用 K_2 对 C_2 进行 DES 加密得到 C_3

A．①②⑤　　B．①③④　　C．①②④　　D．①③⑤

答案：B。

解析：

3DES 算法是三重数据加密算法的通称，相当于对每个数据块应用三次 DES 算法，密钥长度达到 168 位，但在软考中是 112 位，主要是因为第一次加密和第三次加密用的相同的密钥。3DES 算法通过增加 DES 算法的密钥长度避免类似的攻击，而不是设计一种全新的块密码算法。

12．在下列协议中，不用于数据加密的是（　　）。

A．IDEA　　B．Diffie-Hellman

C．AES　　D．RC4

答案：B。

解析：

IDEA（International Data Encryption Algorithm，国际数据加密算法）使用 128 位密钥提供非常强的安全性；

AES（Advanced Encryption Standard，高级加密标准）是下一代加密算法标准，速度快、安全级别高；

RC2 和 RC4 用变长密钥对大量数据进行加密，比 DES 算法快；

Diffie-Hellman 属于密钥交换协议/算法。根据题意，Diffie-Hellman 不适用于数据加密。

13．在采用公开密钥密码体制的数字签名方案中，每个用户都有一个私钥，可用它进行（ ① ）；同时每个用户还有一个公钥，可用于（ ② ）。

①选项：

A．解密和验证　　B．解密和签名

C．加密和签名　　D．加密和验证

②选项：

A．解密和验证　　B．解密和签名

C．加密和签名　　D．加密和验证

答案：B、D。

解析：

本题考查公开密钥体制的基础知识。

与只使用一个密钥的传统对称密码不同，公钥密码学是非对称的，它依赖一个公开密钥和一个与之在数据函数上相关但不相同的私钥。由于公钥可对外公开，通常用于加密和签名认证（这样与之通信的多个用户可以共用一个加密密钥，密钥管理开销小），私钥是用户自己保管的，通常用于解密和签名。

14．一个可用的数字签名系统需要满足签名是可信的、不可伪造、不可否认、（　　）。

A．签名可重用和签名后文件不可修改

B．签名不可重用和签名后文件不可修改

C．签名不可重用和签名后文件可修改

D．签名可重用和签名后文件可修改

答案：B。

解析：

（1）签名可信，不可伪造。

（2）签名不可重用。

（3）签名文件不能修改。

（4）签名不可抵赖。

15. 分别利用 MD5 和 AES 算法对用户密码进行加密保护，以下有关叙述中正确的是（　　）。

A．MD5 只是消息摘要算法，不适用于密码的加密保护

B．AES 比 MD5 更好，因为可恢复密码

C．AES 比 MD5 更好，因为不能恢复密码

D．MD5 比 AES 更好，因为不能恢复密码

答案：D。

解析：

本题考查消息摘要算法和对称加密算法的基本原理。

MD5 是消息摘要算法，用于对消息生成定长的摘要。消息不同，生成的摘要就不同，因此可用于验证消息是否被修改。生成摘要是单向过程，不能通过摘要得到原始的消息。如果用于密码保护，其优点是保存密码的摘要，无法获得密码的原文。AES 是一种对称加密算法，对原文加密后得到密文，通过密钥可以把密文还原成明文。用于密码保护时，有可能对密文实施破解，获得密码的明文，所以其安全性比 MD5 低。

16. 以下关于 CA 为用户颁发证书的描述中，正确的是（　　）。

A．证书中包含用户的私钥，CA 用公钥为证书签名

B．证书中包含用户的公钥，CA 用公钥为证书签名

C．证书中包含用户的私钥，CA 用私钥为证书签名

D．证书中包含用户的公钥，CA 用私钥为证书签名

答案：D。

解析：

数字证书就是互联网通信中标志通信各方身份信息的一系列数据，提供了一种在 Internet 上验证身份的方式，其作用类似司机的驾驶执照或日常生活中的身份证。它是由一个权威机构证书授权中心 CA 发行的，用户可以在网上用它来识别对方的身份。最简单的证书包含一个公开密钥、名称及 CA 的数字签名。可以更加方便灵活地运用在电子商务和电子政务中。

17. SSL 的子协议主要有记录协议、（ ① ），其中（ ② ）用于产生会话状态的密码参数、协商加密算法及密钥等。

①选项：

A．AH 协议和 ESP　　　　B．AH 协议和握手协议

C．警告协议和握手协议　　D．警告协议和 ESP

②选项：

A．AH 协议　　B．握手协议　　C．警告协议　　D．ESP

答案：C、B。

解析：

SSL 的三个子协议如下。

SSL 报警协议用来为对等体传递 SSL 的相关警告。如果在通信过程中某一方发现任何异常，就需要给对方发送一条警示消息通告。

SSL 记录协议（SSL Record Protocol）建立在可靠的传输协议（如 TCP）之上，为上层协议提供数据封装、压缩、加密等基本功能的支持。

SSL 握手协议（SSL Handshake Protocol）建立在 SSL 记录协议之上，用于在实际的数据传输开始前，通信双方进行身份认证、协商加密算法、交换加密密钥等。

18．以下关于 Kerberos 认证的说法中，错误的是（　　）。

A．Kerberos 是在开放的网络中为用户提供身份认证的一种方式

B．系统中的用户要相互访问必须首先向 CA 申请票据

C．KDC 中保存着所有用户的账号和密码

D．Kerberos 使用时间戳防止重放攻击

答案：B。

解析：

目前常用的密钥分配方式是设立密钥分配中心 KDC，KDC 是大家都信任的机构，其任务就是给需要进行秘密通信的用户临时分配一个会话密钥。目前用得最多的密钥分配协议是 Kerberos。

Kerberos 使用鉴别服务器（AS）、票据授权服务器（TGS）。

在 Kerberos 认证系统中，用户首先向鉴别服务器申请初始票据，然后票据授权服务器（TGS）获得会话密码。

19．

案例一：

某单位网站受到攻击，首页被非法篡改。经安全专业机构调查，该网站有一个两年前被人非法上传的后门程序，本次攻击就是因为其他攻击者发现该后门程序并利用其实施非法篡改。

案例二：

网站管理员某天打开本单位门户网站首页后，发现自动弹出图 9-13 所示的示意图，手动关闭后每次刷新首页仍会弹出。

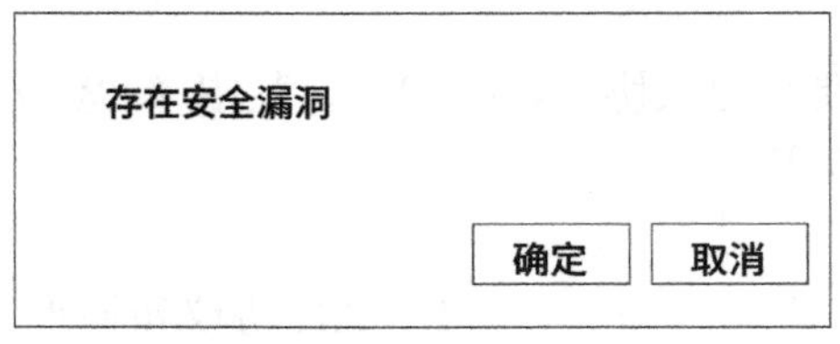

图 9-13　弹出示意图

【问题1】(6分)

安全管理人员是信息系统安全管理的重要组成部分，新员工入职时应与其签署（1）明确安全责任，与关键岗位人员应签署（2）明确岗位职责和责任；人员离职时，应终止离岗人员的所有（3）权限，办理离职手续，并承诺离职后（4）的义务。

【问题2】(8分)

（1）请分析案例一中信息系统存在的安全隐患和问题（至少回答2点）。

（2）针对案例一存在的安全隐患和问题，提出相应的整改措施（至少回答2点）。

【问题3】(6分)

（1）请分析案例二中的门户网站存在什么漏洞？

（2）针对案例二中存在的漏洞，在软件编码方面应如何修复问题？

【问题4】(5分)

该数据中心按照等保三级要求，应从哪些方面考虑安全物理环境规划（至少回答5点）？

答案：

【问题1】(6分)

（1）保密协议。

（2）岗位责任协议。

（3）访问。

（4）保密。

【问题2】(8分)

（1）允许未经授权的访问、没有严格审核网站代码、没有部署漏洞扫描设备。

（2）严格限制访问权限、对网站源码进行代码安全审计、部署漏洞扫描设备进行漏洞测试。

【问题3】(6分)

（1）XSS 攻击。

（2）验证所有用户输入的信息数据，有效检测攻击。对所有输出数据进行适当的编码，以防任何已成功注入的脚本在浏览器端运行。

【问题4】(5分)

物理位置的选择、物理访问控制、防盗窃和防破坏、防雷击、防火、防水和防潮、防静电、湿/温度控制、电力供应和电磁防护。

解析：

【问题1】(6分)

安全管理人员是信息系统安全管理的重要组成部分，新员工入职时应与其签署保密协议明确安全责任，与关键岗位人员应签署岗位责任协议明确岗位职责和责任；人员离职时，应终止离岗人员的所有访问权限，办理离职手续，并承诺离职后保密的义务。

【问题2】(8分)

（1）信息系统存在的安全隐患和问题包括未经授权的访问、没有严格审核网站代码、没有部署漏洞扫描设备。

（2）严格限制访问权限、对网站源码进行代码安全审计、部署漏洞扫描设备进行漏洞测试。

【问题 3】（6 分）

（1）XSS 攻击通常指的是通过利用网页开发时留下的漏洞，通过巧妙的方法注入恶意代码到网页，用户加载并执行攻击者恶意制造的网页程序。

（2）验证所有用户输入数据，有效检测攻击。对所有输出数据进行适当的编码，以防止任何已成功注入的脚本在浏览器端运行。

【问题 4】（5 分）

安全物理环境针对物理机房提出了安全控制要求，主要对象为物理环境、物理设备和物理设施等；涉及的安全控制点包括物理位置的选择、物理访问控制、防盗窃和防破坏、防雷击、防火、防水和防潮、防静电、湿/温度控制、电力供应和电磁防护。

20．阅读以下说明，回答问题 1 至问题 4，将答案填入答题纸对应的解答栏内。

【说明】

案例一：

据新闻报道，某单位的网络维护员张某将网线私自连接到单位内部专用网，通过专用网远程登录到该单位的某银行储蓄所营业员主机，破解默认密码后以营业员身份登录系统，盗取该银行 83.5 万元。该储蓄所使用与互联网物理隔离的专用网，且通过防火墙设置层层防护，但最终还是被张某非法入侵，并造成财产损失。

案例二：

据国内某网络安全厂商通报，我国的航空航天、科研机构、石油行业、大型互联网公司及政府机构等多个单位受到多次不同程度的 APT 攻击，攻击来源均为国外几个著名的 APT 组织。例如，某境外 APT 组织搭建钓鱼攻击平台，冒充“系统管理员”向某科研单位多名人员发送钓鱼邮件，邮件附件中包含伪造 Office、PDF 图标的 PE 文件或含有恶意宏的 Word 文件，该单位的小李打开钓鱼邮件附件后，工作主机被植入恶意程序，获取到小李的个人邮箱账号和登录密码，导致其电子邮箱被秘密控制。之后，该 APT 组织定期远程登录小李的电子邮箱收取文件，并利用该邮箱向小李的同事、下级单位人员发送数百封木马钓鱼邮件，导致十余人点击下载了木马程序，相关人员主机被控制，敏感信息被窃取。

【问题 1】（4 分）

安全运维管理为信息系统安全的重要组成部分，一般从环境管理、资产管理、设备维护管理、漏洞和风险管理、网络和系统安全管理、恶意代码管理、备份与恢复管理、安全事件处置、外包运维管理等方面进行规范管理。

（1）规范机房出入管理，定期对配电、消防、空调等设施维护管理应属于（　　）范围。

（2）分析和鉴定安全事件发生的原因，收集证据，记录处理过程，总结经验教训应属于（　　）范围。

（3）制定重要设备和系统的配置和操作手册，按照不同的角色进行安全运维管理应属于（　　）范围。

(4)定期开展安全测评，形成安全测评报告，采取措施应对发现的安全问题应属于(　　)范围。

【问题 2】(8 分)

分析案例一中网络系统存在的安全隐患和问题。

【问题 3】(8 分)

请分析案例二，回答下列问题。

(1) 请简要说明 APT 攻击的特点。

(2) 请简要说明 APT 攻击的步骤。

【问题 4】(5 分)

结合上述案例，请简要说明从管理层面应如何加强网络安全防范。

答案：

【问题 1】(4 分)

(1) 环境管理。

(2) 安全事件处置。

(3) 网络和系统安全管理。

(4) 漏洞和风险管理。

【问题 2】(8 分)

(1) 缺少网络准入控制。

(2) 没有设置远程登录和访问权限，限制非授权访问。

(3) 没有按要求定期更换系统密码或设置复杂度高的密码。

(4) 系统缺少双因子身份认证。

(5) 安全管理落实不到位，员工安全意识差。

【问题 3】(8 分)

(1) APT 攻击的特点。

① 潜伏性，在用户网络环境中长久潜伏存在。

② 持续性，持续不断地监控和获取敏感信息。

③ 威胁性大，有组织、有预谋，成功率高，危害系数大，近年来频频发生针对我国政府机关和核心部门发起的有组织的 APT 攻击。

(2) APT 攻击的步骤。

① 收集信息或扫描探测。

② 恶意代码投送。

③ 利用漏洞。

④ 植入木马或恶意程序。

⑤ 命令与控制或远程控制。

⑥ 横向渗透并达成目标。

⑦ 清除痕迹或删除恶意程序。

【问题4】（5分）

（1）明确网络安全管理制度。

（2）明确网络安全主体责任。

（3）细化网络安全工作职责，责任到人。

（4）合理分配人员权限、最小权限和加强审计。

（5）加强网络安全意识和技能培训。

（6）强化网络安全执行监督。

解析：

【问题1】（4分）

（1）环境管理主要是机房环境的安全管理，包括出入管理、机房辅助设施、机房管理制度、来访人员管理等。要求指定部门或专人负责机房安全，定期对机房设施进行维护管理，制定机房安全管理规定，同时要求不在重要区域接待来访人员和桌面不能有包含敏感信息的纸质文件、移动介质等。

（2）安全事件管理要求及时向安全管理部门报告安全弱点和可疑事件，制定安全时间报告和处置管理制度，并在事件报告和响应处理过程中分析原因、收集证据、记录处理过程、总结经验教训，重大事件应采用不同的处理程序和报告程序等。

（3）网络和系统安全管理对包括管理员角色和权限的划分、账户及安全策略的控制和规定、日志记录和分析、各项运维活动的规程和审批等做了要求。

（4）漏洞和风险管理要求及时识别、发现并修补安全漏洞和隐患，并定期开展安全测评，采取措施应对测评报告中发现的安全问题。

【问题2】（8分）

（1）缺少网络准入控制。

（2）没有设置远程登录和访问权限，限制非授权访问。

（3）没有按要求定期更换系统密码或设置复杂度高的密码。

（4）系统缺少双因子身份认证。

（5）安全管理落实不到位，员工安全意识差。

【问题3】（8分）

（1）APT（Advanced Persistent Threat，高级持续性威胁）是一种针对特定目标进行长期持续性网络攻击的攻击模式。典型的APT攻击一般具有以下特点。

① 持续性。

攻击者通常会花费大量时间来跟踪、收集目标系统中的网络运行环境，并主动探寻用户的受信系统和应用程序的漏洞。即使在一段时间内，攻击者无法突破目标系统的防御体系。但随着时间的推移，目标系统不断有新的漏洞被发现，防御体系也会存在一定的空窗期（如设备升级、应用更新等），而这些不利因素往往会导致用户的防御体系失守。

② 终端性。

攻击者并不是直接攻击目标系统，而是先攻破与目标系统有关系的人员的终端设备（如智能手机、PAD、USB 等），并窃取终端使用者的账号、密码信息。然后以该终端设备为跳板，攻击目标系统。

③ 针对性。

攻击者会针对收集到的目标系统中的常用软件、常用防御策略与产品、内网部署等信息，搭建专门的环境，用于寻找有针对性的安全漏洞，测试特定的攻击方法能否绕过检测。

④ 未知性。

传统的安全产品只能基于已知的病毒和漏洞进行攻击防范。但在 APT 攻击中，攻击者会利用 0DAY 漏洞进行攻击，从而顺利通过用户的防御体系。

⑤ 隐蔽性。

攻击者访问到重要资产后，会通过控制的客户端，使用合法加密的数据通道，将信息窃取出来，以绕过用户的审计系统和异常检测系统的防护。

从以上的攻击特点可以看出，APT 攻击相对于传统的攻击模式，手段更先进、攻击更隐蔽、破坏更严重，因此已经成为威胁当今网络安全的一大隐患。

（2）APT 攻击的步骤。

① 收集信息或扫描探测。

② 恶意代码投送。

⑧ 利用漏洞。

④ 植入木马或恶意程序。

⑤ 命令与控制或远程控制。

⑥ 横向渗透并达成目标。

⑦ 清除痕迹或删除恶意程序。

【问题 4】（5 分）

（1）确定网络安全管理制度。

（2）明确网络安全主体责任。

（3）细化网络安全工作职责，责任到人。

（4）合理分配人员权限、最小权限和加强审计。

（5）加强网络安全意识和技能培训。

（6）强化网络安全执行监督。

第10章 服务器和网络存储技术

根据对 2022 版考试大纲的分析，以及对以往试题情况的分析，“服务器和网络存储技术”章节基本维持在 6 分，占上午试题总分的 8%左右。下午案例分析也是常考的章节。从复习时间安排来看，请考生在 4 天之内完成本章的学习。

10.1 知识图谱与考点分析

通过分析历年的考试题目和考试大纲，要求考生掌握几方面内容，如表 10-1 所示。

表 10-1 知识图谱与考点分析

知识模块	知识点分布	重要程度
服务器概述	• 服务器的类型 • 服务器的配置要求 • 服务器负载均衡	• ★★ • ★★ • ★
磁盘技术	• 磁盘的类型 • RAID 技术	• ★★ • ★★★
存储体系架构	• NAS • SAN • 分布式存储 • 分层存储技术	• ★★★ • ★★★ • ★★ • ★
灾备技术	• 数据备份的类型 • 数据备份系统 • 数据保护技术 • 灾备指标 • 两地三中心	• ★★★ • ★★ • ★★ • ★★ • ★★
数据中心建设	• 数据中心机房建设 • 数据中心大二层网络技术	• ★★★ • ★

10.2 服务器概述

服务器是信息化建设的重要基础，它保存着重要的业务数据，支持数据库和中间件等核心部件运行。服务器是整个应用系统的核心部件。

10.2.1 服务器的类型

按照指令集的类型，服务器主要可以分为 CISC 服务器、RISC 服务器。

1. CISC 服务器

CISC 是“复杂指令集计算机”的缩写。我们日常使用的 X86 就是 CISC 的典型代表。

计算机处理器包含实现各种功能的指令或微指令，指令集越丰富，为微处理器编写程序就越容易，但是丰富的微指令集会影响其性能。CISC 体系结构的设计策略是使用大量的指令，包括复杂指令。与其他设计相比，在 CISC 中进行程序设计要比在其他设计中容易，因为每项简单或复杂的任务都有一条对应的指令。程序设计者不需要写一大堆指令去完成一项复杂的任务。 但指令集的复杂性使得 CPU 和控制单元的电路非常复杂。

2. RISC 服务器

RISC 是“精简指令集计算机”的缩写。RISC 的指令系统相对简单，只要求硬件执行很有限且最常用的那部分指令，大部分复杂的操作则使用成熟的编译技术，由简单指令合成。RISC 体系结构采用精简的、长短划一的指令集，使大多数操作获得了尽可能高的效率。某些在传统体系结构中要用多周期指令实现的操作，在 RISC 体系结构中，通过机器语言编程，可用多条单周期指令代替。

总结二者之间的区别如下。

（1）指令系统的指令数。一般地，CISC 的 CPU 指令系统的指令数较多，而同样功能的 RISC 的 CPU 指令数要少得多。

（2）对主存操作的限制。RISC 指令系统对指令的主存操作加以限制。一般地， RISC 指令系统只配备所谓的“取数”和“存数”两种指令，负责主存和寄存器之间的数据交换，而其他指令（如加法指令）只允许在寄存器之间进行处理。这样既可以减少指令数，又可以提高指令的执行效率。

（3）编程的方便性。CISC 对汇编语言程序编程来说相对容易，可选的指令多，编程方式灵活，很接近高级语言的编程方式。相反地，RISC 的汇编语言编程困难些。另外，假如同样的任务使用 CISC 和 RISC 对应的汇编语言进行程序编制，则前者的源程序一般要短，编程量要小。这主要是因为 RISC 的指令数少，特别是只有取数和存数这些简单的主存操作数存取指令，使得一些涉及主存操作数的运算要分解成几条指令来完成。

（4）寻址方式。RISC 鼓励使用尽可能少的寻址方式，这样可以简化实现逻辑、提高效率。相反地，CISC 则提倡通过丰富的寻址方式为用户编程提供更大的灵活性。

（5）指令格式。RISC 追求指令格式的规整性，一般使用等长的指令字设计所有的指令格式。但是，CISC 指令格式因为要考虑更多的寻址方式可能引起的指令长度的变化等问题，设计相对复杂。

（6）控制器设计。由于 RISC 指令格式规整、指令执行时间上的差异性很小，导致对应 CPU 的控制器设计要简单，而且许多 RISC 控制器可以使用硬布线方式高效实现。相反地，CISC 的指令系统对应的控制信号复杂，大多采用微程序控制器方式。

10.2.2 服务器的配置要求

服务器要求性能稳定、以够用为准则、考虑扩展性、便于操作管理、配件搭配合理、售后服务要好。

以数据库服务器为例，数据库服务器需求根据用户需求进行查询，将结果返回给用户。当查询请求非常多，如大量用户同时使用查询时，如果服务器的处理能力不够强，无法处理大量的查询请求做出应答，服务器就可能出现反应缓慢甚至宕机的情况。由于需要处理大量的用户请求，高速大容量主存可以有效地节省处理器访问磁盘数据的时间，提高服务器的性能，进而提高需求的响应速度。在存储方面，由于数据库服务器通常存储的是整个网站的信息，因此磁盘不能出现任何一点差错，如果磁盘出现故障，轻则网站部分功能不能用，重则整个网站陷入瘫痪。另外，在与用户的交互过程中，需要对磁盘进行频繁的读/写操作，因此也要求磁盘具备快速的反应能力。

10.2.3 服务器负载均衡

当单个服务器无法满足网络需求时，企业一般会采取更换高性能设备或增加服务器数的方法来解决性能不足的问题。如果更换为高性能的服务器，则已有低性能的服务器将闲置，造成资源的浪费，而且无法从根本上解决性能的瓶颈。将很多服务器集中进行同一种服务成为集群，在客户端看来就像是只有一个服务器。集群可以利用多个计算机进行并行计算，从而获得很高的计算速度，也可以用多个计算机做备份，集群中一个机器坏了，整个系统还是能正常运行。由设备决定如何分配流量给各服务器，服务器负载均衡（见图 10-1）可以保证流量较平均地分配到各服务器上，避免出现一个服务器满负荷运转，另一个服务器却空闲的情况。设备还可以根据不同的服务类型调整流量的分配方法，满足特定服务需求，提升服务质量和效率。

1. 服务器负载均衡算法

负载均衡算法决定了防火墙如何分配业务流量到服务器上，选择合适的负载均衡算法才能获得理想的负载均衡效果。

（1）简单轮询算法。

简单轮询算法是将客户端的业务流量依次分配到各服务器上。在图 10-2 中，防火墙将客户端的业务流量依次分配给 4 个服务器，当每个服务器都分配到一条流量后，从服务器 S1 开始重新依次分配。当业务流量较大时，经过一段时间后，各服务器的累积连接数大致相等。

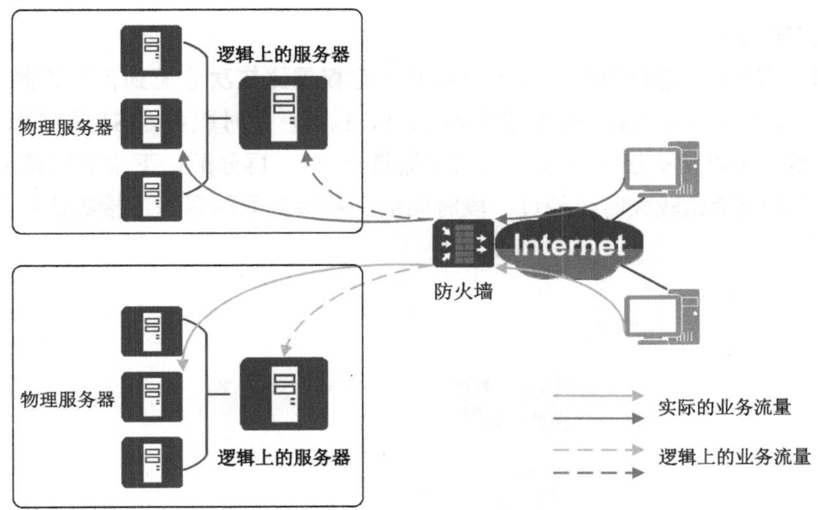

图 10-1 服务器负载均衡

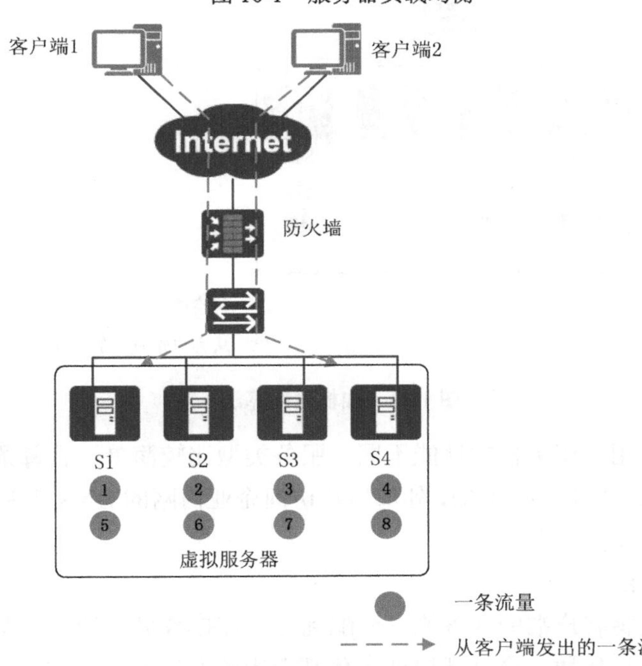

图 10-2 简单轮询算法

简单轮询算法的优点是实现简单、效率较高，但是简单轮询算法不会考虑每个服务器上的实际负载。例如，新增服务器上的负载量要小于运行一段时间的服务器上的负载量，而防火墙仍然依次分配流量给各服务器，导致新增服务器没有被充分利用。所以，简单轮询算法是一个静态算法，适用于服务器的性能相近、服务类型比较简单，且每条流量对服务器造成的业务负载大致相等的场景。例如，外部用户访问企业内网的 DNS 或 RADIUS 服务器。

（2）加权轮询算法。

加权轮询算法是将客户端的业务流量按照一定权重比依次分配到各服务器上。在 10-3 中，服务器 S1、S2、S3、S4 的权重依次为 2、1、1、1，此时服务器 S1 将被视为两台权重为 1 的服务器，所以防火墙先连续分配两条流量给 S1，再分配接下来的三条流量给 S2、S3、S4。当业务流量比较大时，经过一段时间后，各服务器的累积连接数比例约为 2：1：1：1。

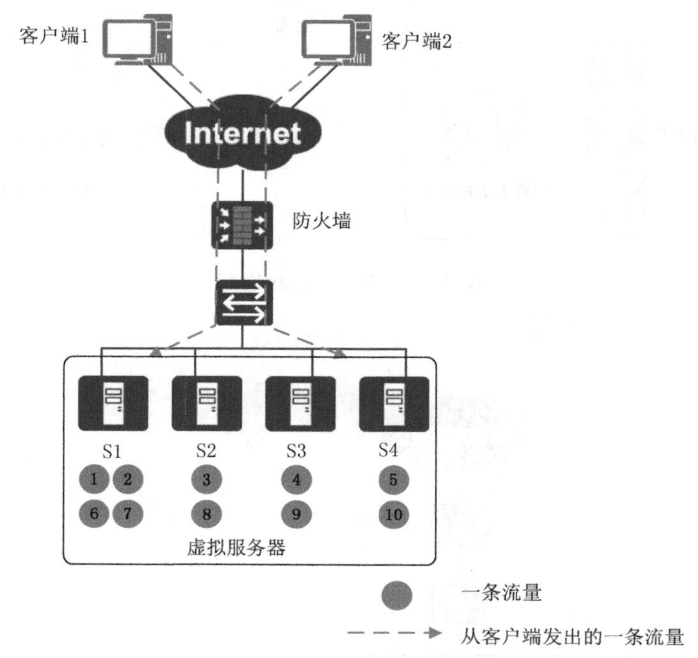

图 10-3 加权轮询算法

加权轮询算法适用于服务器的性能不同、服务类型比较简单，且每条流量对服务器造成的业务负载大致相等的场景。例如，外部用户访问企业内网的 DNS 或 RADIUS 服务器，各服务器的性能存在差异。

（3）最小连接算法。

最小连接算法是将客户端的业务流量分配到并发连接数最小的服务器上。并发连接数即服务器对应的实时连接数，会话新建或老化都会影响并发连接数的大小。在图 10-4 中，客户端发出的请求到达防火墙后，防火墙会统计 4 个服务器上的并发连接数。因为服务器 S1 上的并发连接数最小，所以连续几条流量都被分配给 S1。

最小连接算法解决了轮询算法存在的问题，即轮询算法在分配业务流量时并不会考虑每个服务器上的实际负载量，而最小连接算法会统计各服务器上的并发连接数，保证业务流量分配到并发连接数最小的服务器上。所以，最小连接算法是动态算法，它适用于服务器的性能相近、每条流量对服务器造成的业务负载大致相等的场景，但是每条流量的会话存活时间不同。例如，外部用户访问企业内网的 HTTP 服务器。

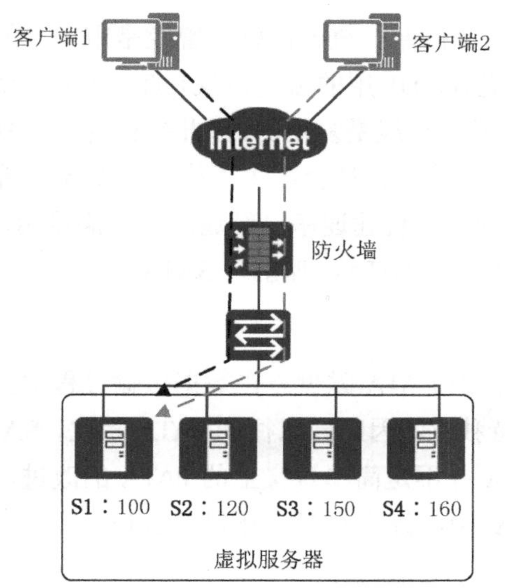

图 10-4　最小连接算法

2．服务器服务健康检查

当实服务器发生故障时，将不能正常响应客户端需求，导致业务中断。在这种情况下，通过可靠的服务健康检查（Health-Check）功能，负载均衡设备可以监控实服务器的健康状态，避免流量被分配到故障的服务器上，进而避免业务中断。服务健康检查的方法就是定期向实服务器发送探测报文，设备通过定期发送探测报文及时了解服务器的状态：实服务器是否可达、实服务器的服务是否可用。

10.3　磁盘技术

磁盘是指使用磁记录技术存储数据的存储器。磁盘是计算机的主要存储介质，它可以存储大量二进制数据，并防止断电后数据丢失。

10.3.1　磁盘的类型

与计算机技术一样，存储技术也在不断发展，在现代计算机中，最常见的存储介质包括机械磁盘、光盘、磁带、固态磁盘 SSD 等。其中机械磁盘按端口有不同的类型，目前常见的有 SATA 磁盘、SAS 端口磁盘等。介绍 SATA 磁盘之前先从 ATA 磁盘开始。ATA 磁盘就是 IDE 磁盘。

1．IDE

IDE 叫作电子集成驱动器，属于并行传输 PATA。IDE 是控制器与盘体集成在一起的磁盘驱动器，是一种磁盘的传输端口。它价格低、兼容性好，曾经是市场上的主流配置。但随着CPU时钟频率和主存带宽的不断提升，IDE用的端口协议PATA逐渐显现出它的缺点。由于采用并行总线端口，传输数据和信号的总线是复用的，因此传输速率会受到一定限制。如果要提高传输速率，那么传输的数据和信号往往会产生干扰，从而导致错误。

在当今的许多大型企业中，PATA 现有的传输速率已经逐渐不能满足用户的需求。因此需要一种更可靠、更高效的端口协议来取代 PATA，那就是 SATA。

2. SATA

SATA（Serial ATA）磁盘又称串行端口 ATA 磁盘。在数据传输过程中，数据线和信号线独立使用，并且传输的时钟频率保持独立，因此同以往的 PATA 相比，SATA 的传输速率可以达到并行的 30 倍。可以说，SATA 并不是简单意义上的 PATA 的改进，而是一种全新的总线架构。目前最新的版本是 SATA 3.0，传输速率提升到 6 Gbit/s。

3. SCSI

SCSI 是一种专门为小型计算机系统设计的存储单元端口协议，计算机通过 SCSI 端口发送命令到 SCSI 设备，磁盘可以移动驱动臂定位磁头，在磁盘介质和缓存中传递数据，整个过程在后台执行。这样可以发送多个命令同时操作，适合大负载的 I/O 应用。SCSI 端口具有应用范围广、多任务、带宽大、CPU 占用率低、热插拔等优点，但较高的价格使得它很难像 IDE 磁盘一般普及到普通用户，因此 SCSI 磁盘主要应用于企业级存储领域，早期用于企业、高端服务器和高档工作站中。

4. SAS

SAS 即串行连接 SCSI，是新一代的 SCSI 技术。和 SATA 磁盘相同，都是采用串行技术获得更高的传输速率，能支持更长的连接距离、提高抗干扰能力等。SAS 向下兼容提供 SATA 磁盘，SAS 控制器可以和 SATA 磁盘连接。

还有一种 NL-SAS 磁盘，是采用了 SAS 磁盘端口和 SATA 盘体组成的磁盘。虽然可以接入 SAS 网络，但 NL-SAS 磁盘的转速只有 7200 转，而 SAS 硬盘有 15000 转，因此性能比 SAS 磁盘差，一般用来存储不常用的数据。

5. SSD

SSD（固态磁盘）又称电子磁盘或固态电子盘，是由控制单元和固态存储单元[动态随机存储器（DRAM）或闪存（FLASH）]组成的磁盘，闪存完全擦写一次叫作 1 次 P/E，因此闪存的寿命以 P/E 为单位。SSD 的端口规范和定义、功能及使用方法与普通磁盘相同，在产品外形和尺寸上也与普通磁盘一致。

SSD 通常采用闪存作为存储芯片，由于 SSD 没有普通磁盘的旋转介质，因而抗震性极佳。其芯片的工作温度范围很宽（-40～85℃）。SSD 相比传统的机械磁盘，在速度、噪声、体积质量方面更具优势。但由于成本较高，目前长时间内固态磁盘和机械磁盘将会共存。

当然，随着 SSD 的迅猛发展，目前把 SSD 作为存储系统的 Cache 来降低主存对机械磁盘的访问延迟。SSD 缓存技术的设计思想是把一块或多块 SSD 组成 Cache 资源池，通过系统对数据块访问频率的实时统计，把服务器当前访问频繁的热点数据从传统机械磁盘中动态地缓存到由 SSD 组成的 Cache 资源池中，利用 SSD 存取速度快的特点，提升应用服务器的读写性能和访问效率。

10.3.2 RAID 技术

RAID 技术可以将多个容量较小的小磁盘在逻辑上形成一个容量较大的磁盘。此外，RAID 技术能起到保护磁盘数据及提升性能的作用。

1. 条带化技术

条带化技术就是将一块连续的数据分成很多小部分，并把它们分别存储到不同磁盘上。使进程同时访问数据的多个不同部分而不会造成磁盘冲突，从而在性能方面有所提升。磁盘的条带化，是将磁盘空间按照设定的大小分为多个条带，数据写入时也按照条带的大小划分数据块。

条带宽度：RAID 中的物理磁盘数。例如，一个经过条带化的，具有 4 块物理磁盘的阵列的条带宽度就是 4。增加条带宽度，可以增加磁盘阵列的读写性能。

条带大小：一个条带数据的大小。若减小条带大小，则文件被分成更多、更小的数据块。这些数据块会被分散到更多的磁盘上存储，提高了传输的性能，但是由于要多次寻找不同的数据块，磁盘定位的性能就下降了。

而条带深度指的是单个磁盘上的条带大小。

2. RAID 的基本级别

RAID 技术分为多个级别，不同的级别，工作原理是不同的。我们主要了解 RAID 0、RAID 1、RAID 3、RAID 5、RAID 6、RAID 1+0 与 RAID 0+1 几个级别。

（1）RAID 0。

在图 10-5 中，RAID 0 先将磁盘划分为容量大小相等的小区块，当一个文件要存入磁盘时，该文件会依据区块的大小切割好（所谓的条带化），之后按顺序把切割好的文件数据存入各磁盘。因为数据会交错地存放在 RAID 0 中的各磁盘上，所以每个磁盘所负责处理的数据量都会减小。因此组成 RAID 0 的磁盘越多，RAID 0 的性能越好。从整体来看，磁盘的容量会因此增大很多。

虽然将磁盘组成 RAID 会有很强的性能，磁盘利用率能达到 100%（因为每个磁盘上都存储了数据），但是该方案没有任何可靠性的保证。因为文件是被切割成适合每个磁盘区块的大小，按顺序存储到各磁盘中的，所以假如 RAID 0 中的某一个磁盘出现故障，意味着文件数据将缺少一部分，无法重新组装数据，这样整个文件就损坏丢失了。

在 RAID 0 中，如果使用相同容量的磁盘进行组建，则性能会高很多。使用不同容量的磁盘组建 RAID 0 也是可以的，但由于数据是按顺序存储到不同的磁盘中的，因此当小容量磁盘的区块被用完时，后续存储的所有数据都将被放入容量更大的磁盘中。RAID 0 至少要用到两个磁盘。

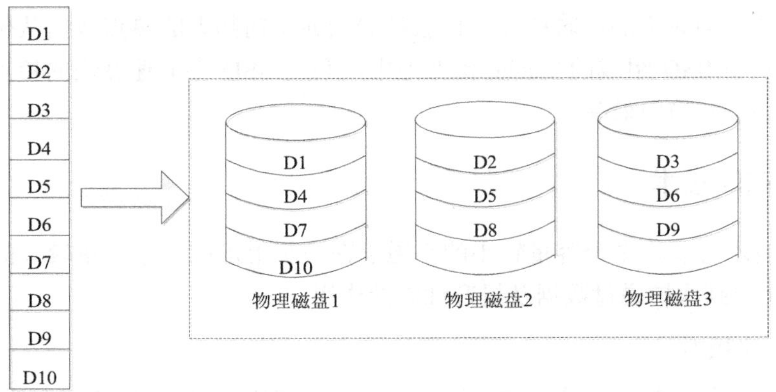

图 10-5　RAID 0 示意图

（2）RAID 1。

在组建 RAID 1 时，最好使用容量相同的磁盘。如果使用容量不同的磁盘组建 RAID 1，那么总容量将是最小磁盘的容量。

在图 10-6 中，RAID 1 使用了镜像操作，即让同一份数据，完整地保存到两个磁盘上。例如，要存储一个 100 MB 的文件，那么这 100 MB 的数据会同时存储到 RAID 1 中的两个磁盘上。采用这种方式存储数据，可靠性很高，当一个磁盘出现故障时，不会影响数据的读取。但是其总容量并没有提高，如用两个 100 GB 的磁盘组建 RAID 1，其总容量并不是 200 GB，而是 100 GB。

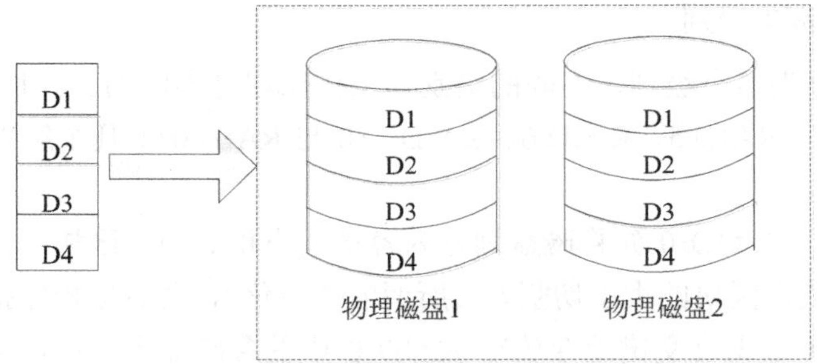

图 10-6　RAID 1 示意图

（3）RAID 3。

相对 RAID 0 完全没有可靠性而言，RAID 3 引入了奇偶校验方式来确保数据的可靠性。RAID 3 要求使用三个及以上的磁盘进行组建。在 RAID 3 中，同样需要进行条带化，把数据按顺序分别存储到各磁盘上，但是在 RAID 3 中有一个单独的磁盘需要用来做校验盘。例如，用三个磁盘组建 RAID 3，其中的文件数据会先进行条带化，然后存储在两个磁盘上，剩下的一个磁盘则利用文件数据算出其校验数据，存储到校验盘上。在 RAID 3 中，磁盘利用率是 $(N-1)/N$，其中 N 是磁盘数。

RAID 3 具有一定的容错能力，但是系统性能整体上会受到影响。例如，当一个磁盘失效时，该磁盘上的所有数据块必须使用校验信息重新建立。同时，RAID 3 会把数据写入操作分散到多个磁盘上进行，不管向哪一个数据盘写入数据，都需要同时重写校验盘中的校验数据。因此如果需要进行大量写入操作，那么校验盘的负载将会很大，可能无法满足程序的运行速度要求。RAID 3 示意图如图 10-7 所示。

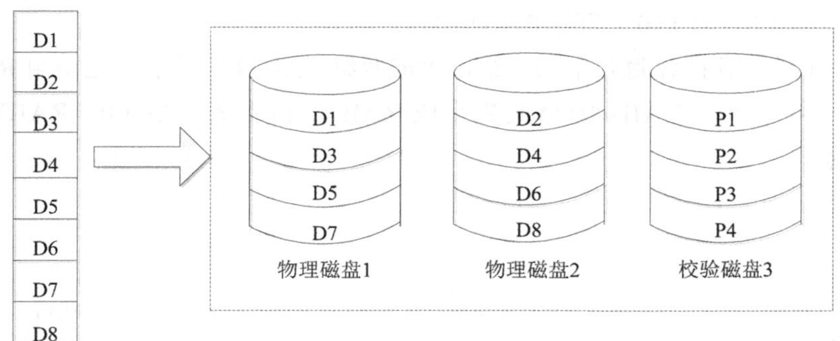

图 10-7 RAID 3 示意图

（4）RAID 5。

RAID 5 和 RAID 3 类似，也需要三个及以上的磁盘组建，需要进行条带化和数据校验，但在 RAID 5 中不会单独使用一个磁盘做校验盘，而将校验数据分散存储在各磁盘的各位置上，相当于有一个磁盘容量的空间用于存储校验数据。

当 RAID 5 中的一个磁盘出现故障时，并不会影响数据的完整性，从而保证数据安全。当失效的磁盘被替换后，RAID 5 会自动利用剩下的奇偶校验信息重建此磁盘上的数据，确保 RAID 5 的高可靠性。同时，由于并不是用一个单独的校验盘来存储校验数据的，所以 RAID 5 的性能比 RAID 3 更好。RAID 5 示意图如图 10-8 所示。RAID5 磁盘利用率是$(N-1)/N$，N 取值最小为 3。

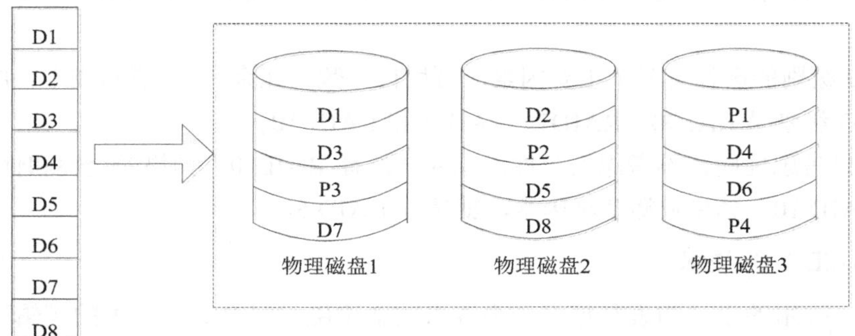

图 10-8 RAID 5 示意图

（5）RAID 6。

在 RAID 3 和 RAID 5 中，只能保证当一个磁盘出现故障时能恢复数据，如果出现两个及以上的磁盘出现故障，则无法恢复。RAID 6 拥有两份相互独立的校验数据，这两份校验数据分散存储在各磁盘的各位置上，能保证当两个及以下的磁盘出现故障时的数据恢复。因此 RAID 6 的磁盘利用率为$(N-2)/N$，N 取值最小为 4。

（6）RAID 1+0 与 RAID 0+1。

RAID 0 的性能虽好，但是数据可靠性得不到保证，RAID 1 的数据可靠性有保证，但是性能不高。将这两种方案的优点整合起来配置 RAID 也是可以的，这就是 RAID 0+1（简称 RAID 01）与 RAID 1+0（简称 RAID 10）。

RAID 01 首先让磁盘每两个为一组，组成两组 RAID 0，然后将这两组 RAID 0 组成一组 RAID 1。类似地，RAID 10 就是先组成 RAID 1 再组成 RAID 0。RAID 10 示意图如图 10-9 所示。

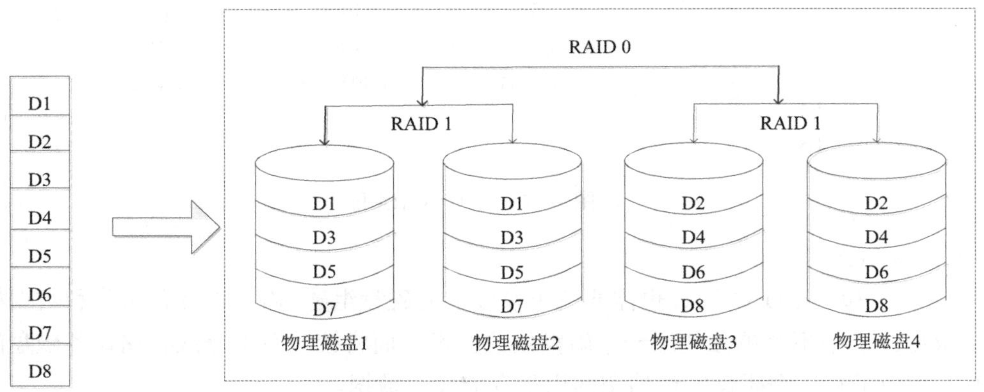

图 10-9　RAID 10 示意图

从安全性来看，RAID 10 优于 RAID 01，所以在企业中，RAID 10 属于常用的 RAID 组合方案。

此外，可以在各 RAID 级别中加入热备盘，提高可靠性。热备盘是指当 RAID 组中某个磁盘失效后，在不干扰当前 RAID 系统正常工作的情况下，用来顶替失效磁盘的正常备用磁盘。

RAID 级别的选择有三个主要因素：可用性（数据冗余）、性能和成本。服务器目前常用的 RAID 级别是 RAID0、RAID1、RAID5 和 RAID 10。

如果只考虑性能，不考虑安全性，就应该选择 RAID 0。如果安全性和性能都很重要，就选择 RAID 10。如果权衡多种因素，就选择 RAID 5。

3．RAID 2.0+技术

RAID 技术的设计初衷是把多个小容量的廉价磁盘组合成一个大的逻辑磁盘给大型计算机使用，随着磁盘技术的发展，单个磁盘的容量不断增大，所以组建 RAID 的目的不再是建立一个大容量的磁盘，而是利用并行访问技术和数据校验、镜像来提高磁盘的读写性能和数据安全性。

但是按照传统的 RAID 方式，由于磁盘容量增大，导致数据重构时间大幅增加，并且存在重构期间又故障一个磁盘而彻底丢失数据的风险，很多厂商提供块虚拟化的技术，以华为和 HP 3PAR 为代表的存储厂商把存储池中的磁盘划分成一个个小粒度的数据块空间，基于数据块来建立 RAID 组，使得数据均匀分布到存储池所有的磁盘中，以块为单元进行存储资源管理，这就是 RAID 2.0+技术。

相比传统的 RAID 技术，RAID2.0+技术具备如下优势。

（1）**业务负载均衡，避免热点**。数据打散到资源池内的所有磁盘上，没有热点，磁盘负载平均，可以避免个别磁盘因为承担更多的写入操作而提前达到寿命的上限。

（2）**快速重构，缩小风险窗口**。当磁盘出现故障时，故障盘上的有效数据会被重构到资源池内除故障盘外的所有磁盘上，实现了多对多的重构，速度快，大幅缩短了数据处于非冗余状态的时间。

（3）**全盘参与重构**。资源池内的所有磁盘都会参与重构，每个磁盘的重构负载很小，且重构过程对上层应用无影响。

10.4 存储体系架构

计算机网络系统从客户机/服务器模式到今天的网络计算环境，再到今后的移动计算环境，对数据的请求不再受时间和空间的限制。随着计算机能力的不断提高，数据量也在不断膨胀。数据是网络中最宝贵的资源，因数据问题导致的损失可能使一个企业破产。随着信息化的不断推进，日常业务对网络的依赖越来越强，数据呈指数级增长，数据管理和维护工作日益繁杂。

网络存储系统是制约网络 I/O 吞吐量的瓶颈，合理地设计和规划网络存储系统，可以最大限度地降低总体拥有成本，使网络性能得到充分发挥。

10.4.1 DAS

DAS（直连外挂存储）是最早采用的一种存储方式。在这种方式下，存储设备通过电缆连接到服务器。DAS 依赖服务器，不带有任何存储操作系统。但是 DAS 也存在诸多问题：服务器本身容易成为系统瓶颈，数据存储的任务由服务器担当，使得服务器的性能受到很大的影响；服务器发生故障，数据不可访问；对于存在多个服务器的系统，设备分散，不便管理；数据备份操作复杂。例如，一台服务器或主机只会配备固定容量的 DAS，如果容量不够用，存储空间太小，就很难从内部着手实现弹性扩展。适用环境：低成本、数据容量要求不高的网络。由于 DAS 没有集中管理解决方案，目前被 NAS 和 SAN 替代。

10.4.2 NAS

NAS（网络附加存储）全面改进了以前低效的 DAS，采用单独为网络数据存储而开发的一种文件服务器充当存储系统。在 NAS 体系架构中，存储系统不再通过 I/O 总线附属于某个服务器或主机，而是直接通过网络端口与网络直接相连，由用户通过网络访问。这样，数据存储就不再是服务器的附属，而是作为独立网络节点存在于网络之中，可由所有网络用户共享。NAS 实际上是一个带有云服务的存储设备，有自己的控制器。

NAS 有自己的文件系统，用网络和文件共享协议提供对文件数据的访问权限。这些协议有通用 Internet 文件系统（CIFS）和网络文件系统（NFS），NAS 让 UNIX、Linux、Windows 不同操作系统的用户都能无缝地共享数据，NAS 采用 TCP/IP 网络进行数据交换。不同厂商的产品（服务器、交换机、NAS 存储）只要满足标准的协议就可以互联互通，没有兼容性的要求，所以 NAS 的性能特点是进行小文件级的共享存取。并且随着网络带宽的不断提高，NAS 的性能大幅提高，应用也越来越广泛。

NAS 设备与主机通过企业网进行连接，因此数据备份或存储过程中需要占用网络的带宽，影响到企业内网上其他的网络应用，共用网络带宽的问题会成为限制 NAS 性能的主要问题。

NAS 访问需要经过文件系统格式转换，所以 NAS 不适合数据块级的应用，尤其是要求使用裸设备的数据库系统。

10.4.3 SAN

SAN（存储区域网络）和 NAS 不同，它没有把所有的存储设备集中安装在一个专门的应用服务器中，而是通过网络方式连接存储设备和应用服务器的存储体系架构。SAN 的资源存储在应用服务器外，这就可以让应用服务器和存储设备之间的海量数据传输不会影响 LAN 的性能。

1．FC SAN

最早期的 SAN 为 FC SAN，其示意图如图 10-10 所示。而光纤通道协议 FC 最初不是为磁盘设计开发的端口技术，而是专门为网络系统设计的，但随着服务器和存储设备之间传输数据速率的需求，逐渐应用到磁盘系统中。光纤通道磁盘是为提高多磁盘存储系统的速度和灵活性开发的，它的出现大大提高了磁盘系统的通信速度。光纤通道的主要特性：热插拔性、高速带宽、远程连接、连接设备数大等。FC 协议侧重于数据的快速、高效、可靠传输。FC 协议作为 FC SAN 中的数据传输协议，提供高效的数据传输服务。在 FC SAN 中，服务器、FC 交换机和磁盘设备都需要支持 FC 协议。FC SAN 使用 FC 协议将 SCSI 命令打包到光纤通道帧中。

FC SAN 不仅需要部署光纤网络，还需要购买光纤交换机，因此 FC SAN 的组网部署稍显复杂，存储服务器上通常需要配置两个网络端口适配器，一个网络端口适配器用来连接 IP 网络的普通网卡（NIC），存储服务器通过 NIC 和客户端交互；另一个网络端口适配器是和 FC SAN 连接的主机总线适配器 HBA，应用服务器通过 HBA 和 FC SAN 中的存储设备通信。FC SAN 作为网络存储设施，提供灵活、高性能和扩展的存储环境，擅长在服务器和存储设备之间传输大块数据。FC SAN 目前应用在高性能环境中。

SAN 的优势和特点可以归纳为下面几点。

（1）SAN 的存储资源在服务器外，这就可以让服务器和存储设备之间的海量数据传输不会影响到 LAN 的性能。

（2）设备整合，多台服务器可以通过存储网络同时访问存储系统，不必为每台服务器单独购买存储设备，可以有效降低维护工作量和维护费用。

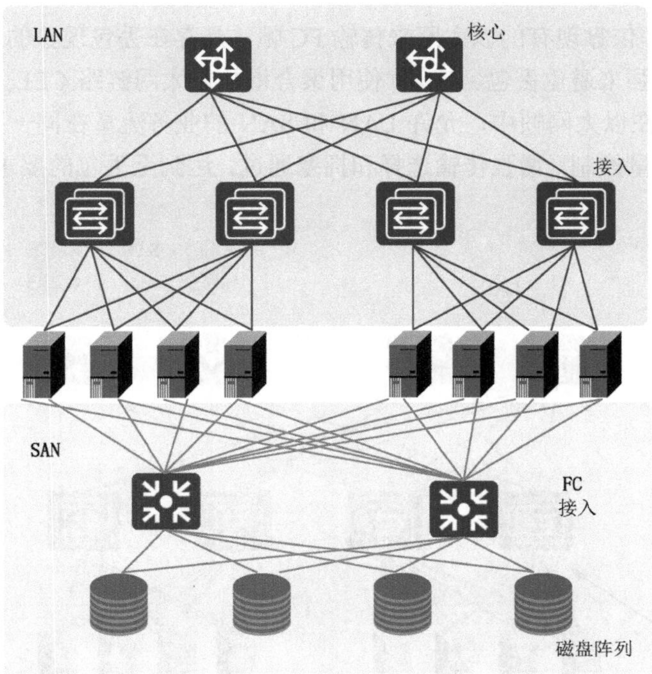

图 10-10 FC SAN 示意图

（3）数据集中，不同的应用服务器的数据实现了物理上的集中，大大提高了存储资源的利用率。

（4）高扩展性，存储网络架构可以让服务器非常方便地接入 SAN。存储设备也可以非常方便地扩充，能够适应海量数据存储方面的需求。

（5）容错能力，具备高可用性和高可靠性，SAN 中的存储系统通常具有可热插拔的冗余部件以确保可靠性。

（6）隔离，Zone（区域）在 SAN 中提供访问控制功能。可以用来配置同一个交换机上不同设备之间的访问权限。可以将连接在 SAN 中的设备，逻辑上划分为不同的 Zone，使各 Zone 的设备相互之间不能访问，使网络中的主机和设备之间相互隔离，同在一个 Zone 里面的设备可以互相访问。

2．FCoE

FC 协议和以太网各有优势，加上以太网的飞速发展，工程师就考虑把这两种网络进行融合，也就是 FCoE 的设计思想。FCoE 技术产生于 2007 年，是配合 10Gbit/s 以太网发展出的一种新技术，通过该技术可以把光纤通道映射到以太网中。

FCoE 通过将 FC 帧封装在普通以太网帧中，实现 FC 流量在以太网中传输。在 FCoE 解决方案中，服务器只需使用支持 FCoE 协议的网卡即可，而支持 FCoE 协议的 FCF（FCoE 交换机）同时替换传统以太网交换机和 FC 交换机，实现整合，使网卡、交换机和连接线缆数大大减少，同时减轻网络运行的维护工作量，降低总体成本。

FCoE 解决了具有多个分散网络基础架构的难题，但 FC 协议不允许丢包，而以太网可以允许丢包，FCoE 依靠现有的以太网来传输 FC 帧，是存在丢包现象的，那么就需要对以太网做出一定的增强来避免丢包。FCoE 使用聚合增加以太网链路 CEE（10 个千兆位以太网）把 FC 帧封装在以太网帧中，允许 LAN 和 SAN 的业务流量在同一个以太网中传输，通过基于优先级流量控制，增强传输选择和拥塞通过，达到无丢包的要求。FCoE 示意图如图 10-11 所示。

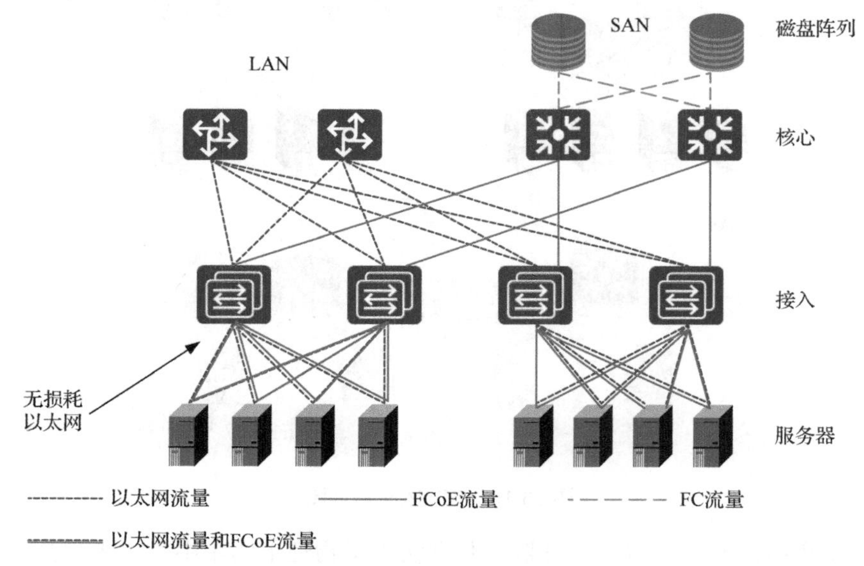

图 10-11　FCoE 示意图

FCoE 具有以下功能。

（1）把 FC SAN 通信和以太网通信整合到一个公用以太网基础架构上。

（2）减少适配器、交换机端口和线缆的数目。

（3）降低成本和简化数据中心管理。

（4）降低能耗和冷却成本，并减少占用空间，将部件总数减少一半能够实现能耗降低。

3．IP SAN

早期 SAN 采用 FC 技术，优点是性能极高，网络的可靠性很好，适用于一些关键存储应用业务。但由于采用 FC SAN 的成本和管理难度是很多中、小型企业无法达到的，SAN 碰到了发展的“瓶颈”。而随着 IP 和以太网技术的突飞猛进，IP 技术已经成为整个网络领域最成熟、最开放、成本最低的数据传输方式。整个行业开始考虑把 FC 传输转为更成熟、成本更低的 IP 技术，适用于更广泛的应用。iSCSI 协议出现以后，才真正实现了 IP SAN。

iSCSI（Internet 小型计算机系统端口）是一种在 TCP/IP 网络中进行数据块传输的标准，由思科和 IBM 两家企业发起，并得到了各大存储厂商的大力支持。iSCSI 可以实现在 IP 网络中运行 SCSI 协议，在高速以太网中进行数据存储备份操作。

由于基于全以太网架构，IP SAN 的组网部署较为简单，且成本较低，但性能和 FC SAN 相比较差，网络可靠性一般，适用于中、小规模的非关键性存储业务。基于 IP 网络的天生优势，IP SAN 很容易实现异地存储、远程容灾等穿越广域网才能实现的技术。

10.4.4 分布式存储

集中式存储是指由一台或多台主机组成中心节点，数据集中存储于这个中心节点上，并且整个系统的所有业务单元都集中部署在这个中心节点上，系统的所有功能均由其集中处理。集中式存储最大的特点就是部署结构简单，由于集中式存储往往依赖底层性能卓越的大型主机，因此无须考虑如何对服务进行多个节点的部署，也就不用考虑多个节点之间的分布式协作问题。集中式存储有非常明显的单点问题，由于数据只存储在一个中心节点上，集中式存储的可靠性相对较低。

分布式存储是指将数据分散存储在多台独立的设备上。分布式存储采用可扩展的系统结构，利用多台存储服务器分担存储负载，利用位置服务器定位存储信息，不仅提高了系统的可靠性、可用性和存储效率，还容易进行扩展。

分布式存储系统采用多副本机制和纠删码技术来保证数据的可靠性，即针对某份数据，默认将数据分为 1 MB 大小的数据块，每个数据块被复制为多个副本，按照一定的分布式存储算法将这些副本保存在集群中的不同节点上。存储系统自动确保三个数据副本分布在不同服务器的不同物理磁盘上，单个硬件设备的故障不会影响业务。而纠删码，顾名思义，就是一种纠正数据丢失的校验码。

集中式存储和分布式存储的区别总结如下。

（1）**成本：**集中式存储成本高，分布式存储成本低。原因是分布式存储采用普通服务器和大容量廉价磁盘作为存储节点，成本较低。

（2）**扩容：**集中式存储扩容较难，分布式存储扩容方便。原因是集中式存储扩容需要 RAID 重建，风险高，对业务影响大；分布式存储扩容一般是增加存储节点，扩容非常方便。

（3）**IOPS：**分布式存储比集中式存储可以达到更高的 IOPS。原因是分布式存储的数据存储于多个节点上，可以提供数倍于集中式存储的聚合 IOPS，且随着存储节点的增加线性增长。

（4）**冗余方式：**集中式存储采用 RAID 实现数据冗余，分布式存储采用多节点、多副本存储方式实现数据冗余。

（5）**稳定性：**集中式存储稳定性高，分布式存储稳定性相对较差。原因是集中式存储为一个或一套完整的产品，出厂经过严格测试；分布式存储由不同厂商的多套软硬件集成，结构较复杂，容易受网络和带宽影响，稳定性较差。

10.4.5 分层存储技术

在企业日常工作中，并不是所有的数据都具有非常高的使用价值，随着时间的推移，有些数据在一定时间范围内被频繁地访问，这些数据叫作热数据，有些数据很少或没有被用户读取访问，这些数据叫作冷数据。但冷数据由于受到数据仓库建设、政策法规限制等原因不能被删除，如何解决不常用数据的保存问题，提出了分层存储技术。

在分层存储方式下，我们可以把数据的存储形式分为在线存储、离线存储和近线存储三种。

1. 在线存储

在线存储是指存储设备和所存储的数据时刻保持"在线"状态，可供用户随意读取，满足计算平台对数据访问的速度要求。一般在线存储设备为 SAS 磁盘、磁盘阵列、SSD、光纤通道磁盘等，价格相对昂贵，但性能较好，满足高效的数据访问需求。

2. 离线存储

离线存储是对在线存储数据或近线存储数据的备份，以防可能发生的数据灾难。离线存储的数据不常被调用，一般也远离系统应用，所以人们用"离线"来生动地描述这种存储方式。一般采用磁带或磁带库等存储介质，此类介质访问速度低、价格便宜，主要用于存储需要长期保留的历史数据、备份数据。

3. 近线存储

随着数据量的猛增，这种只使用在线和离线两级存储的策略已经不能适应企业的需求。一方面，用户有越来越多的数据在一定时期内仍需要访问，如果备份到磁带上，则读取的速度太慢，而保持在线状态，又会因访问频度不高而占用宝贵的存储空间；另一方面，用户要求"备份窗口"越来越小，备份设备要具有更快的速度，以缩短备份时间。

在在线存储与离线存储之间诞生了第三种存储形式——近线存储，使存储网络从"在线-离线"的两级架构向"在线-近线-离线"的三级架构演变。近线存储的特点是性能接近在线存储，而成本接近离线存储。所以在线存储出现了一些采用 SATA、光盘塔和光盘库作为近线存储设备的产品。

10.5 灾备技术

灾备指的是用现有的科学技术手段和方法，提前建立起可靠的应急方式，来应对突发事件的发生，灾备包括备份系统和容灾系统。

10.5.1 数据备份策略

数据备份和数据恢复的目的在于最大限度地降低系统风险，保护网络最重要的资源，也就是数据。

常见的数据备份策略包括以下三种，通常是有机地结合使用，以发挥最佳效果。

（1）完全备份。

完全备份很直观，容易被人理解。当发生数据丢失的灾难时，只需用灾难发生前一天的备份磁盘，就可以恢复出丢失的数据，但是也有不足之处：首先，由于每次备份都对系统进行完全备份，所以在备份的数据中有大量数据是重复的，如操作系统和应用程序，这些重复的数据占用了大量的磁盘空间，这对用户来说就意味着增加成本；其次，由于需要备份的数据量相当大，因此备份所需的时间很多。对于那些业务繁忙、备份窗口时间有限的单位，选择这种备份策略显然是不合适的。

（2）增量备份。

完全备份随着数据量的加大，备份耗费的时间和占用的空间会越来越多，所以完全备份不会也不能每天进行，这时增量备份的作用就体现出来了。

增量备份是指先进行一次完全备份，服务器运行一段时间之后，比较当前系统和完全备份的数据之间的差异，只备份有差异的数据。服务器继续运行，再运行一段时间后，进行第二次增量备份。在进行第二次增量备份时，和第一次增量备份的数据进行比较，也是只备份有差异的数据。第三次增量备份和第二次增量备份的数据进行比较，依次类推。

增量备份的优点很明显，没有重复的备份数据，节省了磁盘空间，缩短了备份时间。缺点在于当发生灾难时，恢复数据比较麻烦，当进行数据恢复时，要先恢复完全备份的数据，再依次恢复第一次增量备份的数据、第二次增量备份的数据和第三次增量备份的数据，最终才能恢复所有的数据。同时，这种备份的可靠性较差，各磁盘中任何一个磁盘出了问题，就会导致数据恢复不正常。

（3）差分备份。

差分备份（又称累计备份）也要先进行一次完全备份，但是和增量备份不同的是，每次差分备份都备份和原始的完全备份不同的数据。也就是说，差异备份每次备份的参照物都是原始的完全备份，而不是上一次的差异备份。

相比较而言，差异备份既不像完全备份一样把所有数据都进行备份，也不像增量备份一样在进行数据恢复时那么麻烦，只需先恢复完全备份的数据，再恢复差异备份的数据即可。不过，随着时间的增加，和完全备份相比，变动的数据越来越多，那么差异备份也可能会变得数据量庞大、备份速度缓慢、占用空间较大。

10.5.2 数据备份系统

数据备份作为存储领域的一个重要组成部分，其在存储系统中的地位和作用是不容忽视的。对于一个完整的 IT 系统，备份是其中必不可少的组成部分。只有有了备份数据，在发生意外事件时，才有重新恢复系统的基础。当然，在系统正常工作的情况下，数据备份毕竟算是系统的一个“额外负担”，或多或少地会给系统正常业务带来一定性能和功能上的影响。例如，在实际环境中，一个备份作业运行可能会占用一个中档小型服务器 CPU 资源的 60%。架设数据备份系统时，应考虑如何减少这种“额外负担”，从而更充分地保证系统正常业务的高效运行。一个好的数据备份系统，能完全自动化地进行备份是基本要求，并且能够以很低的系统资源占用率和很少的网络带宽，进行高速度的数据备份。

目前，常见的数据备份系统主要有 Host-Base、LAN-Base 和基于 SAN 的 LAN-Free、Server-Free 结构。

1. Host-Base 结构

Host-Base 是一种传统的数据备份结构，在该结构中，基于 DAS 的存储备份系统，数据存储设备直接连接在服务器上，而且只为该服务器提供数据备份服务。在一般情况下，这种备份是通过手工操作的方式将数据备份到服务器自带的数据存储设备上的。Host-Base结构的缺点是不利于数据备份系统的共享，不适用于现在大型的数据备份要求；优点是数据传输速度快、可靠性高且备份管理简单。

2．LAN-Base 结构

Host-Base 结构存在磁盘设备利用率低和数据备份系统难以共享的缺点，可以采用 LAN-Base 结构。

在 LAN-Base 结构的数据备份系统中，数据的传输是以网络为基础的。其中配置一台服务器作为备份服务器，由它负责整个系统的备份操作。备份存储设备则接在某台服务器上，在数据备份时，备份对象把数据通过网络传输到存储设备中实现备份。

LAN-Base 结构的缺点是对网络传输压力增大；优点是节省了投资，实现了存储设备的共享，加强了集中备份管理。

3．LAN-Free 结构

随着每台主机上的数据量越来越大，备份数据在网络上的传输会给网络带来很大的压力，影响正常的业务应用系统数据在网络上的传输。虽然可以通过调整备份操作的时间解决部分问题，但备份主机数不断增多，还是不可避免地导致数据备份的时间和正常的业务应用处理时间重叠，影响正常应用系统。为彻底解决传统备份方式需要占用 LAN 带宽的问题，基于 SAN 的备份是一种很好的技术方案。

LAN-Free 是指数据不经过 LAN 直接进行备份，即用户只需将存储备份设备连接到 SAN 中，各服务器就可把需要备份的数据直接发送到共享的备份设备上，不必经过 LAN 链路，服务器到共享存储设备的大量数据传输是通过 SAN 进行的，LAN 只承担各服务器之间的通信（而不是数据传输）任务。

目前，随着 SAN 技术的不断进步，LAN-Free 结构已经相当成熟。LAN-Free 结构的缺点是投资高；优点是数据备份统一管理、备份速度快、网络传输压力小、存储资源共享。

4．Server-Free 结构

LAN-Free 数据必须先从 SAN 的磁盘移动到服务器主存，再从服务器主存移动到 SAN 的存储设备，在一定程度上占用了宝贵的 CPU 处理时间和服务器主存，为了减少对服务器系统资源的消耗，可以采用 Server-Free 结构。

Server-Free 结构的数据备份系统也是建立在 SAN 的基础上的，以全面地释放网络和服务器资源为目的。它是 LAN-Free 结构的一种延伸，可使数据能够在 SAN 结构中的两个存储设备之间直接传输，这种方案的主要优点之一是不需要在服务器中缓存数据，显著减少对主机 CPU 的占用，提高操作系统的工作效率，帮助企业完成更多的工作。

Server-Free 结构的优点是服务器的瓶颈解决，备份会更快，在任何时间进行备份都不会对用户网络造成影响，真正实现 7×24 小时的全天候备份，恢复数据也更快。

但缺点就是成本高、实施难度大，目前还没有统一的标准，支持的平台有限，目前虽然有很多厂商推出了这方面的产品和技术，但都还不成熟，没有大规模应用。

10.5.3 数据保护技术

当企业数据量逐渐增加且数据增长速度不断加快时，如何缩短备份窗口成为系统管理员重点关注的问题。因此，各种满足较短备份窗口甚至零备份窗口需求的数据备份、数据保护技术应运而生。

1．快照技术

快照技术是众多数据备份技术中的一种，其原理与日常生活中的拍照类似，通过拍照可以快速记录下拍照时间点被拍照对象的状态。由于可以瞬间生成快照，因此通过快照技术，存储系统可以在几秒钟内生成一个快照，获取源数据的一致性副本。生成的快照数据并非完整的物理数据拷贝，不会占用大量存储空间，所以即使源数据量很大，也只会占用很少的存储空间。系统管理员能够实现零备份窗口的数据备份，从而满足企业对业务连续性和数据可靠性的要求。

2．克隆技术

克隆是一种快照技术，是源数据在某个时间点的完整副本，是一种可增量同步的备份方式。其中“完整”是指对源数据进行完全复制生成数据副本；“增量同步”是指数据副本可动态同步源数据的变更部分。

3．远程复制技术

远程复制技术利用通信技术、计算机技术实现远程的数据备份，减少数据丢失带来的损失。在远程数据备份的数据复制传输规则方面，传统的规则有同步、异步等。

同步远程复制需要把主端存储系统的数据实时地同步到备份端存储系统上。主数据中心向存储系统写数据，写数据之后存储系统不会立即给服务器响应，而是先向备份数据中心进行备份，备份数据中心完全备份完毕后，给予主数据中心回应，最后主数据中心对服务器给予响应。所以同步的方式能最大限度地保证主数据中心和备份数据中心数据的一致性。但要注意的是，采用实时同步远程复制对系统性能有较大影响，特别是当两个数据中心服务器不够强劲时。

异步远程复制是指主端存储系统上的数据周期性地拷贝到备份端存储系统上。主数据中心向存储系统写数据，写数据之后存储系统立即给服务器响应，之后才由主数据中心向备份数据中心写副本，中间会存在时间差问题。能最大限度地减少由于数据远程传输造成的业务性能下降。缺点是采取这种方式的数据有可能丢失。

4．LUN 拷贝

LUN 拷贝是指将源 LUN 数据复制到目标 LUN 上，在设备内或设备间快速进行数据的传输。

5．持续数据保护技术

传统数据保护技术专注在对数据的周期性备份上，因此一直伴随有备份窗口、数据一致性及对生产系统的影响等问题。持续数据保护（CDP）是一种在不影响主要数据运行的前提下，可以实现持续捕捉或跟踪目标数据所发生的任何变化，并且能够恢复到此前任意时间点的技术。CDP 系统通过不断监测关键数据的变化，从而不断地自动实现数据的保护。

10.5.4 灾备指标

远程容灾是指为了防止因火灾、地震、人为破坏或设备故障造成系统瘫痪、数据丢失、业务中断，而在主数据中心之外的另一地点建立备份数据中心，备份数据中心具有与主数据中心相同或相似的主机、网络和存储设备。系统正常运行时，应用会将数据同时写向主数据中心和备份数据中心的存储设备，并保证二者的实时一致性。当主数据中心发生灾难时，应用能够快速地自动切换到备份数据中心，从而保证数据的完整性和业务的连续性。当主数据中心系统恢复后，主数据中心的存储设备会向备份数据中心的存储设备进行数据重新同步，应用切换回主数据中心。

从技术上看，衡量灾备系统有两个主要指标：恢复点目标（RPO）和恢复时间目标（RTO），其中 RPO 代表当灾难发生时允许丢失的数据量；而 RTO 则代表系统恢复的时间。

RPO 是指当服务恢复后，恢复得来的数据所对应的时间点。如果现在企业每天零点进行一次备份，那么当服务恢复后，系统内存储的只会是最近灾难发生前零点的资料。RTO 是企业可允许服务中断的时间长度。例如，灾难发生后半天内便需要恢复，RTO 就是 12 小时。

企业可以按照既定的 RTO 及 RPO 要求，选购最适合的灾备方案。RTO 及 RPO 与方案的价格有着密切的关系，然而完美的方案当然是 RTO 及 RPO 都是零，表示当灾难发生后，系统立即恢复，并且完全没有数据丢失，可是其造价是非常昂贵的，而且也不一定都有这个必要。因此，最佳方案必须在 RTO、RPO、维护及成本多方面的因素都能达到平衡。尤其是中、小型企业，在预算有限的情况下，应该先好好了解对 RTO 及 RPO 的要求，然后看看价钱，这样比较容易选择适合企业的方案。

10.5.5 两地三中心

“两地三中心”中的“两地”是指同城、异地，“三中心”是指生产中心、同城容灾中心、异地容灾中心。结合近年国内出现的大范围自然灾害，以同城双中心加异地灾备中心的“两地三中心”的灾备模式也开始发展，这一方案既有高可用性，又有灾备能力。同城双中心是指在同城或邻近城市建立两个可独立承担关键系统运行的数据中心，双中心具备基本等同的业务处理能力，并通过高速链路实时同步数据，在日常情况下，开启双活特性可同时分担业务及管理系统的运行，并可切换运行；在灾难情况下，可在基本不丢失数据的情况下进行灾备应急切换，保持业务连续运行。与异地灾备模式相比较，同城双中心具有投资成本低、建设速度快、运维管理相对简单、可靠性更高等优点。异地灾备中心是指在异地城市建立一个备份的灾备中心，用于双中心的数据备份，当双中心出现自然灾害等原因而发生故障时，异地灾备中心可以用备份数据进行业务恢复。

针对两地三中心灾备建设的需求，典型的建设方案（见图 10-12）如下。

同城灾备中心： 通常在离生产中心几十公里的距离建立同城灾备中心，推荐通过光纤网络直连，实现同步复制灾备，是两地三中心容灾解决方案的第一级容灾保护。同城双中心的数据采用同步远程复制。

异地灾备中心： 通常在离生产中心几百或上千公里的地方建立异地灾备中心，应对区域性重大灾难，一般通过 IP 网络连接，实现定时异步复制灾备，是两地三中心容灾解决方案的第二级容灾保护。同城灾备中心与异地灾备中心之间采用异步远程复制，定期将数据进行复制备份，异步远程复制支持增量复制方式，可以节省数据备份的带宽占用，缩短数据的备份时间。

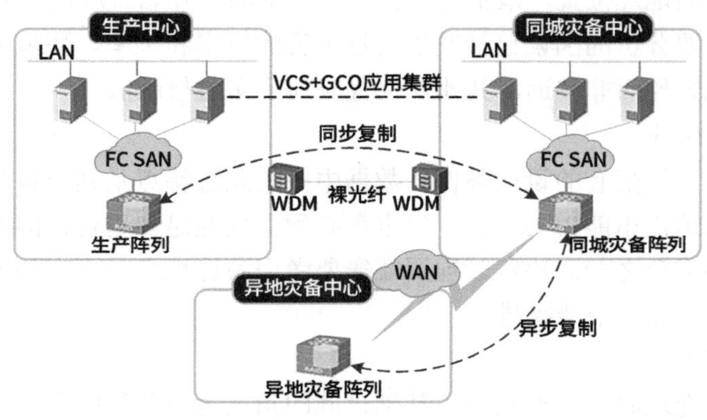

图 10-12　两地三中心

10.6　数据中心建设

数据中心不再是服务器的集合，而是一套完整的、复杂的、大集合的系统，实现对数据信息的集中处理、存储、传输和管理。

10.6.1　数据中心机房建设

按照 GB50174—2017《电子信息系统机房设计规范》，数据中心可根据机房选址、建筑结构、机房环境、安全管理、机房的使用性质，以及由于场地设备故障导致电子信息系统运行中断在经济和社会上造成的损失或影响程度，分为 A、B、C 三级。

A 级是容错型，在系统需要运行期间，场地设备不应因操作失误、设备故障、外电源中断、维护和检修而导致电子信息系统运行中断。A 级是最高级别，主要涉及关系国计民生的机房。国家气象台、国家级信息中心、国家电力调度中心等属于 A 级机房。

B 级是冗余型，在系统需要运行期间，场地设备在冗余能力范围内，不应因设备故障而导致电子信息系统运行中断。一些科研院、高等院校、三级医院、博物馆、会展中心等电子信息系统机房和重要的控制室属于 B 级机房。

C 级是基本型，在场地设备正常运行的情况下，应保证电子信息系统运行不中断。各单位建设机房的标准可以根据自身需求，参考机房分级标准来决定。

1．数据中心机房选址

确定数据中心机房的选址是一家公司的关键决策之一，因为其涉及一家公司的发展战略和目标。任何关于数据中心机房选址的讨论都无法避开如清洁的能源供应、通信、数据中心层等因素。故企业的管理层必须基于企业的总拥有成本及其长期和短期的目标做出相关选址决定。

（1）地理位置。

数据中心机房的地理位置，最重要的因素在决策的一开始就应该充分考量。

在选址地点需要分析的因素包括发生自然灾害的概率和频率、环境危害因素、气候环境因素，应尽可能方便而非偏远，其地理位置应利于交通与通信。

（2）电力能源供应。

当地的水、电、气配套的设施条件。数据中心的业务特点及其质量和容量的要求，决定了数据中心对当地供电能力的要求，供电量必须保证充足和稳定，因为其是数据中心设施经营成本的主要成分之一。决策管理层还需要考虑备选地点是否有如太阳能、风能、空气等可再生能源，有助于节能减排。

（3）通信基础设施。

数据中心机房选址时，需要从通信基础设施的角度考虑各种因素，如光纤主干线路及其距数据中心机房选址的距离。这将有助于衡量从光纤主干线路到数据中心机房选址所需投资的确切数据；光纤类型，这会影响传输速度；所在地通信服务运营商的类型及其支持的服务模式；延迟因素，传输和交付延迟时间也是一个重要的因素。

（4）园区政策。

良好的政策环境有利于一个基地气候的形成，促进客户的选择和落户。主要考察当地经济文化发展水平、科技教育环境、交通便利条件、人力资源供应及水平等方面，数据中心作为信息技术的集中体现，对各种社会资源的要求都非常高。

（5）建筑因素。

在企业做出数据中心机房的选址决策之前，应从以下几个方面考虑：该地区建筑行业的成熟度、是否有数据中心机房的建设经验、相关的建筑技术是否到位、当地的建筑工人是否到位、劳动力成本是否在企业的可承受范围内。

所在地的周边环境条件。选址应避开产生粉尘、油烟、有害气体，以及生产或贮存腐蚀性、易燃、易爆物产品的工厂、仓库等，远离高速路、铁路 1500m 以上，以避免振动对主机的影响。

对于数据中心机房的楼层选择，应该要考虑水、电、线路进出、设备运输、雷电等主要因素。一般放置在二层比一层好，可以防止水浸、潮湿、虫、鼠害等安保方面的隐患。但是也非绝对，还是要看企业的需求，但最高层和最低层一般都是不建议的。

2. 数据中心机房空调设计

数据中心机房有一个技术指标 PUE。PUE 的概念是由绿网提出的，现在已经成为评价数据中心机房效率的核心指标。

PUE=数据中心总用电量/IT 系统用电量。

其中，数据中心总用电量=IT 系统用电量+空调耗电+供配电耗电+照明耗电+其他耗电，现在 PUE 一般是 1～2，作为衡量数据中心机房的技术指标，PUE 越小越好。

在计算机机房中，设备多、发热量大、空调负荷大，机房内空调系统的用电量约占机房总用电量的 20%～30%，制冷设备消耗的能源占到了总能耗的近一半，因此，空调系统的节能措施是机房节能设计中的重要环节之一。

空调设计应该根据当地气候条件，选择以下节能措施。

（1）大型机房宜采用水冷冷水机组空调系统。

（2）北方地区采用水冷冷水机组的机房，冬季可利用室外冷却塔作为冷源，通过热交换器对空调冷冻水进行降温，进一步节约能源。这就是免费冷却技术，减少空调压缩机消耗的能量。

3. 数据中心机房消防设计

机房常年运行，机房中的防火是一个非常重要的部分。

由于机房的特殊性，传统的水、泡沫、干粉和烟雾系统都不适用于机房灭火，机房配备的灭火器应该是气体灭火系统。

机房防火系统可使用七氟丙烷灭火系统、IG-541 混合气体灭火系统、二氧化碳灭火系统、气溶胶灭火设备等，不能使用卤代烷灭火剂（俗称哈龙），因为哈龙会对地球臭氧层有严重的损耗和破坏作用，是造成臭氧层空洞的元凶之一。

4. 数据中心机房供电设计

计算机机房供配电系统应该是一个独立的系统，通常由计算机网络设备供电、机房辅助设备供电和其他供电三部分组成。计算机网络设备供电部分负责向网络主干通信设备、网络服务器设备、计算机终端设备和计算机外设供电；机房辅助设备供电部分负责向机房空调新风系统、机房照明系统和机房维修电源系统供电；办公室属于其他供电部分。这些部分都统一通过安装在机房配电间的动力配电柜进行配电。外部供电电缆先进入机房总配电柜，然后分送到各部分。

机房内的电源线、信号线和通信线应分别铺设，排列整齐，捆扎固定，长度留有余量。活动地板下部的电源线应尽可能远离计算机信号线，并避免并排敷设。当不能避免时，应采取相应的屏蔽措施。

5. 数据中心机房防雷设计

计算机机房设备的雷击损坏 95%以上是感应雷击引起的。机房防雷系统主要是对服务器、终端、程控交换机、网络设备、UPS 和空调设备加装过压保护装置。机房电源系统防雷设计（三级防雷）措施如下。

电源第一级防雷：在机房所在楼层配电间总电源进线处并联安装一套防雷箱，作为电源的第一级防雷器。

电源第二级防雷：虽然已经在楼层总电源进线处安装了第一级防雷器，但是当较大雷电流进入时，第一级防雷器可将绝大部分雷电流由地线泄放，而剩余的雷电残压还是相当高的，因此第一级防雷器的安装，可以减少大面积的雷击破坏事故，但是并不能确保后接设备的万无一失，还存在感应雷电流和雷电波二次入侵的可能，需要在机房电源进线处安装第二级防雷器。

电源第三级防雷：虽然已经安装了第二级防雷器，但是当较大雷电流进入时，前两级防雷器可将绝大部分雷电流由地线泄放，而剩余的雷电残压还是相当高的，还存在感应雷电流和雷电波再次入侵的可能，需要在 UPS 电源进线处安装第三级防雷器。

而机房接地一般分为交流工作接地、直流工作接地、保护接地和防雷接地，若采用联合接地的方式将电源保护接地接入大楼的接地极，则接地极的接地电阻不应大于 1 Ω。

6. 数据中心机房环境设计

机房环境监控系统是一个综合利用计算机网络技术、数据库技术、通信技术、自动控制技术、新型传感技术等构成的计算机网络，提供一种以计算机技术为基础、基于集中管理监控模式的自动化、智能化和高效率的技术手段，系统监控对象主要是机房动力和环境设备等（如配电、UPS、空调、温/湿度、漏水、烟雾、视频、门禁、消防系统等）。

（1）设备对温度和湿度是有要求的，《电子信息系统机房设计规范》中对相应机房的设计温度也做了规定，该规范将电子信息系统机房划分成三级。对于 A 级与 B 级机房，其主机房设计温度为 23±1℃，湿度均为 40%～55%，C 级机房的温度控制范围是 18～28℃，湿度为 35%～75%。

（2）新风系统管室内外换气，空调管室内冷暖。新风系统主要有两个作用：其一是给计算机机房提供足够的新鲜空气，为工作人员创造良好的工作环境；其二就是维持计算机机房对外的正压差，避免灰尘进入，保证机房有更好的洁净度。确定房间所需新风量时，应根据房间空间大小及室内人员数综合考虑。

10.6.2 数据中心大二层网络技术

传统的数据中心服务器利用率太低，浪费了大量的电力能源和机房资源。虚拟化技术能够有效地提高服务器的利用率，降低能源消耗，降低用户的运维成本，所以虚拟化技术得到了极大的发展。虚拟化后为了实现业务的灵活变更，虚拟机动态迁移已经成为一个常态性的业务。虚拟机动态迁移是指在保证虚拟机正常运行的同时，将虚拟机从一个物理服务器移动到另一个物理服务器的过程，该过程对最终用户来说是无感知的，使得管理员在不影响用户正常使用的情况下可以灵活调配服务器资源或对物理服务器进行维修和升级。

为了实现虚拟机动态迁移时，在网络层面不仅要求虚拟机的 IP 地址不变，而且运行状态必须保持（如 TCP 会话状态），要求迁移的起始位置和目标位置必须在同一个二层网络之中。所以有的企业为了解决虚拟机动态迁移问题，使用专用网，实时迁移流量，不会和其他类型的网络流量形成竞争。

而大二层网络是针对当前最火热的虚拟化数据中心的虚拟机动态迁移这一特定需求而提出的概念。为了实现虚拟机的大范围甚至跨地域的动态迁移，要求将虚拟机动态迁移可能涉及的服务器都纳入同一个二层网络，形成一个更大范围的二层网络，这样才能实现虚拟机大范围、无障碍的迁移，这种二层网络称为大二层网络，如图 10-13 所示。大二层网络的实现技术有网络设备虚拟化技术、传统厂商技术及 IT 厂商技术。

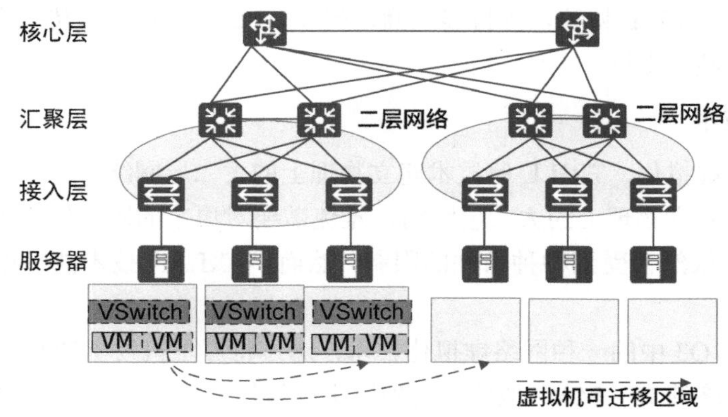

图 10-13　大二层网络

1．网络设备虚拟化

网络设备虚拟化是将相互冗余的两台或多台物理网络设备组合在一起，虚拟化成一台逻辑网络设备，在整个网络中只呈现为一个节点，如华为的 CSS 框式堆叠、H3C 公司的 IRF、Cisco 公司的 VSS 等。网络设备虚拟化配合链路聚合技术，可以把原来网络的多节点、多链路的结构变成逻辑上单节点、单链路的结构，杜绝了二层网络中的环路问题。没有了环路问题，就不需要 xSTP，二层网络就可以范围无限（只要网络设备虚拟化的接入能力允许），从而实现大二层网络。但是用网络设备虚拟化的话，规模比其他技术要小，另外也是各厂商的私有技术，主要建立中、小级别的大二层网络。

2．TRILL 技术

TRILL（TRansparent Interconnection of Lots of Links，多链路透明互联）技术是一种改变传统数据中心网络建立方式的新技术创新。它把三层路由的稳定、可扩展、高性能的优点，引入了适应性强但性能受限、组网范围受限的二层交换网络，建立了一个灵活、可扩展、可升级的高性能新二层架构。用户可使用采用 TRILL 技术的二层交换设备，建立大型具有高性能、可扩展的灵活支持动态迁移的现代数据中心网络。

TRILL 技术将 IP 数据报转发思路应用于以太网帧的转发，支持 TRILL 技术的以太网交换机被称为路由桥（Routing Bridge，RBridge）。众多 RBridge 组成 TRILL 网络。RBridge 之间通过运行 TRILL IS-IS 协议感知整个 TRILL 网络的拓扑，每个 RBridge 使用 SPF 算法生成从自身到 TRILL 网络中其他 RBridge 的路由转发表项，用于完成数据报文的转发。

TRILL 协议先在原始以太网帧外封装一个 TRILL 帧头，然后封装一个新的以太网帧头，实现对原始以太网帧的透明传输，RBridge 可以通过 TRILL 帧头里的 Nickname（源 Nickname、目的 Nickname）进行转发，而 Nickname 就像路由一样，可以通过 IS-IS 协议进行收集、同步和更新（IS-IS 协议可以直接运行在第二层数据链路层上，进而实现自配置），当 VM 在 TRILL 网络中迁移时，可以通过 IS-IS 协议更新各 TRILL 交换机的转发表，因此要保持虚拟机的 IP 地址等状态不变，实现动态迁移，通过 TRILL 建立的大二层网络规模更大，而且是标准的 IETE 协议，支持多厂商，但 TRILL 是新技术，传统交换机不仅需要软件升级，还需要硬件支持。

3．VXLAN 技术

通过网络设备虚拟化、TRILL 等技术建立物理上的大二层网络，可以将虚拟机迁移的范围扩大。但是，建立物理上的大二层网络，难免需要对原来的网络做较大的改动，并且大二层网络的范围依然会受到种种条件的限制，然而，VXLAN 技术能够很好地解决上述问题。

VXLAN 是 NVO3 中的一种网络虚拟化技术，通过将原主机发出的数据报封装在 UDP 中，并使用物理网络的 IP、MAC 地址作为外层头进行封装，在 IP 网络上传输，到达目的地后由隧道终节点解封装，并将数据发送给目标主机。

通过 VXLAN，支持 24 bits 的 VNI ID，虚拟网络可接入大量租户，且租户可以规划自己的虚拟网络，不需要考虑物理网络 IP 地址和广播域的限制，降低了网络管理的难度，同时满足虚拟机迁移和多租户的需求。

10.7　课后检测

1．采用 BIT/S 架构设计的某图书馆在线查询阅览系统，终端数为 400 台，下列配置设计合理的是（　　）。

A．客户端需要具备高速运算能力　　B．客户端需要配置大容量存储

C．服务器端需要配置大容量主存　　D．服务器端需要配置大容量存储

答案：C。

解析：

数据库服务器需要根据用户的需求进行查询，将结果返回给用户。查询请求非常多，如当大量用户同时使用查询时，如果服务器的处理能力不够强，无法处理大量的查询请求做出应答，服务器就可能会出现反应缓慢甚至宕机的情况。由于需要处理大量的用户请求，高速大容量主存可以有效地节省处理器访问磁盘数据的时间，提高服务器的性能，进而提高需求的响应速度。

2．采用 ECC 主存技术，一个 8 位数据产生的 ECC 码要占用 5 位空间，一个 32 位数据产生的 ECC 码要占用（　　）位空间。

A．5　　B．7　　C．20　　D．32

答案：B。

解析：

ECC 纠错技术也需要额外的空间来存储校正码，但其占用的位数跟数据的长度并非呈线性关系。具体来说，它以 8 位数据、5 位 ECC 码为基准，数据位每增加一倍，ECC 只增加一位检验位。通俗地讲，就是一个 8 位数据产生的 ECC 码要占用 5 位空间；一个 16 位数据产生的 ECC 码只需在原来的基础上增加一位，也就是 6 位；而 32 位数据则只需在原来的基础上增加一位，即 7 位 ECC 码即可，依次类推。

3．某高校欲重新建立高校选课系统，配备多台服务器部署选课系统，以应对选课高峰期的大规模并发访问。根据需求，公司给出如下两套方案。

方案一：

（1）配置负载均衡设备，根据访问量实现多台服务器之间的负载均衡。

（2）数据库服务器采用高可用性集群系统，使用 SQL Server 数据库，采用单活工作模式。

方案二：

（1）通过软件方式实现支持负载均衡的网络地址转换，根据对各内部服务器的 CPU、磁盘 I/O 或网络 I/O 等多种资源的实时监控，将外部 IP 地址映射为多个内部 IP 地址。

（2）数据库服务器采用高可用性集群系统，使用 Oracle 数据库，采用双活工作模式。

对比方案一和方案二中的服务器负载均衡策略，下列描述中错误的是（ ① ）；两个方案都采用了高可用性集群系统，对比单活和双活两种工作模式，下列描述中错误的是（ ② ）。

①选项：

A．方案一中对外公开的 IP 地址是负载均衡设备的 IP 地址

B．方案二中对每次 TCP 连接请求动态使用一个内部 IP 地址进行响应

C．方案一可以保证各内部服务器之间的 CPU、I/O 的负载均衡

D．方案二的负载均衡策略使得服务器的资源分配更加合理

②选项：

A．单活工作模式下一台服务器处于活跃状态，另一台处于热备状态

B．单活工作模式下热备服务器不需要监控活跃服务器并实现数据同步

C．双活工作模式下两台服务器都处于活跃状态

D．数据库应用一级的高可用性集群系统可以实现单活或双活工作模式

答案：C、B。

解析：

负载均衡（Load Balance）建立在现有网络结构之上，它提供了一种廉价、有效、透明的方法，扩展网络设备和服务器的带宽、增加吞吐量、加强网络数据处理能力、提高网络的灵活性和可用性。

4．结合速率与容错，磁盘做 RAID 效果最好的是（ ① ），若做 RAID5，最少需要（ ② ）个磁盘。

①选项：

A．RAID 0　　B．RAID 1　　C．RAID 5　　D．RAID 10

②选项：

A．1　　B．2　　C．3　　D．5

答案：D、C。

解析：

在读操作上，RAID 5 和 RAID 10 是相当的。在写性能下，由于 RAID 10 不存在数据校验的问题，每次写操作只是单纯的执行，所以在写性能上 RAID 10 是优于 RAID 5 的。RAID 5 磁盘利用率是$(N-1)/N$，最少需要 3 个磁盘。

5．8 个 300 GB 的磁盘做 RAID 5 后的容量是（ ① ），RAID 5 最多可以损坏（ ② ）个磁盘而不丢失数据。

①选项：

A．1.8 TB　　B．2.1 TB　　C．2.4 TB　　D．1.2 TB

②选项：

A．0　　B．1　　C．2　　D．3

答案：B、B。

解析：

RAID 5 的利用率是$(N-1)/N$，8 个 300 GB 的磁盘做 RAID 5 后的容量是 2.1 TB，RAID 5 最多可以损坏 1 个磁盘而不丢失数据。

6．磁盘做 RAID，读写性能最高的是（　　）。

A．RAID 0　　B．RAID 1　　C．RAID 10　　D．RAID 5

答案：A。

解析：

RAID 0 的速度是最快的，无校验冗余数据，因为数据是分开存放在每个组成阵列的磁盘中的，所以一旦其中一个磁盘有问题，就会导致所有数据损坏。

7．以下关于存储形态和结构的描述中，错误的是（　　）。

A．块存储采用 DAS 结构　　B．文件存储采用 NAS 结构

C．对象存储采用去中心化结构　　D．块存储采用 NAS 结构

答案：D。

解析：

NAS 访问需要经过文件系统格式转换，所以 NAS 还是以文件一级来访问的，不适合数据块级的应用，尤其是要求使用裸设备的数据库系统。

8．IP SAN 区别于 FC SAN 及 IB SAN 的主要技术是采用（　　）实现异地之间的数据交换。

A．I/O　　B．iSCSI　　C．InfiniBand　　D．Fibre Channel

答案：B。

解析：

IP SAN 将服务器和存储设备通过 iSCSI 技术连接，就是把 SCSI 命令包在 TCP/IP 数据报中传输，即 SCSI over TCP/IP。

FC SAN 通过光纤交换设备将磁盘阵列、磁带等存储设备与相关服务器连接组成一个高速专用子网，与企业现有的 LAN 进行连接。

IB SAN 的设计思路是通过一套中心机构（中心 InfiniBand 交换机）在远程存储器、网络及服务器等设备之间建立一个单一的连接链路，并由中心 InfiniBand 交换机指挥流量，它的结构设计得非常紧密，大大提高了系统的性能、可靠性和有效性，能缓解各硬件设备之间的数据流量拥塞。

9．以下关于网络存储描述正确的是（　　）。

A．DAS 支持完全跨平台文件共享，支持所有的操作系统

B．NAS 通过 SCSI 线接在服务器上，通过服务器的网卡向网络上传输数据

C．FC SAN 的网络介质为光纤通道，而 IP SAN 则使用标准的以太网

D．SAN 设备有自己的文件管理系统，NAS 中的存储设备没有文件管理系统

答案：C。

解析：

本题考查网络存储的相关知识。

（1）直连方式存储（Direct Attached Storage，DAS）。

存储设备通过电缆（通常是 SCSI 端口电缆）直连到服务器。I/O 请求直接发送到存储设备上。这种方式是连接单独的或两台小型集群的服务器。它的特点是初始费用可能比较低。可是在这种连接方式下，对于多个服务器或多台主机的环境，每台主机或服务器单独拥有自己的存储磁盘，容量的再分配困难；对于整个环境下的存储系统管理，工作烦琐而重复，没有集中管理解决方案。所以整体的管理成本较高。

（2）网络连接存储（Network Attached Storage，NAS）。

NAS 设备通常集成了处理器和磁盘/磁盘柜，类似文件服务器。连接到 TCP/IP 网络上（可以通过 LAN 或 WAN），通过文件存取协议（如 NFS、CIFS 等）存取数据。NAS 将文件存取请求转换为内部 I/O 请求。这种方式是将存储设备连接到基于 IP 的网络中，不同于 DAS 和 SAN，服务器通过“File I/O”方式发送文件存取请求到存储设备 NAS 上。NAS 上一般安装有自己的操作系统，将 File I/O 转换成 Block I/O，发送到内部磁盘。NAS 系统有较低的成本，易于实现文件共享。但由于它是采用文件请求的方式，相比块请求的设备性能差；并且 NAS 系统不适用于不采用文件系统进行存储管理的系统，如某些数据库。

（3）IP SAN。

如果 SAN 是基于 TCP/IP 的网络，则实现 IP SAN 网络。这种方式是将服务器和存储设备通过专用网连接，服务器通过 Block I/O 发送数据存取请求到存储设备。最常用的是 iSCSI 技术，就是把 SCSI 命令包在 TCP/IP 数据报中传输，即 SCSI over TCP/IP。

IP SAN 的优势在于，利用无所不在的以太网，在一定程度上保护了现有投资。IP 存储

超越了地理距离的限制，适用于对关键数据的远程备份。IP 网络技术成熟，不存在互操作性问题。IP 存储减少了配置、维护、管理的复杂度。IP 网络已经被 IT 业界广泛认可——网络管理软件和服务产品可供使用。千兆网的广泛使用大大提高了 IP 网络的性能，万兆网技术的发展，使 IP 存储在性能上可以超越 FC 存储。

（4）存储区域网络（Storage Area Network，FC SAN）。

存储设备组成单独的网络，大多利用光纤连接，采用光纤通道（Fiber Channel，FC）协议。服务器和存储设备之间可以任意连接，I/O 请求也是直接发送到存储设备上的。FC 协议实际上解决了下层的传输协议，上层仍然采用 SCSI 协议，所以 FC 协议实际上可以看作 SCSI over FC。

FC SAN 的优点是服务器和存储设备之间的距离更远（光纤通道网络为 10000m，相比较 DAS 的 SCSI 为 25m）；高可靠性及高性能；多个服务器和存储设备之间可以任意连接；集中的存储设备替代多个独立的存储设备，支持存储容量共享；通过相应的软件，SAN 上的存储设备表现为一个整体，因此有很高的扩展性；可以通过软件集中管理和控制 SAN 上的存储设备，提供数据共享。

由于 SAN 通常是基于 FC 的解决方案，需要专用的 FC 交换机和管理软件，所以 SAN 的初始费用比 DAS 和 NAS 高。

10．以下关于数据备份策略的说法中，错误的是（　　）。

A．完全备份是指备份系统中所有的数据

B．增量备份是指备份上次完全备份后有变化的数据

C．差分备份是指备份上次完全备份后有变化的数据

D．完全、增量和差分三种备份方式通常结合使用，以发挥出最佳的效果

答案：B。

解析：

一般的数据备份策略有三种。一是完全备份，即将所有文件写入备份介质；二是增量备份，只备份上次备份之后更改过的文件，是最有效的备份策略；三是差分备份，备份上次完全备份之后更改过的所有数据，其优点是只需两组磁带就可恢复最后一次完全备份的磁带和最后一次差分备份的磁带。

完全备份所需时间最长，但恢复时间最短，操作最方便，当系统中数据量不大时，采用完全备份最可靠；但是随着数据量的不断增大，无法每天做完全备份，而只能在周末进行完全备份，其他时间采用所用时间更少的增量备份或介于二者之间的差分备份。各种备份的数据量不同：完全备份>差分备份>增量备份。在备份时要根据它们的特点灵活使用。

11．服务虚拟化使用分布式存储，与集中式存储相比，分布式存储（　　）。

A．虚拟机磁盘 I/O 性能较低　　B．建设成本较高

C．可以实现多副本数据冗余　　D．网络带宽要求低

答案：C。

解析：

在实际硬件环境中，磁盘可能损坏、服务器可能宕机、网络可能失效等。为处理这些

不可预期的硬件故障，保证数据的完整性和业务的可用性，需要通过全冗余设计等一系列软件层面的设计，弥补硬件不可靠带来的数据可靠性和可用性问题。

分布式存储采用多副本冗余机制，基于策略配置，实现数据及其副本跨磁盘、跨存储节点、跨机架的存储，并通过强一致性复制技术确保各数据副本的一致性，这样即便一个数据服务器甚至整个机架停机，也完全不影响数据可靠性和可用性。

12．阅读以下说明，回答问题 1 至问题 4，将答案填入答题纸对应的解答栏内。

【说明】

某企业数据中心拓扑如图 10-14 所示，均采用互联网双线接入，实现冗余和负载。两台核心交换机通过虚拟化配置实现关键链路冗余和负载均衡，各服务器通过 SAN 存储网络与存储系统连接。关键数据通过 VPN 加密传输，定期备份到异地灾备中心，实现数据冗余。

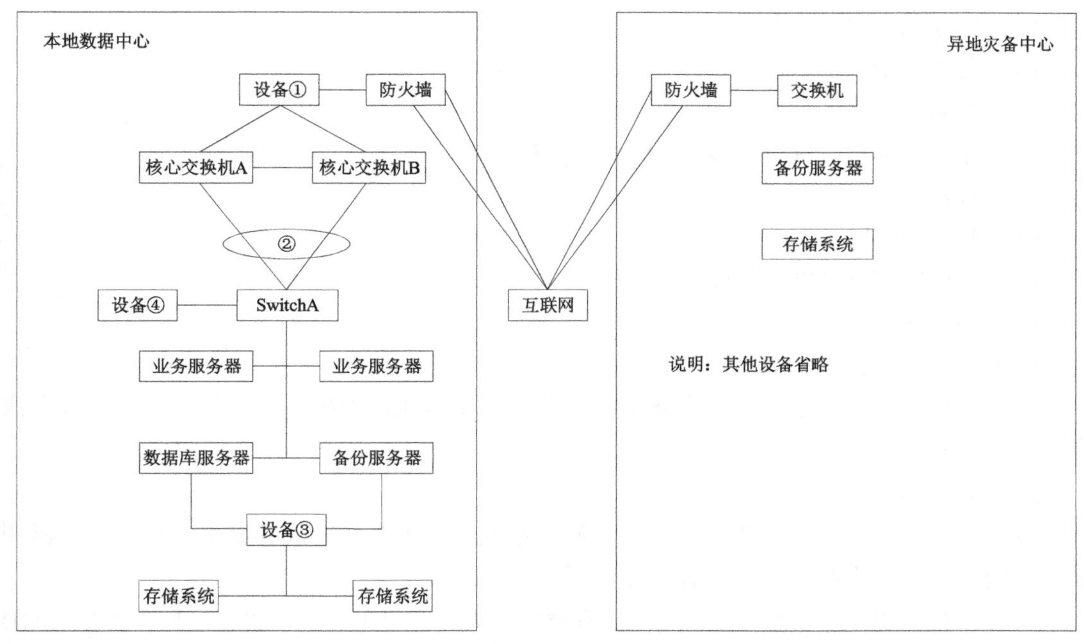

图 10-14　某企业数据中心拓扑

【问题 1】（8 分）

在①处部署<u>（1）</u>设备，实现链路和业务负载，提高链路和业务的可用性。

在②处配置<u>（2）</u>实现 SwitchA 与两台核心交换机之间的链路冗余。

在③处部署<u>（3）</u>设备，连接服务器 HBA 卡和各存储系统，在该设备上配置<u>（4）</u>将连接在 SAN 中的设备划分为不同区域，隔离不同的主机和设备。

【问题 2】（8 分）

为保障关键数据安全，利用 VPN，在本地数据中心与异地灾备中心之间建立隧道，使用 IPSec 协议实现备份数据的加密传输，IPSec 协议使用默认端口。

根据上述需求回答以下问题。

（1）应在④处部署什么设备实现上述功能需求？

（2）在两端防火墙上需要开放 UDP 4500 和什么端口？

（3）在有限带宽下如何提高异地备份时的备份效率？

（4）请简要说明增量备份和差异备份的区别。

【问题 3】（6 分）

分布式存储在实践中得到了广泛应用。请从成本、扩容、IOPS、冗余方式、稳定性五个方面对传统集中式存储和分布式存储进行比较，并说明原因。

【问题 4】（3 分）

数据中心设计是网络规划设计的重要组成部分，请简述数据中心机房选址应符合的条件和要求。（至少回答 3 点）

答案：

【问题 1】（8 分）

（1）负载均衡。

（2）链路聚合。

（3）光纤交换机、FC 交换机、SAN 交换机。

（4）Zone。

【问题 2】（8 分）

（1）VPN 设备或 VPN 加密网关。

（2）UDP 500。

（3）数据去重技术、数据压缩技术。

（4）增量备份是指备份上次全备或增量备份以来变化的数据；差异备份是指备份上次全备以来所有变化的数据。

【问题 3】（6 分）

成本：集中式存储成本高，分布式存储成本低。原因是分布式存储采用普通服务器和大容量廉价磁盘作为存储节点，成本较低。

扩容：集中式存储扩容较难，分布式存储扩容方便。原因是集中式存储扩容需要 RAID 重建，风险高，对业务影响大；分布式存储扩容一般是增加存储节点，扩容非常方便。

IOPS：分布式存储比集中式存储可以达到更高的 IOPS。原因是分布式存储的数据存储于多个节点上，可以提供数倍于集中式存储的聚合 IOPS，且随着存储节点的增加线性增长。

冗余方式：集中式存储采用 RAID 实现数据冗余，分布式存储采用多节点多副本存储方式实现数据冗余。

稳定性：集中式存储稳定性高，分布式存储稳定性相对较差。原因是集中式存储为一个或一套完整的产品，出厂经过严格测试；分布式存储由不同厂商的多套软/硬件集成，结构较复杂，容易受网络和带宽影响，稳定性较差。

【问题 4】（3 分）

（1）电力供给充足可靠，通信快速畅通，交通便捷。

（2）采用水蒸发冷却制冷，应考虑水源是否充足。

（3）环境温度有利于节约能源。

（4）远离产生粉尘、油烟、有害气体或贮存具有腐蚀性、易燃、易爆物品的场所。

（5）远离水灾、火灾和自然灾害隐患区域。

（6）远离强振源和强噪声源。

（7）避开强电磁场干扰。

（8）不宜建在公共停车库的正上方。

（9）中、大型数据中心不宜建在住宅小区和商业区内。

注：答出以上条款中的三条即可。

解析：

【问题 1】（8 分）

（1）负载均衡：负载均衡建立在现有网络结构之上，提供了一种廉价、有效、透明的方法，扩展网络设备和服务器的带宽、增加吞吐量、加强网络数据处理能力、提高网络的灵活性和可用性。负载均衡的意思就是分摊到多个操作单元上执行。

（2）链路聚合：链路聚合是将两个或多个数据信道结合成一个单个的信道，该信道以一个单个的更高带宽的逻辑链路出现。链路聚合能够提高链路带宽，增强网络可用性，支持负载均衡。

（3）在③处部署 FC 交换机设备，连接服务器 HBA 卡和各存储系统，在该设备上配置 Zone 将连接在 SAN 中的设备划分为不同区域，隔离不同的主机和设备。

（4）Zone。

【问题 2】（8 分）

（1）为保障关键数据安全，利用 VPN，在本地数据中心与异地灾备中心之间建立隧道，使用 IPSec 协议实现备份数据的加密传输，需要 VPN 设备。

（2）IKE 协商的初始端口使用的是 500，完成 NAT-T 能力检测和 NAT 网关探测后，封装 ISAKMP 消息的 UDP 端口号被修改为 4500，后续协商及数据传输都使用这个端口。

（3）数据去重技术通过消除重复的冗余数据，从而极大地节省了存储空间，在数据备份系统、数据归档系统中得到了广泛应用。

数据压缩技术是指在不丢失信息的前提下，减小数据量以减少存储空间，提高其传输、存储和处理效率的一种技术，或者指按照一定的算法对数据进行重新组织，减少数据的冗余和存储的空间。

（4）增量备份：备份上次完全备份或增量备份以来变化的数据；差异备份：备份上次完全备份以来所有变化的数据。

【问题 3】（6 分）

集中式存储系统指由一台或多台主机组成中心节点，数据集中存储于这个中心节点中，并且整个系统的所有业务单元都集中部署在这个中心节点上，系统的所有功能均由其集中处理。也就是说，在集中式存储系统中，每个终端或客户端机器仅仅负责数据的输入和输出，而数据的存储与控制处理完全交由中心节点来完成。

集中式存储系统最大的特点就是部署结构简单，由于集中式存储往往依赖底层性能卓越的大型主机，因此无须考虑如何对服务进行多个节点的部署，也就不用考虑多个节点之间的分布式协作问题。集中式存储有非常明显的单点问题，大型主机虽然在性能和稳定性方面表现卓越，但并不代表其永远不会出故障。一旦一台大型主机出现了故障，那么整个系统将处于不可用状态，后果相当严重。最后，随着业务的不断发展，用户访问量迅速提高，计算机系统的规模也在不断扩大，在单一大型主机上进行扩容往往比较困难。

分布式存储系统指将数据分散存储在多台独立的设备上。分布式存储系统采用可扩展的系统结构，利用多台存储服务器分担存储负载，利用位置服务器定位存储信息，它不但提高了系统的可靠性、可用性和存储效率，还容易进行扩展。因为分布式存储具备区块链去中心化的特质，可以弥补过度中心化缺陷。其存储网络的拓扑结构可以是 P2P 网络，也可以是存在几个联盟的中介服务商或运营商的去中心化网络，抛开了单一中心化存储服务商的经营风险。

【问题 4】（3 分）

（1）电力供给充足可靠，通信快速畅通，交通便捷。

（2）采用水蒸发冷却制冷，应考虑水源是否充足。

（3）环境温度有利于节约能源。

（4）远离产生粉尘、油烟、有害气体或贮存具有腐蚀性、易燃、易爆物品的场所。

（5）远离水灾、火灾和自然灾害隐患区域。

（6）远离强振源和强噪声源。

（7）避开强电磁场干扰。

（8）不宜建在公共停车库的正上方。

（9）中、大型数据中心不宜建在住宅小区和商业区内。

第 11 章 网络规划和设计

根据对 2022 版考试大纲的分析，以及对以往试题情况的分析，“网络规划和设计”章节基本维持在 7 分，占上午试题总分的 9%左右。下午案例分析也是常考的章节。从复习时间安排来看，请考生在 1 天之内完成本章的学习。

11.1 知识图谱与考点分析

通过分析历年的考试题目和考试大纲，要求考生掌握几方面内容，如表 11-1 所示。

表 11-1 知识图谱与考点分析

知识模块	知识点分布	重要程度
网络设备选型	• 网络设备选型的原则 • 交换机选型的原则 • 路由器选型的原则	• ★★ • ★ • ★
网络生命周期	• 需求分析 • 通信规范分析 • 逻辑网络设计 • 物理网络设计	• ★★ • ★★ • ★★★ • ★★
网络测试	• 网络测试的方法 • 网络测试的类型 • 网络测试的工具	• ★ • ★★ • ★★
网络故障排除	• 网络故障排除的方法	• ★

11.2 网络设备选型

设备选型是指购置设备时，根据生产工艺要求和市场供应情况，按照技术上先进、经济上合理、生产上适用的原则，以及可行性、维修性、操作性和能源供应等要求，进行调查和分析比较，以确定设备的优化方案。

11.2.1　网络设备选型的原则

网络设备选型的原则具体如下。

（1）**厂商的选择**：所有网络设备应尽可能选取同一厂商的产品，这样在设备可互连性、协议互操作性、技术支持、价格等各方面都更有优势。从这个角度来看，产品线齐全、技术认证队伍力量雄厚、产品市场占有率高的厂商是网络设备品牌的首选。其产品经过了更多用户的检验，产品成熟度高，而且这些厂商出货频繁、生产量大、质保体系更完备。作为系统集成商或建网单位，不应依赖任何一个厂商的产品，能够根据需求和费用公正地评价，选择最优的产品。

（2）**扩展性考虑**。在网络的层次结构中，主干设备选择应预留一定的能力，以便于将来扩展，而低端设备则够用即可。因为低端设备更新较快，且易于扩展。

（3）**根据方案实际需要选型**。主要是在参照整体网络设计要求的基础上，根据网络实际带宽性能需求、端口类型和端口密度选型。如果是旧网改造项目，则应尽可能保留并延长用户对原有网络设备的投资，减少在资金投入方面的浪费。

（4）**选择性能价格比高、质量过硬的产品**。为使资金的投入产出达到最大值，能以较低的成本、较少的人员投入维持系统运转；网络开通后，会运行许多关键业务，因而要求系统具有较高的可靠性。整个系统的可靠性主要体现为网络设备的可靠性，尤其是核心交换机的可靠性及线路的可靠性。

（5）**应最大限度地采用国际流行的公用标准，保护用户的投资，保证用户系统的可持续发展**。在结构上真正实现开放，基于国际开放式标准，坚持统一规范的原则，从而为未来的发展奠定基础。保证用户现有各种计算机软/硬件资源的可用性和连续性。只有开放的技术才能更好地实现可扩展和兼容性

（6）**政府机构网的关键设备不允许使用进口设备。**

11.2.2　交换机选型的原则

当前 LAN 的二层技术经过竞争和淘汰之后，基本是以太网一统天下的局面。这里说到的交换机选型，主要指以太网交换机的选型。

一个厂商提供的交换机一般有很多型号，不同型号的交换机有不同的定位，在工程中进行选型时，主要考虑以下因素。

（1）**制式**：当前交换机主要分为盒式和框式，盒式交换机一般是固定配置，固定端口数较难扩展；框式交换机基于机框，其他配置如电源、引擎和端口板卡等都可以按照需求独立配置，框式交换机的扩展性一般基于槽位数。

盒式交换机为了提高扩展性，发展了堆叠技术，可以将多台盒式交换机通过特制的板卡互联，结合成为一台整体的交换机。

（2）**功能**：二层交换机和三层交换机是最大的功能区别，其他还有一些特别的功能，

如链路捆绑、堆叠、PoE、虚拟功能、IPv6 等。

（3）**端口密度**：一台交换机可以提供的端口数，对于盒式交换机，每种型号基本是固定的，一般提供 24 个或 48 个接入口，2～4 个上连端口。框式交换机则跟配置的模块有关，一般指配置最高密度的端口板卡时每个机框能够支持的最大端口数。

（4）**端口速率**：当前交换机提供的端口速率一般有 100 Mbit/s/1 Gbit/s/10 Gbit/s 这三种。

（5）**交换容量**：交换容量的定义跟交换机的制式有关，对于总线式交换机，交换容量是指背板总线的带宽，对于交换矩阵式交换机，交换容量是指交换矩阵的端口总带宽。交换容量是一个理论计算值，它代表了交换机可能达到的最大交换能力。当前交换机的设计保证了该参数不会成为整台交换机的瓶颈。

（6）**包转发率**：指一秒钟内交换机能够转发的数据报数。交换机的包转发率一般是实测的结果，代表交换机实际的转发性能。我们知道以太网帧的长度是可变的，但是交换机处理每个以太网帧所用的处理能力跟以太网帧的长度无关。所以，在交换机的端口带宽一定的情况下，以太网帧长度越短，交换机需要处理的帧越多，需要耗费的处理能力也越多。

对于一个具体的交换机，除了以上这些最基本的指标参数，还有其他大量的参数，这些参数一般都会公布在官方网站上。

11.2.3 路由器选型的原则

一个厂商提供的路由器一般有很多型号，不同型号的路由器有不同的定位，在工程中进行选型时，主要考虑以下因素。

（1）**制式**：当前路由器制式主要分为盒式和框式两种，为了增加端口扩展能力，后来又发展出了集群路由器。

（2）**端口类型**：对于低端路由器，当前最主要的用途是实现在不同类型的链路上承载 IP。所以，路由器能够支持的链路类型成为重要的参考依据。当前华为的路由器能够支持以太网、POS/CPOS、EPON/GPON、同/异步串口、E1/CE1、3G/LTE 等端口。

（3）**端口密度**：对于高端路由器，需要接入大量的线路，所以提供高速端口和高端口密度是高端路由器的重要参考依据。另外，当前的高速端口，类型并不多，发展最快的就是以太网，所以当前的高端路由器接入口以太网为主，少部分采用 POS。

（4）**性能**：与交换机相似，路由器的性能也以交换容量和转发性能来标识。当前的高端路由器作为网络的核心设备，要求能够高速转发数据，所以基本采用无阻塞的结构。

（5）**其他功能**：低端路由器当前有平台化的趋势，在其上集成了多种功能，如网络安全、语音等。但是这些功能基于软件实现，适用于小规模网络，如果要大规模、高性能地实现这些功能，仍然需要专用的设备。

11.3 网络生命周期

网络生命周期包括网络系统的构思计划、分析设计、实时运行和维护的过程。

11.3.1 需求分析

需求分析的基本任务是先深入了解用户建网的目的和目标并加以分析，然后进行纵向更加细致的需求分析和调研，在确定地理布局、设备类型、网络服务、通信类型和通信量、网络容量和性能、网络现状等主要方面情况的基础上形成分析报告。

需求分析人员在与用户交流和观察工作流程获取初步需求时，采取一定的技术和技巧可以快速、准确地获取初步需求。网络规划设计师在收集需求时，获取用户需求的常用方法包括采访、观察、问卷和调查、建立原型得到潜在用户的反馈。在访谈或会议前，需求分析人员应该按照一定原则精心准备一系列问题，通过用户对问题的回答获取有关信息，逐步理解用户对目标网络的要求，原则如下。

（1）问题应该是循序渐进的，即首先关心一般性、整体性问题，然后讨论细节性问题。

（2）所提出的问题不应限制用户的回答，尽量让用户在回答过程中自由发挥，这就要求在组织问题时尽量客观、公正。

（3）逐步提出的问题在汇总后应能反映网络需求或其子需求的全貌，并覆盖用户对目标网络系统或其子系统在功能、性能等方面的要求。细节问题可以留待后期设计阶段解决。

在需求分析时，不能仅仅根据用户对网络的需求确定网络应用系统的技术指标，还要结合网络应用系统本身的实际情况确定相关技术指标。

1．业务需求

在整个网络开发过程中，应尽量保证设计的网络能够满足用户业务的需求。例如，确定组织机构，确定关键时间点，确定网络投资规模，确定业务活动，预测增长率，确定网络的可靠性、可用性、安全性等。

2．应用需求

收集应用需求，主要是为了清楚整个网络是为什么应用服务的，如 ERP、OA、金融系统等。每种应用的需求不一致，如金融系统对安全性和可靠性要求极高。

3．安全需求

衡量网络安全的指标是可用性、完整性和保密性。用户最基本的安全性要求是保护资源以防其无法使用、被盗用、被修改或被破坏

4．计算机平台需求

收集计算机平台需求是网络分析与设计过程中一个不可缺少的步骤，需要了解整个网络中的终端是什么。计算机平台主要分为个人机、工作站、小型机、中型机和大型机五类。

11.3.2 通信规范分析

在网络分析和设计过程中，通信规范分析处于第二阶段，通过分析网络通信流量和通信模式，发现可能导致网络运行瓶颈的关键技术点，从而在设计工作时避免这种情况的发生。通信规范分析是对工作通信流量的大小和通信模式的估测和分析，为逻辑设计阶段提

供了重要的设计依据。

主要步骤包括通信模式分析、通信边界分析、通信流量分析、网络基准分析、编写通信规范。

1. 通信模式分析

在计算机网络中，应用软件按照网络处理模型，可分为对等网络软件、C/S 软件、BIT/S 软件、分布式软件，而这些应用的网络处理模式对网络设计来说，其数据的网络传递模式就是通信模式。在通信规范分析阶段，了解通信模式非常重要，该通信模式将直接决定网络流量在不同网段的分布，同时结合流量的通信量，可以获取不同网段的总通信量大小。

通信模式基本与应用软件的网络处理模型相同，也分为以下几种。

（1）对等通信模式。

在对等通信模式中，通信流量往往是双向、对称的。对等网中每台终端在网络中的地位彼此平等，大家彼此共享数据

（2）客户机-服务器通信模式。

客户机-服务器通信模式（C/S）是指在网络中存在一个服务器和多个客户机，也是目前应用最为广泛的一种通信模式。与对等通信模式不同的是，客户机-服务器通信模式有其方向性，通信流向取决于各客户机使用的应用程序类型。在客户机-服务器通信模式中，信息流量是双向、非对称的，因此可以分解成客户机至服务器和服务器至客户机两个信息流向，在不同的应用中，这两个流向的通信流量是不同的，所以要分开进行计算。

（3）分布式计算通信模式。

分布式计算需要多个节点协同工作。在分布式计算环境中，数据在任务管理器和计算节点之间，以及计算节点之间传播。通信流量比较复杂，难以预测。

2. 通信边界分析

网络设计者必须清楚网络中的各种通信边界，在网络设计中，通过对通信边界的分析，可以有助于设计人员找出网络中的关键点，因为在通常情况下，通信的边界都是故障易发位置。

3. 通信流量分析

在通信规范分析中，最重要的是分析网络中信息流量的分布问题。在整个过程中，需要依据需求分析的结果产生单个信息流量的大小，依据通信模式、通信边界分析，明确不同信息流量在网络不同区域、边界的分布，从而获得区域、边界上的总信息流量。

对于部分较为简单的网络，可以不进行复杂的通信流量分析，仅采用一些简单的方法，如 80/20 规则、20/80 规则等；但是对于复杂的网络，必须进行复杂的通信流量分析。

（1）80/20 规则。

80/20 规则是传统网络中广泛应用的一般规则。80/20 规则基于这样的可能性：在一个网段中，通信流量的 80%在该网段中流动，只有 20%用于访问其他网段。80/20 规则适用于内部交流较多、外部访问相对较少、网络较为简单、不存在特殊应用的网络或网段。

（2）20/80 规则。

随着互联网的发展，一些特殊的网络不断产生，如小区内计算机用户形成的 LAN、大型公司用于实现远程协同工作的工作组网络等。这些网络的特征就是：内部用户之间相互访问较少，大多数对网络的访问，都是对外部资源进行访问。对于这些流量分布恰好位于另一个极端网络或网段的情况，可以采用 20/80 规则。

利用 20/80 规则进行通信流量分布的思路：根据用户和应用需求的统计，认为通信流量的 20%是在网段内外部的流量，而 80%是对网段外部的流量。

需要注意的是，虽然 80/20 规则和 20/80 规则是一些简单的规则，但是这些规则建立在大量的工程经验基础上。另外，通过这些规则的应用，可以很快完成一个复杂网络中大多数网段的通信流量分析工作，可以合理减少大规模网络中的设计工作量。

11.3.3 逻辑网络设计

逻辑网络设计主要包括网络结构设计、物理层技术选择、LAN 技术选择与应用、广域网技术选择与应用、地址设计和命名模型、路由选择协议、网络管理、网络安全等。

此阶段最后应该得到一份逻辑网络设计文档，输出的内容包括逻辑网络设计图、IP 地址方案、安全方案、具体的软/硬件、广域网连接设备和基本服务。

1. 网络结构设计

在企业网络设计中，第一步就是设计网络结构，网络结构设计不是一项纯技术性的工作，必须紧密结合用户的实际需求进行。所以，一个好的设计图应该能反应用户网络建设的主要需求。层次化网络设计模型可以帮助设计者按层次设计网络结构，并对不同层次赋予特定的功能，为不同层次选择正确的设备和系统。

在层次化网络设计模型中，比较经典的是三层层次化模型，三层层次化模型主要将网络划分为核心层、汇聚层和接入层，每层都有特定的作用，如图 11-1 所示。

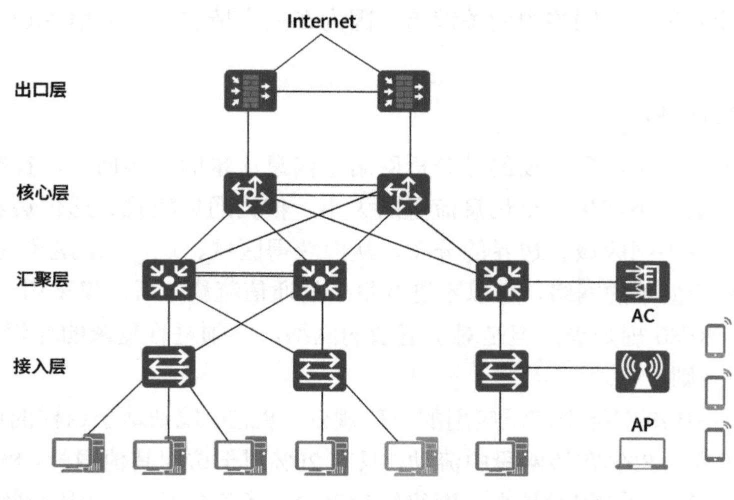

图 11-1 三层层次化模型

（1）核心层。

核心层是互联网的高速主干，由于核心层对网络互联至关重要，因此应该采用冗余化的设计。核心层应该具备高可靠性，能够快速适应变化。

在设计核心层设备的功能时，应尽量避免使用数据报过滤、路由策略等降低数据报转发处理速度的策略，以优化核心层获得低时延和良好的可管理性。

核心层应该在控制范围内，如果核心层覆盖的范围过大，连接的设备过多，会导致网络管理性能降低。所以需要在层次设计中增加汇聚层路由器和接入层交换机及用户 LAN，这样就可以不扩大核心层的范围。

（2）汇聚层。

汇聚层是核心层和接入层的分界点，应在汇聚层中实施对资源访问的控制。为保证层次化的特性，汇聚层应该向核心层隐藏接入层的详细信息。汇聚层设备的可靠性比较重要，某汇聚层设备或链路失效会导致下面的所有接入层设备用户无法访问网络。考虑到成本因素，汇聚层采用的是中端网络设备，采用冗余链路连接核心层和接入层设备，提高可靠性，必要时，也对汇聚层设备采用设备冗余方式来提高其可靠性。

在网络中实现大量的复杂策略是由汇聚层负责的，如路由策略、安全策略、QoS 策略、广播域的定义等。

（3）接入层。

接入层是在网络中直接面向用户连接或访问的部分，所以接入层应该提供种类丰富、数量多的端口，以提供强大的接入功能。在大、中规模网络中，接入层还应当负责一些用户管理功能（如地址验证、用户验证、计费管理等），以及用户信息收集工作（如用户的 IP 地址、MAC 地址、访问日志等）。

设计时，设计者应该尽量控制层次化的程度，在一般情况下，有核心层、汇聚层和接入层三个层次就足够了，过多的层次会导致整体网络性能下降，并且会提高网络的延迟，也不方便网络故障排查和文档编写。

另外，园区网是一种用户高密度的网络，在有限的空间内聚集了大量终端和用户。扁平化大二层网络的设计注重的是三个“易”：易管理、易部署、易维护。

三层网络架构与二层网络架构的差异在于汇聚层。汇聚层用来连接核心层和接入层，处于中间位置。汇聚层交换机是多台接入层交换机的汇聚点，能够处理来自接入层设备的所有通信量，并提供到核心层的上行链路。在实际应用中，很多时候会采用二层网络架构。在传输距离较短，且核心层有足够多的端口能直接连接接入层的情况下，汇聚层是可以被省略的，这样的做法比较常见。一来可以节省总体成本，二来能减轻维护负担，网络状况也更易监控。

2. 网络可靠性设计

可靠性是网络设备或计算机持续执行正常工作的可能性。可靠性主要通过在网络设计中增加冗余设备、冗余线路、冗余模块等方式，避免设备或线路失效对网络产生影响。在实际网络中，各种因素造成的故障难以避免，因此能够让网络从故障中快速恢复的技术就显得非常重要。

（1）BFD。

BFD（Bidirectional Forwarding Detection，双向转发检测）是一个通用的、标准化的、介质无关、协议无关的快速故障检测机制，用于快速检测、监控网络中链路或 IP 路由的转发连通状况。

（2）DLDP。

DLDP（设备链路检测协议）用来监控光纤或双绞线的链路状态，如果发现单向链路存在，则 DLDP 会根据用户配置，自动关闭或通知用户手动关闭相关端口，以防网络问题发生。因为这个单向链路是指本端设备可以通过数据链路层收到对端设备发送的报文，但对端设备不能收到本端设备的报文。单向链路会引起一系列问题，如生成树拓扑环路等。

（3）Monitor Link。

Monitor Link 是一种端口联动方案，它通过监控设备的上行端口，根据其 UP/DOWN 状态的变化来同步下行端口 UP/DOWN 状态的变化，从而触发下游设备上的拓扑协议进行链路的切换。

（4）NQA。

NQA（Network Quality Analysis，网络质量分析）是一种实时的网络性能探测和统计技术，可以对响应时间、网络抖动、丢包率等网络信息进行统计。NQA 能够实时监视网络服务质量，在网络发生故障时进行有效的故障诊断和定位。

3．网络地址规划设计

IP 地址的合理规划是网络设计中的重要一环，大规模网络必须对 IP 地址进行统一规划并实施。IP 地址规划的好坏，影响到网络路由协议算法的效率、网络的性能、网络的扩展、网络的管理。IP 地址规划的基本原则包括唯一性、连续性、扩展性和实意性。

（1）唯一性。

一个 IP 网络中不能有两个主机采用相同的 IP 地址。即使使用了支持地址重叠的 MPLS/VPN 技术，也尽量不要规划为相同的 IP 地址。

（2）连续性。

连续地址在层次结构网络中易于进行路由汇聚，大大减少了路由表的条目，提高了路由算法的效率。

（3）扩展性。

分配地址时，在每层上都要留有余量。当网络规模扩展时，能保证地址分配的连续性，实现网络的长远规划。

（4）实意性。

好的 IP 地址规划使每个 IP 地址都具有实际含义，看到一个 IP 地址就可以大致判断出该 IP 地址所属的设备。这是 IP 地址规划中最具技巧性和艺术性的部分。

11.3.4 物理网络设计

物理网络设计的任务是为所设计的逻辑网络设计特定的物理环境平台，主要包括综合布线系统设计、机房环境设计、传输介质和网络设备选择及安装方案、特殊设备安装方案和网络实施方案等，这些内容要有相应的物理设计文档。由于逻辑网络设计是物理网络设计的基础，因此逻辑网络设计的商业目标、技术需求、网络通信特征等因素都会影响物理网络设计。

如何选择和安装设备，由物理网络结构这一阶段的输出作为依据，物理网络结构设计文档必须尽可能详细、清晰，输出的内容如下：物理网络结构图和布线方案、设备和部件的详细列表清单、软/硬件和安装费用的估算、安装日程表，详细说明服务的时间及期限、安装后的测试计划和用户的培训计划。

1. 综合布线系统

综合布线系统分为 6 个子系统：工作区子系统、水平子系统、管理子系统、干线子系统、设备间子系统、建筑群子系统，如图 11-2 所示。

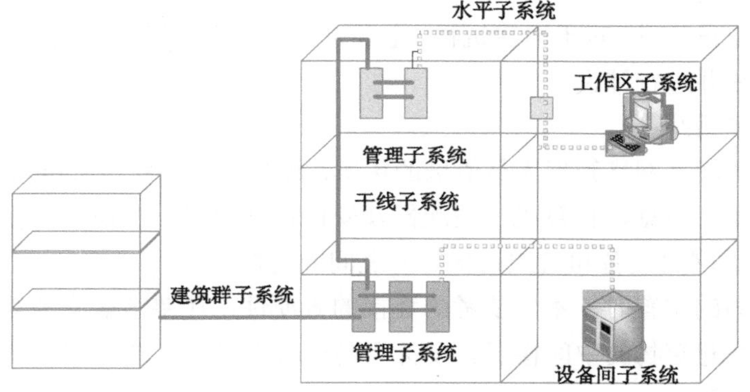

图 11-2　综合布线系统

（1）工作区子系统。

工作区子系统（Work Location）是由终端设备到信息插座的整个区域。一个独立的、需要安装终端设备的区域划分为一个工作区。工作区应支持电话、数据终端、计算机、电视机、监视器及传感器等多种终端设备。

信息插座的类型应根据终端设备的种类而定。信息插座的安装分为嵌入式安装（新建筑物）和表面安装（旧建筑物）两种方式，信息插座通常安装在工作间四周的墙壁下方，距离地面 30 cm，也有的安装在用户办公桌上。

（2）水平子系统。

各楼层接线间的配线架到工作区信息插座之间所安装的线缆属于水平子系统（Horizontal）。从楼层接线间的配线架至工作区信息插座的最大长度控制在 90 m 以内。

水平子系统的作用是将干线子系统线路延伸到用户工作区。在进行水平布线时，传输介质中间不宜有转折点，两端应直接从配线架连接到工作区信息插座。水平布线的布线方式有两种：一种是暗管预埋、墙面引线方式，另一种是地下管槽、地面引线方式。前者适用于多数建筑系统，一旦铺设完成，不易更改和维护；后者适用于少墙多柱的环境，更改和维护方便。

（3）管理子系统。

管理子系统（Administration）设置在楼层的接线间，由各种交连设备（双绞线跳线架、光纤跳线架）及集线器和交换机等交换设备组成，交连方式取决于网络拓扑结构和工作区设备的要求。交连设备通过水平子系统连接到各工作区信息插座，集线器或交换机与交连设备之间通过短线缆互连，这些短线缆被称为跳线。通过调整跳线，可以在工作区信息插座和交换机端口之间进行连接切换。

高层大楼采用多点管理方式，每个楼层要有一个接线间，用于放置交换机、集线器及配线架等设备。如果楼层较少，宜采用单点管理方式，管理点就设在大楼的设备间。

（4）干线子系统。

干线子系统（Backbone）是建筑物的主干线缆，实现各楼层设备间子系统之间的互联。干线子系统通常由垂直的铜缆或光缆组成，一头接在设备间的主配线架上，另一头接在楼层接线间的管理配线架上。

干线子系统在设计时，对于旧建筑物，主要采用楼层牵引管方式铺设，对于新建筑物，则利用建筑物的线井进行铺设。

（5）设备间子系统。

建筑物的设备间是网络管理人员值班的场所，设备间子系统（Equipment）由建筑物的进户线、交换设备、电话、计算机、适配器及安保设施组成，实现中央主配线架与各种不同设备（如 PBX、网络设备和监控设备等）之间的连接。

在选择设备间的位置时，不仅要考虑连接的方便性，还要考虑安装与维护的方便性。设备间通常设置在建筑物的中间楼层。设备间要有防雷击、防过压/过流的保护设备，通常还要配备不间断电源。

（6）建筑群子系统.

建筑群子系统（Campus）也叫园区子系统，是连接各建筑物的通信系统。建筑群子系统的布线方法有三种，第一种是地下管道敷设法，管道内敷设的铜缆或光缆应遵循电话管道和入孔的各种规定，安装时应至少预留 1 到 2 个备用管孔，以备扩充之用；第二种是直埋法，在同一个沟内埋入通信和监控电缆，并设立明显的地面标志；第三种是架空明线法，这种方法需要经常维护。

2．设备具体选型

了解设备选型。选择设备，确定设备的品牌、型号是物理网络设计阶段的关键工作任务之一。在进行设备的选型时，要考虑的内容如下。

（1）产品的技术指标。

（2）设备的成本：包括购置成本、安装成本和使用成本。作为网络规划设计师，要针对不同品牌、型号产品的成本进行估算，形成对照表，便于用户进行选择。

（3）原有设备的兼容性。

（4）产品的延续性。

（5）设备可管理性。

（6）厂商的技术支持。

（7）产品的备品备件库。

（8）综合满意度分析。

11.4 网络测试

网络测试是网络工程的最后一个关键步骤，测试的结果表明网络设计方案满足用户的业务需求和技术目标的程度，以验收的方式加以确认。合理的网络测试是网络正常运行的基础，通过测试还能对网络日后的扩容提供参考数据，避免在网络建设、维护、使用方面的重复投资，有利于降低管理成本、提高效益，同时通过测试能够加快网络部署的速度，迅速发现网络中的问题，确保网络中的各项服务。

11.4.1 网络测试的方法

网络测试有多种测试方法，根据测试中是否向被测网络注入测试流量，可以将网络测试方法分为主动测试和被动测试。

主动测试是指利用测试工具有目的地主动向被测网络当中注入测试流量，并根据这些测试流量的传输情况分析网络技术参数的测试方法。主动测试具备良好的灵活性。

被动测试是指利用特定测试工具收集网络中活动的元素（包括路由器、交换机、服务器等设备）的特定信息，以这些信息为参考，通过量化分析，实现对网络性能、功能进行测量的方法。常用的被动测试包括通过 SNMP 读取相关管理信息库信息、通过 Sniffer 和 Ethereal 等专用数据报捕获分析工具进行测试。被动测试的缺点是不够灵活、局限性较大，而且因为是被动地收集信息，所以并不能按照测量者的意愿进行测试。

11.4.2 网络测试的类型

网络测试主要面向的是交换机、路由器、防火墙等网络设备，可以通过手动测试或自动化测试验证该设备是否能够达到既定功能。

1. 网络线路测试

网络线路测试是基础测试。统计数据表明，50%以上的网络故障与布线有关。网络线路介质种类丰富，有单模光纤、多模光纤、双绞线和同轴电缆等，同时端口类型众多，有 RJ-45 头、RS-232 头等。这些介质的有些特性我们用肉眼便可识别，如物理外形、长短大小等，有些则必须用仪器检测，如线路串扰、传输频率、信号衰减等。通过测试可以尽早地排除故障，以提高网络运行质量。

双绞线和光纤是目前应用最广泛的通信介质。根据 EIA/TIA568B 布线标准、TSB-67 测试标准，合格的双绞线与光纤布线应满足一些对应的测试指标。

双绞线主要测试指标包括衰减（Attenuation）、近端串扰（NEXT）、直流电阻、阻抗特性、衰减串扰比（ACR）和电缆特性（SNR）等。

光纤测试指标有光纤连通性检测、光纤衰减检测、光纤污染检测及光纤故障定位检测。

2．网络设备测试

对网络设备如交换机、路由器、防火墙等进行性能测试，目的是了解设备完成各项功能时的性能情况。性能测试的参数包括吞吐量、时延、帧丢失率、背靠背帧处理能力、地址缓冲容量、地址学习速率、协议的一致性等。测试主要是验证设备是否符合各项规范的要求，确保网络设备互联时不会出现问题。

整机吞吐量：测试被测设备所有端口在不丢帧的情况下所能达到的最大传输速率。整机吞吐量应等于端口速率×端口数，吞吐率测试需要按照不同的帧长度进行。

存储转发速率：测试被测设备端口在满负荷下可以正确转发帧的速率。被测设备转发速率应等于端口线速。

地址缓存能力：测试被测设备能够缓存的不同 MAC 地址数。被测设备 MAC 地址缓存能力应不低于 4096 个。

地址学习速率：测试被测设备可以学习新的 MAC 地址的速率。被测设备地址学习速率应大于 1000 个/秒。

存储转发时延：测试被测设备从输入帧的最后一个比特到达输入端口开始，在输出端口上检测到输出帧的第一个比特为止的时间间隔。被测设备在不同帧长度下，平均时延应小于 10 μs，且用于采样值传输的被测设备最大时延与最小时延之差应小于 10 μs。

时延抖动：测试被测设备相邻两帧时延抖动的变化值。被测设备在不同帧长度下，时延抖动均应小于 1 μs。

帧丢失率：在网络 70%流量负荷下，由于网络性能问题造成部分数据报无法被转发的比例，测试需要按照不同的帧长度进行。

背靠背帧：被测设备在无帧丢失的情况下，最大能处理的突发帧个数。预期结果为满足厂商在产品标准中的定义。

3．网络系统测试

网络系统测试主要是指网络是否为应用系统提供了稳定、高效的网络平台，如果网络系统不够稳定，网络应用就不可能快速稳定。对常规的以太网进行系统测试，主要包括系统连通性、链路传输速率、吞吐量、传输时延及链路层健康状况等基本功能测试。

（1）系统连通性。

系统连通性测试：所有联网的终端都必须按使用要求全部连通。将测试工具连接到选定的接入层设备的端口，即测试点；用测试工具对网络的关键服务器、核心层和汇聚层的关键网络设备（如交换机和路由器）进行 10 次 ping 测试，每次间隔 1 s，以测试系统连通性。测试路径要覆盖所有的子网和 VLAN。

以不低于接入层设备总数 10%的比例进行抽样测试，抽样少于 10 台设备的，全部测试；每台抽样设备中至少选择一个端口，即测试点，测试点应能够覆盖不同的子网和 VLAN。

单项合格判据：测试点到关键节点的 ping 测试连通性达到 100%时，判定单点连通性符合要求。

综合合格判据：所有测试点的连通性都达到 100%时，判定系统连通性符合要求；否则判定系统的连通性不符合要求。

（2）链路传输速率。

链路传输速率是指设备之间通过网络传输数字信息的速率。链路传输率测试方法如下。

链路传输速率测试的结构示意图如图 11-3 所示，测试工具 1 发送流量，测试工具 2 接收流量。

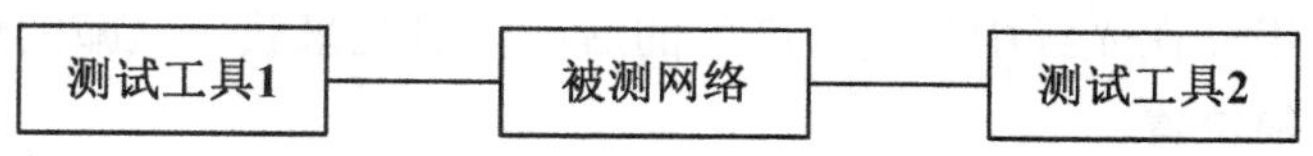

图 11-3　传输速率测试的结构示意图

将用于发送和接收的测试工具分别连接到被测网络链路的源和目的交换机端口上。

对于交换机，测试工具 1 在发送端口上产生 100%满线速流量。

测试工具 2 在接收端口对收到的流量进行统计，计算其端口利用率。

抽样规则：对于核心层的主干链路，应进行全部测试；对于汇聚层到核心层的上联链路，应进行全部测试；对于接入层到汇聚层的上联链路，以不低于 10%的比例进行抽样测试；抽样链路数不足 10 条时，按 10 条进行计算或全部测试。

发送端口和接收端口的利用率，符合发送端口利用率 100%，接收端口利用率大于或等于 99%（接收速率不低于发送速率的 99%），判定系统的传输速率符合要求，否则判定系统的传输速率不符合要求。

（3）吞吐量。

网络中的数据是由一个个数据报组成的，防火墙对每个数据报的处理要耗费资源。吞吐量是指在没有帧丢失的情况下，设备能够接受的最大速率。其测试方法是，在测试中以一定速率发送一定数量的帧，并计算被测设备传输的帧，如果发送帧与接收帧的数量相等，就将发送速率提高并重新测试；如果接收帧少于发送帧，则降低发送速率重新测试，直至得出最终结果。使用长度为 1518 字节的帧测试网络吞吐量时，1000 MB 以太网抽样测试平均值是 99%时，该网络设计是合理的。

11.4.3　网络测试工具

在许多情况下，专用故障排除工具可能比设备或系统中集成的命令更有效。如果在“可疑”的网络上接入一台网络分析仪，就可以尽可能少地干扰网络的正常工作，并且很有可能在不打断网络正常工作的情况下获取到有用的信息。

光功率计是一种用于测量绝对光功率和某段光纤光功率相对损耗的光纤测试工具，通常情况下，光功率计与稳定光源一起搭配使用，可测量光纤跳线的损耗、检验其连续性及检测光纤链路传输质量，可用于光纤通信和光纤 CATV、光纤实验室测量及其他光纤测量，光功率计在光损耗测量方面要比光时域反射仪（OTDR）精准。

红光笔即光纤故障检测笔，主要是用于检测光纤连通性及定位光纤故障点的一种光纤测试工具，通常情况下，为了避免光纤连接之后网络无法正常运行，在连接光纤跳线之前，使用红光笔对每根光纤跳线的连通性进行检测，若红光笔恒亮，则表示光纤连通性良好，可以使用。另外，当光纤断裂、弯曲等造成网络故障时，可使用红光笔对光纤跳线进行检测，可快速有效查找出故障光纤跳线，及时更换光纤跳线，网络维护更加方便。

OTDR 是检测光缆完整性的重要工具，可用于测量光缆长度、测量传输性能和连接衰减，并检测光缆链路的故障位置。OTDR 在测试光缆的过程中，仪器从光缆的一端注入较高功率的激光或光脉冲，并通过同一侧接收反射信号。OTDR 根据光的后向散射与菲涅尔反射原理制作，利用光在光纤中传播时产生的后向散射光来获取衰减的信息，从而间接地测量光缆损耗与故障位置。

11.5 网络故障排除

网络环境越复杂，发生故障的可能性越大，引发故障的原因也就越难确定。网络故障往往具有特定的故障现象。这些现象可能比较笼统，也可能比较特殊。利用特定的故障排除工具及技巧，在具体的网络环境下观察故障现象，细致分析，最终必然可以查找出一个或多个引发故障的原因。一旦能够确定引发故障的根源，故障就可以通过一系列步骤得到有效的处理。

图 11-4 给出了一般故障排除模型的处理流程，并不是解决网络故障时必须严格遵守的步骤，只是为建立特定网络环境中故障排除的流程提供了基础。

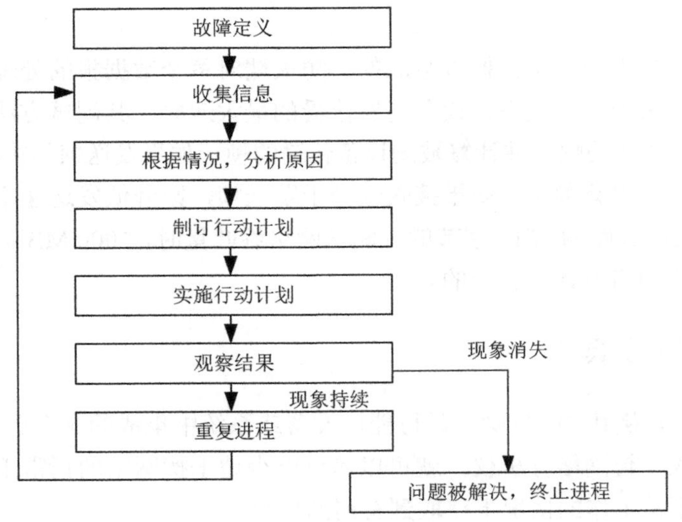

图 11-4　一般故障排除模型的处理流程

（1）分析网络故障时，要对网络故障有一个清晰的描述，并根据故障的一系列现象及潜在的症结对其进行准确的定义。

要想对网络故障做出准确的分析，首先应该了解故障表现出来的各种现象，然后确定可能会产生这些现象的故障根源或现象。例如，主机没有对客户机的服务请求做出响应（一种故障现象），可能产生这一现象的原因主要包括主机配置错误、网络端口卡损坏或路由器配置不正确等。

（2）收集有助于确定故障原因的各种信息。

向受故障影响的用户、网络管理员、经理及其他关键人员询问详细的情况。从网络管理系统、协议分析仪的跟踪记录、路由器诊断命令的输出信息及软件发行注释信息等信息源中收集有用的信息。

（3）依据所收集到的各种信息，分析可能引发故障的原因。利用所收集到的这些信息，可以排除一些可能引发故障的原因。

例如，根据收集到的信息也许可以排除硬件出现问题的可能性，于是就可以把关注的焦点放在软件问题上。应该充分地利用每条有用的信息，尽可能缩小目标范围，从而制定出高效的故障排除方法。

（4）根据剩余的潜在原因制订故障的排除计划。从最有可能的原因入手，每次只做一处改动。

之所以每次只做一次改动，是因为这样有助于确定针对固定故障的排除方法。如果同时做了两处或多处改动，也许能排除故障，但是难以确定到底是哪处改动消除了故障现象，而且对日后解决同样的故障也没有太大的帮助。

（5）实施制订好的故障排除计划，认真执行每个步骤，同时进行测试，查看相应的现象是否消失。

（6）当做出一处改动时，要注意收集相应操作的反馈信息。通常，应该采用在步骤（2）中使用的方法（利用诊断工具并与相关人员密切配合）进行信息的收集工作。

（7）分析相应操作的结果，并确定故障是否已被排除。如果故障已被排除，那么整个流程到此结束。

（8）如果故障依然存在，就得针对剩余的潜在原因中最有可能的一个制订相应的故障排除计划。回到步骤（4），依旧每次只做一处改动，重复此过程，直到故障被排除。

如果能提前为网络故障做好准备工作，那么网络故障的排除也就变得比较容易了。对于各种网络环境，最为重要的是保证网络维护人员总能够获得有关网络当前情况的准确信息。只有利用完整、准确的信息，才能够对网络的变动做出明智的决策，才能够尽快、尽可能简单地排除故障。因此，在网络故障的排除过程中，最为关键的是确保当前掌握的信息及资料是最新的。

对于每个已经解决的问题，一定要记录其故障现象及相应的解决方案。这样，就可以建立一个问题/回答数据库，今后发生类似的情况时，公司里的其他人员也能参考这些案例。从而极大地降低对网络进行故障排除的时间，最小化对业务的负面影响。

11.6　课后检测

1．评估网络的核心路由器性能时，通常最关心的指标是（ ① ），与该指标密切相关的参数或项目是（ ② ）。

①选项：

A．Mpps　　B．Mbit/s

C．可管理的 MAC 地址数　　D．允许的 VLAN 数

②选项：

A．传输介质及数据速率　　B．协议种类

C．背板交换速度　　D．主存容量及 CPU 主频

答案：A、C。

解析：

本题考查网络性能评估方面的基本知识。

对于路由器，最重要的性能指标之一是单位时间内能转发的分组数，即 Mpps（每秒百万分组数），其保证条件之一是背板交换速度。

2．采购设备时需要遵循一些原则，最后参考的原则是（　　）。

A．尽可能选取同一厂商的产品，保持设备互连性、协议互操作性、技术支持等优势

B．尽可能保留原有网络设备的投资，减少资金的浪费

C．强调先进性，重新选用技术最先进、性能最高的设备

D．选择性能价格比高、质量过硬的产品，使资金的投入产出达到最大值

答案：C。

解析：

本题考查设备选型的相关知识。

设备选型时，应该尽可能保留原有网络设备的投资，减少资金的浪费；选择性能价格比高、质量过硬的产品，使资金的投入产出达到最大值；尽可能选取同一厂商的产品，保持设备互连性、协议互操作性、技术支持等优势；最后才会强调先进性，重新选用技术最先进、性能最高的设备。

3．采用网络测试工具（　　）可以确定电缆断点的位置。

A．OTDR　　B．TDR　　C．BERT　　D．Sniffer

答案：B。

解析：

采用网络测试工具 TDR 可以确定电缆断点的位置。

4．网络测试人员利用数据报产生工具向某网络发送数据报以测试网络性能，这种测试方法属于（ ① ），性能指标中的（ ② ）能反映网络用户之间的数据传输量。

①选项：

A．抓包分析　　B．被动测试　　C．主动测试　　D．流量分析

②选项：

A．吞吐量　　B．响应时间　　C．利用率　　D．精确度

答案：C、A。

解析：

网络测试有多种测试方法，根据测试中是否向被测网络注入测试流量，可以将网络测试方法分为主动测试和被动测试。

主动测试是指利用测试工具有目的地主动向被测网络当中注入测试流量，并根据这些测试流量的传输情况分析网络技术参数的测试方法。主动测试具备良好的灵活性。

被动测试是指利用特定测试工具收集网络中活动的元素（包括路由器、交换机、服务器等设备）的特定信息，以这些信息为参考，通过量化分析，实现对网络性能、功能进行测试的方法。

吞吐量指的是在一次性能测试过程中网络上传输的数据量的总和，吞吐量/传输时间就是吞吐率。

5．通过光纤收发器连接的网络丢包严重，可以排除的故障原因是（　　）。

A．光纤收发器与设备端口工作模式不匹配

B．光纤跳线未对准设备端口

C．光纤熔接故障

D．光纤与光纤收发器的 RX（receive）和 TX（transport）端口接反

答案：D。

解析：

光纤收发器网络丢包严重的可能故障如下。

（1）光纤收发器的电端口与网络设备端口，或者两端设备端口的双工模式不匹配。

（2）双绞线与 RJ-45 头有问题，进行检测。

（3）光纤连接问题，跳线是否对准设备端口，尾纤与跳线及耦合器类型是否匹配等，而不能通信是光纤与光纤收发器的 RX 和 TX 端口接反。

6．网络需求分析是网络开发过程的起始阶段，收集用户需求最常用的方式不包括（　　）。

A．观察和问卷调查　　B．开发人员头脑风暴

C．集中访谈　　D．采访关键人物

答案：B。

解析：

充分了解网络应用系统需求是做好需求分析的关键。需求分析人员在与用户交流和观察工作流程获取初步需求时，采取一定的技术和技巧可以快速、准确地获取初步需求。

网络规划设计师在收集需求时，获取用户需求的常用方法包括采访、观察、问卷和调查、建立原型等，以此得到潜在用户的反馈。

7．以下关于网络规划设计过程的叙述中，属于需求分析阶段任务的是（　　）。

A．依据逻辑网络设计的要求，确定设备的具体物理分布和运行环境

B．制定对设备厂商、服务提供商的选择策略

C．根据需求范文和通信规范，实施资源分配和安全规划

D．确定网络设计或改造的任务，明确新网络的建设目标

答案：D。

解析：

五阶段周期是较为常见的迭代周期划分方式，将一次迭代划分为五个阶段。

（1）**需求分析**：网络需求分析是网络开发过程的起始阶段，这一阶段应明确客户所需的网络服务和网络性能。

（2）**通信规范**：其中必要的工作是分析网络中信息流量的分布问题。

（3）**逻辑网络设计**：逻辑网络设计的任务是根据需求规范和通信规范，实施资源分配和安全规划。

（4）**物理网络设计**：物理网络设计的任务是将逻辑网络设计的内容应用到物理空间。

（5）**实施**。

8．采用 P2P 协议的 BT 软件属于（　　）。

A．对等通信模式　　B．客户机-服务器通信模式

C．浏览器-服务器通信模式　　D．分布式计算通信模式

答案：A。

解析：

对等通信模式：参与的网络节点是平等角色，既是服务的提供者，又是服务的享受者。P2P 属于对等计算通信模式。

9．在五阶段网络开发工程中，网络技术选型和网络可扩充性能的确定是在（　　）阶段。

A．需求分析　　B．逻辑网络设计

C．物理网络设计　　D．通信规范

答案：B。

解析：

逻辑网络设计主要包括网络结构设计、物理层技术选择、LAN 技术选择与应用、WAN 技术选择与应用、地址设计和命名模型、路由选择协议、网络管理、网络安全、逻辑网络设计文档等。

10．逻辑网络设计的内容不包括（　　）。

A．逻辑网络设计图

B．IP 地址方案

C．具体的软/硬件、WAN 连接和基本服务

D．用户培训计划

答案：D。

解析：

利用需求分析和现有网络体系分析的结果来设计逻辑网络，得到一份逻辑网络设计文档，输出内容包括逻辑网络设计图，IP 地址方案，安全方案，招聘和培训网络员工的具体说明，对软/硬件、服务、员工和培训费用的初步估计。

物理网络设计是对逻辑网络设计的物理实现，通过对设备具体物理分布、运行环境等的确定，确保网络的物理连接符合逻辑连接的要求。输出网络物理结构图和布线方案、设备和部件的详细列表清单、软/硬件和安装费用的估算、安装日程表，详细说明服务的时间及期限、安装后的测试计划、用户的培训计划

由此可以看出选项 D 的工作是物理网络设计阶段的任务。

11．供电安全是系统安全中最基础的一个环节，通常包括计算机网络设备供电、机房辅助设备供电和其他供电三个系统，下面由机房辅助系统供电的是（　　）。

A．路由器　　B．服务器设备　　C．机房办公室　　D．机房照明

答案：D。

解析：

计算机网络机房供配电系统应该是一个独立的系统，通常由计算机网络设备供电、机房辅助设备供电和其他供电三部分组成。计算机网络设备供电部分负责向网络主干通信设备、网络服务器设备、计算机终端设备和计算机外设供电；机房辅助设备供电部分负责向机房空调新风系统、机房照明系统和机房维修电源系统（活动地板下或墙面专用电源插座系统）供电；办公室属于其他供电部分。这些部分都统一通过安装在机房配电间的动力配电柜进行配电。外部供电电缆先进入机房总配电柜，然后分送到各部分。

12．下面描述中，属于工作区子系统范围的是（　　）。

A．实现楼层设备之间的连接　　B．接线间配线架到工作区信息插座

C．终端设备到信息插座　　D．接线间内各种交连设备之间的连接

答案：C。

解析：

工作区子系统的目的是实现工作区终端设备与水平子系统之间的连接，由终端设备连接到信息插座的线缆组成。

13．下列测试指标中，可用于光纤的指标是（ ① ）、（ ② ），设备可用于测试光的损耗。

①选项：

A．波长窗口参数　　B．线对间传播时延差

C．回波损耗　　D．近端串扰

②选项：

A．光功率计　　B．稳定光源

C．电磁辐射测试笔　　D．OTDR

答案：A、D。

解析：

由于在光纤系统的实施过程中，涉及光纤的镉铺设、光纤的弯曲半径、光纤的熔接和跳线，更由于设计方法及物理布线结构的不同，导致网络设备之间的光纤路径上光信号的传输衰减有很大不同。虽然光纤的种类较多，但光纤及其传输系统的基本测试方法大体相

同，所使用的测试仪器也基本相同。对磨接后的光纤或光纤传输系统，必须进行光纤特性测试，使之符合光纤传输通道测试标准。测试指标有波长窗口参数、光纤布线链路的最大衰减限值、光回波损耗限值等。

OTDR 是一种测试通信网络中光纤状态的功能强大的仪器。根据 OTDR 测试数据，可以测定整个连接损耗，接合点和机械连接的位置和状态，也可以测量影响长波长传输或有可能导致可靠性下降的弯曲的位置和程度。如果光纤损伤或断裂，则可以用 OTDR 迅速找出损坏的位置，并检验修复是否得当。OTDR 被广泛应用于光缆线路的维护、施工之中，进行光纤长度、光纤的传输衰减、接头衰减和故障定位等的测量。

而光功率计必须配合稳定光源才能测试损耗。

第 12 章 论文写作

网络规划设计师论文涉及的内容如下。

（1）**网络技术应用与对比分析：**包括交换技术类、路由技术类、网络安全技术类、服务器技术类、存储技术类。

（2）**网络技术应用对应用系统建设的影响：**包括网络计算模式、应用系统集成技术、P2P 技术、容灾备份与灾难恢复、网络安全技术、基于网络的应用系统开发技术。

（3）**专用网络需求分析、设计、实施和项目管理：**包括工业专用网络、电子政务网络、电子商务网络、保密网络、无线数字城市网络、应急指挥网络、视频监控网络、机房工程、数据中心。

（4）**下一代网络技术分析：**包括 IPv6、全光网络、5G、IoT、4G 等无线网络，以及多网融合、虚拟化、云计算等。

有关这些知识点的内容，已经在前面的章节中进行了详细讨论，本章不再重复。本章首先介绍试题的解答方法、注意事项和评分标准，然后通过一些论文实例，帮助考生了解论文的题型和写作方法。

根据对 2022 版考试大纲的分析，以及对以往试题情况的分析，“论文写作”章节为 75 分，从复习时间安排来看，请考生在 4 天之内完成本章的学习和练习。

12.1 历年真题

根据考试大纲的规定，网络规划设计师论文考试，需要考生根据试卷上给出的与网络规划与设计有关的若干论文题目（一般为两道），选择其中一个题目，按照规定的要求撰写论文。表 12-1 给出了历年论文题目。

表 12-1 历年论文题目

年份	论文题目
2009	1．论电子政务专用网络的规划与设计 2．论网络系统的安全设计

续表

年份	论文题目
2010 上	1．论网络规划与设计中的可扩展性问题 2．论大中型网络的逻辑网络设计
2010 下	1．论校园网/企业网的网络规划与设计 2．论网络规划与设计中新技术的应用
2011	1．论计算机网络系统设计中接入技术的选择 2．论计算机网络系统的可靠性设计
2012	1．论网络规划与设计中的 VPN 技术 2．校园网设计关键技术及解决方案
2013	1．云计算体系架构和关键技术 2．论无线网络中的安全问题及防范技术 3．数字化技术的运用及关键技术
2014	1．论网络中心机房的规划与设计 2．大型企业集团公司网络设计解决方案
2015	1．局域网中信息安全方案设计及攻击防范技术 2．智能小区 Wi-Fi 覆盖解决方案
2016	1．论园区网的升级与改造 2．论数据灾备技术与应用
2017	1．论网络规划与设计中的光纤传输技术 2．论网络存储技术与应用
2018	1．网络监控系统的规划与设计 2．网络升级与改造中设备的重用
2019	1．企业网络升级改造 IPv6 2．虚拟化技术在企业网络中的应用
2020	1．疫情环境下网络系统的设计 2．论网络规划与设计中的 VPN 技术
2021	1．论 SD-WAN 技术在企业与多分支机构广域网互连中的应用 2．论数据中心信息网络系统安全风险评测和防范技术
2022	1．论 5G 与校园网络融合的规划与设计 2．论企业数据中心机房建设

12.2 论文写作事项

网络规划设计师下午的论文题目对广大考生来说，是比较头痛的一件事情。首先从根源上讲，国内的工程师对文档的重视度非常不够，因此许多人没有机会（也可能是时间不允许等原因）将其作为考试前的一种锻炼手段；再则由于缺少相应的文档编写实战训练，很难培养出清晰、多角度思考的习惯，所以，在考试时往往显得捉襟见肘。因此，考前准备是绝对必要的。

12.2.1 论文准备工作

论文是网络规划设计师考试的重要组成部分，论文既不是考知识点，又不是考一般的分析和解决问题的能力，而是考查考生在网络规划与设计方面的经验和综合能力，以及表达能力。根据考试大纲，论文的目的如下。

（1）检查考生是否具有参加网络规划与设计工作的实践经验。原则上，不具备实践经验的人达不到网络规划设计师水平，不能取得高级工程师的资格。

（2）检查考生分析问题与解决问题的能力，特别是考生的独立工作能力。在实际工作中，由于情况千变万化，作为网络规划设计师，应能把握系统的关键因素，发现和分析问题，根据系统的实际情况，提出网络规划与设计方案。

（3）检查考生的表达能力。由于文档是信息系统的重要组成部分，并且在系统开发过程中还要编写不少工作文档和报告，因此文档的编写能力很重要。网络规划设计师作为项目组的技术主干，要善于表达自己的思想。在这方面要注意抓住要点，重点突出，用词准确，使论文内容易读、易理解。

很多考生害怕写论文，拿起笔来感觉无从写起。甚至由于多年敲键盘的习惯，都不知道怎么动笔了，简单的字都写不出来。因此，抓紧时间，做好备考工作，是十分重要的，也是十分必要的。

1. 加强学习

根据经验的多寡，所采取的学习方法不一样。

（1）经验丰富的应考人员。先将自己的经验进行整理、多角度（技术、管理、经济方面等角度）地对自己做过的项目进行一一剖析、发问，然后总结。这样可以做到心中有物。希赛教育专家提示：在总结时不要忘了多动笔。

（2）经验欠缺的在职人员。可以通过阅读、整理单位现有文档、案例，同时参考希赛教育网站上相关专家的文章进行学习。思考别人是如何站在网络规划设计师角度考虑问题的，同时可以采取临摹的方式提高自己的写作能力和思考能力。这类人员学习的重心应放在自己欠缺的方面，力求全面把握。

（3）学生。学生的特点是有充足的时间用于学习，但缺点是没有实践经验，甚至连小的 LAN 都没有设计过，就更谈不上大规模网络规划了。对于这类考生，考试的难度比较大，论文内容通常十分空洞。因此，需要大量阅读相关文章，学习别人的经验，把别人的直接经验作为自己的间接经验。这类人员需要广泛阅读论文范文，并进行强化练习。

2. 平时积累

与其他考试不同，软考中的高级资格考试靠临场突击是行不通的。考试时间不长，可功夫全在平时，正所谓“台上一分钟，台下十年功”。实践经验丰富的考生还应该对以前做过的网络项目进行一次盘点，对每个项目中采用的方法与技术、网络规划设计手段等进行总结。这样，临场时可以将不同项目中与论文题目相关的经验和教训糅合在一个项目中表述出来，笔下可写的东西就多了。

还有，自己做过的网络项目毕竟是很有限的，要大量参考其他项目的经验或多和同行交流。多读有关网站上介绍网络规划设计方面的文章，从多个角度去审视这些系统的规划与设计，从中汲取经验，也很有好处。要多和同行交流，互通有无，一方面对自己做过的项目进行回顾，另一方面也学学别人的长处，往往能收到事半功倍的效果。

总之，经验越多，可写的素材就越丰富，胜算越大。平时归纳总结了，临场搬到试卷上就驾轻就熟了。

3．提高写作速度

众所周知，在 2 个小时内，用一手漂亮的字，写满内容精彩的论文是很困难的。正如前面所说的，现在的 IT 人经常使用计算机办公，用笔写字的机会很少，打字速度可以很快，但提笔忘字是常有的事。可以说，IT 人的写字能力在退化。但是，考试时必须用笔写论文，因此，考生要利用一切机会练字，提高写作速度。

具体的练习方式是，在考前 2～3 个月，按答题纸格式，打印出 4 张方格纸，选定一个论文题目，按照考试要求的时间（2 个小时）进行实际练习。这种练习每周至少进行 1 次，如果时间允许，最好进行 2 次。写的次数多了，写作速度慢慢地就提高了。

4．以不变应万变

论文的考核内容都是网络规划与设计中的共性问题，即通用性问题，与具体的应用领域无关的问题。把握了这个规律，就有以不变应万变的办法。所谓不变，就是考生所参与规划与设计的网络项目不变。考生应该在考前总结一下最近所参与的最有代表性的项目。不管论文题目为何，项目的概要情况和考生所承担的角色是不变的，如果觉得有好几个项目可以选，那么应该检查所选项目的规模是否能证明自己的实力或项目是否已年代久远（一般需要在近 3 年内做的项目）。要应付万变，就要靠平时的全面总结和积累。

12.2.2 论文写作格式

论文的答题纸是印好格子的，摘要和正文分开写。摘要需要写 300 字，正文约为 2200 字，论文答题纸有字数的提示。论文的写作，文字要写在格子里，每个格子写一个字或一个标点符号，如果是英文字母，则不必考虑格子。例如，要写“eth-trunk”，按自己在白纸上的书写习惯写就行了，这样看着也漂亮。

在论文的用笔方面，建议用黑色中性笔。不建议用钢笔，影响书写速度和卷面美观。另外，建议不要使用蓝色（特别是纯蓝色）的笔，因为蓝色很刺眼，阅卷老师每天要批阅很多试卷，一片蓝色会让老师的眼睛感觉很不舒服，从而可能会影响得分。

12.2.3 论文写作时间分配

本节给出论文解答的步骤只是一个通用的框架，考生可根据当时题目的情况和自己的实际进行解答，不必拘泥于本框架的约束。

1．时间分配

题目选择：5 分钟。

论文构思：15 分钟。

摘要：20 分钟。

正文：80 分钟。

2．选题目

首先拿到题目后不要立马动笔写内容，需要先看清楚下面的 3 个问题，分别问的是什么内容，再进行后续的思考。

（1）选择自己最熟悉、把握最大的题目。

（2）不要忘记在答题纸上画圈。

3．论文构思

（1）论文分为哪些部分，结构框架是怎么样的？

（2）将构思的项目内容与论点相结合。

（3）决定写入摘要的内容。

（4）划分章节，把内容写成简单草稿（几字带过，无须繁枝细节）。

（5）大体字数分配。

4．写摘要

以用语简洁、明快，阐清自己的论点为上策。

5．正文撰写

（1）按草稿进行构思、追忆项目素材（包括收集的素材）进行编写。

（2）控制好内容篇幅。

（3）与构思有出入的地方，注意不要前后矛盾。

（4）卷面要保持整洁。

（5）格式整齐，字迹工整。

（6）力求写完论文（对速度慢者而言），切忌有头无尾。

12.3 论文写作方法

2 个小时内写将近 2500 字的文章已经是一件不容易的事。但是，对考生来说，单是把字数凑足还远远不够，还需要把摘要和正文的内容写好。

12.3.1 摘要写作技巧

按照考试评分标准：“摘要应控制在 300 字范围内，凡是没有写论文摘要，摘要过于简略，或者摘要中没有实质性内容的论文”，将扣 5～10 分。 如果论文写得辛辛苦苦，而摘要被扣分，就太不划算了。而且，如果摘要的字数少于 120 字，论文将给予“不及格”。

下面是摘要的几种写法，供考生参考。

（1）根据……需求（项目背景），我所在的……组织了……项目的开发。该项目……（项目背景、简单功能介绍）。在该项目中，我担任了……（作者的工作角色）。我通过采取……

（技术、方法、工具、措施、手段），使该项目圆满完成，得到了用户的一致好评。但现在看来，……（不足之处/如何改进、特色之处、发展趋势）。

（2）…年…月，我参加了……项目的开发，担任……（作者的工作角色）。该项目……（项目背景、简单功能介绍）。本文结合作者的实践，以……项目为例，讨论……（论文主题），包括……（技术、方法、工具、措施、手段）。

摘要基本就是论文的浓缩，项目的介绍，本人在什么时候做了一个什么项目，项目的背景是什么样的，什么时候开始，什么时候结束，项目主要是干什么的，自己的身份是什么，再就是明确阐述完成这个项目，具体用了哪些技术、方法、工具、措施、手段，解决了什么样的问题。可把每个方法（技术、工具、措施、手段）的要点用一两句话进行概括，写在摘要中。在写摘要时，千万不要只谈大道理，而不牵涉具体内容。否则，就变成了“摘要中没有实质性内容”。摘要应该概括地反映正文的全貌，要引人入胜，给人一个好的初步印象。

12.3.2 正文写作技巧

正文的字数要求在2000～2500字之间，少于2000字，则显得没有内容；多于2500字，则在答题纸上无法写完。建议，论文正文的最佳字数为2200字左右。

1. 以“我”为中心

由于论文考核的是以考生为网络规划设计师的角度对系统的认知能力。因此在写法上要使阅卷老师信服，只是把自己做过的事情罗列出来是不够的。考生必须清楚地说明针对具体项目自己所做的事情的由来，遇到的问题，解决方法和实施效果。因此不要夸耀自己所参加的工程项目，体现实力的是你做了什么。下面几个建议可供考生参考。

（1）体现实际经验，不要罗列课本上的内容。

（2）有条理性地说明实际经验。

（3）写明项目开发体制和规模。

（4）明确“我”的工作任务和所起的作用。

（5）以“我”在项目中的贡献为重点说明。

（6）以“我”的努力（是怎样作出贡献的）为中心说明。

2. 站在高级工程师的高度

由于很多考生平时一直跟程序打交道，虽然也使用过网络，但根本就没有从事过网络规划与设计工作。因此，在思考问题上，往往单纯地从程序实现方面考虑。事实上，论文考核的是以考生为高级工程师的角度对系统的认知能力，要求全面、详尽地考虑问题。因此，这类考生在论文上的落败也就在所难免。

例如，要写有关无线网络规划与设计的论文，考生就要从全局的角度把握无线网络体系结构的优点及缺点、设计无线网络的方法和过程，以及安全性考虑问题，而不是专注于某个具体的实现细节。

3. 忠实于论点

忠实于论点首先建立在正确理解题意的基础上，因此要仔细阅读论文题目要求。为了完全符合题意，要很好地理解关于题目背景的说明，然后根据正确的题意提取论点加以阐述。阐述时要绝对服从论点，回答题目的问题，就题目的问题进行展开，不要节外生枝，化自身为困境。也不要偏离论点，半天讲不到点子上，结果草草收场。根据作者参加阅卷和辅导的情况来看，这往往是大多数考生最容易出错的地方。

4. 条理清晰，开门见山

作为一篇文章，单有内容，组织不好也会影响得分，论文的组织一定要条理清晰。题目选定后，要迅速整理一下自己所掌握的素材，列出提纲，即打算谈几个方面，每个方面是怎么做的，收效如何，简明扼要地写在草稿纸上。切忌一点，千万不要试图覆盖论文题目的全部内涵而不懂装懂，以专家的姿态高谈阔论，而要将侧重点放在汇报自己在项目中所做的与题目相关的工作上，所以提纲不要求全面，关键要列出自己所做过的工作。

接下来的事情就是一段一段往下写了。要知道，阅卷老师不可能把考生的论文一字一句地精读，要让阅卷老师在短时间内了解考生的论文内容并认可考生的能力，必须把握好主次关系。

一般来说，第一部分的项目概述阅卷老师会比较认真地看，所以，考生要学会用精练的语句说明项目的背景、意义、规模、开发过程及自己的角色等，让阅卷老师对自己所做的项目产生兴趣。

5. 标新立异，要有主见

设想一下，如果阅卷老师看了考生的论文有一种深受启发、耳目一新的感觉，结果会怎么样呢？考生想不通过都难！所以，论文中虽然不要刻意追求新奇，但也不要拘泥于教科书或常规的思维，一定要动脑筋写一些个人的见识和体会。关于这方面，见仁见智，在此不予赘述。

6. 首尾一致

在正文的写作中，要做到开头与结尾互相呼应，言词的意思忌途中变卦。因为言词若与论文题目的提法不一致，导致论文内部不一致，阅卷老师就会怀疑考生是否如所说的那样，甚至认为考生有造假嫌疑，从而影响论文得分。因此，考生在论文准备阶段就应该注意这方面的锻炼。

此外，与首尾一致相关的一些检查事项，如错字、漏字等。如果论文写完后还有时间，要进行一些必要的修正，这也是合格论文的必要条件之一。

12.3.3 摘要和正文的关系

学员问得比较多的一个问题就是，究竟是先写摘要还是先写正文。其实，没有一种固定的法则，需要根据考生的实际情况来决定。如果考生的写作速度比较快，而又自信对论文的把握比较好，则可以先写正文，后写摘要。这样，便于正文的正常发挥，正文写完了，归纳出摘要是水到渠成的事情。但是，这种方法的缺点是万一时间不够，来不及写摘要，损失就比较大了，结果论文写得很辛苦，因为摘要没有写而不及格；如果考生的写作速度比较慢，担心最后没有时间写摘要，则可先写摘要，后写正文，在摘要的指导下写正文。这样做的好处是万一后面时间不足，可以简单地对正文进行收尾，从而避免“有尾无头”的情况发生，而不会影响整个论文的质量。但它的缺点是可能会限制正文的发挥，使正文只能在摘要的圈子里进行扩写。

另外，还要注意的一个问题是，正文不是摘要的延伸，而是摘要的扩展。摘要不是正文的部分，而是正文的抽象。因此，不要把正文“接”着摘要写。

12.4 论文常见问题

从近年学员的习作来看，在撰写论文时，经常性出现的问题归纳如下。

（1）走题。有些考生一看到题目，不认真阅读题目的 3 个问题，就按照三段论的方式写论文，这样往往导致走题。同一个题目，所问的 3 个问题可以完全不一样，因此，需要按照题目的问题来组织内容。因为考查的侧重点不一样，同一篇文章，在一次考试中会得高分，但在另一次考试中就会不及格。

（2）字数不够。按照考试要求，摘要需要写 300 字，正文需要写 2000～2500 字。一般来说，摘要需要写 290 字以上，正文需要写 2200 字左右。当然，实际考试时，这些字数包括标点符号和图形，因为阅卷老师不会去数字的个数，而是根据答题纸的格子计数。

（3）字数偏多。如果摘要超过 300 字，正文超过 3000 字，则字数太多。有些学员在练习时，不考虑实际写作时间，只讲究发挥得淋漓尽致，结果，文章写下来，达 4000～5000 字，甚至有超过 5000 字的情况。实际考试时，因为时间限制，几乎没有时间来写这么长的论文。所以，考生在平常练习写作时，要严格按照考试要求的时间进行。

（4）摘要归纳欠妥。摘要是一篇文章的总结和归纳，是用来检查考生概括、归纳和抽象能力的。写摘要的标准是“读者不看正文，就知道文章的全部内容”。在摘要中应该简单地包括正文的重点词句。在摘要中尽量不要加一些“帽子性”语句，而是把正文的内容直接“压缩”就可以了。

（5）文章深度不够。文章所涉及的措施（方法、技术）太多，但都没有深入。有些文章把主题项目中所使用的措施（方法、技术）一一列举，而因为受到字数和时间的限制，每个措施（方法、技术）都是蜻蜓点水式的描述，既没有特色，又没有深度。在撰写论文时，选择自己觉得有特色的 3～5 个措施（方法、技术）进行深入展开讨论就可以了，不要企图面面俱到。

（6）缺少特色，泛泛而谈。所采取的措施（方法、技术）没有特色，泛泛而谈，把书刊杂志上的知识点进行罗列，可信性不强。软考论文实际上就是经验总结，所以一般不需要讲理论，只要讲自己在某个项目中是如何做的就可以了。所有措施（方法、技术）都应该紧密结合主题项目，在阐述措施（方法、技术）时，要以主题项目中的具体内容为例。

（7）文章口语化太重。网络规划设计师在写任何正式文档时，都要注意使用书面语言。特别是在文章中不要到处都是“我”，虽然论文强调真实性（作者自身从事过的项目），而且 12.3.2 节中也强调了以“我”为中心的重要性，但是，任何一个稍微大一点的项目，都不是一个人能完成的，而是集体劳动的结晶。因此，建议使用“我们”来代替一些“我”。

（8）文字表达能力太差。有些文章的措施（方法、技术）不错，且能紧密结合主题项目，但由于考生平时写得少，文字表达能力比较差。建议这些考生平时多读文章，多写文档。

（9）文章缺乏主题项目。这是一个致命缺点，软考论文一定要说明作者在某年某月参加的某个具体项目的开发情况，并指明作者在该项目中的角色。因为每个论文题目的第一个问题一般就是“简述你参与开发过的项目”（个别情况除外）。所以，考生不能笼统地说“我是做银行网络规划的”“我负责城市网络规划”等，而要具体说明是一个什么项目，简单介绍该项目的背景和功能。

（10）论文项目年代久远。一般来说，主题项目应该是考生在近 3 年内完成的项目。

（11）整篇文章从一、二、三到 1、2、3，太死板，给人以压抑感。在论文中，虽然可以用数字来标识顺序，使文章显得更有条理。但如果全文充满数字条目，则显得太死板，会影响最后得分。

（12）文章结构不够清晰，段落太长。这也与考生平常的训练有关，有些不合格的文章如果把段落调整一下，就是一篇好文章。另外，一般来说，每个自然段最好不要超过 8 行，否则，会给阅卷老师产生疲劳的感觉，从而可能会影响得分。

12.5 论文评分标准

阅卷老师究竟根据什么标准来判断一篇论文的得分，这是考生十分关心的一个问题。软考的论文评分标准如下。

（1）论文满分是 75 分，论文评分可分为优良、及格与不及格三个档次。评分的分数划分如下。

① 45 分及 45 分以上为及格，其中 60～75 分为优良。

② 0～44 分为不及格。

（2）具体评分时，对照下述五个方面进行。

① 切合题意（30%）。无论是论文的技术部分、理论部分或实践部分，都需要切合写作要点中的一个主要方面或多个方面进行论述。可分为非常切合、较好地切合与基本上切合三个档次。

② 应用深度与水平（20%）。可分为很强的、较强的、一般的与较差的独立工作能力四个档次。

③ 实践性（20%）。可分为有大量实践和深入的专业级水平与体会、有良好的实践与切身体会和经历、有一般的实践与基本合适的体会、有初步实践与比较肤浅的体会四个档次。

④ 表达能力（15%）。可从逻辑清晰、表达严谨、文字流畅和条理分明等方面分为三个

档次。

⑤ 综合能力与分析能力（15%）。可分为很强、比较强和一般三个档次。

（3）具有下述情况的论文，需要适当扣 5～10 分。

① 摘要应控制在 300～400 字范围内，凡是没有写论文摘要、摘要过于简略，或者摘要中没有实质性内容的论文。

② 字迹比较潦草，其中有不少字难以辨认的论文。

③ 确实属于过分自我吹嘘或自我标榜、夸大其词的论文。

④ 内容有明显错误和漏洞的，按同一类错误每类扣一次分。

⑤ 内容仅属于大学生或研究生实习性质的项目，并且其实际应用水平相对较低的论文。

（4）具有下述情况之一的论文，不能给予及格分数。

① 虚构情节，文章中有较严重的、不真实的或不可信内容出现的论文。

② 没有项目开发的实际经验，通篇都是浅层次纯理论的论文。

③ 所讨论的内容与方法过于陈旧，或者项目的水准非常低下的论文。

④ 内容不切题意，或者内容相对很空洞，基本上是泛泛而谈且没有较深入体会的论文。

⑤ 正文与摘要的篇幅过于短小的论文（如正文少于 1200 字）。

⑥ 文理很不通顺、错别字很多、条理与思路不清晰、字迹过于潦草等情况相对严重的论文。

（5）具有下述情况的论文，可考虑适当加分（可考虑加 5～10 分）。

① 有独特的见解或有很深入的体会、相对非常突出的论文。

② 起点很高，确实符合当今网络系统发展的新趋势与新动向，并能加以应用的论文。

③ 内容翔实、体会中肯、思路清晰、非常切合实际的很优秀的论文。

④ 项目难度很高，或者项目完成的质量优异，或者项目涉及国家重大信息系统工程且作者本人参加并发挥重要作用，并且能正确按照题目要求论述的论文。

12.6 论文写作实例

试题：论网络管理中的灾难备份和容灾技术。

由于技术不断的发展和人们对灾难、意外事故的认识越来越深刻。灾难备份和容灾技术方案的可选择性也越来越多。作为信息中心和网络中心的设计人员，需要结合自身的条件采取合适的灾难备份和容灾技术。

请围绕“网络管理中的灾难备份和容灾技术”论题，依次从以下三个方面进行论述。

1．概要叙述你参与分析和设计的灾难备份方案、采用的容灾技术，以及你所担任的主要工作。

2．深入地讨论在项目中选择灾难备份方案、采用的容灾技术的原则。

3．详细论述所选择的灾难备份方案、采用的容灾技术，并对之进行详细的评论。

【摘要】

随着信息化建设的深入，为了进一步提升行业调控能力及决策水平，烟草行业提出了“建立行业多级数据中心”的建设目标。数据对烟草行业之重要，已经提升到战略位置，因而作为数据存放载体的存储系统，在烟草信息化建设中起着至关重要的作用。如何确保数据的安全、可靠，成为建立烟草行业数据中心的一个重要课题。我有幸参加了××中烟在信息化建设过程，成功地实施了企业数据中心容灾系统的建设，在建立烟草行业数据中心、确保数据安全等方面学习到了宝贵的经验。本文从公司出现的实现问题出发，分别从数据灾备的建设方案、备份方案和容灾方案等方面进行阐述，最后针对数据灾备的前景做了展望，以及后续灾备项目中需要达到的目标。

【正文】

2003 年 4 月，××中烟工业公司成立，在企业联合重组的同时，积极开展了企业信息化建设，建成了包括管理信息系统（EAS）、办公自动化（OA）、协同营销平台、人力资源管理（HR）、企业报表中心等系统在内的业务系统及支持各业务系统的硬件环境。随着中烟公司的联合重组，信息化建设的步伐加快，信息系统给我们带来了便捷、灵活的业务处理模式，提高了工作效率，也使企业的业务管理越来越依赖信息系统。整合过程中业务系统的集中和应用数据量的快速增长，系统的数据安全工作显得尤为重要，尤其是数据库系统担负着企业所有信息存储，数据安全性和脆弱性显得尤为突出。一旦存储设备出现问题，可能导致业务系统崩溃和业务数据丢失，为企业生产经营带来灾难性的后果。

随着企业数据中心的建设，××中烟进行了信息系统整合，在实现应用整合的同时，必然要求对数据进行整合，将分散存储的数据进行统一存储管理。数据集中存储后带来了管理的便利、访问的高效，但“将所有鸡蛋放在一个篮子里”必然会增加数据丢失的风险。

过去，××中烟也饱尝数据丢失之苦，各应用系统的数据存储分散，没有灾难恢复应急机制，企业本部及各生产点系统在运行过程中由于磁盘损坏、硬件机械故障、管理人员的误操作等原因造成业务系统崩溃、数据丢失，给企业生产和经营带来了较严重的后果。过去的两年内，由于数据安全导致的系统停机 11 次，系统数据丢失 2 次，信息安全事故的发生给××中烟的数据安全提出了更高的要求。因此××中烟决定实施存储系统整合并建设存储灾备系统，以确保数据的安全。

经过综合分析，决定采用 SAN（存储区域网络）技术建立企业存储系统及容灾备份系统，主要考虑以下几方面的因素。

- 各业务系统数据量逐年增加，原有的本地磁盘存储已不能满足容量及访问效率的要求，采用 SAN 存储系统可灵活扩展，并能提供高性能访问；
- 业务系统整合后，要求系统之间的数据共享，原来的分散数据存储方式形成数据“信息孤岛”，采用 SAN 存储系统可提供高效的数据共享访问；
- 数据分散存储，不利于数据备份，采用 SAN 集中存储，可利用备份软件及磁带库进行统一数据备份；
- 出于数据安全性考虑，建立基于 SAN 技术的异地容灾中心，可确保各类数据的安全可靠。

此次灾备系统建设采用企业级产品及技术，建立基于高速光纤网的 SAN 存储系统及同城异地灾备系统，建立××中烟业务数据的集中高效存储及数据容灾备份、快速恢复机制，确保数据的安全可靠。

在建设方案中，主存储中心设置在××中烟中心机房，采用 1 台 IBM 磁盘阵列及 2 台 IBM SAN 交换机组成 SAN 存储系统，集中存储各类业务数据；灾备中心设置在同城的××卷烟厂机房，采用 1 台 IBM 磁盘阵列及 2 台 IBM SAN 交换机组成 SAN。主存储中心及灾备中心通过光纤连接 SAN 光纤交换机，实现 2 个中心的连接。

在备份方案中，我们在主存储中心设立备份管理服务器，安装 Symantec Netbackup 备份管理软件，设定满足业务需求的数据备份策略，在需要备份数据的主机上安装备份 Agent，将一台 IBM 光纤磁带库接入 SAN，组成 LAN-Free 的 SAN 备份系统，实现数据的本地磁带备份。

在容灾方案中，我们在每台需要数据容灾的主机上安装 Symantec Veritas Storage Foundation 容灾软件，利用 Storage Foundation 远程镜像技术，建立基于磁盘系统之间镜像的容灾系统，实现主存储中心与灾备中心的数据同步及容灾。

当主存储中心的磁盘系统发生故障（灾难）时，由于灾备中心的磁盘是它的镜像，所以操作系统会自动隔离主存储中心的磁盘，转而对灾备中心的数据进行访问。从而业务系统可以通过城域 SAN 直接访问灾备中心的磁盘系统的数据，应用和数据库不会因为主存储中心磁盘系统的故障而停止，从而避免发生数据库损坏的可能。

都说“三分技术，七分管理”，××中烟设立了数据灾备管理员，专职负责数据备份及远程灾备系统管理与维护，确保数据安全。

××中烟实施存储灾备系统建设后，数据存储系统的性能及安全得到了大幅提升，实现了科学的网络数据集中式存储管理；实现了安全快捷的应用数据备份与恢复；实现了可靠的存储媒体有效性管理；存储系统容量能够随着数据量增加进行线性扩展；实现了自动化数据存储管理，减少了人工干预；最大限度减少了业务系统的宕机时间，确保数据的万无一失。

随着存储备份技术的发展，容灾备份建设呈现出以下发展趋势。

首先，容灾备份建设的重点从“数据级容灾”向“应用级容灾、快速业务恢复”转移，“业务的连续运营”才是容灾备份的最终目的。企业不仅需要数据有容灾保护，还需要在灾难发生时能够快速恢复数据、恢复业务，从而将影响或损失降到最低。

其次，多点容灾建设是容灾建设很重要的发展趋势，企业希望容灾系统既能防范大范围灾难（需要采用远程容灾），又能避免数据丢失（采用同步数据复制技术），当前普遍采用的双点容灾无法满足这样的要求，远程容灾无法采用同步复制，同城容灾可以同步复制但无法应对大规模灾难，所以多点容灾，尤其是三点容灾（同城同步数据保护、远程异步数据保护，三点互备）将是未来容灾建设的必然趋势。

目前，××中烟存储灾备系统建设以“数据容灾”为主要目的，距离“应用级容灾”“业务的连续运营”还有一定的差距，在今后的信息化建设中，还需要进一步加强灾备措施，最终实现应用级容灾。

12.7 课后检测

论题：论网络规划与设计中新技术的使用。

随着计算机技术和通信技术的迅猛发展，计算机网络技术的发展也可用日新月异来形容。在计算机网络的交换技术、网络安全技术、光通信技术、无线通信技术、网络存储技术等方面不断涌现出各种新技术。在网络规划与设计中，如何根据项目的现状和实际需求，积极地引进和使用新技术，是网络规划设计师的职责。

请围绕“网络规划与设计中新技术的使用”论题，依次对以下三个方面进行论述。

1．概要叙述你参与设计和实施的网络应用项目，以及你所担任的主要工作。

2．具体阐述你在网络规划与设计中采用了哪些新技术和新方法，使用这些新技术和新方法的应用背景、需求和目的是什么？

3．分析你使用上述新技术、新方法的效果如何，以及相关的改进措施。

主要参考文献

[1] 谢希仁．计算机网络[M]．7 版．北京：电子工业出版社，2017.

[2] 新华三大学．路由交换技术详解和实践[M]．北京：清华大学出版社，2018.

[3] 国家市场监督管理总局，中国国家标准化管理委员会．信息安全技术 网络安全等级保护基本要求[S]．GB/T 22239—2019．北京：中国标准出版社，2019.

[4] 国家市场监督管理总局，中国国家标准化管理委员会．信息安全技术 网络安全等级保护评测要求[S]．GB/T 28448—2019．北京：中国标准出版社，2019.

[5] 施游，张友生．网络规划设计师考试全程指导[M]．北京：清华大学出版社，2009.

[6] 林康平，孙杨．数据存储技术[M]．北京：人民邮电出版社，2017.

[7] 吴晨涛．信息存储与 IT 管理[M]．北京：人民邮电出版社，2015.

[8] 敖志刚．网络虚拟化技术完全指南[M]．北京：电子工业出版社，2015.

[9] 王达．华为交换机学习指南[M]．北京：人民邮电出版社，2014.

[10] 王达．华为路由器学习指南[M]．北京：人民邮电出版社，2014.

[11] 严体华，谢志诚，高振江．网络规划设计师教程[M]．北京：清华大学出版社，2021.

[12] 闫长江，吴东君，熊怡．SDN 原理解析[M]．北京：人民邮电出版社，2016.

[13] 高峰，李盼星，杨文良，等．HCNA-WLAN 学习指南[M]．北京：人民邮电出版社，2016.

反侵权盗版声明

举报电话：（010）88254396；（010）88258888

传　　真：（010）88254397

E-mail：dbqq@phei.com.cn

通信地址：北京市万寿路 173 信箱

电子工业出版社总编办公室

邮　　编：100036